高等院校"十三五"规划教材

数字化设计与制造方法

主　编　姜淑凤
副主编　崔有正　樊　锐
参　编　刘秀林　王　钰

哈尔滨工业大学出版社

内 容 简 介

本书内容设置有利于扩展学生的思维空间和提高其自主学习能力,着力于培养和提高学生的综合素质,促进学生的个性发展。本书主要介绍数字化设计与制造系统的组成、产品数据数字化处理、产品数字化造型技术、数字化仿真技术、现代数字化制造与管理、产品数字化开发与管理集成技术、逆向工程与快速原型制造技术。

本书可作为高等学校相关专业研究生、本专科工程类教学与实践的基本教材,也可供工程技术人员参考使用。

图书在版编目(CIP)数据

数字化设计与制造方法/姜淑凤主编. —哈尔滨:
哈尔滨工业大学出版社,2018.8(2022.7 重印)
ISBN 978-7-5603-7514-4

Ⅰ.①数… Ⅱ.①姜… Ⅲ.①数字技术-应用-工业产品-产品设计-研究 ②数字技术-应用-制造工业-研究 Ⅳ.①TB47 ②F407.4

中国版本图书馆 CIP 数据核字(2018)第 163367 号

责任编辑	杨秀华
封面设计	博鑫设计
出版发行	哈尔滨工业大学出版社
社　　址	哈尔滨市南岗区复华四道街 10 号　邮编 150006
传　　真	0451-86414749
网　　址	http://hitpress.hit.edu.cn
印　　刷	哈尔滨圣铂印刷有限公司
开　　本	787mm×1092mm　1/16　印张 19.75　字数 476 千字
版　　次	2018 年 8 月第 1 版　2022 年 7 月第 2 次印刷
书　　号	ISBN 978-7-5603-7514-4
定　　价	49.80 元

(如因印装质量问题影响阅读,我社负责调换)

前　言

　　数字化设计与制造方法在现代机械加工、产品设计、先进制造技术、网络化制造、医疗康复器械与生物工程等众多相关领域占有越来越重要的地位,我们在多方调研与教学实践的基础上,从产品数字化开发和现代企业数字化管理的角度出发,组织编写了本书。

　　本书按照数字化设计与制造方法的发展进程组织内容,重点是现代数控技术和现代数字化设计方法、现代企业数字化管理技术,特别是逆向工程和PDM管理的应用技术等。

　　书中每章设计了实践环节和课后习题。在本书的编写过程中,加大了教学改革力度,注重反映当代科技文化的最新成就,采用最新的行业标准,在内容和体系上突出自己的特色,对经典的教学内容加以精选,体现相关学科的发展趋向以及相关工程发展的要求。在编写方法上打破了以往过于注重"系统性"的倾向,摒弃了一些一般内容和烦琐的数学推导,强调实验和实践属性,精炼理论,突出实用技能,内容体系更加合理。

　　本书受到黑龙江省省属高等学校基本科研业务费科研项目(135209230)、黑龙江省高等教育教学改革项目(SGJY20170374)、齐齐哈尔大学研究生教材建设重点项目(YJSJC2017-ZD02)的资助。本书适合相关专业研究生、本科生使用,同时也可作为教师与工程技术人员的参考书。

　　本书由齐齐哈尔大学姜淑凤任主编,并负责全书统稿;崔有正、樊锐任副主编;刘秀林、王钰参编。具体编写分工如下:姜淑凤编写等4、5、8章,崔有正编写第2章和第3章,樊锐编写第6章,刘秀林编写第7章,王钰编写第1章。

　　本书编写过程中参考了大量相关文献,在此向作者和出版社表示衷心的感谢。

　　由于编者水平有限,书中难免有不当和疏漏之处,敬请读者批评指正。

编　者
2018 年 5 月

目 录

第 1 章 绪论 ··· 1
　1.1 制造与制造业 ·· 1
　1.2 数字化设计与制造的内涵及学科体系 ······································ 3
　1.3 现代制造业发展趋势及其面临的挑战 ······································ 9
　1.4 数字化设计与制造技术发展的现实意义 ································· 10
　习题 ·· 16

第 2 章 数字化设计与制造系统的组成 ·· 17
　2.1 数字化设计与制造系统功能分析 ··· 17
　2.2 数字化设计与制造系统的软硬件组成 ···································· 23
　2.3 数字化设计与制造系统的建立 ·· 31
　2.4 数字化测量系统 ·· 35
　2.5 数字化加工系统 ·· 41
　习题 ·· 54

第 3 章 产品数据数字化处理 ··· 55
　3.1 产品数据的表达 ·· 55
　3.2 产品数据的数字化处理方法 ··· 56
　3.3 数据文件处理 ··· 71
　3.4 数据结构 ·· 74
　3.5 数据库技术 ··· 78
　3.6 产品数据交换标准 ·· 83
　习题 ·· 92

第 4 章 产品数字化造型技术 ··· 93
　4.1 数字化造型技术概述 ··· 93
　4.2 建模基础 ·· 96
　4.3 形体建模及表示形式 ··· 99
　4.4 虚拟装配技术 ··· 114
　4.5 主流数字化造型软件介绍 ··· 120
　习题 ·· 134

第5章 数字化仿真技术 135
- 5.1 仿真技术概述 135
- 5.2 有限元(FEM)技术 144
- 5.3 多体系统动力学仿真 151
- 5.4 虚拟样机仿真技术 153
- 5.5 CAE技术 162
- 5.6 虚拟制造 170
- 习题 174

第6章 现代数字化制造与管理 175
- 6.1 现代数字化制造与管理概述 175
- 6.2 成组技术(GT) 177
- 6.3 数控加工技术 183
- 6.4 数控(DNC)技术 198
- 6.5 计算机辅助工艺规划(CAPP)技术 202
- 6.6 产品数据管理 212
- 6.7 产品生命周期管理 218
- 6.8 数字化企业管理 222
- 习题 235

第7章 产品数字化开发与管理集成技术 237
- 7.1 并行工程 237
- 7.2 柔性制造技术 244
- 7.3 计算机集成制造技术 249
- 7.4 协同制造技术 252
- 7.5 网络化制造技术 253
- 7.6 绿色制造 255
- 习题 261

第8章 逆向工程与快速原型制造技术 262
- 8.1 逆向工程概述 262
- 8.2 逆向工程基本步骤及研究内容 265
- 8.3 逆向工程关键技术与方法 268
- 8.4 实物逆向的数据采集应用实例 279
- 8.5 实物逆向的模型重构应用实例 282
- 8.6 快速原型制造技术 294
- 8.7 基于逆向工程的快速原型制造 304
- 习题 305

参考文献 306

第1章 绪　论

1.1　制造与制造业

制造和生产产品是主要从事产品制造的企业(单位)的主要活动,为产品销售而进行的机械与设备的组装与安装活动、原材料的物质流转化成产品等。制造过程包括产品的市场分析、设计开发、工艺规划、加工制造以及控制管理等过程;其硬件包括厂房设施、生产设备、工具材料、能源以及各种辅助装置;其软件包括各种制造理论与技术、制造工艺方法、控制技术、测量技术以及制造信息等;相关人员是指从事对物料准备、信息流监控以及对制造过程的决策和调度等作业的人员。

根据在生产中使用的物质形态,制造业可划分为离散制造业和流程制造业如图1.1所示。制造业包括产品设计、原料采购、仓储运输、产品制造、订单处理、批发经营、零售、售后等。

图1.1　现代制造业种类划分

制造业直接体现了一个国家的生产力水平,是区别发展中国家和发达国家的重要因素,制造业在世界发达国家的国民经济中占有重要份额。

1.1.1　制造与制造业的基本概念

1. 制造

制造是把原材料加工成适用产品的制作活动或将原材料加工成器物。是一种将有关资源按照社会的需求转变为新的、有更高应用价值的资源的行为和过程。

2. 制造业

制造业是将制造资源(物料、能源、设备、工具、资金、技术、信息和人力等),按照市场要求,通过制造过程,转化为可供人们使用和利用的大型工具、工业品与生活消费产品的行业。

3. 物料流

物料流指原材料、外购件、半成品、零件、组件、部件,从加工、检验、装配、试验、存储、运输直到产品出厂的全过程。

4. 能量流

资金和技术在区域经济运行中,实际上起一种能量的作用,我们把它们合称为能量流。

5. 信息流

信息流的广义定义是指人们采用各种方式来实现信息交流,从面对面的直接交谈直到采用各种现代化的传递媒介,包括信息的收集、传递、处理、储存、检索、分析等渠道和过程。

6. 制造系统

制造系统是指为达到预定制造目的而构建的物理的组织系统如图 1.2 所示,是由制造过程、硬件、软件和相关人员组成的具有特定功能的一个有机整体。

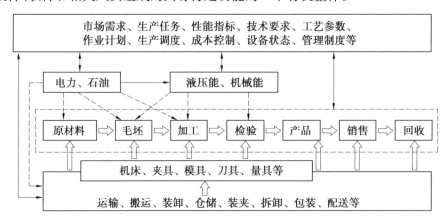

图 1.2　制造业运行框图

1.1.2　产品生命周期与数字化制造

产品生命周期是指产品从进入市场开始,直到最终退出市场为止所经历的市场生命循环过程。产品只有经过研究开发、试销,然后进入市场,它的市场生命周期才算开始。产品退出市场,则标志着生命周期的结束。随着 PLM 软件的兴起,产品生命周期开始包含需求收集、概念确定、产品设计、产品上市和产品市场生命周期管理。在基于产品管理概念的基础上把产品生命周期概括为产品战略、产品市场、产品需求、产品规划、产品开发、产品上市、产品退市 7 个部分。每一个部分都需要现代数字技术的参与和技术支持,数字化涵盖在整个产品的生命周期内。

数字化就是将许多复杂多变的信息转变为可以度量的数字、数据,再以这些数字、数据建立起适当的数字化模型,把它们转变为一系列二进制代码,引入计算机内部,进行统一处理,这就是数字化的基本过程。计算机技术的发展,使人类第一次可以利用极为简洁的"0"和"1"编码技术,对声音、文字、图像和数据进行编码、解码,使各类信息的采集、处理、贮存、传输实现了标准化和高速处理。

数字化制造就是指制造领域的数字化,它是制造技术、计算机技术、网络技术与管理科学的交叉、融合、发展与应用的结果,也是制造企业、制造系统与生产过程、生产系统不断实现数字化的必然趋势,其内涵包括三个层面:以设计为中心的数字化制造技术、以控制为中心的数字化制造技术、以管理为中心的数字化制造技术。因此,现代的很多工业产品在设计、制造、销售环节都以现代数字控制技术作为技术支持和技术手段,有利于快速研发产品,快速推向市场,快速统计产品生命周期各个环节的信息,以做出快速应对反应,快速更新换代产品等,特别是现代的快速原型制造及逆向设计,现代企业管理等方面更离不开数字化技术。

在数字化技术和制造技术融合的背景下,并在虚拟现实、计算机网络、快速原型、数据库和多媒体等支撑技术的支持下,根据用户的需求,迅速收集资源信息,对产品信息、工艺信息和资源信息进行分析、规划和重组,实现对产品设计和功能的仿真以及原型制造,进而快速生产出达到用户要求性能的产品。并在产品投入到市场后进行跟踪信息收集,形成产品生命周期数据库,进行整个产品生命周期的数字化管理。

1.2 数字化设计与制造的内涵及学科体系

术语"数字化制造"代表所有基于编程和虚拟模型的产品和工艺定义的、用于产品生命周期各个阶段的设计、仿真和实现技术的集合。

数字化设计与制造技术集成了现代设计制造过程中的多项先进技术,包括三维建模、装配分析、运动学及动力学仿真验证、优化设计、系统集成、产品信息管理、虚拟设计与制造、反求工程与快速制造、多媒体和网络通信等,是一项多学科的综合技术,是现代先进制造技术的重要组成部分。

1.2.1 数字化设计与制造发展史

1. NC 机床(数控机床)的出现

1952 年,美国麻省理工学院首先实现了三坐标铣床的数控化,数控装置采用真空管电路。1955 年,第一次进行了数控机床的批量制造。当时主要是针对直升机的旋翼等自由曲面的加工。

2. CAM 处理系统 APT(自动编程工具)出现

1955 年美国麻省理工学院(MIT)伺服机构实验室公布了 APT(Automatically Programmed Tools)系统。其中的数控编程主要是发展自动编程技术。这种编程技术是由编程人员将加工部位和加工参数以一种限定格式的语言(自动编程语言)写成所谓源程序,然后由专门的软件转换成数控程序。

3. 加工中心的出现

1958 年美国 K&T 公司研制出带 ATC(自动刀具交换装置)的加工中心。同年,美国 UT

公司首次把铣钻等多种工序集中于一台数控铣床中,通过自动换刀方式实现连续加工,标志着世界上第一台加工中心的出现。

4. CAD(计算机辅助设计)软件的出现

1963 年美国出现了 CAD 的商品化的计算机绘图设备,可进行二维绘图。20 世纪 70 年代初,出现了三维的 CAD 表现造型系统,20 世纪 70 年代中期出现了实体造型。

5. FMS(柔性制造系统)的出现

1967 年,美国实现了多台数控机床连接而成的可调加工系统,最初的 FMS(Flexible Manufacturing System)。

6. CAD/CAM(计算机辅助设计/计算机辅助制造)的融合

进入 20 世纪 70 年代,CAD、CAM 开始走向共同发展的道路。由于 CAD 与 CAM 所采用的数据结构不同,在 CAD/CAM 技术发展初期,主要工作是开发数据接口,沟通 CAD 和 CAM 之间的信息流。不同的 CAD、CAM 系统都有自己的数据格式规定,都要开发相应的接口,不利于 CAD/CAM 系统的发展。在这种背景下,美国波音公司和通用电气公司(GE)于 1980 年制定了数据交换规范 IGES(Initia Graphics Exchange Specifications),从而实现 CAD/CAM 的融合。

7. CIMS(计算机集成制造系统)的出现和应用

20 世纪 80 年代中期,出现 CIMS(Computer Integrated Manufacturing System)计算机集成制造系统,波音公司成功应用于飞机设计、制造、管理,将原需八年的定型生产缩短至三年。

8. RE(逆向工程)与 RP(快速原型)的出现与应用

RE 与 RP 是 20 世纪 90 年代发展起来的,被认为是近年来制造技术领域的一次重大突破,其对制造业的影响可与数控技术的出现相媲美。

9. CAD/CAM 软件的空前繁荣

20 世纪 80 年代末期至今,CAD/CAM 一体化三维软件大量出现,如 CADAM,CATIA,UG,I-DEAS,Pro/E,ACIS,MASTERCAM 等,支持了快速制造,使产品数字化设计与制造更加快捷与智能,并应用到机械、航空航天、汽车、造船等领域。

1.2.2 数字化设计与制造的内涵及学科体系

数字化设计(Digital Design)是以实现新产品为目标,以计算机软硬件技术为基础,以数字化信息为辅助手段,支持产品建模、分析、修改、优化以及生成设计文档的相关技术的有机集合。

数字化制造(Digital Manufacturing)是以产品制造过程的规划、管理、控制为对象,以计算机作为直接或间接工具,以控制生产设备,实现产品制造和生产的技术的有机集合。

数字化设计与制造技术术语性定义为:在数字化技术和设计制造技术融合的背景下,并在虚拟现实、计算机网络、快速原型、数据库和多媒体等支撑技术的支持下,根据用户的需求,迅速收集资源信息,对产品信息、工艺信息与资源信息进行分析、规划和重组,实现对产品设计和功能的仿真以及原型制造,进而快速生产出达到用户要求性能的产品制造全过程。

通俗地说,数字化设计与制造就是指产品设计制造领域的数字化,它是产品设计制造技术、计算机技术、自动化技术、人工智能技术、网络技术与管理科学的交叉、融合、发展和应用的结果,也是制造企业、制造系统与生产过程、生产系统不断实现数字化的必然趋势。

归纳起来的数字化设计与制造的内涵就是:产品建模是基础,优化设计是主体,数控技术是工具,数据管理是核心。产品数字化开发学科体系如图1.3所示。

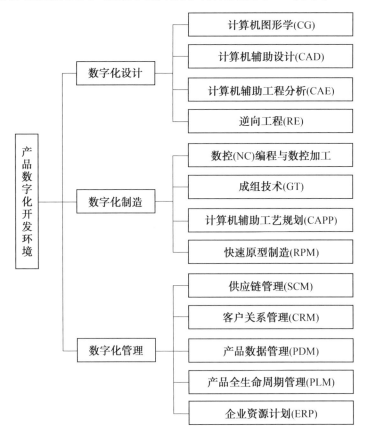

图1.3 产品数字化开发学科体系

1. CAD

CAD 在早期是英文 Computer Aided Drawing(计算机辅助绘图)的缩写,随着计算机软、硬件技术的发展,人们逐步地认识到单纯使用计算机绘图还不能称之为计算机辅助设计。真正的设计是整个产品的设计,它包括产品的构思、功能设计、结构分析、加工制造等,二维工程图设计只是产品设计中的一小部分。于是 CAD 的缩写由 Computer Aided Drawing 改为 Computer Aided Design,CAD 不再仅仅是辅助绘图,而是协助创建、修改、分析和优化的设计技术。

2. CAE

CAE(Computer Aided Engineering)通常指有限元分析和机构的运动学及动力学分析。有限元分析可完成力学分析(线性、非线性、静态、动态)、场分析(热场、电场、磁场等)、频率响应和结构优化等。机构分析能完成机构内零部件的位移、速度、加速度和力的计算,机构的运动模拟及机构参数的优化。

3. CAM

CAM(Computer Aided Manufacture)能根据 CAD 模型自动生成零件加工的数控代码,对加工过程进行动态模拟,同时完成在实现加工时的干涉和碰撞检查。CAM 系统和数字化装备结合可以实现无纸化生产,为 CIMS(计算机集成制造系统)的实现奠定基础。CAM 中最核心的技术是数控技术。通常零件结构采用空间直角坐标系中的点、线、面的数字量表示,CAM 就是用数控机床按数字量控制刀具运动,完成零件加工。

4. CAPP

世界上最早研究 CAPP 的国家是挪威,始于 1966 年,并于 1969 年正式推出世界上第一个 CAPP 系统 AutoPros,并于 1973 年正式推出商品化 AutoPros 系统。美国是 20 世纪 60 年代末开始研究 CAPP 的,并于 1976 年由 CAM-I 公司推出颇具影响力的 CAP-I's Automated Process Planning 系统。

5. PDM

随着 CAD 技术的推广,原有技术管理系统难以满足要求。在采用计算机辅助设计以前,产品的设计、工艺和经营管理过程中涉及的各类图纸、技术文档、工艺卡片、生产单、更改单、采购单、成本核算单和材料清单等均由人工编写、审批、归类、分发和存档,所有的资料均通过技术资料室进行统一管理。自从采用计算机技术之后,上述与产品有关的信息都变成了电子信息。简单地采用计算机技术模拟原来人工管理资料的方法往往不能从根本上解决先进的设计制造手段与落后的资料管理之间的矛盾。要解决这个矛盾,必须采用 PDM 技术。

PDM(产品数据管理)是从管理 CAD/CAM 系统的高度上诞生的先进的计算机管理系统软件。它管理的是产品整个生命周期内的全部数据。工程技术人员根据市场需求设计的产品图纸和编写的工艺文档仅仅是产品数据中的一部分。PDM 系统除了要管理上述数据外,还要对相关的市场需求、分析、设计与制造过程中的全部更改历程、用户使用说明及售后服务等数据进行统一有效的管理。PDM 关注的是研发设计环节。

6. ERP

企业资源计划系统,是指建立在信息技术基础上,对企业的所有资源(物流、资金流、信息流、人力资源)进行整合集成管理,采用信息化手段实现企业供销链管理,从而对供应链上的每一环节实现科学管理。

ERP 系统集信息技术与先进的管理思想于一身,成为现代企业的运行模式,反映时代对企业合理调配资源,最大化地创造社会财富的要求,成为企业在信息时代生存、发展的基石。在企业中,一般的管理主要包括三方面的内容:生产控制(计划、制造)、物流管理(分销、采购、库存管理)和财务管理(会计核算、财务管理)。

7. RE

对实物做快速测量,获得原型扫描数据,并通过逆向软件反求为可被 3D 软件接受的数据模型。进而对样品进行修改和详细设计,达到快速开发新产品的目的。

8. RP

快速原型(Rapid Prototyping)技术,又称快速成型技术。是综合了机械工程、CAD、数控技术、激光技术及材料科学技术,可以自动、直接、快速、精确地将设计思想物化为具有一定功能的原型或直接制造零件,从而可以对产品设计进行快速评价、修改及功能试验,有效地缩短了产品的研发周期。

基于传统的设计与制造理论和方法、管理科学、计算机、网络和数据库等基础技术,数字化设计与制造技术经过几十年的发展形成了核心关键技术群。

这些技术群包括:在计算设计、计算机辅助设计、面向"X"设计、可靠性设计等技术的基础上形成的产品数字化设计技术群,在数字化样机、设计仿真分析、虚拟制造、虚拟装配等技术的基础上形成的产品数字化分析与仿真技术群,在成组技术、数控技术、柔性制造系统、快速成型技术等的基础上形成的产品数字化制造技术群,在产品数据管理、工作流管理、制造执行系统、企业资源计划、产品生命周期管理、供应链管理等技术的基础上形成的产品数字化管理技术群。

数字化设计、数字化仿真分析、数字化制造与数字化管理技术的交叉、融合和集成,形成了产品数字化开发的集成环境与平台,成为提升产品研发能力和管理水平的重要动力,形成了并行工程、计算机集成制造、敏捷制造、虚拟企业、网络化制造等一系列先进制造模式,并应用到各种产品开发全生命周期,大大推动了制造企业的进步。由此构成了如图1.4所示的产品数字化设计与制造技术的学科体系。

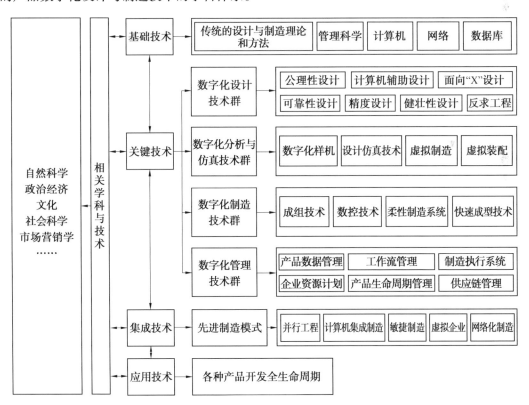

图1.4 产品数字化设计与制造技术的学科体系

1.2.3 数字化设计与制造的特点

1. 计算机和网络技术是数字化设计与制造技术的基础

与传统的产品开发相比,数字化设计与制造技术建立在计算机之上。它充分利用了计算机的优点,如强大的信息存储能力、逻辑推理能力、重复工作能力、快速准确的计算能力、高效的信息处理功能、推理决策能力等,极大地提高了产品开发的效率和质量。

随着网络和信息技术的日趋成熟,以计算机网络为支撑的产品异地、异构、协同、并行开发成为数字化设计与制造技术的发展趋势,也成为现代产品开发不可或缺的技术手段。

2. 计算机只是产品数字化设计与制造的重要辅助工具

尽管计算机具有诸多优点,有助于提高产品开发的质量和效率,但它只是人们从事产品开发的辅助工具。首先,计算机的计算和逻辑推理等能力都是人们通过程序赋予的;其次,新产品开发是一种具有创造性的活动,目前的计算机还不具有创造性思维,而人具有创造性思维,能够对所开发的产品进行分析和综合,再将之转换成适合于计算机处理的数学模型和解算程序,同时人还可以控制计算机及程序的运行,并对计算结果进行分析、评价和修改,选择优化方案;再次,人的直觉、经验和判断是产品开发中不可缺少的,也是计算机无法代替的。人和计算机的特点比较见表1.1。

表1.1 人和计算机的特点比较

比较项目	人	计算机
数值计算能力	弱	强
推理及逻辑判断能力	以经验、想象和直觉进行推理	模拟的、系统的逻辑推理
信息存储能力	差,与时间有关	强,与时间无关
重复工作能力	差	强
分析能力	直觉分析强、数值分析差	无直觉分析能力、数值分析强
出错率	高	低

从表1.1可以看出,人和计算机的能力在很多方面都是互补的。就计算能力而言,计算机的优势非常明显。它具有计算速度快、错误率低、精度高等优点,可以完成数值计算、产品及企业信息管理、产品建模、工程图绘制、有限元分析、优化计算、运动学和动力学仿真、数控编程及加工仿真等任务,成为产品开发的重要辅助工具。对一些复杂的产品开发过程,如产品结构优化、有限元分析、复杂模具型腔的数控加工程序编制等,没有计算机的参与就很难完成。

计算机还具有强大的数据存储能力,能够在数据存储、管理、检索中发挥重要作用。传统的产品开发,技术人员往往需要从大量的技术文件、设计手册中查找相关的数据信息,效率低下,而且容易出错。利用计算机和数据库管理技术,可以实现数据高效和有序的存储、检索和使用,从而使技术人员可以全身心地投入到具有创造性的产品开发工作中。人是生产力中最具有决定性的力量。在产品的数字化设计与制造过程中,人始终具有最终的控制权、决策权,计算机及其网络环境只是重要的辅助工具。只有恰当地处理好人与计算机之间的关系,最大限度地发挥各自的优势,才能获得最大的经济效益。

3. 数字化设计与制造能有效地提高产品质量、缩短开发周期、降低生产成本

计算机大的信息存储能力可以存储各方面的技术知识和产品开发过程所需的数据,为产品设计提供科学依据。人机交互的产品开发,有利于发挥人机的各自特长,使得产品设计及制造方案更加合理。通过有限元分析和产品优化设计,可以及早发现设计缺陷,优化产品的拓扑、尺寸和结构,克服了以往被动、静态、单纯依赖于人的经验的缺点。数控自动编程、刀具轨迹仿真和数控加工保证了产品的加工质量,大幅度地减少了产品开发中的废品和次品。

此外,基于计算机及网络技术,数字化设计与制造技术将传统的产品串行开发转变为产品的并行开发,可以有效地提高产品的开发质量,缩短产品的开发周期,降低产品的生产成本,加快产品的更新换代速度,提高产品及生产企业的市场竞争力。

4. 数字化设计与制造技术涵盖产品生命周期的大部分环节

比较之前的数字化设计与制造技术,现代的数字化涵盖产品生命周期的大部分环节。随着相关软硬件技术的成熟,数字化设计与制造技术越来越多地渗透到产品开发过程中,成为产品开发不可缺少的手段,但是,数字化设计与制造只是产品生命周期的两个环节,除此之外,产品生命周期还包括产品需求分析、市场营销、售后服务以及生命周期结束后的回收利用等环节。

随着网络技术和数据库技术的发展,产品需求分析、市场营销和售后服务、回收利用的某些环节也正朝着数字化的方向发展,应用领域也在不断拓宽。

1.3 现代制造业发展趋势及其面临的挑战

未来用信息化带动工业化成为提高制造业竞争力的重要途径。现代制造业的不断发展,出现了新的制造模式,以加工制造为主转向更加重视营销和研发,向两端延伸的趋势,重塑企业的组织结构和业务流程。

现代经济的发展使得加工制造技术的可获得性大为增加,加工制造环节的竞争非常激烈,利润空间呈下降趋势。如图1.5所示,产品的整个生命周期中制造业压力增大,促使业务流程再造和信息系统集成的基础上的企业经营过程重组(BPR)的出现。

数字化技术的集成应用,可以整合企业的管理,建立从企业的供应决策到企业内部技术、工艺、制造和管理部门,再到用户之间的信息集成,实现企业与外界的信息流、物流和资金流的顺畅传递,从而有效地提高企业的市场反应速度和产品开发速度,确保企业在竞争中的优势。

未来的研究重点与发展方向。

(1)利用基于网络的 CAD/CAPP/CAE/CAM/PDM/PLM 集成技术,实现产品全数字化设计、制造与管理。

(2)CAD/CAPP/CAE/CAM/PDM 技术与企业资源计划、供应链管理、客户关系管理结合,形成企业信息化的总体构架。

(3)通过 Internet、Intranet 及 Extranet 将企业的业务流程紧密地联系起来,对产品开发的

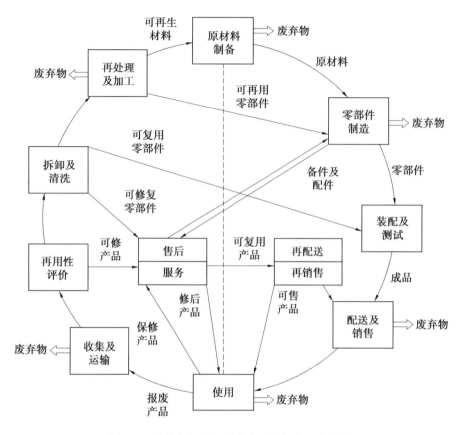

图 1.5　挑战与机遇涵盖在产品的整个生命周期

所有环节(如订单、采购、库存、计划、制造、质量控制、运输、销售、服务、维护、财务、成本、人力资源等)进行高效、有序的管理。

(4)虚拟设计、虚拟工厂、虚拟制造、动态企业联盟、敏捷制造、网络制造以及制造全球化成为数字化设计与制造技术发展的重要方向。

(5)先进的制造工艺、智能化软件和柔性的自动化设备、柔性的发展战略构成未来企业竞争的软、硬件资源。

(6)并行工程技术、模块化设计技术、快速原型成型技术、快速资源重组技术、大规模远程定制技术、客户化生产方式等,以提高对市场快速反应能力为目标的制造技术将得到超速发展和应用。

1.4　数字化设计与制造技术发展的现实意义

数字化设计与制造技术的应用主要涵盖数字化设计、数字化分析与仿真、数字化制造、数字化管理以及先进制造技术与先进制造模式的发展,应用领域涉及目前社会应用产品的每一个行业。实现数字化的设计与制造方法的应用,有利于制造业的发展。

1.4.1 实现工业自动化

工业自动化是机器设备或生产过程在不需要人工直接干预的情况下,按预期的目标实现测量、操纵等信息处理和过程控制的统称。自动化技术就是探索和研究实现自动化过程的方法和技术。它是涉及机械、微电子、计算机等技术领域的一门综合性技术。正是由于工业革命的需要,自动化技术才冲破了卵壳,得到了蓬勃发展。同时自动化技术也促进了工业的进步,如今自动化技术已经被广泛地应用于机械制造、电力、建筑、交通运输、信息技术等领域,成为提高劳动生产率的主要手段。如图 1.6 所示,典型的自动化运行模式提高生产率。

图 1.6 自动化仓库运行

按照应用的领域划分,工业自动化设备包括过程自动化和工厂自动化(制造自动化)两大板块。

过程自动化是指采用由检测仪表、调节器、计算机等元件组成的过程控制系统,实现石油化工、冶金、造纸等工业中的流体或粉体处理自动化。

组成过程自动化控制系统的设备包括:

(1)控制层面。工业计算机(IPC)、可编程逻辑控制器(PLC)和分布式控制器(DCS)等。

(2)检测层面。机器视觉检测仪表等。

(3)执行层面。调节器(气动调节阀、闸板阀、球阀等)。

例如,手机及小型家电的装配工序,如布线专配,按目前的技术水平,还有很长一段时间依然是靠人工来完成。一些其他自动化设备也是如此。所以进行自动化改造,需要仔细衡量目前的技术水平,并非所有工序都适合进行自动化改造。但是随着人工智能技术的不断发展,自动化的程度会越来越高。

1.4.2 实现智能制造

智能制造(Intelligent Manufacturing,IM)是一种由智能机器和人类专家共同组成的人机一体化智能系统,它在制造过程中能进行智能活动,如分析、推理、判断、构思和决策等。通过人与智能机器的合作共事,去扩大、延伸和部分地取代人类专家在制造过程中的脑力劳动。它把制造自动化的概念更新,扩展到柔性化、智能化和高度集成化。

毫无疑问,智能化是制造自动化的发展方向。在制造过程的各个环节几乎都广泛应用人工智能技术,如图 1.7 具有智能的自动化生产设备应用于制造业。专家系统技术可以用于工程设计、工艺过程设计、生产调度、故障诊断等。也可以将神经网络和模糊控制技术等先进的计算机智能方法应用于产品配方、生产调度等,实现制造过程智能化。

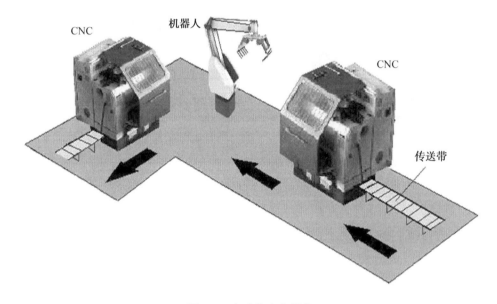

图 1.7　自动化生产设备

人工智能技术尤其适合于解决特别复杂和不确定的问题。要在企业制造的全过程中全部实现智能化,尽管不是完全做不到的事情,至少也是在遥远的将来。

1.4.3 实现工业 4.0 计划

"工业 4.0"计划由德国联邦教研部与联邦经济技术部联手资助,在德国工程院、弗劳恩霍夫协会、西门子公司等德国学术界和产业界的建议和推动下形成,并已上升为国家级战略。

德国政府提出"工业 4.0"战略计划,并在 2013 年 4 月的汉诺威工业博览会上正式推出,其目的是为了提高德国工业的竞争力,在新一轮工业革命中占领先机。该战略已经得到德国科研机构和产业界的广泛认同,弗劳恩霍夫协会将在其下属 6~7 个生产领域的研究所引入工业 4.0 概念,西门子公司已经开始将这一概念引入其工业软件开发和生产控制系统。

"工业 4.0"战略计划由德国联邦教育局及研究部和联邦经济技术部联合资助,投资预计达 2 亿欧元。旨在提升制造业的智能化水平,建立具有适应性、资源效率及人因工程学的智慧工厂,在商业流程及价值流程中整合客户及商业伙伴。其技术基础是网络实体系统及物联网。

德国所谓的工业四代(Industry4.0)是指利用物联信息系统(Cyber-Physical System,简称CPS)将生产中的供应、制造、销售信息数据化、智慧化,最后达到快速、有效、个人化的产品供应。

"工业4.0"已经进入中德合作新时代,中德双方签署的《中德合作行动纲要》中,有关工业4.0合作的内容共有4条,第一条就明确提出工业生产的数字化就是"工业4.0"对于未来中德经济发展具有重大意义。双方认为,两国政府应为企业参与该进程提供政策支持。

"工业4.0"概念包含了由集中式控制向分散式增强型控制的基本模式转变,目标是建立一个高度灵活的个性化和数字化的产品与服务的生产模式。在这种模式中,传统的行业界限将消失,并会产生各种新的活动领域和合作形式。创造新价值的过程正在发生改变,产业链分工将被重组。

德国学术界和产业界认为,"工业4.0"概念是以智能制造为主导的第四次工业革命,或革命性的生产方法。该战略旨在通过充分利用信息通信技术和网络空间虚拟系统-信息物理系统(Cyber-Physical System)相结合的手段,将制造业向智能化转型。

"工业4.0"项目主要分为三大主题。一是"智能工厂",重点研究智能化生产系统及过程,以及网络化分布式生产设施的实现。二是"智能生产",主要涉及整个企业的生产物流管理、人机互动以及3D技术在工业生产过程中的应用等。该计划将特别注重吸引中小企业参与,力图使中小企业成为新一代智能化生产技术的使用者和受益者,同时也成为先进工业生产技术的创造者和供应者。三是"智能物流",主要通过互联网、物联网、物流网,整合物流资源,充分发挥现有物流资源供应方的效率,而需求方,则能够快速获得服务匹配,得到物流支持。

"工业4.0"德国制造业是世界上最具竞争力的制造业之一,在全球制造装备领域拥有领头羊的地位。这在很大程度上源于德国专注于创新工业科技产品的科研和开发,以及对复杂工业过程的管理。德国拥有强大的设备和车间制造工业,在世界信息技术领域拥有很高的能力水平,在嵌入式系统和自动化工程方面也有很专业的技术,这些因素共同奠定了德国在制造工程工业上的领军地位。通过"工业4.0"战略的实施,将使德国成为新一代工业生产技术(即信息物理系统)的供应国和主导市场,会使德国在继续保持国内制造业发展的前提下再次提升它的全球竞争力。

"工业4.0"有一个关键点,就是"原材料(物质)"="信息"。具体来讲,就是工厂内采购来的原材料,被"贴上"一个标签:这是给A客户生产的××产品,××项工艺中的原材料。准确地说,是智能工厂中使用了含有信息的"原材料",实现了"原材料(物质)"="信息",制造业终将成为信息产业的一部分。

1.4.4 实现"中国制造2025"计划

制造业是国民经济的主体,是立国之本、兴国之器、强国之基。数字化设计与制造是2025计划的核心内容。

自18世纪中叶开启工业文明以来,世界强国的兴衰史和中华民族的奋斗史一再证明,没有强大的制造业,就没有国家和民族的强盛。打造具有国际竞争力的制造业,是我国提升综合国力、保障国家安全、建设世界强国的必由之路。《中国制造 2025》提出,坚持"创新驱动、质量为先、绿色发展、结构优化、人才为本"的基本方针,坚持"市场主导、政府引导,立足当前、着眼长远,整体推进、重点突破,自主发展、开放合作"的基本原则,通过"三步走"实现制造强国的战略目标:第一步,到 2025 年迈入制造强国行列;第二步,到 2035 年中国制造业整体达到世界制造强国阵营中等水平;第三步,到新中国成立一百年时,综合实力进入世界制造强国前列。

新中国成立尤其是改革开放以来,我国制造业持续快速发展,建成了门类齐全、独立完整的产业体系,有力推动了工业化和现代化进程,显著增强了综合国力,支撑了世界大国地位。然而,与世界先进水平相比,中国制造业仍然大而不强,在自主创新能力、资源利用效率、产业结构水平、信息化程度、质量效益等方面差距明显,转型升级和跨越发展的任务紧迫而艰巨。

当前中国制造 2025 计划实现需要数字化制造能力的提高,重点发展如下应用领域的制造与发展实力。

1. 新一代信息技术产业

(1)集成电路及专用装备。着力提升集成电路设计水平,不断丰富知识产权(IP)核和设计工具,突破关系国家信息与网络安全及电子整机产业发展的核心通用芯片,提升国产芯片的应用适配能力。掌握高密度封装及三维(3D)微组装技术,提升封装产业和测试的自主发展能力,形成关键制造装备供货能力。

(2)信息通信设备。掌握新型计算、高速互联、先进存储、体系化安全保障等核心技术,全面突破第五代移动通信(5G)技术、核心路由交换技术、超高速大容量智能光传输技术、"未来网络"核心技术和体系架构,积极推动量子计算、神经网络等发展。研发高端服务器、大容量存储、新型路由交换、新型智能终端、新一代基站、网络安全等设备,推动核心信息通信设备体系化发展与规模化应用。

(3)操作系统及工业软件。开发安全领域操作系统等工业基础软件。突破智能设计与仿真及其工具、制造物联与服务、工业大数据处理等高端工业软件核心技术,开发自主可控的高端工业平台软件和重点领域应用软件,建立完善工业软件集成标准与安全测评体系。推进自主工业软件体系化发展和产业化应用。

2. 高档数控机床和机器人

(1)高档数控机床。开发一批精密、高速、高效、柔性数控机床与基础制造装备及集成制造系统。加快高档数控机床、增材制造等前沿装备和技术的研发。以提升可靠性、精度保持性为重点,开发高档数控系统、伺服电机、轴承、光栅等主要功能部件及关键应用软件,加快实现产业化,加强用户工艺验证能力建设。

(2)机器人。围绕汽车、机械、电子、危险品制造、国防军工、化工、轻工等工业机器人、特种机器人,以及医疗健康、家庭服务、教育娱乐等服务机器人应用需求,积极研发新产品,促进机器人标准化、模块化发展,扩大市场应用。突破机器人本体、减速器、伺服电机、控制器、传感器与驱动器等关键零部件及系统集成设计制造等技术瓶颈。

3. 航空航天装备设计与制造数字化

(1)航空装备。加快大型飞机研制,适时启动宽体客机研制,鼓励国际合作研制重型直升机;推进干支线飞机、直升机、无人机和通用飞机产业化。突破高推重比、先进涡桨(轴)发动机及大涵道比涡扇发动机技术,建立发动机自主发展工业体系。开发先进机载设备及系统,形成自主完整的航空产业链。

(2)航天装备。发展新一代运载火箭、重型运载器,提升进入空间的能力。加快推进国家民用空间基础设施建设,发展新型卫星等空间平台与有效载荷、空天地宽带互联网系统,形成长期持续稳定的卫星遥感、通信、导航等空间信息服务能力。推进载人航天、月球探测工程,适度发展深空探测。推进航天技术转化与空间技术应用。

4. 海洋工程装备及高技术船舶

大力发展深海探测、资源开发利用、海上作业保障装备及其关键系统和专用设备,推动深海空间站、大型浮式结构物的开发和工程化,形成海洋工程装备综合试验、检测与鉴定能力,提高海洋开发利用水平。突破豪华邮轮设计建造技术,全面提升液化天然气船等高技术船舶国际竞争力,掌握重点配套设备集成化、智能化、模块化设计制造核心技术。

5. 先进轨道交通装备

加快新材料、新技术和新工艺的应用,重点突破体系化安全保障、节能环保、数字化智能化网络化技术,研制先进可靠适用的产品和轻量化、模块化、谱系化产品。研发新一代绿色智能、高速重载轨道交通装备系统,围绕系统全寿命周期,向用户提供整体解决方案,建立世界领先的现代轨道交通产业体系。

6. 节能与新能源汽车

继续支持电动汽车、燃料电池汽车发展,掌握汽车低碳化、信息化、智能化核心技术,提升动力电池、驱动电机、高效内燃机、先进变速器、轻量化材料、智能控制等核心技术的工程化和产业化能力,形成从关键零部件到整车的完整工业体系和创新体系,推动自主品牌节能与新能源汽车同国际先进水平接轨。

7. 电力装备

推动大型高效超净排放煤电机组产业化和示范应用,进一步提高超大容量水电机组、核电机组、重型燃气轮机制造水平。推进新能源和可再生能源装备、先进储能装置、智能电网用输变电及用户端设备发展。突破大功率电力电子器件、高温超导材料等关键元器件和材料的制造及应用技术,形成产业化能力。

8. 农机装备

重点发展粮、棉、油、糖等大宗粮食和战略性经济作物育、耕、种、管、收、运、贮等主要生产过程使用的先进农机装备,加快发展大型拖拉机及其复式作业机具、大型高效联合收割机等高端农业装备及关键核心零部件,提高农机装备信息收集、智能决策和精准作业能力,推进形成面向农业生产的信息化整体解决方案。

9. 新材料

以特种金属功能材料、高性能结构材料、功能性高分子材料、特种无机非金属材料和先进复合材料为发展重点,加快研发先进熔炼、凝固成型、气相沉积、型材加工、高效合成等新材料制备关键技术和装备,加强基础研究和体系建设,突破产业化制备瓶颈。积极发展军民共用特种新材料,加快技术双向转移转化,促进新材料产业军民融合发展。高度关注颠覆性新材料对传统材料的影响,做好超导材料、纳米材料、石墨烯、生物基材料等战略前沿材料提前布局和研制,加快基础材料升级换代。

10. 生物医药及高性能医疗器械

发展针对重大疾病的化学药、中药、生物技术药物新产品,重点包括新机制和新靶点化学药、抗体药物、抗体偶联药物、全新结构蛋白及多肽药物、新型疫苗、临床优势突出的创新中药及个性化治疗药物。提高医疗器械的创新能力和产业化水平,重点发展影像设备、医用机器人等高性能诊疗设备,全降解血管支架等高值医用耗材,可穿戴、远程诊疗等移动医疗产品。实现生物3D打印、诱导多能干细胞等新技术的突破和应用。

促进工业化和信息化深度融合,开发利用网络化、数字化、智能化等技术,着力在一些关键领域抢占先机、取得突破。实施"中国制造2025",坚持创新驱动、智能转型、强化基础、绿色发展,加快从制造大国转向制造强国。

习　　题

1. 什么是制造、制造业、数字化设计、数字化制造?
2. 分析产品生命周期与数字化技术关系。
3. 分析现代数字化设计与制造技术发展的趋势和挑战。
4. 什么是"工业4.0"项目的三大主题?
5. 论述为什么"中国制造2025"能够推动数字化技术的发展。

第 2 章　数字化设计与制造系统的组成

在数字化技术和制造技术融合的背景下,并在虚拟现实、计算机网络、快速原型、数据库和多媒体等支撑技术的支持下,根据用户的需求,迅速收集资源信息,对产品信息、工艺信息和资源信息进行分析、规划和重组,实现对产品设计和功能的仿真以及原型制造,进而快速生产出达到用户要求性能的产品的制造全过程。

对制造设备而言,其控制参数均为数字化信号。涉及数字化系统的软硬件配置、数字化的测量与加工等领域的技术发展。

对制造企业而言,各种信息(如图形、数据、知识、技能等)均以数字形式,通过网络,在企业内传递,以便根据市场信息迅速收集资料信息,在虚拟现实、快速原型、数据库、多媒体等多种数字化技术的支持下,对产品信息、工艺信息与资源信息进行分析、规划与重组,实现对产品设计和产品功能的仿真,对加工过程与生产组织过程的仿真,或完成原型制造,从而实现生产过程的快速重组与对市场的快速响应,以满足客户化要求。

在数字制造环境下,在广泛领域乃至跨地区、跨国界形成一个数字化组成的网。工业园区、企业、车间、数控设备、员工、经销商乃至有关市场均可成为网上的一个"结点",在研究、设计、制造、销售、服务的过程中,彼此交互,围绕产品所赋予的数字信息,成为驱动制造业活动的最活跃的因素。

2.1　数字化设计与制造系统功能分析

随着全球经济一体化的进程加快以及信息技术的迅猛发展,现代制造企业环境发生了重大的变化,其变化的主要特征为:产品生命周期缩短;交货期成为主要竞争因素;大市场和大竞争已基本形成;用户需求个性化,多品种小批量生产比例增大。

为适应需求的变化,现代制造业出现了符合这种发展的新模式,其核心在于:在制造企业中全面推行数字化设计与制造技术,通过在产品全生命周期中的各个环节普及与深化计算机辅助技术、系统及集成技术的应用,使企业的设计、制造、管理技术水平全面提升,促进传统产业在各个方面的技术更新,使企业在持续动态多变、不可预测的全球性市场竞争环境中生存发展,并不断地扩大其竞争优势。

2.1.1　现代数字化设计与制造系统

数字化技术应用于制造业可包括数字化设计与制造技术、数字化产品两部分。将数字化技术用于支持产品全生命周期的设计制造活动和企业的全局优化运作就是数字化设计与制造技术,将数字化技术注入工业产品就形成了数字化产品。

制造系统是制造过程及其所涉及的硬件、软件和人员所组成的一个将制造资源转变为产品或半成品的输入/输出系统。它涉及产品全生命周期(包括市场分析、产品设计、工艺规划、加工过程、装配、运输、产品销售、售后服务及回收处理等)的全过程或部分环节。

现代数字化设计与制造系统硬件包括厂房(工业产区)(图2.1)、制造车间(图2.2)、生产设备(图2.3)、工具、刀具、计算机及网络等。软件包括制造理论、设计技术、制造技术(制造工艺和制造方法等)、管理方法、制造信息及其有关的软件系统等,如图2.4所示。

图2.1　工业园区(现代工业产区)

制造资源包括狭义制造资源和广义制造资源。狭义制造资源主要指物能资源,包括原材料、坯件、半成品、能源等;广义制造资源还包括硬件、软件、人员等。

图2.2　制造车间

数字化设计与制造技术是以计算机软硬件为基础、以提高产品开发质量和效率为目标的相关技术的有机集成。与传统产品开发手段相比,它强调计算机、数字化信息、网络技术以及智能算法在产品开发中的作用,是一项融合数字化技术和设计制造技术,且以制造工程科学为理论基础的重大的制造技术革新,是先进制造技术的核心,有广阔的应用前景。

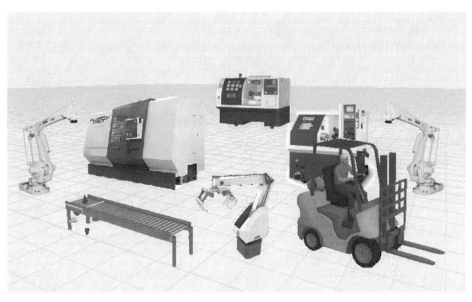

图 2.3　数字化生产设备

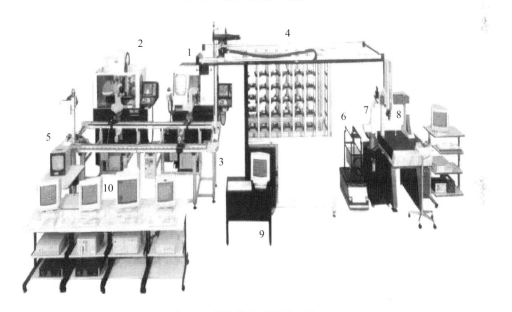

图 2.4　数字化产品设计环境

2.1.2　数字化制造系统分类

由于现代数字化制造系统规模和采用技术不同,分类复杂,因此大体有以下 4 种制造系统分类方法。

1. 按产品的品种和批量

按产品的品种和批量分为少品种、大批量(minor-variety and mass-produce)制造系统和多品种、小批量(multiple-variety and small-order)制造系统。

2. 按工艺类型

按工艺类型分为连续型制造系统（continuous manufacturing system）和离散型制造系统（discrete manufacturing system）。

3. 按制造系统的柔性

按制造系统的柔性分为刚性制造系统（rigid manufacturing system）和柔性制造系统（FMS）。

4. 按自动化程度

按自动化程度分为手工制造系统（manual manufacturing system）、半自动化制造系统（semi-automatic manufacturing system）以及自动化制造系统（automated manufacturing system）。

2.1.3 数字化设计与制造系统功能

从数字化设计与制造系统的定义可知：在结构上，制造系统是由制造过程所涉及的硬件、软件以及人员所组成的一个统一整体；在功能上，制造系统是一个将制造资源转变为成品或半成品的输入输出系统，包括系统硬件功能与系统软件功能，如图 2.5 所示。在过程方面，制造系统包括市场分析、产品设计、工艺规划、制造实施、检验出厂、产品销售等制造的全过程。

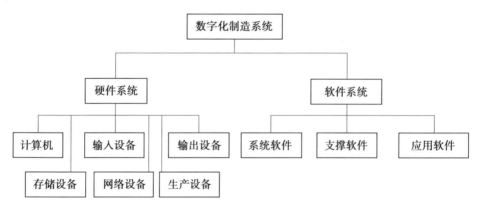

图 2.5　数字化制造系统功能结构层次

在数字化环境下，数字化设计与制造系统的功能实现是产品开发的全过程，主要包括产品功能定义、结构设计、工艺参数优化、数控编程及加工过程仿真、数字化制造、产品数据管理等内容，最终以零件图、装配图、仿真分析报告、标准工艺规程、数控加工程序实现、成型产品等形式表达产品制造结果。

1. 硬件系统功能

（1）计算功能。

数字化环境下的产品开发，需要完成产品建模、图形变换、仿真分析、数控编程等操作，存在计算量大、计算精度高、数据模型复杂等特点，它要求计算机软硬件系统具有强大的数值计算能力。早期的数字化设计与制造系统主要为大中型计算机和工作站。随着计算机性能的提高,目前高档微机成为数字化设计与制造系统的主要平台。

(2)存储功能。

要实现产品的全数字化设计与制造,系统必须具备存储设计对象的几何、拓扑、材料、工艺、仿真、管理等数据参数的能力,并可根据需要对上述信息进行必要的变换和处理。数字化设计与制造系统通常需要配置大容量的内存和外部存储系统。

(3)输入/输出功能。

产品的数字化开发设计,需要将设计理念、产品几何形状、拓扑结构以及工艺参数等信息输入到计算机中;在结构性能和数控加工仿真过程中,设计人员可以通过分析仿真数据,对结构及工艺参数做出相应改进;系统需要输出工程图、数字化模型、分析报告、数控加工程序等。因此,数字化设计与制造系统必须具备强大的数据/图形的输入、处理和输出功能。

(4)人机交互功能。

数据的输入和输出主要通过人机交互的方式。良好的用户界面,可以为数据的输入、修改和优化提供方便,提高产品研发的效率和质量。

2. 软件系统功能

(1)草图绘制功能。

草图绘制是生成零件及产品三维模型的基础。随着参数化设计技术的成熟,草图中的轮廓尺寸均为参数驱动或表现为一个变量,通过修改参数或变量的数值可以改变零件的形状,甚至改变产品的拓扑结构。以参数或变量驱动草图有利于减轻设计的工作量,简化草图设计及造型的修改过程,使设计人员的精力集中在如何优化产品设计上,而不是反复地绘制和修改草图。

(2)几何造型功能。

几何造型是指在计算机中建立零件或产品数字化模型的过程。常用的几何造型类型包括线框造型、曲面造型、实体造型和特征造型。在数字化设计技术的早期,只有二维线框模型,它的目标是用计算机代替手工绘图。用户需要逐点、逐线地构造产品模型。随着计算机的发展和图形变换理论的成熟,三维线框造型技术发展迅速。三维线框模型也是由点、线及曲面等组成,不能表示产品的物理特性,且存在歧义现象。实体模型是一种具有封闭空间,能反映产品真实形状的三维几何模型。它所描述的形体是唯一的,设计人员可以从各个角度观察零件。通过渲染操作还可以进一步增强零件的真实感和立体感,甚至可以反映零件的材料、材质和表面纹理等特征,计算零件或产品的体积、质量等物理信息,以便对产品性能做出初步分析和判断。曲面模型也称为表面模型,它以"面"来定义对象模型,能够精确地确定对象面上任意点的坐标值。面的信息对于产品的设计和制造具有重要意义,根据物体面的信息可以确定物体的真实形状、物理特性(如体积、质量等)、划分有限元网格、定义数控程序中刀具的轨迹等。实体造型技术往往难以满足产品设计需要,此时曲面造型技术就具有明显的技术优势。目前,多数的数字化软件均具有提供线框模型、实体模型和曲面模型等功能,并可相互转换,以方便用户使用和操作。

(3)生成装配体功能。

一般产品是由多个零件根据一定的结构、功能或配合关系装配而形成的有机体。装配体生成就是通过模拟产品的实际装配,在计算机中生成产品装配体的过程。此外,以产品的装配体为基础,还可以进行产品的运动学和动力学仿真,分析零部件设计中尺寸、结构、间隙、公差设计是否合理,检查零部件之间是否存在运动干涉等现象。

在定义装配关系的基础上,还可以生成产品的"爆炸图",分析零部件之间的相互关系。此外,装配体还能为设计人员或用户提供产品的外观造型,以便判断设计是否合理等。在自顶向下的设计模式中,装配体构成了产品的设计骨架,利用相关性设计可以有效地减少设计误差,提高设计的效率和质量。

(4)绘制工程图功能。

工程图是表达产品结构组成的基本手段,是工程师的基本语言。在数字化设计技术发展的早期,绘制工程图曾经是计算机辅助绘图(Computer Aided Graphing,CAG)和计算机辅助设计(CAD)的主要内容。随着三维造型技术的成熟,绘制工程图已不再是产品设计的基本工作。目前,数字化设计软件均具有绘制工程图的功能。与计算机辅助绘图所不同的是,三维设计环境下工程图的绘制是以零部件或装配体的三维实体模型为基础,根据需要自动生成各种工程视图及图纸,如标准三视图、剖面视图、局部视图以及其他辅助视图等,并且可以实现尺寸、公差等的自动标注。

在集成的设计环境下,利用相关性设计和数据库技术,所生成的工程图与原有的三维模型、装配体模型之间具有相关性,即如果在工程图中改变了零件的某个尺寸或配合公差,所对应的三维模型或装配体尺寸参数也会随之改变;反之,当零件三维模型或装配体中的某个特征参数改变时,相对应的工程图的尺寸也会相应改变。相关性设计技术对提高设计效率、保证设计质量具有重要意义。

(5)有限元分析和仿真优化设计功能。

有限元法(FEM)是实现产品结构、参数和性能仿真优化的重要手段,广泛应用于产品强度、应力、变形、寿命、流体、磁场、热传导等性能的分析过程中。有限元分析需要以产品三维模型为基础,通过划分有限元网格,设置载荷和各种边界条件,建立有限元分析模型。通过对仿真结果处理、显示和分析,判断产品设计是否合理,是否存在需要修改的工艺参数或结构特征。随着数字化仿真技术的发展,有限元分析结果的输出越来越直观高效,如采用彩色云图、等值线或动画等来表示仿真结果。

实际上,产品优化设计就是方案寻优的过程,即在满足一些约束条件的前提下,通过改变设计参数或工艺变量,使产品的某些性能指标达到最优或局部优化的目的。目前,在数字化设计、分析和制造软件中,越来越多地嵌入智能化及优化算法,以帮助用户实现优化设计。

(6)数据交换功能。

产品数字化开发涉及多个环节,需要多种软件模块,通常也是由不同的人员在不同的计算机中完成,甚至是异地完成。因此,数字化开发软件应具有必要的数据交换功能,既可以接受其他系统生成的数据模型,也能将本系统的数据模型转换为其他系统能够接受的数据格式,以便实现数据共享。为增强数据模型的兼容性,软件开发必须遵循相关的数据交换标准。随着并行工程思想和协同设计方法的普及,数据交换标准已经在各种数字化软件中得到广泛应用。

(7)二次开发功能。

实际产品在结构、形状、尺寸、制造工艺等方面存在很大差异,通用的数字化开发系统不可能为各种产品开发提供最佳的或最高效的解决方案。为提高某类产品的开发效率或针对某种类型企业的产品特点,主流的数字化开发软件均能提供二次开发工具,用户可以根据具体产品的研发需求,开发或定制工艺流程,提供有针对性的解决方案,以简化产品开发流程、提高产品的开发效率。

二次开发的实现形式包括:利用第三方编写的应用程序或插件,提供面向某一行业或某类产品的标准件库(标准特征库或标准工艺库等),提供二次开发语言或工具,提供子程序库或函数库以备调用等。设计人员利用标准件或通过定制标准工艺,可以减少重复劳动,提高设计效率。常用的标准件包括各种规格的螺栓、螺母、螺钉、垫片、轴承、齿轮、轴、法兰、加强筋等。另外,也可以对剖面线、图纸规格、标题栏、数控程序的后置处理等进行定制。

(8)数控编程及数控加工仿真功能。

目前,数控加工已经成为机械制造的基本工艺手段,如数控车削、数控铣削、数控磨削、数控钻削、数控线切割、数控电火花成形等。要实现数控加工,就必须编制相应的数控加工程序,即根据零件的结构特征和加工工艺要求,定义刀具路径、设置工艺参数,并通过后处理生成刀具轨迹,产生能驱动数控设备的数控程序(G代码)。

数控加工仿真可以图形化方式,在计算机屏幕上模拟刀具加工零件的过程,通过观察和分析加工过程中工件、刀具以及机床状态的变化,以检验数控程序、刀具轨迹的正确性和合理性。通过对多种加工方案的对比,确定优化的加工方案。利用数控加工仿真技术,可以省去传统的试切削工序,可以节省加工费用、缩短制造周期,同时也可以避免因数控程序错误造成的加工失误和对数控设备的破坏。

2.2 数字化设计与制造系统的软硬件组成

数字化设计与制造系统包括硬件系统和软件系统两部分。硬件系统是实现产品数字化开发的物质基础,包括计算机、网络设备、存储装置、输入/输出设备、加工制造设备以及坐标测量设备等,为数字化设计与制造提供基本的计算、存储、输入/输出以及加工等功能的实现。软件系统是应用软件、支撑软件和系统软件的统称,有为数字化设计与制造提供控制、设计及驱动硬件系统的功能。

2.2.1 数字化设计与制造系统的硬件组成(如图2.6所示)

随着市场竞争加剧和产品更新换代加快,在保证产品质量的前提下,产品制造企业越来越关注如何缩短新产品开发周期,如何缩短已有产品变型周期,如何提高满足顾客需求能力,从而使企业在市场浪潮中保持竞争力。

数字化设计与制造系统的计算机应用成为现代制造技术的主要硬件支持,如图2.7所示。

在产品开发过程中,计算机的主要作用可以大致划分为两大方面:一是监控各种硬件设备在生产过程中正常运行;二是辅助设计人员参与产品开发周期的各个应用阶段。

第一类应用,包括计算机直接与各种加工设备、仪表、仪器发生作用,监控它们在加工过程中按预定计划运行,以及诊断部分常见故障。

第二类应用,包括计算机在一个完整的产品生命周期中的各个应用阶段所发挥的支持功能。它包括:数字化设计(Digital Design,DD)、计算机辅助概念设计(CACD)、计算机辅助几何建模(CAGM)、计算机辅助工程(CAE)、产品数据管理(PDM)。CACD将计算机及其相

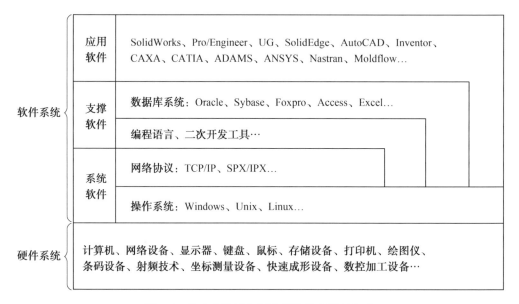

图 2.6 数字化设计与制造系统的软硬件组成

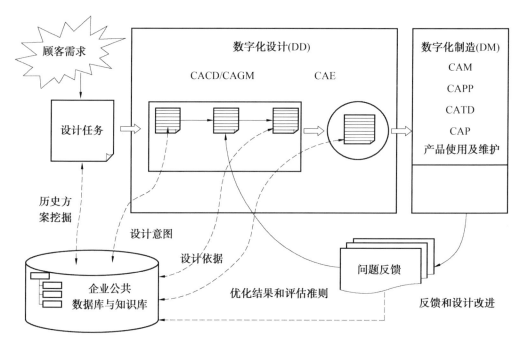

图 2.7 计算机在数字化设计与制造系统中的作用

关技术应用于产品概念设计过程。很多 CACD 系统都通过计算机在利用企业设计知识资源并考虑设计后各阶段信息反馈的基础上,通过存储、挖掘、重用与待设计产品有关的模型、数据、知识等途径,得到产品的快速设计或改型。基于知识工程的产品设计以最大程度地减少设计者的重复劳动为目标,知识是驱动力,通过构形(Configuration)和工程规则驱动几何形状,它从质上区别于传统的以建立几何模型为主的 CAD 技术。CAGM 是采用软件进行产品详细几何造型的过程,相当于传统的以几何建模为主要活动的 CAD 技术。CAE 是通过工程计算软件对先前流程中的设计结果进行设计优化和设计评估的过程。PDM则是对产品生命周期各种数据进行管理的技术,形成企业的公共数据库与知识库,与产品开发各个阶段进行信息交流和共享。

由于计算技术和计算机技术在近几十年来的飞速发展,企业可以将先进的产品设计、制造、管理技术应用到其新产品开发项目中,在制订好生产计划,决定好加工工艺后,还可以在产品的批量加工中通过采用数控加工设备来实施生产。在整个过程中,计算机起到非常重要的作用。与传统新产品开发方式比较,计算机及其相关应用技术的引入使得整个制造业在"快交付""易变型""高质量"方面取得了显著优势,同时也大大降低了除时间以外的其他制造成本。

因此,数字化设计与制造系统硬件包括计算机系统(设计、存储、输出、控制部分、网络应用)、坐标测量设备、快速成型设备、数控加工设备等。

1. 存储装置

存储器是计算机中的记忆设备,用来存储程序和数据。按用途可将存储器分为内部存储器(内存)和外部存储器(外存)。内部存储器(内存)直接与CPU相连,存放当前要运行的程序和数据,也称为主存储器。外部存储器(外存)也称为辅助存储器,主要用于保存暂时不用但又需要长期保存的程序或数据,或作为文件备份,也可以弥补内存的不足。它通过专门的输入接口与主机相连。外部存储器既是输入设备,也是输出设备。常用的外部存储器包括光盘、U盘和移动硬盘。

2. 输入设备

输入设备是用户和计算机系统之间进行信息交换的主要装置之一。计算机能够接受各种数据,包括数值型的数据和非数值型的数据,如图形、图像、声音等都可以通过不同类型的输入设备输入到计算机中,进行存储、处理和输出。数字化设计与制造系统的输入设备主要有扫描仪、鼠标、键盘、手写输入板、数据手套、三坐标测量仪及其他输入设备。

(1)扫描输入设备。

扫描输入设备主要指图形扫描仪、条形码阅读器、字符和标记识别设备等。扫描仪将已有的文字或图形放置在图形输入设备上,经过光电扫描转换装置,将文字、图形的像素特征,乃至几何特征输入到计算机中。工程设计和管理部门的工程图管理系统,都使用了各种类型的图形(图像)扫描仪。

(2)鼠标。

鼠标是一种手持式屏幕坐标定位设备,是图形化软件系统中普遍使用的输入设备。从工作原理上看,有机械式和光电式等类型。在数字化设计及制造软件中,鼠标的中键有着特殊的作用,可以完成动态缩放或平移等功能,对于提高效率具有重要意义。

(3)键盘。

键盘是常用的输入设备,它的基本功能是输入命令或数据。键盘由一组开关矩阵组成,包括数字键、字母键、符号键、功能键及控制键等。每一个按键在计算机中都有它的唯一代码。当按下某个键时,键盘接口将该键的二进制代码送入计算机主机中,并将按键字符显示在显示器上。功能键可以事先定义,使其完成一定的功能,按下功能键即意味着调用相应的子程序完成相应的操作;键盘和其他输入设备配合使用,可以实现人机对话,修改、编辑字符和图形。在不同数字化系统中,各功能键的功能不尽相同。

(4)三坐标测量仪。

三坐标测量仪是指在一个六面体的空间范围内,能够表现几何形状、长度及圆周分度等测量能力的仪器,又称为三坐标测量机或三坐标量床。三坐标测量仪又可定义为:一种具有可做三个方向移动的探测器,可在三个相互垂直的导轨上移动,此探测器以接触或非接触等方式传递信号,三个轴的位移测量系统(如光栅尺)经数据处理器或计算机等计算出工件的各点坐标(x,y,z)值的仪器。三坐标测量仪的测量功能应包括尺寸精度、定位精度、几何精度及轮廓精度等。

(5)数据手套。

数据手套是一种多模式的虚拟现实硬件,通过软件编程,可进行虚拟场景中物体的抓取、移动、旋转等动作,也可以利用它的多模式性,用作一种控制场景漫游的工具。数据手套的出现,为虚拟现实系统提供了一种全新的交互手段,目前的产品已经能够检测手指的弯曲,并利用磁定位传感器来精确地定位出手在三维空间中的位置。这种结合手指弯曲度测试和空间定位测试的数据手套被称为"真实手套",可以为用户提供一种非常真实自然的三维交互手段。数据手套一般按功能需要可以分为虚拟现实数据手套和力反馈数据手套。力反馈数据手套是用户借助数据手套的触觉反馈功能,能够用双手亲自"触碰"虚拟世界,并在与计算机制作的三维物体进行互动的过程中真实感受到物体的振动。触觉反馈能够营造出更为逼真的使用环境,让用户真实感触到物体的移动和反应。此外,系统也可用于数据可视化领域,能够探测出与地面密度、水含量、磁场强度、危害相似度或光照强度相对应的振动强度。

3. 输出设备

(1)图形显示器。

图形显示器也称为监视器,它以字符和图形动态地显示操作内容和运行结果,是计算机中主要的输出设备之一。常用图形显示器的核心部件是阴极射线管。需要以一定的频率扫描才能获得稳定的画面。根据扫描方式的不同,图形显示器可以分为随机扫描显示器、直视存储管显示器和光栅扫描显示器。在图形方式下,将显示屏按行、列分割为许多大小相等的显示单位,称为像素。像素是最小显示单位,每个像素可以有不同的颜色和亮度。分辨率是显示器的重要性能指标,它是指显示器在水平方向和垂直方向分别划分为多少个像素。

在产品数字化开发过程中,涉及大量的图形显示和操作,如旋转、缩放、平移、局部视图、渲染等。因此,对显示器分辨率有较高要求。近年来,液晶显示器(LCD)因具有体积小、携带方便、省电、辐射小等优点而得到广泛应用。

(2)绘图设备。

绘图设备是数字化开发系统中另一类常用的输出设备,主要有打印机和绘图仪。衡量打印精度的主要参数是分辨率,即每英寸打印的点数(DPI)。分辨率数值越大表示打印机的打印精度越高。绘图仪的主要性能指标有最大绘图幅面、绘图速度、绘图精度、重复精度、机械分辨率和可寻址分辨率等。衡量打印速度的参数是连续打印时每分钟的打印页数。在数字化设计制造中,利用绘图仪可以打印大幅面的工程图或装配图。

(3)网络设备。

网络设备及部件是连接到网络中的物理实体。网络设备的种类繁多,且与日俱增。基本的网络设备有计算机(个人电脑或服务器)、集线器、交换机、网桥、路由器等。

服务器,也称伺服器,是提供计算服务的设备。由于服务器需要响应服务请求,并进行处理,因此一般来说服务器应具备承担服务并且保障服务的能力。服务器的构成包括处理器、硬盘、内存、系统总线等,和通用的计算机架构类似,但是由于需要提供高质可靠的服务,因此在处理能力、稳定性、可靠性、安全性、可扩展性、可管理性等方面要求较高。

路由器是用于连接多个逻辑上分开的网络,所谓逻辑网络是代表一个单独的网络或者一个子网。当数据从一个子网传输到另一个子网时,可通过路由器的路由功能来完成。集线器的主要功能是对接收到的信号进行再生整形放大,以扩大网络的传输距离,同时把所有节点集中在以它为中心的节点上。

交换机意为"开关",是一种用于电(光)信号转发的网络设备。它可以为接入交换机的任意两个网络节点提供独享的电信号通路。最常见的交换机是以太网交换机。其他常见的还有电话语音交换机、光纤交换机等。

(4)数控加工设备。

数控机床是数字控制机床的简称,是一种装有程序控制系统的自动化机床。该控制系统能够逻辑地处理具有控制编码或其他符号指令规定的程序,并将其译码,用代码化的数字表示,通过信息载体输入数控装置,经运算处理,由数控装置发出各种控制信号,控制机床的动作,按图纸要求的形状和尺寸,自动地将零件加工出来。数控机床较好地解决了复杂、精密、小批量、多品种的零件加工问题,是一种柔性的、高效能的自动化机床,代表了现代机床控制技术的发展方向,是一种典型的机电一体化产品。

(5)工业机器人。

工业机器人是面向工业领域的多关节机械手或多自由度的机器装置,它能自动执行工作,是靠自身动力和控制能力来实现各种功能的一种机器。它可以接受人类指挥,也可以按照预先编排的程序运行,现代的工业机器人还可以根据人工智能技术制定的原则纲领行动。工业机器人最显著的特点有以下几个:

①可编程,生产自动化的进一步发展是柔性启动化。工业机器人可随其工作环境变化的需要而再编程,因此它在小批量多品种具有均衡高效率的柔性制造过程中能发挥很好的作用,是柔性制造系统中的一个重要组成部分。

②拟人化,工业机器人在机械结构上有类似人的行走、腰转、大臂、小臂、手腕、手爪等部分,在控制上有电脑。此外,智能化工业机器人还有许多类似人类的"生物传感器",如皮肤型接触传感器、力传感器、负载传感器、视觉传感器、声觉传感器、语言功能等。传感器提高了工业机器人对周围环境的自适应能力。

③通用性,除了专门设计的专用的工业机器人外,一般工业机器人在执行不同的作业任务时具有较好的通用性。比如,更换工业机器人手部末端操作器(手爪、工具等)便可执行不同的作业任务。

④工业机器技术,涉及的学科相当广泛,归纳起来是机械学和微电子学相结合的机电一体化技术。第三代智能机器人不仅具有获取外部环境信息的各种传感器,而且还具有记忆能力、语言理解能力、图像识别能力、推理判断能力等人工智能,这些都是微电子技术的应用,特别是与计算机技术的应用密切相关。因此,机器人技术的发展必将带动其他技术的发展,机器人技术的发展和应用水平也可以验证一个国家科学技术和工业技术的发展水平。

(6) 快速原型设备。

工业机器人也可实现快速原型技术，是一种涉及多学科的新型综合制造技术。快速原型技术突破了"毛坯—切削加工—成品"的传统的零件加工模式，开创了不用刀具制作零件的先河，是一种前所未有的薄层叠加的加工方法。

(7) 检测设备。

检测设备有很多种类，工厂常用的检测设备有很多，包括测量设备手动标距仪、电动标距仪等，另外还有质量检测分析仪器，材质检测、包装检测设备等也是常见的检测设备。在包装环节中比较常见的有包装材料检测仪、金属检测设备、非金属检测设备以及无损检测设备等。

2.2.2　数字化设计与制造系统的软件组成

为了充分发挥计算机硬件的作用，数字化设计与制造系统必须配备功能齐全的软件，软件配置的档次和水平是决定系统功能、工作效率及使用方便程度的关键因素。软件是用于求解某一问题并充分发挥计算机计算分析功能和交流通信功能的程序的总称。

计算机软件是指控制系统运行，并使计算机发挥最大功效的计算机程序、数据以及各种相关文档。

程序是对数据进行处理并指挥计算机硬件工作的指令集合，是软件的主要内容。文档是指关于程序处理结果、数据库、使用说明书等，文档是程序设计的依据，其设计和编制水平在很大程度上决定了软件的质量，只有具备了合格、齐全的文档，软件才能商品化。

与通用的软件相比，数字化设计与制造软件的区别主要体现在软件系统功能、用户界面等方面。它面向产品设计、分析与制造过程、提供产品建模、分析和编程等工具，这是一般通用软件所不具有的。

总体上，数字化开发软件可以分为系统软件、支撑软件和应用软件三个层次。系统软件与计算机硬件直接关联，起着扩充计算机的功能和合理调度与运用计算机硬件资源的作用。支撑软件运行在系统软件之上，是各种应用软件的工具和基础，包括实现各种功能的通用性应用基础软件。应用软件是在系统软件及支撑软件的支持下，实现某个应用领域内的特定任务的专用软件。

1. 系统软件

系统软件是用户与计算机硬件连接的纽带，是使用、控制、管理计算机运行程序的集合。系统软件通常由计算机制造商或软件公司开发。系统软件有两个显著的特点：一是通用性，不同应用领域的用户都需要使用系统软件；二是基础性，即支撑软件和应用软件都需要在系统软件的支持下运行。

系统软件首先是为用户使用计算机提供一个清晰、简洁、易于使用的友好界面；其次是尽可能使计算机系统中的各种资源得到充分而合理的应用。系统软件的功能是管理、监控和维护计算机中的资源，使计算机能够正常、高效地工作，使用户能有效地使用计算机。系统软件主要包括三大部分：操作系统、编程语言系统和网络通信及其管理软件。

操作系统是系统软件的核心，是 CAD/CAM 系统的灵魂，它控制和指挥计算机的软件资源和硬件资源。其主要功能是硬件资源管理、任务队列管理、硬件驱动程序、定时分时系统、基本数学计算、日常事务管理、错误诊断与纠正、用户界面管理和作业管理等。

操作系统依赖于计算机系统的硬件,用户通过操作系统使用计算机,任何程序需经过操作系统分配必要的资源后才能执行。目前流行的操作系统有 Windows、UNIX、Linux 等。

2. 支撑软件

支撑软件是为满足系统用户的某些共同需要而开发的通用软件。支撑软件是软件系统的重要组成部分,一般由商业化的软件公司开发。支撑软件是满足共性需要的通用性软件,属知识密集型产品,这类软件不针对具体的应用对象,而是为某一应用领域的用户提供工具或开发环境。

支撑软件一般具有较好的数据交换性能、软件集成性能和二次开发性能。根据支撑软件的功能可分为功能单一型软件和功能集成型软件。功能单一型支撑软件只提供系统中某些典型过程的功能,如交互式绘图软件、三维几何建模软件、工程计算与分析软件、数控编程软件、数据库管理系统等。功能集成型支撑软件提供了设计、分析、造型、数控编程以及加工控制等综合功能模块。

在数字化设计与制造系统中,常用的支撑软件包括图形处理软件、几何造型软件、数据库管理系统、图形交换标准等。

(1) 图形处理软件。

图形处理软件可以分为二维图形软件和三维图形软件。常用二维图形软件的基本功能有:①产生各种图形元素,如点、线、圆等;②图形变换,如放大、平移、旋转等;③控制显示比例和局部放大等;④对图形元素进行修改和编辑等操作;⑤尺寸标注、文字编辑、画剖面线等;⑥图形的输入/输出功能。

计算机硬件及图形处理设备的发展迅速,更新换代的速度很快。图形软件的开发需要极大的人力和物力,算法相对固定,不应随着硬件的变化而修改,否则将造成很大的浪费。

(2) 图形数据交换标准。

为了使图形软件能够方便地在不同计算机和图形设备之间移植,业界和国际标准化组织(ISO)等制定了一系列图形软件标准。目前,常用的图形软件标准有:

①计算机图形接口标准(CGI),一种图形设备驱动程序的标准,提供了一种控制图形硬件与设备无关的方法。②初始图形转换规范(IGES),定义了一套几何和非几何数据的格式以及相应的文件结构,解决了不同 CAD 系统之间交换图形数据的问题,成为应用最广泛的数据交换标准。③图形核心系统(GKS),定义了一个独立于语言图形系统的核心,提供了应用程序和图形输入、输出设备之间的功能接口,包含了基本的图形处理功能,处于与语言无关的层次。④产品模型数据交换标准(STEP),旨在产品生命周期内实现产品模型的数据交换。它具有统一的产品数据模型,已成为新的产品模型数据交换标准。

(3) 几何造型软件。

几何造型又叫几何建模。几何造型软件用于在计算机中建立物体的几何形状及其相互关系,为产品设计、分析和数控编程等提供必要的信息。要实现产品的数字化开发,首先必须建立产品的几何模型,后续的处理和操作都是在此模型基础上完成的。因此,几何造型软件是产品数字化开发系统不可缺少的支撑软件。

根据所产生几何模型的不同,几何造型方法可以分为线框造型、表面造型和实体造型三种基本形式。产生的相应模型分别为线框模型、表面模型和实体模型。它们之间基本上是从低级到高级的关系,高级模型可以生成相应的低级模型。目前,多数开发系统都同时提供上述三种造型方法,并且三者之间可以相互转换。

(4) 有限元分析软件。

它利用有限元法对产品或结构进行静态、动态、热特性分析,通常包括前置处理(单元自动剖分、显示有限元网格等)、计算分析及后置处理(将计算分析结果形象化为变形图、应力应变色彩浓淡图及应力曲线等)三个部分。

目前世界上已投入使用的比较著名的商品化有限元分析软件有 COSMOS、NASTRAN、ANSYS、ADAMS、SAP、MARC、PATRAN、ASKA、DYNA3D 等。这些软件从集成性上可划分为集成型与独立型两大类。

集成型主要是指 CAE 软件与 CAD/CAM 软件集成在一起,成为一个综合型的集设计、分析、制造于一体的 CAD/CAE/CAM 系统。

目前市场上流行的 CAD/CAM 软件大都具有 CAE 功能,如 SDRC 公司的 EDSI-DEAS 软件、Unigraphics 公司的 UGNX 软件等。

(5) 优化方法软件。

优化方法软件是将优化技术用于工程设计,综合多种优化计算方法,为求解数学模型提供强有力数学工具的软件,目的是选择最优方案,取得最优解。

(6) 数据库系统软件。

在产品的数字化设计和制造过程中,需要处理大量的数据。从信息的角度看,产品的数字化开发就是信息输入、分析、处理、传递以及输出的过程。这些数据中有静态数据,如各种标准、设计规范的数据等;也有动态数据,如产品设计中不同版本的数据、数字化仿真的结果数据、各子系统之间的交换数据等。

数据文件管理方式简单易行,只需要利用操作系统的功能就可实现,不需要附加任何的管理软件。但是,文件系统不能以记录或数据项为单位共享数据,导致数据大量冗余,数据的增加和删除困难。为克服文件管理存在的缺点,人们发展了数据库技术。采用数据库系统管理数据时,数据按一定的数据结构存放在数据库中,由数据库管理系统(DBMS)统一管理。数据库管理系统提供各种管理功能,如数据存放、数据删除、数据查找和数据编辑等。利用数据库管理系统的命令,可以完成各种数据操作。

数据库系统的优点有:①编制应用程序时无须考虑各种标准数据的管理;②数据独立于程序,数据存储结构的变化不会影响应用程序;③减少了数据的冗余,提高了数据的共享程度;④保证了数据的一致性;⑤便于修改和扩充。

此外,为保证产品开发过程中各模块数据信息的一致性,现有的开发软件广泛采用单一数据库技术,即当用户在某个模块中对产品数据做出改变时,系统会自动地修改所有与该产品相关的数据,以避免因数据不一致而产生差错。

(7) 系统运动学/动力学模拟仿真软件。

仿真技术是一种建立真实系统的计算机模型的技术。利用模型分析系统的行为而不建立实际系统,在产品设计时,实时、并行地模拟产品生产或各部分运行的全过程,以预测产品的性能、产品的制造过程和产品的可制造性。运动学模拟可根据系统的机械运动关系来仿真计算系统的运动特性。动力学模拟可以仿真分析计算机械系统在某一特定质量特性和力学特性作用下系统运动和力的动态特性。

这类软件在 CAD/CAM/CAE 技术领域得到了广泛的应用,如 ADAMS 机械系统动力学自动分析软件。

ADAMS,即机械系统动力学自动分析田软件(Automatic Dynamic Analysis of Mechanical Sys-tems)。该软件是美国 MDI 公司(Mechanical Dynamics Inc.)开发的虚拟样机分析软件。

ADAMS 软件使用交互式图形环境和零件库、约束库、力库,创建完全参数化的机械系统几何模型,其求解器采用多刚体系统动力学理论中的拉格朗日方程方法,建立系统动力学方程,对虚拟机械系统进行静力学、运动学和动力学分析,输出位移、速度、加速度和反作用力曲线。

ADAMS 软件由基本模块、扩展模块、接口模块、专业领域模块及工具箱 5 类模块组成。

3. 应用软件

应用软件是根据特定产品开发的需要,在系统软件和支撑软件基础上进行的二次开发或独立开发的软件模块。开发应用软件的主要目的是提高产品设计及制造的效率,如冲裁模具设计软件、注塑模具设计软件、螺旋桨叶片造型软件、汽车设计软件、飞机设计软件等。

应用软件开发就是根据特定产品类型的设计与制造过程,设计专门的算法和程序,使开发过程算法化、程序化和快速化。在应用软件的开发过程中,需要建立数学模型,利用程序描述相关设计准则和加工原理,从而将产品开发转化为计算机可以认知和处理的信息。

为提高软件的开发效率和可靠性,人们提出了计算机辅助软件工程(Computer Aided Software Engineering,CASE)的概念,并开发了 CASE 工具。利用 CASE 软件工具,可以提高程序设计和调试的效率,减少错误率。另外,为提高应用软件的开发效率,可以将实现系统基本功能的算法程序建成程序库,如矩阵基本算法、解线性方程组、微分方程求解等程序,在开发应用程序时,可以直接调用程序中的通用程序。

2.3 数字化设计与制造系统的建立

数字化设计与制造系统是设计技术、制造技术、计算机技术、网络技术与管理科学的交叉、融合、发展与应用的结果,也是制造企业、制造系统与生产过程、生产系统不断实现数字化的必然趋势,其内涵包括三个层面:以设计为中心的数字化制造技术、以控制为中心的数字化制造技术、以管理为中心的数字化制造技术。因此系统的建立分为软件编译开发和软硬件系统选型。

数字化设计与制造软硬件系统的发展经历了从特殊趋于标准化的过程。

数字化设计系统能够满足现代产品开发需求,能全面提高设计的效率和质量。数字化设计系统的应用使得产品设计信息能够从设计有效地传递给产品分析、工艺设计、制造、装配、维护等产品生命周期的每个阶段,能更好地利用生产经验和生产历史的宝贵资料,能提高设计制造效率;有效地利用管理过程和设计过程中所产生的设计信息,能提高设计信息的再利用率。

为了满足数字化设计系统的功能需求,数字化设计系统以基础设计资源为基础,设计人员利用数字化设计工具集实现对产品各个设计阶段的设计工作,同时可以有效地实施、监控与管理设计过程,有效地管理设计数据,以保证设计数据具有唯一性、完备性和可扩展性。因此,数字化设计系统的建立体系结构包括基础设计资源库、数字化设计过程与产品数据管理、数字化设计工具集等部分的建立。

2.3.1 设计与制造应用软件系统的开发

软件开发流程(Software development process)即软件设计思路和方法的实现过程,包括设计软件的功能及实现的算法和方法、软件的总体结构设计和模块设计、编程和调试、程序联调和测试以及编写、提交程序等。软件开发流程如图2.8所示,可以分为系统分析、系统设计、程序设计、系统测试、系统维护5个过程,可以详细分为7个步骤。

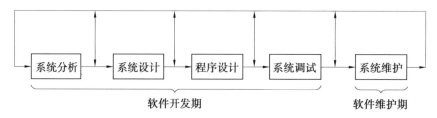

图2.8 数字化设计与制造系统软件设计过程

第一步:需求调研分析。

(1)相关系统分析员向用户初步了解需求,然后用 word 列出要开发的系统的大功能模块,每个大功能模块包括的小功能模块;对于有些需求比较明确相关的界面时,在这一步里面可以初步定义好少量的界面。

(2)系统分析员深入了解和分析需求,根据自己的经验和需求用 word 或相关的工具再做出一份文档系统的功能需求文档。这次的文档会清楚列出系统大致的大功能模块,大功能模块包含的小功能模块,并且还会列出相关的界面和界面功能。

(3)系统分析员向用户再次确认需求。

第二步:概要设计。

首先,开发者需要对软件系统进行概要设计,即系统设计。概要设计需要对软件系统的设计进行考虑,包括系统的基本处理流程、系统的组织结构、模块划分、功能分配、接口设计、运行设计、数据结构设计和出错处理设计等,为软件的详细设计提供基础。

第三步:详细设计。

在概要设计的基础上,开发者需要进行软件系统的详细设计。在详细设计中,描述实现具体模块所涉及的主要算法、数据结构、类的层次结构及调用关系,需要说明软件系统各个层次中的每一个程序(每个模块或子程序)的设计考虑,以便进行编码和测试,应当保证软件的需求完全分配给整个软件。详细设计应当足够详细,使编码能够根据详细设计报告进行。

第四步:编码。

在软件编码阶段,开发者根据《软件系统详细设计报告》中对数据结构、算法分析和模块实现等方面的设计要求,开始具体的编写程序工作,分别实现各模块的功能,从而实现对目标系统的功能、性能、接口、界面等方面的要求。

第五步:测试。

测试编写好的系统。交给用户使用,用户使用后一个一个地确认每个功能。

第六步:软件交付准备。

在软件测试证明软件达到要求后,软件开发者应向用户提交开发的目标安装程序、数据库的数据字典、《用户安装手册》、《用户使用指南》、需求报告、设计报告、测试报告等双方合同约定的产物。

《用户安装手册》应详细介绍安装软件对运行环境的要求,安装软件的定义和内容,在客户端、服务器端及中间件的具体安装步骤、安装后的系统配置。

《用户使用指南》应包括软件各项功能的使用流程、操作步骤、相应业务介绍、特殊提示和注意事项等方面的内容,在需要时还应举例说明。

第七步:用户验收及系统维护。

软件售出即交付用户使用,经过用户验收,使用过程中系统维护是软件生命周期中持续时间最长的阶段。在软件开发完成并投入使用后,由于多方面的原因,软件不能继续适应用户的要求。要延续软件的使用寿命,就必须对软件进行维护。系统的维护包括纠错性维护和改进性维护两个方面。

2.3.2 软硬件系统的配置选择

一个数字化设计制造系统功能的强弱,不仅与组成该系统的硬件和软件的性能有关,而且更重要的是与它们之间的合理配置有关。因此,在评价一个系统时,必须综合考虑硬件和软件两个方面的质量和最终表现出来的综合性能。

1. 在具体选择和配置系统时,应考虑以下几个方面的问题

(1)软件的选择应优于硬件,且软件应具有优越的性能。软件是数字化开发系统的核心,一般来讲,在建立系统时,应首先根据具体应用的需要选定最合适的、性能强的软件,然后再根据软件去选择与之匹配的硬件。若已有硬件而只配置软件,则要考虑硬件的性能选择与之档次相应的软件。系统软件应采用标准的操作系统,具有良好的用户界面、齐全的技术文档。支撑软件是运行主体,其功能和配置与用户的需求及系统的性能密切相关,因此软件选型首要的是支撑软件的选型。支撑软件应具有强大的图形编辑能力、丰富的几何建模能力,易学易用,能够支持标准图形交换规范和系统内外的软件集成,具有内部统一的数据库和良好的二次开发环境。

(2)硬件应符合国际工业标准且具有良好的开放性。开放性是 CAD/CAM 技术集成化发展趋势的客观需要。硬件的配置直接影响到软件的运行效率,所以,硬件必须与软件功能、数据处理的复杂程度相匹配。要充分考虑计算机及其外部设备当前的技术水平以及系统的升级扩充能力,选择符合国际工业标准、具有良好开放性的硬件,有利于系统的进一步扩展、联网、支持更多的外设。

(3)整个软硬件系统应运行可靠、维护简单、性能价格比优越。

(4)供应商应具有良好的信誉、完善的售后服务体系和有效的技术支持能力。随着数字化设计与制造技术趋于复杂和完善,商品化软件已能充分地满足用户的大部分需求。基于自主软件开发建立开发系统的情况已不多见。为满足特定产品的开发需求,提高产品的开发效率和质量,可以在商品化软件的基础上进行二次开发或定制。数字化开发系统的选型应以企业的实际需求为基础,兼顾企业的中远期规划,重视比较分析各种软件系统的功能,充分考虑系统的可靠性、应用环境以及系统供应商的技术支持和服务能力。

2. 软件系统选型需考虑的因素

(1) 产品数字化开发系统应具有高的性能价格比,要求系统性能优良、价格合理,具有良好的综合性价比。其中,需要考虑的性能指标主要包括:①系统功能。其中,计算机硬件系统性能包括运算速度、内存大小、硬盘大小、图形显示效果(分辨率、色彩种类等)、图形处理能力(二维、三维显示,动画仿真能力等)、网络通信能力、接口类型及数量等方面;软件系统的功能包括操作系统、语言编译系统、图形支持系统、数据库系统等的配置,产品造型功能、绘图功能、数控编程功能、仿真分析功能、产品数据管理功能等。这些都是评价软件性能的关键技术指标,直接关系到产品开发的质量和效率。总体上,应选择主流的、具有发展前景的软硬件系统。②外设配置。包括键盘、鼠标、扫描仪、坐标测量机等输入设备,打印机、绘图仪等输出设备。需要考虑的因素有输入/输出的精度、速度和工作范围等。③专业应用软件。根据特定的产品开发需求进行配置。

(2) 系统的开放性有以下几个方面的含义:①开发系统应独立于制造厂商,具有符合国际标准的应用环境,能为各种应用软件提供互操作性和可移植性的操作平台。②系统应具有良好的兼容性,与企业已有的计算机环境兼容,并与其他软件、数据及信息系统之间实现信息交互和共享。

(3) 系统的可扩展能力。考虑应用规模的扩大,数字化开发系统应具有升级和扩展能力,保证原有系统能在新的系统中继续应用,保护用户的投资不受损失。

(4) 考虑系统的可靠性与可维护性。可靠性是指产品在规定的时间内完成规定任务的能力。可靠性有以下几个主要指标:①可靠度,是产品在规定时间内完成规定任务的概率,可靠度越高,系统性能越好。②平均无故障工作时间(Mean Time Between Failure, MTBF)越大,系统性能越好。③平均修复时间(Mean Time To Repair, MTTR)越小,系统性能越好。

系统维护对于数字化开发系统具有重要意义。可维护性是指系统纠正错误或故障以及为满足新的需要改变原有系统的难易程度。据统计,软件的维护阶段约占整个生命周期的67%以上。维护工作是否完善、有效,决定了整个系统的运行效果。软件升级也是系统维护的重要内容。在采购相关软硬件系统时,应关注计算机软硬件、相关装备及其附件的质保期、质保条款和售后服务承诺等,以减少系统后续使用中的麻烦。就具体的数字化开发系统而言,不仅要求系统自身的质量好,还要求供应商有完善的维护手段和服务机构,为用户提供有效的技术支持、培训、故障检修和技术文件。此外,销售商还应具备工程应用方面的知识和实际应用经验,从而将数字化开发技术转化为现实的生产力。

(5) 第三方软件的支持,数字化开发系统的应用范围日益广泛,商品化程度高、技术实力雄厚、大用户群的应用系统必然得到第三方的支持,有利于不断增强系统功能。第三方支持越多,表明系统越成熟,从而成为市场主流。

(6) 供应商的经营状况和发展趋势,与计算机技术一样,数字化开发技术的发展日新月异,相关产品供应商之间的竞争非常激烈,兼并、收购的现象层出不穷。供应商的培训、服务和技术支持是系统正常使用的重要保证,在系统的使用初期更是如此。选择价格适中、技术先进、实力雄厚和经营状况良好的供应厂商,是系统正常使用、维护和升级的基本保证。

3. 数字化开发系统选型的步骤

(1) 需求分析。

在了解国内外主要数字化开发系统特点的基础上,对本企业所需开发系统、开发环境的性能要求做出分析;对各种需求方案的适用性、风险、收益和投资偿还等进行研究,对企业内产品设计、仿真和制造等环节的分工、协调和安排等。

(2) 性能评估。

数字化开发系统的性能评估大致包括以下内容:
①系统功能和性价比。包括:绘图功能、几何造型功能、曲面设计功能、实体造型功能、工程分析功能、产品数据管理功能、系统的集成性等。②系统的适用性。③系统的质量和可靠性。④系统的环境适应能力。⑤软件的工程化水平。

(3) 编写需求建议书。

需求建议书应包括以下内容:①企业对产品数字化的总体功能要求。②对软硬件设备的规格要求,包括计算机及其外设(如 CPU、内存、磁盘、光盘、显示器、扫描仪、打印机、绘图仪等)、坐标测量设备、测试设备、制造设备等。③系统对运行环境的要求。④系统对技术人员知识领域及素质的要求。⑤企业所需的技术支持和生产维护要求,系统检查验收要求,系统交付时间及运输、安装要求等。⑥产品应用培训及培训文档。

2.4 数字化测量系统

数字化测量技术就是利用各种物理、化学效应,选择合适的方法和装置,将生产、科研、生活中的有关信息转变为可以度量的数字、数据,再以这些数字、数据建立起适当的数字化模型,通过计算机进行处理,赋予定性或定量结果的过程。

从测量原理来看,检测技术已经由当初的接触式测量扩展到非接触测量以及复合式测量。从被动走向主动,从单一走向多样,从点到面,扩展到空间,进而构建一个检测数字化的网络。检测系统正朝着数字化、网络化、柔性化、精密化方向发展,从离线走入在线和实时,形成全时、全程的全天候检测态势。各种数字化的检测工艺及系统推陈出新,如激光扫描测量、影像测量、照相测量等。以三坐标测量机为主的数字化检测系统,作为提高产品质量的重要手段以及逆向工程技术必备条件,为数字化设计与制造技术提供了一种先进的、全新的解决方案。

数字化测量技术是综合利用机电技术、计算机技术、控制及软件技术而发展起来的一项新技术,其特点是测量精度高、测量柔性好、测量效率较高,尤其是对复杂零件的检测,更是传统测量方法所无法比拟的。

2.4.1 数字化测量设备

1. 坐标测量法

坐标测量法是以点的坐标位置为基础的笛卡尔坐标测量法,它分为一维、二维和三维测量。

坐标测量机是一种典型的坐标测量法测量仪器。三坐标测量机(Coordinate Measuring

Machine,CMM)是基于坐标测量的通用化数字测量设备,它是由三个运动导轨,按笛卡尔坐标系组成的具有三维测量功能的测量仪器,如图2.9所示。它的基本原理是将被测零件放入它容许的测量空间,将各被测几何元素的测量转化为对这些几何元素上一些点集坐标位置的测量,在测得这些坐标后,根据这些点的空间坐标值,经过数学处理求出其尺寸和形位误差。并结合数据处理软件拟合形成测量元素,如圆、球、圆柱、曲面等。

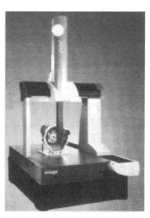

图2.9 三坐标测量机

2. "机器视觉"测量法

"机器视觉"测量法又称图像检测技术,它是将被测对象的图像作为信息的载体,从中提取有用的信息来达到测量的目的。此测量法具有非接触、高速度、测量范围大、获得的信息丰富等优点。

机器视觉测量系统通过电荷耦合器件(Charge Coupled Device,CCD)摄像头与光学系统、数字处理系统的结合,可实现不同的检测要求,如图2.10所示。CCD元件可理解为一个由感光像素组成的点阵。因此,面阵CCD的每个像素都一一对应了被测对象的二维图像特征,即通过对像素点成像结果的分析可以间接分析对象的图像特征。

3. 激光跟踪测量系统

激光跟踪测量系统是工业测量系统中一种高精度的大尺寸测量仪器,如图2.11所示。它集合了激光干涉测距技术、光电探测技术、精密机械技术、计算机及控制技术、现代数值计算理论等各种先进技术,对空间运动目标进行跟踪并实时测量目标的空间三维坐标。它具有高精度、高效率、实时跟踪测量、安装快捷、操作简便等特点,适合于大尺寸工件配装测量。

激光跟踪测量系统基本都是由激光跟踪头(跟踪仪,如图2.12所示)、控制器、用户计算机、反射器(靶镜)及测量附件等组成。

激光跟踪测量系统的工作基本原理是在目标点上安置一个反射器,跟踪头发出的激光射到反射器上,又返回到跟踪头,当目标移动时,跟踪头调整光束方向来对准目标。同时,返回光束为检测系统所接收,用来测算目标的空间位置。简单地说,激光跟踪测量系统所要解决的问题是静态或动态地跟踪一个在空间中运动的点,同时确定目标点的空间坐标。

激光跟踪仪是一台以激光为测距手段,配以反射标靶的仪器,它同时配有绕两个轴转动的测角机构,形成一个完整球坐标测量系统。可以用它来测量静止目标,跟踪和测量移动目标或它们的组合。

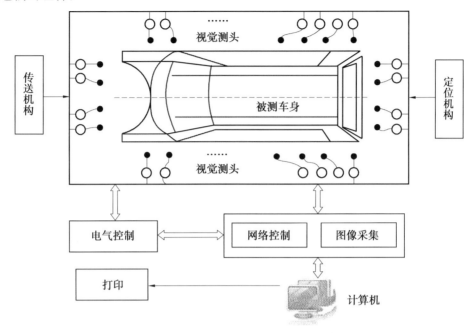

图 2.10 机器视觉测量系统

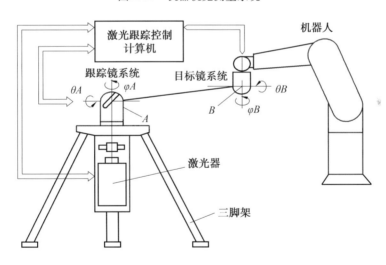

图 2.11 激光跟踪测量系统

2.4.2 三坐标测量机的使用

三坐标测量机是典型的现代数字化仪器设备。三坐标测量机的功能是快速准确地评价尺寸数据,为操作者提供关于生产过程状况的有用信息。其测量功能涵盖了几乎所有的普通尺寸测量、数据处理、外形分析等现代测量任务。三坐标测量机是现代数字化设计逆向工程流程中获得产品三维数字化(点云/特征)数据,对测量数据进行处理,将实物转变为 CAD 模型相关的关键数字化技术设备。

图 2.12　激光跟踪仪

1. 三坐标测量机的组成及测量方式

三坐标测量机是典型的机电一体化设备,它由机械系统、电气系统、测头系统以及计算机和软件系统四大部分组成,如图 2.13 所示。

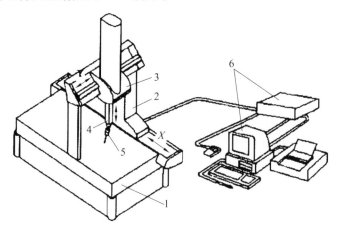

图 2.13　三坐标测量机的组成

1—工作平台;2—移动桥架;3—中央滑架;4—Z 轴;5—测头;6—电气和软件系统

机械系统:一般由三个正交的直线运动轴构成。X 向导轨系统装在工作台上,移动桥架横梁是 Y 向导轨系统,Z 向导轨系统装在中央滑架内。三个方向轴上均装有光栅尺用以度量各轴位移值。

电气系统:除机械系统外,三坐标测量系统中的光栅尺、光栅读数头、数据采集卡、自动系统的运动控制卡、接口箱、电缆线、电机等构成了三坐标测量机的电气系统。

测头系统:测头系统是三坐标测量机的数据采集器,其作用是获取当前坐标位置的信息。测头系统按其组成有机械式测头和电气式测头两种。

计算机和软件系统:一般由计算机、数据处理软件系统组成,用于获得被测点的坐标数据,并对数据进行计算处理。

三坐标测量机就是在三个相互垂直的方向上有导向机构、测长元件、数显装置,有一个能够放置工件的工作台(大型和巨型不一定有),测头可以以手动或机动方式轻快地移动到被测点上,由读数设备和数显装置把被测点的坐标值显示出来的一种测量设备。显然这是最简单、最原始的测量机。有了这种测量机后,在测量的被测物体上任意一点的坐标值都可通过读数装置和数显装置显示出来。测量机的采点发讯装置是测头,在沿 X、Y、Z 三个轴的方向装有光栅尺和读数头。其测量过程就是当测头接触工件并发出采点信号时,由控制系统去采集当前机床三轴坐标相对于机床原点的坐标值,再由计算机系统对数据进行处理。

2. 三坐标测量机测量方式

三坐标测量机(CMM)的测量方式通常可分为接触式测量、非接触式测量和接触与非接触并用式测量。其中,接触式测量方式常用于机加工产品、压制成型产品、金属膜等的测量。为了分析工件加工数据,或为逆向工程提供工件原始信息,经常需要用三坐标测量机对被测工件表面进行数据点扫描。本书以 FOUNCTION-PRO 型三坐标测量机为例,介绍三坐标测量机的几种常用扫描方法及其操作步骤。

三坐标测量机的扫描操作是应用 PC DMIS 程序在被测物体表面的特定区域内进行数据点采集,该区域可以是一条线、一个面片、零件的一个截面、零件的曲线或距边缘一定距离的周线等。扫描类型与测量模式、测头类型以及是否有 CAD 文件等有关,控制屏幕上的"扫描"(Scan)选项由状态按钮(手动/DCC)决定。

若采用 DCC 方式测量,又有 CAD 文件,则可供选用的扫描方式有"开线"(Open Linear)、"闭线"(Closed Linear)、"面片"(Patch)、"截面"(Section)和"周线"(Perimeter)扫描。

若采用 DCC 方式测量,而只有线框型 CAD 文件,则可选用"开线"(Open Linear)、"闭线"(Closed Linear)和"面片"(Patch)扫描方式。

若采用手动测量模式,则只能使用基本的"手动触发扫描"(Manul TTP Scan)方式。

若采用手动测量方式并使用刚性测头,则可用选项为"固定间隔"(Fixed Delta)、"变化间隔"(Variable Delta)、"时间间隔"(Time Delta)和"主体轴向扫描"(Body Axis Scan)的方式。

下面详细介绍在 DCC 状态下,进入"功能"(Utility)菜单选取"扫描"(Scan)选项后可供选择的五种扫描方式。

(1)开线扫描(Open Linear Scan)。

开线扫描是最基本的扫描方式。测头从起始点开始,沿一定方向并按预定步长进行扫描,直至终止点。开线扫描可分为有、无 CAD 模型两种情况。

①无 CAD 模型。如被测工件无 CAD 模型,首先输入边界点(Boundary Points)的名义值。打开对话框中的"边界点"选项后,先点击"1",输入扫描起始点数据;然后双击"D",输入方向点(表示扫描方向的坐标点)的新的 X、Y、Z 坐标值;最后双击"2",输入扫描终点数据。

然后输入步长。在"扫描"对话框(Scan Dialog)中"方向 1 技术"(Direction 1 Tech)栏中的"最大"(Max Inc)栏中输入一个新步长值。

最后检查设定的方向矢量是否正确,该矢量定义了扫描开始后第一测量点表面的法矢、截面以及扫描结束前最后一点的表面法矢。当所有数据输入完成后点击"创建"。

②有 CAD 模型。如被测工件有 CAD 模型,开始扫描时用鼠标左键点击 CAD 模型的相应表面,PC DMIS 程序将在 CAD 模型上生成一点并加标记"1"表示为扫描起始点;然后点击下一点定义扫描方向;最后点击终点(或边界点)并标记为"2"。在"1"和"2"之间连线。对于每一所选点,PC DMIS 已在对话框中输入相应坐标值及矢量。确定步长及其他选项(如安全平面、单点等)后,点击"测量",然后点击"创建"。

(2)闭线扫描(Closed Linear Scan)。

闭线扫描方式允许扫描内表面或外表面,它只需"起点"和"方向点"两个值(PC DMIS 程序将起点也作为终点)。

①数据输入操作。双击边界点"1",在编辑对话框中输入位置;双击方向点"D",输入坐标值;选择扫描类型("线性"或"变量"),输入步长,定义触测类型("矢量""表面"或"边缘");双击"初始矢量",输入第"1"点的矢量,检查截面矢量;键入其他选项后,点击"创建"。

也可使用坐标测量机操作盘触测被测工件表面的第一测点,然后触测方向点,PC DMIS 程序将把测量值自动放入对话框,并自动计算初始矢量。选择扫描控制方式、测点类型及其他选项后,点击"创建"。

②有 CAD 模型的闭线扫描。如被测工件有 CAD 模型,测量前确认"闭线扫描";首先点击表面起始点,在 CAD 模型上生成符号"1"(点击时表面和边界点被加亮,以便选择正确的表面);然后点击扫描方向点;PC DMIS 将在对话框中给出所选位置点相应的坐标及矢量;选择扫描控制方式、步长及其他选项后,点击"创建"。

(3)面片扫描(Patch Scan)。

面片扫描方式允许扫描一个区域而不再是扫描线。应用该扫描方式至少需要四个边界点信息,即开始点、方向点、扫描长度和扫描宽度。PC DMIS 可根据基本(或缺省)信息给出的边界点 1、2、3 确定三角形面片,扫描方向则由 D 的坐标值决定;若增加了第四或第五个边界点,则面片可以为四边形或五边形。

采用面片扫描方式时,在复选框中选择"闭线扫描",表示扫描一个封闭元素(如圆柱、圆锥、槽等),然后输入起始点、终止点和方向点。终止点位置表示扫描被测元素时向上或向下移动的距离;用起始点、方向点和起始矢量可定义截平面矢量(通常该矢量平行于被测元素)。现以创建四边形面片为例,介绍面片扫描的几种定义方式:

①键入坐标值方式。双击边界点"1",输入起始点坐标值 X、Y、Z;双击边界方向点"D",输入扫描方向点坐标值;双击边界点"2",输入确定第一方向的扫描宽度;双击边界点"3",输入确定第二方向的扫描宽度;点击"3",然后按"添加"按钮,对话框给出第四个边界点;双击边界点"4",输入终止点坐标值;选择扫描所需的步长(各点间的步距)和最大步长(1、2 两点间的步长)值后,点击"创建"。

②触测方式。选定"面片扫描"方式,用坐标测量机操作盘在所需起始点位置触测第一点,该点坐标值将显示在"边界点"对话框的"#1"项内;然后触测第二点,该点代表扫描第一方向的终止点,其坐标值将显示在对话框的"D"项内;然后触测第三点,该点代表扫描面片宽度,其坐标值将显示在对话框的"#3"项内;点击"3",选择"添加",可在清单上添加第四点;触测终止点,将关闭对话框。最后定义扫描行距和步长两个方向数据;选择扫描触测类

型及所需选项后,点击"创建"。

③CAD 曲面模型方式。该扫描方式只适用于有 CAD 曲面模型的工件。首先选定"面片扫描"方式,左键点击 CAD 工作表面;加亮"边界点"对话框中的"1",左键点击曲面上的扫描起始点;然后加亮"D",点击曲面定义方向点;点击曲面定义扫描宽度(#2);点击曲面定义扫描上宽度(#3);点击"3",选择"添加",添加附加点"4",加亮"4",点击定义扫描终止点,关闭对话框。定义两个方向的步长及选择所需选项后,点击"创建"。

(4)截面扫描(Section Scan)。

截面扫描方式仅适用于有 CAD 曲面模型的工件,它允许对工件的某一截面进行扫描,扫描截面既可沿 X、Y、Z 轴方向,也可与坐标轴成一定角度。通过定义步长可进行多个截面扫描。可在对话框中设置截面扫描的边界点。按"剖切 CAD"转换按钮,可在 CAD 曲面模型内寻找任何孔,并可采用与开线扫描类似方式定义其边界线,PCDMIS 程序将使扫描路径自动避开 CAD 曲面模型中的孔。按用户定义表面剖切 CAD 的方法为:进入"边界点"选项;进入"CAD 元素选择"框;选择表面;在不清除"CAD 元素选择"框的情况下,选择"剖切CAD"选项。

此时 PC DMIS 程序将切割所选表面寻找孔。若 CAD 曲面模型中无定义孔,就没有必要选"剖切 CAD"选项,此时 PC DMIS 将按定义的起始、终止边界点进行扫描。对于有多个曲面的复杂 CAD 图形,可对不同曲面分组剖切,将剖切限制在局部 CAD 曲面模型上。

(5)边界扫描(Perimeter Scan)。

边界扫描方式仅适用于有 CAD 曲面模型的工件。该扫描方式采用 CAD 数学模型计算扫描路径,该路径与边界或外轮廓偏置一定距离(由用户选定)。创建边界扫描时,首先选定"边界扫描"选项;若为内边界扫描,则在对话框中选择"内边界扫描";选择工作曲面时,启动"选择"复选框,每选一个曲面则加亮一个,选定所有期望曲面后,退出复选框;点击表面确定扫描起始点;在同一表面上点击确定扫描方向点;点击表面确定扫描终止点,若不给出终止点,则起始点即为终止点;在"扫描构造"编辑框内输入相应值(包括"增值""CAD 公差"等);选择"计算边界"选项,计算扫描边界;确认偏差值正确后,按"产生测点"按钮,PC DMIS 程序将自动计算执行扫描的理论值;点击"创建"。

3. 应用要点

(1)应根据被测工件的具体特点及建模要求合理选用适当的扫描测量方式,以达到提高数据采集精度和测量效率的目的。

(2)为便于测量操作和测头移动,应合理规划被测工件装夹位置;为保证造型精度,装夹工件时应尽量使测头能一次完成全部被测对象的扫描测量。

(3)扫描测量点的选取应包括工件轮廓几何信息的关键点,在曲率变化较明显的部位应适当增加测量点。

2.5 数字化加工系统

机械加工是指通过一种机械设备对工件的外形尺寸或性能进行改变的过程。按加工方式上的差别可分为切削加工和压力加工。

传统的机械加工需要的机械设备叫作机床,有数显铣床、数显成型磨床、数显车床、电火花机、万能磨床、加工中心、激光焊接、中走丝、快走丝、慢走丝、外圆磨床、内圆磨床、精密车床等，可进行精密零件的车、铣、刨、磨等加工，此类机械擅长精密零件的车、铣、刨、磨等加工，可以加工各种不规则形状零件，加工精度可达 2 μm。

机床数控技术定义为"用数字信号对机床的运动及加工过程进行控制的一种方法"，简称数控技术。

数控机床就是指采用数字控制技术对机床的加工过程进行自动控制的机床，是一种典型的机、电、液、气、光高度一体化的产品。

在数控技术中引进计算机技术，称为计算机数控系统，简称 CNC。CNC 具有柔性好、功能强、可靠性高、经济性好以及易于实现机电一体化等特点，使数控技术在质的方面完成了一次飞跃。

工业机器人是面向工业领域的多关节机械手或多自由度的机器人，是自动执行工作的机器装置，是靠自身动力和控制能力来实现各种功能的一种机器。它可以接受人类指挥，也可以按照预先编排的程序运行，现代的工业机器人还可以根据人工智能技术制定的原则纲领行动。

快速成型机可以根据零件的形状，每次制作一个具有一定微小厚度和特定形状的截面，然后再把它们逐层黏结起来，就得到了所需制造的立体的零件。当然，整个过程是在计算机的控制下，由快速成型系统自动完成的。不同公司制造的 RP 系统所用的成型材料不同，系统的工作原理也有所不同，但其基本原理都是一样的，那就是"分层制造、逐层叠加"。这种工艺可以形象地叫作"增长法"或"加法"。

3D 打印机又称三维打印机(3DP)，是一种累积制造技术，即快速成型技术的一种机器，它是一种以数字模型文件为基础，运用特殊蜡材、粉末状金属或塑料等可黏合材料，通过打印一层层的黏合材料来制造三维的物体。

2.5.1 数控机床的组成及其分类

数控机床加工零件时，首先将加工零件的几何信息和工艺信息编制成加工程序，由输入部分送入数控装置，经过数控装置的处理、运算，按各坐标轴的分量送到各轴的驱动电路，经过转换、放大后驱动伺服电动机，带动各轴运动，并进行反馈控制，使刀具与工件及其他辅助装置严格地按照加工程序规定的顺序、轨迹和参数有条不紊地工作，从而加工出零件的全部轮廓。

1. 数控机床的组成

数控机床一般由控制介质、输入输出装置、数控装置、伺服系统、测量反馈装置和机床主机组成。

(1)控制介质。

控制介质是存储数控加工所需要的全部动作和刀具相对于工件位置信息的媒介物，又称信息载体，它记载着零件的加工程序。数控机床中，常用的存储介质有穿孔带(也称数控带)、穿孔卡片、磁带和磁盘等。在数控机床产生的初期，人们使用的是 8 单位(8 孔)穿孔纸带，并规定了标准信息代码 ISO(国际标准化组织制定)和 EIA(美国电子工业协会制定)两种代码。尽管穿孔纸带趋于淘汰，但是规定的标准信息代码仍然是数控程序编制、制备存储介质唯一遵守的标准。

（2）输入输出装置。

输入、输出装置主要实现加工信息的输入、显示、存储和打印，是机床与外部设备的接口，目前输入装置主要有纸带阅读机、软盘驱动器、RS-232C 串行通信口、MDI 方式等。

（3）数控装置。

数控装置是数控机床的核心，现代数控机床都采用计算机数控装置，即 CNC 装置。它包括微型计算机的电路、各种接口电路、CRT 显示器、键盘、可编程逻辑控制器 PLC 等硬件以及相应的软件。数控装置能完成信息的输入、存储、变换、插补运算以及实现各种控制功能。

（4）伺服系统。

伺服系统是接收数控装置的指令，驱动机床执行机构运动的驱动部件，是数控系统和机床本体之间的电传动联系环节。包括主轴驱动单元（主要是速度控制）、进给驱动单元（主要有速度控制和位置控制）、主轴电机和进给电机等。一般来说，数控机床的伺服驱动系统，要求有好的快速响应性能，以及能灵敏而准确地跟踪指令功能。现在常用的是直流伺服系统和交流伺服系统，而交流伺服系统正在逐渐取代直流伺服系统。

（5）测量反馈装置。

该装置可以包括在伺服系统中，它由检测元件和相应的电路组成，其作用是检测速度和位移，并将信息反馈回来，构成闭环控制。没有测量反馈装置的系统称为开环系统。常用的测量元件有脉冲编码器、旋转变压器、感应同步器、光栅和容栅等传感器。

（6）机床主机。

机床主机是指数控机床机械结构实体。它与传统的普通机床相比较，同样由主传动机构、进给传动机构、工作台、床身以及立柱等部分组成，但数控机床的整体布局、外观造型、传动机构、刀具系统及操作机构等方面都发生了很大的变化，这些变化是为了满足数控技术的要求和充分发挥数控机床的特点。

2. 数控机床的分类

数控机床品种繁多，功能各异，为了更好地研究数控机床，可以从不同的角度来进行分类。

（1）按运动轨迹分类。

①点位控制数控机床。

这类数控机床的数控装置只要求精确地控制一个坐标点到另一个坐标点的定位精度，而不管从一点到另一点是按照什么轨迹运动，在移动过程中不进行任何加工。为了精确定位和提高生产率，首先系统高速运行，然后进行 1~3 级减速，使之慢速趋近定位点，减小定位误差。这类数控机床主要有数控钻床、数控坐标镗床、数控冲床和数控测量机等。

②直线控制数控机床。

这类数控机床不仅要求具有准确的定位功能，而且要求从一点到另一点之间按直线运动进行切削加工，其路线一般是由和各轴线平行的直线段组成（也包括 45°的斜线）。运动时的速度是可以控制的，对于不同的刀具和工件，可以选择不同的切削用量。这一类数控机床包括：数控车床、数控磨床、数控镗铣床、加工中心等，其数控装置的控制功能比点位系统复杂，不仅控制直线运动轨迹，还控制进给速度及自动循环加工等功能。这些机床有两个到三个可控轴,但同时控制轴只有一个。

③轮廓控制的数控机床。

这类数控机床的数控装置能同时控制两个或两个以上坐标轴,具有插补功能;对位移和速度进行严格的不间断的控制;具有轮廓控制功能,即可以加工曲线或者曲面零件。轮廓控制数控机床包括二坐标及二坐标以上的数控铣床,可加工曲面的数控车床、加工中心等。如图 2.14 所示,现代数控机床绝大部分都具有二坐标或二坐标以上联动的功能。

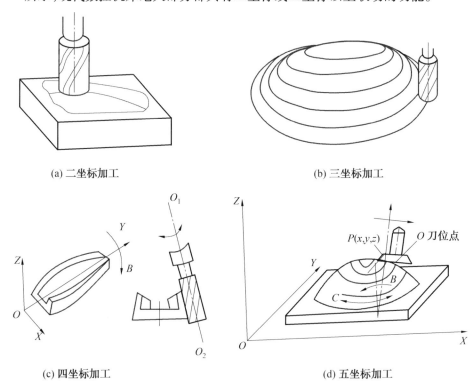

图 2.14 坐标加工示意图

(2)按伺服控制系统分类。

①开环控制数控机床。

②闭环控制数控机床。

③半闭环控制数控机床。

(3)按工艺用途分类。

①金属切削类数控机床。

②金属成型类数控机床。例如,数控折弯机、数控弯管机、数控回转头压力机等。

③数控特种加工及其他类型数控机床。例如,数控线切割机床、数控电火花加工机床、数控激光切割机床、数控火焰切割机、数控三坐标测量机等。

(4)按照功能水平分类。

可以把数控机床分为高、中、低(经济型)档三类。这种分法没有一个确切的定义,但可以给人们一个清晰的一般水平概念。数控机床水平的高低由主要技术参数、功能指标和关键部件的功能水平来决定。以下几个方面可作为评价数控机床档次的参考条件。

①分辨率和进给速度。

分辨率为 10 μm,进给速度为 8~15 m/min 为低档;分辨率为 1 μm,进给速度为 15~24 m/min 为中档;分辨率为 0.1 μm,进给速度为 15~100 m/min 为高档。

②多坐标联动功能。

低档数控机床最多联动轴数为 2~3,中、高档轴数则为 3 及以上。

③显示功能。

④通信功能。

⑤主中央处理单元 CPU(Central Processing Unit)。

3. 常见的数控机床

数控机床是在普通机床的基础上发展起来的,各种类型的数控机床基本上起源于同类型的普通机床,从应用角度出发,常见数控机床有以下几种。

(1)数控车床。

数控车床分为立式数控车床和卧式数控车床。立式数控车床用于回转直径较大的盘类零件的车削加工,卧式数控车床用于轴向尺寸较长或小型盘类零件的车削加工。相对而言,卧式数控车床的结构形式多、加工功能丰富而且使用面广。

图 2.15 所示为卧式数控车床,其主运动为工件的旋转,进给运动为刀具的纵向、横向移动,它能够加工各种回转成型面。

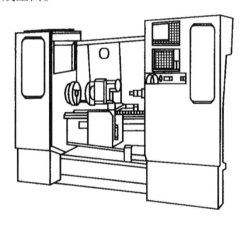

图 2.15 卧式数控车床

(2)数控铣床。

数控铣床按结构形式可以分为立式、卧式和龙门式数控铣床;按控制轴数可以分为三轴、四轴和多轴数控铣床。图 2.16 所示为五轴数控铣床,其主运动为刀具的旋转,进给运动为工件的纵向、横向移动以及刀具的上下移动。此外,工作台和主轴箱可实现 C 向和 B 向的转动进给,它除了可以加工平面、沟槽外,还能够加工复杂的空间曲面。

(3)数控镗床。

镗床是大型箱体零件加工的主要设备,可加工螺纹、外圆和端面等。其分为卧式镗床、落地镗铣床、金刚镗床和坐标镗床等。

①卧式镗床:应用最多、性能最广的一种镗床,适用于单件小批生产和修理车间。

②落地镗床和落地镗铣床:工件固定在落地平台上,适宜于加工尺寸和质量较大的工

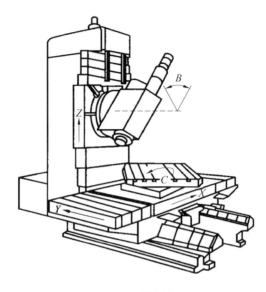

图 2.16　数控铣床

件,用于重型机械制造厂。

③金刚镗床:使用金刚石或硬质合金刀具,以很小的进给量和很高的切削速度镗削精度较高、表面粗糙度较小的孔,主要用于大批量生产中。

④坐标镗床:具有精密的坐标定位装置,适于加工形状、尺寸和孔距精度要求都很高的孔,还可用于画线、坐标测量和刻度等工作,用于工具车间和中小批量生产中。

其他类型的镗床还有立式转塔镗铣床、深孔镗床和汽车、拖拉机修理用镗床等。

金刚镗床是主要用镗刀对工件已有的预制孔进行镗削的机床。通常,镗刀旋转为主运动,镗刀或工件的移动为进给运动。它主要用于加工高精度孔或一次定位完成多个孔的精加工,此外还可以从事与孔精加工有关的其他加工面的加工。使用不同的刀具和附件还可进行钻削、铣削、切削,它的加工精度和表面质量要高于钻床。如图 2.17 所示为数控卧式镗床。

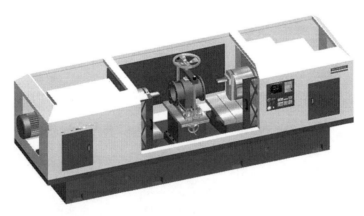

图 2.17　数控卧式镗床

(4)加工中心。

加工中心可分为车削加工中心和铣削加工中心。图 2.18 所示为立式加工中心,其主轴处于垂直位置，它能完成铣削、镗削、钻削、攻丝和切削螺纹等工序。立式加工中心最少是三轴二联动，一般可实现三轴三联动，有的可进行五轴、六轴联动控制，以完成复杂零件的加工。立式加工中心适宜加工高度方向尺寸相对较小的工件。一般情况下，立式加工中心除底部不能加工外，其余五个面都可以用不同的刀具进行轮廓和表面加工。

图 2.19 所示为卧式加工中心，其主轴处于水平位置。一般的卧式加工中心有 3～5 个坐标轴，而且常配有 1 个回转轴。卧式加工中心的结构比立式加工中心更加复杂，体积和占地面积也较大，而且价格较高。卧式加工中心适宜加工有多个加工面的大型零件或高度尺寸较大的零件。

经济型数控是相对于标准数控而言的，不同时期，不同国家含义是不一样的。经济型数控是根据实际机床的使用要求，合理地简化系统功能、降低成本的产物。区别于经济型数控，把功能比较齐全的数控系统称为全功能数控，或称为标准型数控。

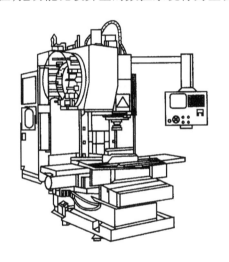

图 2.18　立式加工中心

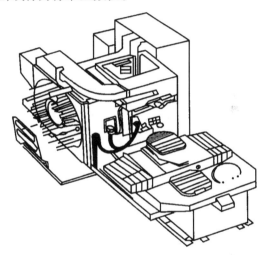

图 2.19　卧式加工中心

2.5.2　工业机器人

20 世纪 50 年代末，美国在机械手和操作机的基础上，采用伺服机构和自动控制等技术，研制出有通用性的独立的工业用自动操作装置，并将其称为工业机器人。

20 世纪 60 年代初，美国研制成功两种工业机器人，并很快在工业生产中得到应用；1969 年，美国通用汽车公司用 21 台工业机器人组成了焊接轿车车身的自动生产线。此后，各工业发达国家都很重视研制和应用工业机器人。

由于工业机器人具有一定的通用性和适应性，能适应多品种中、小批量的生产，20 世纪 70 年代起，常与数字控制机床结合在一起，成为柔性制造单元或柔性制造系统的组成部分。

当今工业机器人技术正逐渐向着具有行走能力、具有多种感知能力、具有较强的对作业环境的自适应能力的方向发展。对全球机器人技术的发展最有影响的国家是美国和日本。美国在工业机器人技术的综合研究水平上仍处于领先地位，而日本生产的工业机器人在数量、种类方面则居世界首位。

1. 工业机器人的基本组成与结构特点

工业机器人由主体、驱动系统、控制系统和智能系统四个基本部分组成,如图 2.20 所示。

(a) 工业机械手

(b) 象形机器人

图 2.20　工业机器人

主体即机座和执行机构,包括臂部、腕部和手部,有的机器人还有行走机构。大多数工业机器人有 3~6 个运动自由度,其中腕部通常有 1~3 个运动自由度;

驱动系统包括动力装置和传动机构,使执行机构产生相应的动作;常和执行机构联成一体,驱动臂杆完成指定的运动。常用的驱动器有电动机、液压和气功装置等,目前使用最多的是交流伺服电动机。传动机构常用的有谐波减速器、RV 减速器、丝杠、链、带以及其他各种齿轮轮系。

控制系统是按照输入的程序对驱动系统和执行机构发出指令信号,并进行控制。

智能系统是机器人的感受系统,由感知和决策两部分组成。前者主要靠硬件(如各类传感器)实现,后者则主要靠软件(如专家系统)实现。智能系统是目前机器人学中不够完善但发展很快的子系统。

和其他机器设计相比,工业机器人在结构上有很多独特之处,主要可以归纳为以下几点:

(1)工业机器人操作机可以简化成各连杆首尾相接,末端开放的一个开式连杆系(也可能存在部分闭链结构),连杆末端一般无法加以支撑,因而操作机的结构刚度差。

(2)在组成操作机的开式连杆系中,每根连杆都具有独立的驱动器,因而属于主动连杆系。不同连杆之间的运动没有依从关系,操作机的运动更为灵活,但控制起来也更复杂。

(3)连杆驱动转矩在运动过程中的变化规律比较复杂,连杆的驱动属于伺服控制型,对机械传动系统的刚度、间隙和运动精度都有较高的要求。

(4)连杆的受力状态、刚度条件和动态性能都随位姿的改变而变化,因此容易发生振动或其他不稳定现象。

2. 工业机器人的分类

目前还没有统一的工业机器人的分类标准,根据工业机器人的结构和设计使用过程分为不同的类别。

(1)工业机器人按臂部的运动形式分为四种,如图2.21所示。

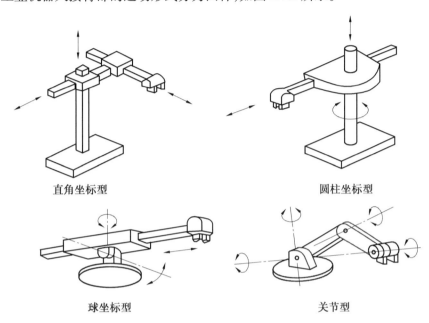

图 2.21　机器人基本结构

直角坐标型的臂部可沿三个直角坐标移动;圆柱坐标型的臂部可做升降、回转和伸缩动作;球坐标型的臂部能回转、俯仰和伸缩;关节型的臂部有多个转动关节。

(2)工业机器人按执行机构运动的控制机能分点位型和连续轨迹型。

点位型只控制执行机构由一点到另一点的准确定位,适用于机床上下料、点焊和一般的搬运、装卸等作业;连续轨迹型可控制执行机构按给定的轨迹运动,适用于连续焊接和涂装等作业。

(3)工业机器人按程序输入方式区分有编程输入型和示教输入型两类。

编程输入型是将计算机上已编好的作业程序文件,通过 RS232 串口或者以太网等通信方式传送到机器人控制柜。

示教输入型的示教方法有两种:一种是由操作者用手动控制器(示教操纵盒)将指令信号传给驱动系统,使执行机构按要求的动作顺序和运动轨迹操演一遍;另一种是由操作者直接领动执行机构,按要求的动作顺序和运动轨迹操演一遍。在示教过程的同时,工作程序的信息自动存入程序存储器中在机器人自动工作时,控制系统从程序存储器中检出相应信息,将指令信号传给驱动机构,使执行机构再现示教的各种动作。示教输入程序的工业机器人称为示教再现型工业机器人。

(4)具有触觉、力觉或简单的视觉的工业机器人,能在较为复杂的环境下工作;如具有识别功能或更进一步增加自适应、自学习功能,即成为智能型工业机器人。它能按照人给的"宏指令"自选或自编程序去适应环境,并自动完成更为复杂的工作。

3. 工业机器人的基本参数和性能指标

表示机器人特性的基本参数和性能指标主要有工作空间、自由度、有效负载、运动精度、运动特性、动态特性等。

(1) 工作空间(Work Space)。

工作空间是指机器人臂杆的特定部位在一定条件下所能到达空间的位置集合。工作空间的性状和大小反映了机器人工作能力的大小。理解机器人的工作空间时，要注意以下几点：

① 通常工业机器人说明书中表示的工作空间指的是手腕上机械接口坐标系的原点在空间能达到的范围，也即手腕端部法兰的中心点在空间所能到达的范围，而不是末端执行器端点所能达到的范围。因此，在设计和选用时，要注意安装末端执行器后，机器人实际所能达到的工作空间。

② 机器人说明书上提供的工作空间往往要小于运动学意义上的最大空间。这是因为在可达空间中，手臂位姿不同时有效负载、允许达到的最大速度和最大加速度都不一样，在臂杆最大位置允许的极限值通常要比其他位置的小些。此外，在机器人的最大可达空间边界上可能存在自由度退化的问题，此时的位姿称为奇异位形，而且在奇异位形周围相当大的范围内都会出现自由度退化现象，这部分工作空间在机器人工作时都不能被利用。

③ 除了在工作空间边缘，实际应用中的工业机器人还可能由于受到机械结构的限制，在工作空间的内部也存在着臂端不能达到的区域，这就是常说的空洞或空腔。空腔是指在工作空间内臂端不能达到的完全封闭空间。而空洞是指在沿转轴周围全长上臂端都不能达到的空间。

(2) 运动自由度。

运动自由度是指机器人操作机在空间运动所需的变量数，用于表示机器人动作灵活程度的参数，一般是以沿轴线移动和绕轴线转动的独立运动的数目来表示。

自由物体在空间有 6 个自由度(3 个转动自由度和 3 个移动自由度)。工业机器人往往是一个开式连杆系，每个关节运动副只有 1 个自由度，因此通常机器人的自由度数目就等于其关节数。机器人的自由度数目越多，功能就越强。

目前工业机器人通常具有 4~6 个自由度。当机器人的关节数(自由度)增加到对末端执行器的定向和定位不再起作用时，便出现了冗余自由度。冗余自由度的出现增加了机器人工作的灵活型，但也使控制变得更加复杂。

工业机器人在运动方式上，可以分为直线运动(简记为 P)和旋转运动(简记为 R)两种，应用简记符号 P 和 R 可以表示操作机运动自由度的特点，如 RPRR 表示机器人操作机具有四个自由度，从基座开始到臂端，关节运动的方式依次为旋转—直线—旋转—旋转。此外，工业机器人的运动自由度还有运动范围的限制。

(3) 有效负载。

有效负载是指机器人操作机在工作时臂端可能搬运的物体质量或所能承受的力或力矩，表示操作机的负荷能力。机器人在不同位姿时，允许的最大可搬运质量是不同的，因此机器人的额定可搬运质量是指其臂杆在工作空间中任意位姿时腕关节端部都能搬运的最大质量。

(4)运动精度。

机器人机械系统的精度主要涉及位姿精度、重复位姿精度、轨迹精度、重复轨迹精度等。位姿精度是指指令位姿和从同一方向接近该指令位姿时各实到位姿中心之间的偏差。重复位姿精度是指对同一指令位姿从同一方向重复响应 n 次后实到位姿的不一致程度。轨迹精度是指机器人机械接口从同一方向 n 次跟随指令轨迹的接近程度。轨迹重复精度是指对一给定轨迹在同一方向跟随 n 次后实到轨迹之间的不一致程度。

(5)运动特性。

速度和加速度是表示机器人运动特性的主要指标。在机器人说明书中,通常提供了主要运动自由度的最大稳定速度,但在实际应用中单纯考虑最大稳定速度是不够的,还应注意其最大允许加速度。最大加速度则要受到驱动功率和系统刚度的限制。

(6)动态特性。

结构动态参数主要包括质量、惯性矩、刚度、阻尼系数、固有频率和振动模态。

设计时应该尽量减小质量和惯量。对于机器人的刚度,若刚度差,机器人的位姿精度和系统固有频率将下降,从而导致系统动态不稳定;但对于某些作业(如装配操作),适当地增加柔顺性是有利的,最理想的情况是希望机器人臂杆的刚度可调。增加系统的阻尼对于缩短振荡的衰减时间,提高系统的动态稳定性是有利的。提高系统的固有频率,避开工作频率范围,也有利于提高系统的稳定性。

4. 工业机器人在现代数字化制造系统中的应用

工业机器人在工业生产中能代替人做某些单调、频繁和重复的长时间作业,或是危险、恶劣环境下的作业,如在冲压、压力铸造、热处理、焊接、涂装、塑料制品成形、机械加工和简单装配等工序上,以及在原子能工业等部门中,可完成对人体有害物料的搬运或工艺操作。

2.5.3 快速成型机与3D打印机

快速原型制造技术,又叫快速成型技术(简称 RP 技术)。快速成型(RP)技术是 20 世纪 90 年代发展起来的一项先进制造技术,是为制造业企业新产品开发服务的一项关键共性技术,对促进企业产品创新、缩短新产品开发周期、提高产品竞争力有积极的推动作用。自该技术问世以来,已经在发达国家的制造业中得到了广泛应用,并由此产生一个新兴的技术领域。

快速成型机是利用快速成型技术生产产品的机械设备,如图 2.22 所示。不同种类的快速成型系统因所用成型材料不同,成型原理和系统特点也各有不同。如图 2.23 所示,其基本原理都是一样的,那就是"分层制造,逐层叠加",类似于数学上的积分过程。形象地讲,快速成形系统就像是一台"立体打印机"。

RP 技术可以在无须准备任何模具、刀具和工装卡具的情况下,直接接受产品设计(CAD)数据,快速制造出新产品的样件、模具或模型。根据零件的复杂程度,这个过程一般需要 1~7 天的时间。换句话说,RP 技术是一项快速直接地制造单件零件的技术。

因此,RP 技术的推广应用可以大大缩短新产品的开发周期,降低开发成本,提高开发质量。由传统的"去除法"到今天的"增长法",由有模制造到无模制造,这就是 RP 技术对制造业产生的革命性意义。

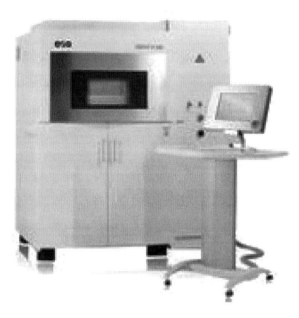

图 2.22　快速成型机

3D 打印机与传统打印机最大的区别在于它使用的"墨水"是实实在在的原材料,堆叠薄层的形式有多种多样,可用于打印的介质种类多样,从繁多的塑料到金属、陶瓷以及橡胶类物质。有些打印机还能结合不同介质,使打印出来的物体一头坚硬一头柔软。

3D 打印是一层层来制作物品,如果想把物品制作得更精细,则需要每层厚度减小;如果想提高打印速度,则需要增加层厚,而这势必影响产品的精度质量。若生产同样精度的产品,同传统的大规模工业生产相比,没有成本上的优势,尤其是考虑到时间成本和规模成本之后。如图 2.23 所示,现阶段 3D 打印机被用来制造产品,用逐层打印的方式来构造物体的技术。

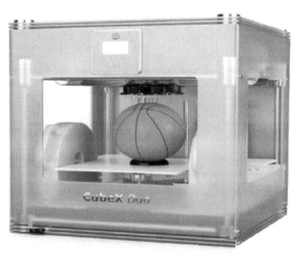

图 2.23　3D 打印机

1. 3D 打印机的工作模式

(1)有些 3D 打印机使用"喷墨"的方式。即使用打印机喷头将一层极薄的液态塑料物质喷涂在铸模托盘上,此涂层被置于紫外线下进行处理,铸模托盘下降极小的距离,以供下一层堆叠上来。

(2)还有的使用一种叫作"熔积成型"的技术,整个流程是在喷头内熔化塑料,然后通过沉积塑料纤维的方式形成薄层。

(3)还有一些系统使用一种叫作"激光烧结"的技术,以粉末微粒作为打印介质。粉末微粒被喷撒在铸模托盘上形成一层极薄的粉末层,熔铸成指定形状,然后由喷出的液态黏合剂进行固化。

(4)有的则是利用真空中的电子流熔化粉末微粒,当遇到包含孔洞及悬臂这样的复杂结构时,介质中就需要加入凝胶剂或其他物质以提供支撑或用来占据空间。这部分粉末不会被熔铸,最后只需用水或气流冲洗掉支撑物便可形成孔隙。

2. 3D 打印机使用过程中的维护

(1)翘边处理方法。

首先调节平台下旋钮使平台降至最低,然后打印机选择设置中的平台校准,在每次喷头下降到校准点时,调节对应平台角的旋钮使平台刚好与喷头接触,照此方法将四个平台角校准一遍,然后进行第二次校准,这次不需要降低平台,只需要对喷头和平台间的距离进行微调使之完美贴合(如果刚刚好就不要调节)。最后确认机器重启。

(2)喷头堵塞处理方法。

通过操作软件把喷头关闭,再移开喷头,使其离开打印中的模型;把原料从喷头上扒开,防止进一步堵塞;把喷嘴残留的塑料清走;开启喷头工作,等喷头里面的塑料融化后会自动喷出;重新把塑料耗材插上喷头。

(3)3D 打印机搁置时的维护工作。

①平台清理。找一块不掉毛的绒布,在上面加上一点点外用酒精或者一些丙酮指甲油清洗剂,轻轻地擦拭,就可将平台清理干净了。

②喷嘴内残料清理。先预热喷头到 220 ℃左右,然后用镊子慢慢将里面的废丝拔出来,或者拆下喷嘴进行彻底清理。

③其他清理。将 3D 打印机机箱下面的垃圾收拾干净,给缺油的部件做好润滑,用干净的布将电机、丝杆等组件上面的油污擦拭干净。

做好以上几点清理后,将机器遮盖好后便可长期存放。设备日常使用过程中,养成良好的保养习惯可延长它的使用时间。

3. 常见 3D 打印机简介

(1)纳米级别打印机。

德国发布了一款迄今为止最高速的纳米级别微型 3D 打印机——Photonic Professional GT。这款 Photonic Professional GT 3D 打印机,能制作纳米级别的微型结构,可以最高的分辨率、快速的打印宽度,打印出不超过人类头发直径的三维物体。

(2)最小的 3D 打印机。

世界上最小的 3D 打印机来自维也纳技术大学,由其化学研究员和机械工程师研制。

这款迷你3D打印机只有大装牛奶盒大小,质量约3.3磅(约1.5千克),造价1 200欧元(约1.1万元人民币)。相比于其他的打印技术,这款3D打印机的成本大大降低。研发人员还在对打印机进行材料和技术的进一步实验,希望能够早日面世。

(3)最大的3D打印机。

华中科技大学史玉升科研团队经过十多年的努力,实现重大突破,研发出全球最大的"3D打印机"。这一"3D打印机"可加工零件长宽最大尺寸均达到1.2米。从理论上说,只要长宽尺寸小于1.2米的零件(高度无须限制),都可通过这部机器"打印"出来。这项技术将复杂的零件制造变为简单的由下至上的二维叠加,大大降低了设计与制造的复杂度,让一些传统方式无法加工的奇异结构制造变得快捷,一些复杂铸件的生产由传统的3个月缩短到10天左右。

大连理工大学参与研发的最大加工尺寸达1.8米的世界最大激光3D打印机进入调试阶段,其采用"轮廓线扫描"的独特技术路线,可以制作大型工业样件及结构复杂的铸造模具。这种基于"轮廓失效"的激光三维打印方法已获得两项国家发明专利。该激光3D打印机只需打印零件每一层的轮廓线,使轮廓线上砂子的覆膜树脂碳化失效,再按照常规方法在180 ℃加热炉内将打印过的砂子加热固化和后处理剥离,就可以得到原型件或铸模。这种打印方法的加工时间与零件的表面积成正比,大大提升了打印效率,打印速度可达到一般3D打印的5~15倍。

(4)彩印3D打印机。

2013年5月上市了彩印3D打印机新产品"ProJet X60"系列。ProJet品牌主要有四种造型方法的装置。其余三种均是使用光硬化性树脂的类型,包括用激光硬化光硬化性树脂液面的类型、从喷嘴喷出光硬化性树脂后照射光进行硬化的类型(这种类型的造型材料还可以使用蜡)、向薄膜上的光硬化性树脂照射经过掩模的光的类型。高端机型ProJet 660Pro和ProJet 860Pro可以使用CMYK(青色、洋红、黄色、黑色)4种颜色的黏合剂,实现600万色以上的颜色的ProJet 260C和ProJet 460Plus使用CMY(青色、洋红、黄色)3种颜色的黏合剂。

(5)3D打印机器人。

2013年11月23日,西安电子科技大学展出3D打印机器人,这是一台远程体感控制服务机器人,最主要的功能是照顾老人。很多老人行动不便,有了机器人助手,只要对着摄像头做出手势,机器人就能模仿动作去做家务。

习 题

1. 数字化开发系统选型包括哪些步骤?
2. 数字化设计与制造系统的软硬件组成是什么?
3. 数字化设计与制造软件的生命周期是什么?
4. 产品二次开发的实现形式包括哪些步骤?

第 3 章 产品数据数字化处理

产品是指能够供给市场,被人们使用和消费,并能满足人们某种需求的任何东西,包括有形的物品、无形的服务、组织、观念或它们的组合。产品一般可以分为五个层次,即核心产品、基本产品、期望产品、附件产品、潜在产品。

数据是信息的载体,是可以被计算机识别存储并加工处理的描述客观事物的信息符号的总称。所有能被输入计算机中,且能被计算机处理的符号的集合,是计算机程序加工处理的对象。客观事物包括数值、字符、声音、图形、图像等,它们本身并不是数据,只有通过编码变成能被计算机识别、存储和处理的符号形式后才是数据。

产品数据在设计初级阶段表示为图表和线图两种基本形式,经过设计人员识得认知后,经过数字化处理,成为产品的数字化制造数据。

产品数据的存储涉及数据结构和数据库技术,一个数据结构是由数据元素依据某种逻辑联系组织起来的。对数据元素间逻辑关系的描述称为数据的逻辑结构。数据必须在计算机内存储,数据的存储结构是数据结构的实现形式,是其在计算机内的表示;此外讨论一个数据结构必须同时讨论在该类数据上执行的运算才有意义。一个逻辑数据结构可以有多种存储结构,且各种存储结构影响数据处理的效率。

产品数据的加工处理,形成数字化制造设备可以使用的指令数据和模型。

3.1 产品数据的表达

在生产和管理过程中,产品数据有很多种表示类型。在数字化设计与制造领域,产品表示为数据表和线图两种基本形式,经过数字化表示的过程转化,转变为某种可以被数控设备识得的数据类型。

在产品设计过程中,涉及产品的数据的数字化会遇到产品的曲线和曲面表示的问题,这些构成了产品的参数数据,通过数字化处理后能被作为相应的数字化设计及制造控制软件参数,进而形成制造数据,方便设计人员和制造人员使用。

数据类型是一个值的集合和定义在这个值集上的一组操作的总称。数据类型可分为原子类型和结构类型。一方面,在程序设计语言中,每一个数据都属于某种数据类型。类型明显或隐含地规定了数据的取值范围、存储方式以及允许进行的运算。可以认为,数据类型是在程序设计中已经实现了的数据结构。另一方面,在程序设计过程中,当需要引入某种新的数据结构时,总是借助编程语言所提供的数据类型来描述数据的存储结构。

产品原始数据表达主要有数据表和线图。

1. 数据表

数据表有两种含义,一是指数据库最重要的组成部分之一,二是指电子元件、电子芯片等的数据手册。数据表一般为产品或资料提供一个详细具体的数据资料,方便人们使用和工作时能够清楚方便地获得相应的数据信息。

（1）具有理论或经验计算公式的数表,这类数表一般可以用一个或者一组计算公式表示,在工程设计手册中以表格的形式出现,方便检索和使用。

（2）数据列表,是指按所需的内容项目画成格子,分别填写文字或数字的书面材料,便于统计查看,如表 3.1 所示。

表 3.1　图表样例

数控系统	编程格式	说　明
FANUC	G32 X(U)_ Z(W)_ F_	F 采用旋转进给率,表示螺距
SIEMENS	圆柱螺纹：G33　Z_　K_　SF_ 锥螺纹：G33　Z_　X_　K_ 　　　　G33　Z_　X_　I_ 端面螺纹：G33　X_　I_　SF_	K 为螺距,SF 为起始点偏移量 锥度小于 45°,螺距为 K 锥度大于 45°,螺距为 I
FAGOR	G33 X_ C L Q	X_C5.5 为螺纹终点,L5.5 为螺距,Q3.5 表示多头螺纹时的主轴角度
HNC—21T	G32 X(U)_Z(W)_R_E_P_F_	R、E 为螺纹切削的退刀量,F 为螺纹导程,P 为切削起始点的主轴转角

2. 线图

线图是线路图的一种特殊的表示形式,是按比例绘制的平面布置图或模型。线图既可以表示物料的运转情况,也可以准确地记录工人的生产或非生产的操作情况,如图 3.1 所示。

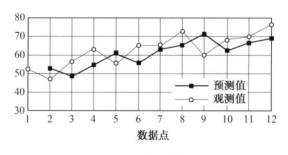

图 3.1　线图样例

3.2　产品数据的数字化处理方法

利用数据表或者线图表示的产品制造数据叫工程数据,需要经过数字化,利用现代的数字化处理办法,得到可以计算机处理的数字、数据,这些数据按照一定的数据结构存储在存储设备中,通过软件处理使这些数字、数据建立起适当的数字化模型。数字化处理方式主要有以下几种。

1. 程序化处理

将数表或线图以某种算法编制成程序,需要使用数据结构技术由软件系统直接调用,特点是:工程数据由直接编入程序,通过调用程序可方便、直接地查取数据,但是数据无法共享,数据更新时必须更新程序。

2. 文件化处理

将数表或线图中的数据存储于独立的数据文件中,在使用时由查阅程序读取数据文件中的数据,这种处理方法将程序与数据分离,可以实现有限的数据共享。

3. 数据库处理

将数表及经离散化处理的线图数据存储于数据库中,数据表的格式与数表、线图的数据格式相同,且与软件系统无关,系统程序可直接访问数据库,数据更新方便,真正实现数据共享。

3.2.1 数表的数字化处理

1. 简单数表的程序化处理

简单数表中的数据多互相独立,处理过程中以数组形式记录数表数据,数组下标与数表中各自变量的位置一一对应,在程序运行时输入自变量,通过循环查得该自变量对应的数组下标,即可在应变量数组中查到对应的数据。

(1) 一维数表程序。

在程序化处理时可以编制一个 C++ 函数,函数定义两个一维数组 type 和 kb,分别记录数表中的"第一行"数据和"第二行"数据,函数输入为数表自变量,查询的数表应变量即为系数的返回值,函数程序如下:

```
Double DataSearch_D(char in_type)
{
char type[5]={'1','2','3','4','5'};
Double kp[5]={1,1.7,2.5,3.3,4.1};
int i;
for (i=0;i<7;i++)
{   if(in_type==type[i])
return kb[i];   }
}
```

(2) 二维数表程序。

二维数表需要两个自变量来确定所需查询的应变量数据,在进行程序处理时,需要定义一个二维数组记录数据表中的信息,以变量 i 和 j 分别表示二维数组中第 i 行第 j 列这个数据的变历,相应的 C++ 函数程序如下:

```
float DataSearch_2D(int int_i, int int_j)
{
float KA[3][3]={{1.00,1.2,5,1.50},{1.2 5,1.50,1.75},{1.75,2.00,2.2 5}};
```

```
int I,j;
for (i=0;i<3;i++)
for (j=0;j<3;j++)
{
if( in_ i = = i&&int_ j= =j)
return KA[i][j];
}
}
```

列表函数数表与简单数表的区别在于:列表函数数表不仅需要查询与自变量对应的应变量的数据,还需要查询每个自变量节点区间内的其他对应值。为此需要采用插值(interpolation)的方法。

2. 列表函数数表的插值处理

插值的基本思想:在若干已知的函数值之间插入计算一些未知的函数值。对应于数表的插值,就是构造某个简单的近似函数作为列表函数的近似表达式,并以近似函数的值作为数表函数的近似值。常用的插值方法包括线性插值、抛物线插值和拉格朗日插值等。

(1)线性插值。

线性插值是数学、计算机图形学等领域广泛使用的一种简单插值方法。

假设我们已知坐标(x_0,y_0)与(x_1,y_1),要得到$[x_0,x_1]$区间内某一位置x在直线上的值。根据图 3.2 中所示,我们得到$(y-y_0)(x-x_0)/(y_1-y_0)(x_1-x_0)$。

假设方程两边的值为α,那么这个值就是插值系数从x_0到x的距离与从x_0到x_1距离的比值。

由于x值已知,所以可以从公式得到α的值,$\alpha=(x-x_0)/(x_1-x_0)$。同样,$\alpha=(y-y_0)/(y_1-y_0)$。这样,在代数上就可以表示为

$$y=(1-\alpha)y_0+\alpha y_1 \text{ 或者 } y=y_0+\alpha(y_1-y_0)$$

这样通过α就可以直接得到y,实际上,即使x不在x_0到x_1之间且α也不是介于0到1之间,这个公式也是成立的。在这种情况下,这种方法叫作线性外插。

已知y求x的过程与以上过程相同,只是x与y要进行交换。

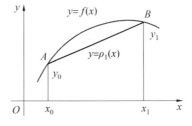

图 3.2 线性插值

(2)抛物线插值法。

抛物线插值法亦称二次插值法,是一种物理学计算方法。逐次以拟合的二次曲线的极小点,逼近原寻求函数极小点的一种方法。具体做法是:设$f(t)$在t_1,t_2,t_3处的函数值依次为$f(t_1),f(t_2)$和$f(t_3)$,用抛物线$f(t)=a_0+a_1t+a_2t^2$拟合$f(t)$,使满足

$$\begin{cases} \varphi(t_1) = a_0 + a_1 t_1 + a_2 t_1^1 = f(t_1) \\ \varphi(t_2) = a_0 + a_1 t_2 + a_2 t_2^2 = f(t_2) \\ \varphi(t_3) = a_0 + a_1 t_3 + a_2 t_3^3 = f(t_3) \end{cases}$$

对 $f(t)$ 求导并令其等于零,解得 $t = -a_l/2az$。由上述方程组得到 a 和 az,将其代入解式便有计算近似极小点的公式:

$$l = 1/2 \frac{\begin{vmatrix} 1 & f(t_1) & t_1^1 \\ 1 & f(t_1) & t_1^1 \\ 1 & f(t_1) & t_1^1 \end{vmatrix}}{\begin{vmatrix} 1 & t_1 & f(t_1) \\ 1 & t_2 & f(t_2) \\ 1 & t_3 & f(t_3) \end{vmatrix}}$$

每次的三点组中,中间点 t_2 的函数值均不大于搜索区间 $[t_1, t_3]$ 的两端点的函数值。逐次迭代,逐步缩小搜索区间。当相继两次迭代的极小点之间的距离小于某一预先给定的距离时,或者当逼近函数的值和原寻求函数的值之差小于某一允许误差时,即可终止迭代。

(3)拉格朗日插值。

拉格朗日插值(Lagrange interpolation)是一种多项式插值,指插值条件中不出现被插函数导数值的插值。若 $n+1$ 个样点($i=0,1,\cdots,n$)满足插值条件称为拉格朗日插值多项式,亦称拉格朗日插值公式。

$$L_n(x_i) = f(x_i) \ (i = 0,1,2,\cdots,n) \text{ 的 } n \text{ 次多项式 } L_n(x) = \sum_{i=n}^{n} f_i l_i(x)$$

3.2.2 线图的数字化处理

以直线或者曲线表示的线图一般存在一定的函数关系,对已知有计算公式(函数)的线图,可以直接将计算公式编入程序,这是最为简便、最为精确的处理方法。

1. 确定计算公式的线图编程处理

在计算机编程的高级语言里,把这些线图的计算公式预先编写成函数,放到函数库里叫作库函数。

用户也可以根据自己的需要编写线图表达函数,建立自己的用户函数库。

库函数是存放在函数库中的函数,要具有明确的功能、入口调用参数和返回值。

函数库是由系统建立的具有一定功能的函数的集合。库中存放函数的名称和对应的目标代码以及连接过程中所需的重定位信息。

头文件有时也称为包含文件。连接程序将编译程序生成的目标文件和头文件连接在一起生成一个可执行文件。

通过建立线图表达语句程序的库函数,调用函数就实现了线图的程序化处理,有了可以处理产品数据的程序,就可以把用图表或者线图表达的产品进行数字化设计与制造,即实现了产品数据的数字化处理与表示。

(1)库函数示例。

我们以 Turbo C 为例简单介绍一下的库函数,详细请见 Turbo C 相关教材。Turbo C 库函数分为九大类。

①I/O 函数。包括各种控制台 I/O、缓冲型文件 I/O 和 UNIX 式非缓冲型文件 I/O 操作。需要的包含文件 stdio.h。

②字符串、内存和字符函数。包括对字符串进行各种操作和对字符进行操作的函数。需要的包含文件 string.h、mem.h、ctype.h 或 string.h。

③数学函数。包括各种常用的三角函数、双曲线函数、指数和对数函数等,如图 3.3 所示。需要的包含文件 math.h。

④时间、日期和与系统有关的函数。对时间、日期的操作和设置计算机系统状态等。需要的包含文件 time.h。

⑤动态存储分配。包括"申请分配"和"释放"内存空间的函数。需要的包含文件 alloc.h 或 stdlib.h。

⑥目录管理。包括磁盘目录建立、查询、改变等操作的函数。

⑦过程控制。包括最基本的过程控制函数。

⑧字符屏幕和图形功能。包括各种绘制点、线、圆、方和填色等的函数。

⑨其他函数。

```
1 三角函数
double sin (double);
double cos (double);
double tan (double);

2 反三角函数
double asin (double);  结果介于[-PI/2, PI/2]
double acos (double);  结果介于[0, PI]
double atan (double);  反正切(主值),结果介于[-PI/2, PI/2]
double atan2 (double, double);  反正切(整圆值),结果介于[-PI/2, PI/2]

3 双曲三角函数
double sinh (double);
double cosh (double);
double tanh (double);

4 指数与对数
double exp (double);
double pow (double, double);
double sqrt (double);
double log (double);  以e为底的对数
double log10 (double);
```

图 3.3　常用数学库函数

语言编译系统应提供的函数库目前尚无国际标准,不同版本的语言具有不同的库函数,用户使用时应查阅有关版本的库函数参考手册。

(2)函数的使用。

在程序中通过对函数的调用来执行函数体,其过程与其他语言的子程序调用相似。

C 语言中,函数调用的一般形式为:

函数名(实际参数表)

对无参函数调用时则无"实际参数表"。实际参数表中的参数可以是常数、变量或其他构造类型数据及表达式。各实际参数之间用逗号分隔。

例如：main( )
{int i=8;
printf("%d\n%d\n%d\n%d\n",++i,--i,i++,i--);} 打印字符串函数调用

库函数与用户程序之间进行信息通信时,要使用的数据和变量在使用某一库函数时都要在程序中嵌入,用#include<库函数名>嵌入该函数对应的头文件。

在程序中用到系统提供的标准函数库中的输入输出函数时,应在程序的开头写上一行：#include"stdio.h"或者是#include<stdio.h>,这样才能调用库函数。二者主要在查找效率上有差别,#include<stdio.h>一般用包含系统文件,它是查找先从系统目录开始查找;#include"stdio.h"一般用包含项目文件,它是查找先从项目目录开始查找。具体加载及调用形式如图3.4所示。

```
#include<stdion.h>
int main ( )
{
printf("programming is fun.");
return 0;
}
```

图3.4　库函数加载及调用

(3)使用须知。

在使用库函数时应清楚地了解以下4个方面的内容：

①函数的功能及所能完成的操作。

②参数的数目和顺序以及每个参数的意义及类型。

③返回值的意义及类型。

④需要使用的包含文件。

2. 不确定线图的编程处理

对于没有给定计算公式或者找不到准确的计算公式的线图,无法直接进行程序化处理,就必须对线图进行相应的处理,常用的线图程序化处理方法有表格化处理和公式化处理两种。

(1)线图的表格化处理。

在线图的横坐标轴上取一系列离散点,对应得到线图上的函数值,得到线图的离散数表,然后按列表函数数表的插值方法处理。

离散点的选取对线图处理的精度有很大关系,通常要求相邻离散点的函数值之差要足够小,以便能更好地拟合线图的真实值。

(2)线图的公式化处理。

将线图转换成数表方法烦琐,处理线图的理想方法是将线图转换为公式。若是直线线图,则直接转化为直线方程;若是曲线线图,则采用曲线拟合的方法求出线图曲线的经验

公式。

插值和拟合都是函数逼近或者数值逼近的重要组成部分,它们的共同点都是通过已知一些离散点集 M 上的约束,求取一个定义在连续集合 S(M 包含于 S)的未知连续函数,从而达到获取整体规律的目的,即通过"窥几斑"来达到"知全豹"。

简单地讲,所谓拟合是指已知某函数的若干离散函数值 $\{f_1,f_2,\cdots,f_n\}$,通过调整该函数中若干待定系数 $f(\lambda_1,\lambda_2,\cdots,\lambda_3)$,使得该函数与已知点集的差别(最小二乘意义)最小。

如果待定函数是线性,就叫线性拟合或者线性回归(主要在统计中),否则叫作非线性拟合或者非线性回归。表达式也可以是分段函数,这种情况下叫作样条拟合。

插值是指已知某函数的在若干离散点上的函数值或者导数信息,通过求解该函数中待定形式的插值函数以及待定系数,使得该函数在给定离散点上满足约束。

插值函数又叫作基函数,如果该基函数定义在整个定义域上,叫作全域基,否则叫作分域基。

如果约束条件中只有函数值的约束,叫作 Lagrange 插值,否则叫作 Hermite 插值。

从几何意义上讲,拟合是给定了空间中的一些点,找到一个已知形式未知参数的连续曲面来最大限度地逼近这些点;而插值是找到一个(或几个分片光滑的)连续曲面来穿过这些点。

根据线图曲线的变化趋势和所要求的拟合精度,构造一个拟合函数 $y=f(x)$ 作为线图曲线函数的近似表达式,并不严格要求通过线图曲线的每个节点,而是尽可能地反映线图曲线的变化趋势。然后利用确定函数的程序化处理方法,进行数字化处理。

3.2.3 产品设计的曲线和曲面表达

曲线、曲面是现代产品设计中主要关注的表达形式,在产品数字化开发建模中成为应用软件形体库的基础和重要研究内容。现代交通工具、家电、家具等产品的设计都要用到复杂的曲线和曲面,以实现产品外形设计的美观和物理性能的优化。此外,新的产品研发与制造技术也不断对曲线、曲面的相关研究提出新的要求。

曲线与曲面建模详见第 4 章。

1. 曲线和曲面的概念

(1)曲线定义。

在直角坐标系中,如果某曲线 C(看作点的集合或适合某种条件的点的轨迹)上的点与一个二元方程 $f(x,y)=0$ 的实数解建立了如下的关系:① 曲线上点的坐标都是这个方程的解;② 以这个方程的解为坐标的点都是曲线上的点。那么,这个方程叫作曲线的方程,这条曲线叫作方程的曲线,如图 3.5 所示。

求曲线方程的步骤如下:
① 建立适当的坐标系;
② 用坐标 (x,y) 表示曲线上的任意一点;
③ 由题设条件列出符合条件的方程式 $f(x,y)=0$;
④ 化简 ③ 中所列出的方程式;
⑤ 验证(审查)所得到的曲线方程是否保证纯粹性和完备性。

这五个步骤可简称为:建系、设点、列式、化简、验证。

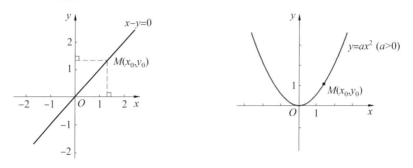

图 3.5 直角坐标系下曲线图

(2) 曲面定义。

曲面是一条动线,在给定的条件下,在空间中连续运动的轨迹。如图 3.6 所示的曲面,是直线 AA_1 沿曲线 $A_1B_1C_1N_1$,且平行于直线 L 运动而形成的。

产生曲线的动线(直线或曲线)称为母线;曲面上任一位置的母线称为素线,控制母线运动的线、面分别称为导线、导面。

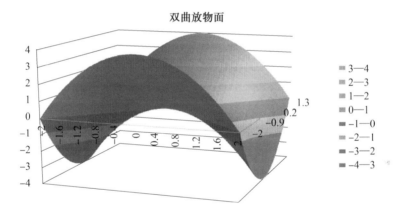

图 3.6 双曲面

根据形成曲面的母线形状,曲面可分为:
①直线面:由直母线运动而形成的曲面。
②曲线面:由曲母线运动而形成的曲面。
根据形成曲面的母线运动方式,曲面可分为:
①回转面:由直母线或曲母线绕一固定轴线回转而形成的曲面。
②非回转面:由直母线或曲母线依据固定的导线、导面移动而形成的曲面。

2. 曲线与曲面在产品设计中的概念衍化

利用曲线和曲面的函数表示产品设计建模过程中的曲线和曲面,曲线和曲面的表示函数有参数表示和非参数表示之分,非参数表示又分为显式表示和隐式表示。

1963 年,美国波音(Boeing)公司的佛格森(Ferguson)将曲线曲面表示成参数矢量函数形式,并用三次参数曲线构造组合曲线,用四个角点的位置矢量及其两个方向的切矢量定义二次曲面。

1964 年,美国麻省理工学院(MIT)的孔斯(Coons)用封闭曲线的四条边界来定义曲面。

1971 年,法国雷诺(Renault)汽车公司的贝塞尔(Bezier)提出了一种用控制多边形定义曲线和曲面的方法,采用初等几何的概念自由地构建各种曲线和曲面。

1972 年,德布尔(De Boor)给出了 B 样条的标准计算方法。1974 年,美国通用汽车(GM)公司的戈登(Gordon)和里森费尔德(Riesenfeld)将 B 样条理论用于形状描述,提出 B 样条曲线、曲面。1975 年,美国的佛斯普里尔(Versprill)提出了有理 B 样条方法。

20 世纪 80 年代后期,美国的皮格尔(Piegl)和蒂勒(Tiller)在有理 B 样条的基础上提出非均匀有理 B 样条(Non-Uniform Rational B-Spline,NURBS)方法,已成为自由曲线和曲面描述的通用方法。

有些曲线、曲面可以由数学函数生成,有些曲线、曲面则是由用户给定一组数据点生成。按照描述方式的不同,曲线和曲面可以分为两类:

(1)规则曲线和规则曲面。圆、抛物线、螺旋线等曲线和球、圆柱、圆锥等曲面都可以用数学方程式表示,一般称为规则曲线(regular curve)和规则曲面(regular surface)。

(2)自由曲线和自由曲面。有些曲线和曲面的形状不规则,如飞机机翼、汽车车身、人体外形、卡通形象等,难以用数学方程式表示,一般称为自由曲线(free curve)和自由曲面(free-form surface)。

当用离散的坐标点来描述物体形状时,要求用最贴近这些点的函数式来描述。根据离散点与曲线(曲面)的相对关系,可以将离散点分为三种类型:①控制点(control points)。用来确定曲线和曲面的位置与形状,但相应曲线和曲面不一定经过该点。②型值点(data points)。用来确定曲线和曲面的位置与形状,相应曲线和曲面一定要经过该点。③插值点(interpolation points)。为提高曲线和曲面的输出精度,在型值点之间插入的一系列点。

3.2.4 曲线、曲面数字化设计术语

曲线的拐点不能太多,曲线拐来拐去,就会不顺眼。对平面曲线而言,光顺通俗的含义是光滑、流畅。曲面的控制点均匀变化无突变或跳点。

拟合、插值、逼近是数字化建模的三大基础工具,通俗意义上它们的区别在于:拟合是已知点列,从整体上靠近它们;插值是已知点列并且完全经过点列;逼近是已知曲线,或者点列,通过逼近使得构造的函数无限靠近它们,如图 3.7 所示。

1. 光顺

光顺条件:

a. 具有二阶几何连续性(G2)或者三阶(G3)以上连续性;位置误差 0.005 mm 以下,角度误差 0.05 以下。

b. 不存在拐点和奇异点。

c. 曲率变化均匀,无鼓包或者褶皱。

2. 拟合

拟合是指已知某函数的若干离散函数值 $\{f_1, f_2, \cdots, f_n\}$,通过调整该函数中若干待定系数 $f(\lambda_1, \lambda_2, \cdots, \lambda_n)$,使得该函数与已知点集的差别(最小二乘意义)最小。形象地说,拟合就是把平面上一系列的点,用一条光滑的曲线连接起来。因为这条曲线有无数种可能,所以

有各种拟合方法。拟合的曲线一般可以用函数表示,根据这个函数的不同有不同的拟合名字。

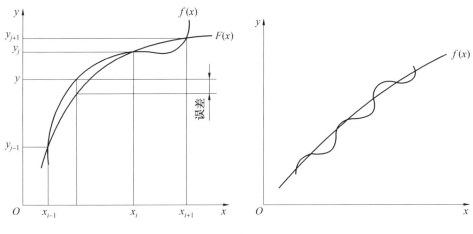

图 3.7 插值拟合曲线

3. 插值

在离散数据的基础上补插连续函数,使得这条连续曲线通过全部给定的离散数据点。插值是离散函数逼近的重要方法,利用它可通过函数在有限个点处的取值状况,估算出函数在其他点处的近似值。

插值用来填充图像变换时像素之间的空隙。

插值问题的提法是:假定区间$[a,b]$上的实值函数$f(x)$在该区间上$n+1$个互不相同点$x_0,x_1,\cdots,x_n$处的值是$f(x_0),\cdots,f(x_n)$,要求估算$f(x)$在$[a,b]$中某点$x*$的值。基本思路是,找到一个函数$P(x)$,在$x_0,x_1,\cdots,x_n$的节点上与$f(x)$函数值相同(有时,甚至一阶导数值也相同),用$P(x*)$的值作为函数$f(x*)$的近似。

其通常的做法是:在事先选定的一个由简单函数构成的有$n+1$个参数$C_0,C_1,\cdots,C_n$的函数类$\Phi(C_0,C_1,\cdots,C_n)$中求出满足条件$P(x_i)=f(x_i)(i=0,1,\cdots,n)$的函数$P(x)$,并以$P(\ )$作为$f(\ )$的估值。此处$f(x)$称为被插值函数,$x_0,x_1,\cdots,x_n$称为插值结(节)点,$\Phi(C_0,C_1,\cdots,C_n)$称为插值函数类,上面等式称为插值条件,$\Phi(C_0,C_1,\cdots,C_n)$中满足上式的函数称为插值函数,$R(x)=f(x)-P(x)$称为插值余项。当估算点属于包含$x_0,x_1\cdots,x_n$的最小闭区间时,相应的插值称为内插,否则称为外插。

4. 逼近

当型值点太多时,要使函数通过所有的型值点就相当困难。另外,过多的型值点也会存在误差,也没有必要寻找一个通过所有型值点的函数。为此,人们往往选择一个次数较低的函数,使曲线、曲面在某种程度上尽量靠近这些型值点,而不一定通过给定的点,就是逼近。最小二乘法是最常用的逼近方法。

3.2.5 贝塞尔曲线曲面应用

1. 贝塞尔曲线(Bezier curve)

贝塞尔曲线又称贝兹曲线或贝济埃曲线,是应用于二维图形应用程序的数学曲线。一般的矢量图形软件通过它来精确画出曲线,贝塞尔曲线由线段与节点组成,节点是可拖动的支点,线段像可伸缩的皮筋,我们在绘图工具上看到的钢笔工具就是来做这种矢量曲线的,如图 3.8 所示。

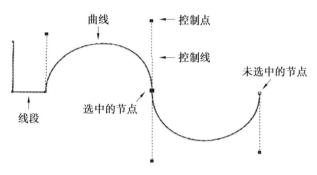

图 3.8　Bezier 曲线

贝塞尔曲线的定义有 4 个点:起始点、终止点(也称锚点)以及两个相互分离的中间点。滑动两个中间点,贝塞尔曲线的形状会发生变化。

Bezier 曲线是以逼近为原理的参数曲线,多边形的顶点定义了自由曲线,其具体的代数表达式为

$$C(u) = \sum_{i=0}^{n} B_{n,i}(u) P_i, \quad u \in [0,1] \tag{3.1}$$

式中　P_i ——控制顶点或控制端点;

n ——阶数;

u ——参数值;

$B_{n,i}(u)$ ——Bezier 基函数,其具体定义为

$$B_{n,i}(u) = C_n^i u^i (1-u)^{n-i} = \frac{n!}{(n-i)! \, i!} u^i (1-u)^{n-i} \tag{3.2}$$

由公式可知,若曲线函数为 n 次,则就有 $n+1$ 个 Bezier 基函数。基函数的个数等于多边形的控制顶点数,因此,基函数作用于各自的顶点。在区间[0,1]内,把顶点依次连接起来,多边形就会形成。再用形成的多边形调配出光滑曲线,如图 3.9 所示。由图 3.9 可知,Bezier 曲线是整体性较好的曲线,多边形的控制点数比曲线的次数多 1,即 $n+1$ 个控制顶点调配出一条 n 次 Bezier 曲线,n 越大曲线越光滑,控制顶点的位置越突出,曲线形状越难从控制多边形中预测出。

2. 贝塞尔曲线应用特性

Bezier 曲线的数学表达式比较简单,且该曲线具有一些特性:

(1)Bezier 曲线的保凸能力很强,由于 $\sum_{i=0}^{n} B_{n,i}(u) \equiv 1$,且 $0 \leq B_{n,i}(u) \leq 1, 0 \leq u \leq 1$,$i = 0,1,\cdots,n$;可知当 u 在区间 $[0,1]$ 内选取某一值时,$C(u)$ 则是特征多边形中各个顶点 P_i 的加权平均,权因子则是 $B_{n,i}(u)$。因此,Bezier 曲线 $C(u)$ 反映在几何图形上就是各个顶点的凸线性组合,并且曲线会落在特征多边形的凸包内。

(2)Bezier 曲线端点的切矢就是多边形的首末边,这种特有的性质可以确保不同曲线间的光滑连接,这样就保证了复合曲线的质量。

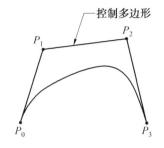 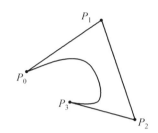 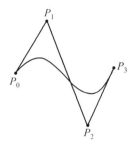

图 3.9 控制多边形和 Bezier 曲线

(3) Bezier 曲线可以实现增加控制点数,但曲线形状仍保持不变,是通过采用递归算法做到的,这样曲线的幂次也就被提高了,简称升阶。具体计算公式为

$$V_i^{n+1} = \frac{i}{n+1}V_{i-1}^n + \left[1 - \frac{i}{n+1}\right]V_i^n, \quad i = 0,1,\cdots,n+1 \quad (3.3)$$

经过升阶后的曲线,首末端点的位置不变,曲线升阶的好处在于通过增加的控制点来达到修改曲线局部形状的目的,而两端边界条件不受影响,这样就保留了与相邻曲线光滑连接的特性。

3. 贝塞尔曲线应用注意事项

贝塞尔曲线跟 PS 里的钢笔的意思大概差不多,不过贝塞尔曲线没有选取的功能。在这里要切记,不要和轮廓工具弄混,前者是通过调节点调节形状,后者是调节形状轮廓的粗细以及样式。

(1) 在任意工具情况下,在曲线上双击都可以换为形状工具对曲线进行编辑。
(2) 在曲线上用形状工具双击可以增加一个节点。
(3) 在曲线的节点上双击形状工具可以删除一个节点。
(4) 位图可以用形状工具点击,再拖动某一点可以进行任意形状的编辑。
(5) 用形状工具同时选中几个节点可以进行移动。
(6) 在微调距离中设定一个数值,再用形状工具选中曲线的某一节点,敲方向箭头可以进行精确位移。
(7) 将某一个汉字或字母转换为曲线就可以用形状工具进行修理,如将"下"的右边的点拿掉等。

贝塞尔曲线是计算机图形学中相当重要的参数曲线,在一些比较成熟的位图软件中也有贝塞尔曲线工具,如 Photoshop 等。

4. 贝塞尔曲面

贝塞尔曲面就是把 Bezier 曲线扩展到二维空间,Bezier 曲面的数学表达式为

$$S(u,w) = \sum_{i=0}^{m}\sum_{j=0}^{n} B_i^m(u)B_j^n(w), \quad u,w \in [0,1] \quad (3.4)$$

由曲线曲面方程的数学表达式可以看出,Bezier 曲线曲面的局部调整控制力较差,只要变动任意一个控制顶点位置,整个曲线曲面的形状也会随之改变。这样遇到复杂的曲线曲面时,若用 Bezier 函数表达,就需要比较多的控制顶点,也就意味着 Bezier 曲线曲面方程要增加阶次,曲线的阶次越高,就会造成振荡现象,曲线曲面就越不受控制。

3.2.6　B-Spline 曲线曲面应用

考虑到 Bezier 曲线曲面的整体性较强，调整局部都会使整体发生变化，同时当曲线曲面函数的次数较高时，曲线曲面的形状受特征多边形的控制会大大降低，因此，Bezier 曲线有待改进。用 B 样条函数代替 Bernstein 函数，很好地改善了 Bezier 曲线曲面局部调整能力差的弱点。

1. B-Spline 曲线的方程表达式

$$C(u) = \sum_{i=0}^{n} N_{i,p}(u) P_i \tag{3.5}$$

式中　P_i ——控制顶点；
　　　p ——阶数；
　　　$N_{i,p}(u)$ ——B-Spline 基函数。

B-Spline 基函数和 Bezier 基函数相似，都是分别作用于各自所对应的控制顶点，都属于复合函数，不同的是 B-Spline 基函数定义中包含了节点向量，这样做的优点是通过调整控制顶点来改变部分曲线，如图 3.10 所示，因此，B-Spline 曲线具有较好的局部调整能力。

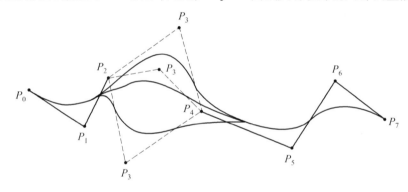

图 3.10　控制顶点对 B-Spline 曲线的影响

2. B-Spline 基函数的数学定义

$$N_{i,0}(u) = \begin{cases} 1, & \text{当 } u \in [u_i, u_{i+1}] \\ 0, & \text{当 } u \notin [u_i, u_{i+1}] \end{cases} \tag{3.6a}$$

$$N_{i,p}(u) = \frac{(u - u_i) N_{i,p-1}(u)}{u_{i+p} - u_i} + \frac{(u_{i+p+1} - u) N_{i+1,p-1}(u)}{u_{i+p+1} - u_{i+1}}, \quad i \in [0, n+p] \tag{3.6b}$$

由定义可知，B-Spline 样条建模是通过控制顶点和一组基函数来实现的。选取 $u_0, u_1, u_2, \cdots, u_{n+p}$ 一共 $n + p + 1$ 个节点组成向量，节点向量是 $(u_0, u_1, u_2, \cdots, u_{n+p})$，通过节点使得各段样条函数得以相互连接。节点若分布均匀，就会形成均匀 B 样条曲线。若曲线有 $k + 1$ 段就会产生 k 次的 B 样条曲线。在区间 (u_i, u_{i+1}) 内，多项式的次数都是 k 次，并且曲线的 $1, 2, \cdots, k - 1$ 阶导数都是连续的，简称 C^{k-1} 连续，那么三次 B 样条曲线就是 C^2 连续。B 样条曲线的次数和连续性的阶数是由基函数的次数决定的，和用来拟合曲面的数据点不相干，因此采用 B-spline 基函数来构造样条曲线。

3. B-Spline 曲线应用优点

对于构建形状比较复杂的曲线曲面,使用这种方式比较方便,也不需要考虑不同曲线和曲面片之间的连接问题,因为通过 B 样条基函数中的节点,不同曲线和曲面片就会自动地连接起来。

由此可见,B-Spline 曲线具有以下优点:

(1)曲线阶次决定了算法稳定性,即阶次越低稳定越高。对于 B-Spline 曲线,k 决定了多项式的次数,和控制顶点的数目无关,这是因为 $N_{i,p}(u)$ 是 $k-1$ 次多项式。这样就避免了 Bezier 曲线的次数是由控制顶点数目决定的缺点。

(2)区域控制能力好。因为仅在某个局部区域内,基函数 $N_{i,p}(u)$ 不等于零,所以,当控制点 P_i 被改变时,也只对 P_i 周围产生影响,而其他区域不会受到 P_i 的改变的影响,这样就可以修改 B-Spline 的局部曲线。

(3)曲线灵活性强。因为基函数的定义中含有节点向量,所以它的选取则由节点向量来定,当 k 和控制顶点确定后,曲线的形状就会受到节点的向量的控制,这样就大大地增加了曲线的灵活性。

(4)良好的凸包特性。

B 样条函数的导数可以用低阶次的 B 样条基函数和顶点矢量的差商序列的线性组合来表示,因此,k 次 B 样条曲线的 $1,2,\cdots,k-1$ 阶导数连续。

4. B-Spline 曲线曲面

把 B-Spline 曲线从一维参数 (u) 空间扩展到二维参数 (u,v) 空间,这样就构成 B-Spline 曲面,其数学方程式为

$$S(u,v) = \sum_{i=0}^{m}\sum_{j=0}^{n} N_{i,p}(u) N_{j,q}(v) P_{ij} \tag{3.7}$$

3.2.7 NURBS 曲线曲面应用

NURBS 是非均匀有理 B 样条(Non-Uniform Rational B-Splines)的缩写,是一种非常优秀的建模方式,在高级三维软件当中都支持这种建模方式。

NURBS 能够比传统的网格建模方式更好地控制物体表面的曲线度,从而能够创建出更逼真、生动的造型。

1. 非均匀有理 B 样条的原理

非均匀有理 B 样条的原理是将 B 样条函数用有理数的方式表达出来,同时用不均匀分布的节点分割曲线,简称 NURBS(Non-Uniform Rational B-spline)。一条 k 次 NURBS 曲线函数用有理多项式可以表示为

$$C(u) = \frac{\sum_{i=0}^{n} N_{i,p}(u) w_i P_i}{\sum_{i=0}^{n} N_{i,p}(u) w_i} = \sum_{i=0}^{n} R_{i,p}(u) P_i \tag{3.8}$$

式中　P_i ——控制顶点;

　　　$N_{i,p}(u)$ —— p 阶 B-Spline 基函数;

w_i ——权因子；

u ——参数值；

$R_{i,p}(u)$ ——有理基函数，它的作用和 B-Spline 基函数基本上相同。

加权值也会对曲线的形状产生影响（权因子 $w_i \geqslant 0$，且不全为 0，是为了避免分母为零），如图 3.11 所示。增权因子可以使得控制点不同比例地控制曲线曲面，这样可以更加灵活地调控曲线，会使其更加精确。

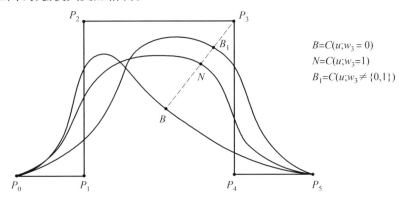

图 3.11　w_i 对曲线的影响

精炼一条 NURBS 曲线的方法是在上面加更多的可控点。精炼能更精细地控制曲线。当在 3DMAX 里精炼一条曲线的时候，软件会保持原始的曲率（从技术上说，它保持着统一的节点矢量）。换句话说，曲线的形状不会改变，但是相邻的可控点会从新加的可控点那里移开。

2. NURBS 曲面

将 NURBS 曲线由一维参数空间 (u) 拓展至二维空间 (u,v)，便形成了 NURBS 曲面，其数学方表达式为

$$S(u,v) = \frac{\sum_{i=0}^{m}\sum_{j=0}^{n} N_{i,p}(u) N_{i,q}(v) w_{ij} P_{ij}}{\sum_{r=0}^{m}\sum_{s=0}^{n} N_{r,p}(u) N_{s,q}(v) w_{rs}} = \sum_{i=0}^{m}\sum_{j=0}^{n} R_{i,p,j,q}(u,v) P_{ij} \tag{3.9}$$

式中，NURBS 曲面的基函数

$$R_{i,p,j,q} = \frac{N_{i,p}(u) N_{j,q}(v) w_{ij}}{\sum_{r=0}^{m}\sum_{s=0}^{n} N_{r,p}(u) N_{s,q}(v) w_{rs}} \tag{3.10}$$

3. NURBS 曲线曲面应用分析

采用 NURBS 方法具有很多优点，其中比较突出的有：

（1）可以较为精确地表示出二次解析曲线曲面和自由型曲面，也为其设计提供了方便，因此，若想处理这两类形状信息就得有统一的数据结构。

（2）可以通过调整控制顶点或修改权因子来调整曲线曲面的形状，因此，对于形状的调整，这种方法的灵活性较强。

（3）NURBS 曲面的计算方法比较稳定，且 NURBS 曲面在经过缩放、平移等一系列变化

形状也不会改变。

(4) 经过线性变换的 NURBS 曲线曲面的几何形状是不改变的,用于几何变化的计算功能比较全面,如插入和删除节点、方程升阶、曲线曲面分割等,这些应用工具贯穿了整个生产过程。

考虑到 NURBS 的造型功能比较强大,它可以精确地表示出二次曲面,同时又吸收了 Bezier 曲面和均匀 B 样条曲面,所以,在 CAD 系统中,把 NURBS 规定为表示自由曲线曲面的标准形式。

在常用的 CAD/CAM 软件中,Bezier 和 B-Spline 函数的使用是用于构建较为普通的模型。

然而上述对不同函数的数学定义分析可知,B-Spline 函数包括了 Bezier 函数,Bezier 函数只是 B-Spline 函数的一种特殊情况。

对于 NURBS 函数而言,当加权值为 1 时,NURBS 函数就变成了 B-Spline 函数,由此,B-Spline 函数是 NURBS 函数的一种特殊情况。当加权值为 1 且内部节点为 0 时,B-Spline 函数就变成了 Bezier 基函数,这样 Bezier 基函数也成为了 NURBS 函数的一种特殊情况。

因此,在 NURBS 曲线中,要想实现 Bezeir 和 B-Spline 函数的兼容,可以通过改变加权值与内部节点便可完成。在 CAD/CAM 系统中,使用这种方法方便在内部进行数据交换。由此,便知 Bezier、B-Spline 和 NURBS 函数之间的关系,如图 3.12 所示。

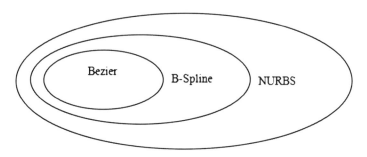

图 3.12　Bezier、B-Spline 和 NURBS 函数之间的关系

3.3　数据文件处理

对于数据量较大的数表进行程序化处理时,需要采用数据与程序分离的方法,数据以数据文件的方式单独存储于存储器中,程序中编写有读取数据文件和处理数据的语句,在程序运行时,先打开数据文件,将数据读入内存,供程序进行数据处理。

数据文件(一般是指数据库的文件),如每一个 ORACLE 数据库有一个或多个物理的数据文件(data file)。

一个数据库的数据文件包含全部数据库数据。逻辑数据库结构(如表、索引)的数据物理地址存储在数据库的数据文件中。

数据文件有下列特征:①一个数据文件仅与一个数据库联系。②一旦建立,数据文件不能改变大小。③一个表空间(数据库存储的逻辑单位)由一个或多个数据文件组成。

3.3.1 数据文件的生成与检索

数据文件通常为 DAT 文件或 TXT 文件,以顺序格式存储,若存储的数据记录没有任何规律,只按写入的先后顺序进行存储,称为无序顺序文件;若数据记录按某种次序规律递增或递减存储,则称为有序顺序文件。

数据文件可用文本编辑软件直接编辑生成,也可以利用高级语言中的文件读写语句编制程序来实现。

数据检索(data retrieval)是将经过选择、整理和评价(鉴定)的数据存入某种载体中,并根据用户需要从某种数据集合中检索出能回答问题的准确数据过程或技术。

按查询问题的要求,分为简单检索(即单一因素的检索)和综合检索(即综合条件检索)。数据文件组织方式不同,数据检索的技术方法亦不同。对于顺序结构文件,常见方法有顺序检索、分块查找法、两分检索等。对于随机结构文件,常采用直接地址法、杂凑(hash)法等。

检索表达式是检索策略的具体体现之一,简称检索式。检索式一般由检索词和各种逻辑运算符组成。具体来说,它是用检索系统规定的各种算符将检索词之间的逻辑关系、位置关系等连接起来,构成的计算机可以识别和执行的检索命令式。检索式构造的优劣关系到检索策略的成败。

3.3.2 工程数据的文件化处理

当数表或线图所表示的数据量较大时,先将数据一定的次序规律存储在数据文件中,然后编制数表处理程序。在程序中,先打开数据文件,然后将数据文件中的数据读入内存,由程序数据处理语句进行检索与查询,最后输出处理结果。

数据文件中的数据在需要时可以读取并存储在 ORACLE 内存储区。例如:用户要存取数据库、表的某些数据,如果请求信息不在数据库的内存存储区内,则从相应的数据文件中读取并存储在内存。当修改和插入新数据时,不必立刻写入数据文件。为了减少磁盘输出的总数,提高性能,数据存储在内存储区,然后由 ORACLE 后台进程 DBWR 决定如何将其写入到相应的数据文件。

文件格式(或文件类型)是指电脑为了存储信息而使用的对信息的特殊编码方式,是用于识别内部储存的资料。比如,有的储存图片,有的储存程序,有的储存文字信息。每一类信息,都可以一种或多种文件格式保存在电脑存储中。每一种文件格式通常会有一种或多种扩展名可以用来识别,但也可能没有扩展名。扩展名可以帮助应用程序识别文件格式。

对于硬盘机或任何电脑存储来说,有效的信息只有 0 和 1 两种。所以电脑必须设计有相应的方式进行信息-位元的转换,对于不同的信息有不同的存储格式。

有些文件格式被设计用于存储特殊的数据。例如:图像文件中的 JPEG 文件格式仅用于存储静态的图像,而 GIF 既可以存储静态图像,也可以存储简单动画;Quicktime 格式则可以存储多种不同的媒体类型。文本类的文件有:text 文件一般仅存储简单没有格式的 ASCII 或 Unicode 的文本;HTML 文件则可以存储带有格式的文本;PDF 格式则可以存储内容丰富的、图文并茂的文本。

同一个文件格式,用不同的程序处理可能产生截然不同的结果。例如,Word 文件,用 Microsoft Word 观看的时候,可以看到文本的内容,而以无格式方式在音乐播放软件中播放,产生的则是噪声。一种文件格式对某些软件会产生有意义的结果,对另一些软件来看,就像是毫无用途的数字垃圾。

从程序的角度来看,文件是数据流,文件系统为每一种文件格式规定了访问的方法。例如:元数据。不同的操作系统都习惯性地采用各自的方式解决这个问题,每种方式都有各自的优缺点。

当然,现代的操作系统和应用程序,一般都需要这里所讲述的方法处理不同的文件。

扩展名识别文件格式的方式最先被数字设备公司的 CP/M 操作系统采用,而后又被 DOS 和 Windows 操作系统采用。扩展名是指文件名中,最后一个点(.)号后的字母序列。例如,HTML 文件通过.htm 或.html 扩展名识别;GIF 图形文件用.gif 扩展名识别。在早期的 FAT 文件系统中,扩展名限制只能是三个字符,因此尽管绝大多数的操作系统已不再有此限制,许多文件格式至今仍然采用三个字符作为扩展名。因为没有一个正式的扩展名命名标准,所以,有些文件格式可能会采用相同的扩展名,出现这样的情况就会使操作系统错误地识别文件格式,同时也给用户造成困惑。

扩展名方式的一个特点是,更改文件扩展名会导致系统误判文件格式。例如,将文件名.html 简单改名为文件名.txt 会使系统误将 HTML 文件识别为纯文本格式。尽管一些熟练的用户可以利用这个特点,但普通用户很容易在改名时发生错误,而使得文件变得无法使用。因此,现代的有些操作系统管理程序,如 Windows Explorer 加入了限制向用户显示文件扩展名的功能。

常见的计算机存储文件格式:

DAT:数据流格式,DAT 文件也是 MPG 格式的,是 VCD 刻录软件将符合 VCD 标准的 MPEG-1 文件自动转换生成的。也有数据文件的后缀名为.DAT,文件格式不确定,任何文件的后缀名都可以设为.DAT,因为读取数据不是从后缀名判断的,而是从文件格式判断。

DB:数据库文件,Thumbs.db 是缩略图缓存。

DBF:dBASE 文件,一种由 Ashton-Tate 创建的格式,可以被 ACT!、Lipper、FoxPro、Arago、Wordtech、Xbase 和类似数据库或与数据库有关产品识别;可用数据文件(能被 Excel 97打开),Oracle 8.1.x 表格空间文件;MDB 是 access 文件;NSF Lotus Notes 数据库;MDF 和 LDF 是 SQL SERVER 文件;

另外还有不少是软件开发者自己定义的数据库文件,大多采用.dat,或者把 DBA 转换为.dat,由程序文件名转换处理。

ODB++是一种可扩展的 ASCII 格式,它可在单个数据库中保存 PCB 制造和装配所必需的全部工程数据。是能把多种数据格式数据库连接起来的桥梁,是一种双向格式,允许数据上行和下传。

SWF:Flash 动画文件。

SYS:系统文件。

3.4 数据结构

数据(Data)是信息的载体,它能够被计算机识别、存储和加工处理。它是计算机程序加工的原料,应用程序处理各种各样的数据。计算机科学中,所谓数据就是计算机加工处理的对象,它可以是数值数据,也可以是非数值数据。数值数据是一些整数、实数或复数,主要用于工程计算、科学计算和商务处理等;非数值数据包括字符、文字、图形、图像、语音等。

数据结构是计算机存储、组织数据的方式,是指相互之间存在一种或多种特定关系的数据元素的集合。通常情况下,精心选择的数据结构可以带来更高的运行或者存储效率。数据结构往往同高效的检索算法和索引技术有关。

3.4.1 数据结构基础

数据元素(Data Element)是数据的基本单位。在不同的条件下,数据元素又可称为元素、结点、顶点、记录等。例如,学生信息检索系统中学生信息表中的一个记录等,都被称为一个数据元素。

有时,一个数据元素可由若干个数据项(Data Item)组成,如学籍管理系统中学生信息表的每一个数据元素就是一个学生记录。它包括学生的学号、姓名、性别、籍贯、出生年月、成绩等数据项。这些数据项可以分为两种:一种叫作初等项,如学生的性别、籍贯等,这些数据项是在数据处理时不能再分割的最小单位;另一种叫作组合项,如学生的成绩,它可以再划分为数学、物理、化学等更小的项。通常,在解决实际应用问题时,是把每个学生记录当作一个基本单位进行访问和处理的。

数据对象(Data Object)或数据元素类(Data Element Class)是具有相同性质的数据元素的集合。在某个具体问题中,数据元素都具有相同的性质(元素值不一定相等),属于同一数据对象(数据元素类),数据元素是数据元素类的一个实例。例如,在交通咨询系统的交通网中,所有的顶点是一个数据元素类,顶点 A 和顶点 B 各自代表一个城市,是该数据元素类中的两个实例,其数据元素的值分别为 A 和 B。数据结构(Data Structure)是指互相之间存在着一种或多种关系的数据元素的集合。在任何问题中,数据元素之间都不会是孤立的,在它们之间都存在着这样或那样的关系,这种数据元素之间的关系称为结构。

数据结构具体指同一类数据元素中,各元素之间的相互关系,包括三个组成成分、数据的逻辑结构、数据的存储结构和数据运算结构。

数据结构的形式定义:数据结构是一个二元组,Data_Structure = (D, R),其中,D 是数据元素的有限集,R 是 D 上关系的有限集。

1. 数据的逻辑结构

数据的逻辑结构指反映数据元素之间的逻辑关系的数据结构,其中的逻辑关系是指数据元素之间的前后件关系,而与它们在计算机中的存储位置无关。逻辑结构包括:

(1)集合结构,Data_Structure = (D, R),其中 D 是数据元素的集合,R 是该集合中所有元素之间的关系的有限集合。数据结构中的元素之间除了"同属一个集合"的相互关系外,别无其他关系。

(2)线性结构,数据结构中的元素存在一对一的相互关系。
(3)树形结构,数据结构中的元素存在一对多的相互关系。
(4)图形结构,数据结构中的元素存在多对多的相互关系。

2. 数据的物理结构

数据的物理结构指数据的逻辑结构在计算机存储空间的存放形式。数据的物理结构是数据结构在计算机存储器中的具体实现,是逻辑结构的表示(又称存储映像),它包括数据元素的机内表示和关系的机内表示。由于具体实现的方法有顺序、链接、索引、散列等多种,所以,一种数据结构可表示成一种或多种存储结构。

数据元素的机内表示(映像方法):用二进制位(bit)的位串表示数据元素。通常称这种位串为节点(node)。当数据元素有若干个数据项组成时,位串中与各数据项对应的子位串称为数据域(data field)。因此,节点是数据元素的机内表示(或机内映像)。

关系的机内表示(映像方法):数据元素之间的关系的机内表示可以分为顺序映像和非顺序映像,常用两种存储结构:顺序存储结构和链式存储结构。顺序映像借助元素在存储器中的相对位置来表示数据元素之间的逻辑关系。非顺序映像借助指示元素存储位置的指针(pointer)来表示数据元素之间的逻辑关系。

3. 结构分类

数据结构是指同一数据元素类中各数据元素之间存在的关系。数据的逻辑结构是从具体问题抽象出来的数学模型,是描述数据元素及其关系的数学特性的,有时就把逻辑结构简称为数据结构。逻辑结构是在计算机存储中的映像,形式地定义为(K,R)[或(D,S)],其中,K是数据元素的有限集,R是K上的关系的有限集。

从上面所介绍的数据结构的概念中可以知道,一个数据结构有两个要素。一个是数据元素的集合,另一个是关系的集合。在形式上,数据结构通常可以采用一个二元组来表示。

数据结构中,逻辑上(逻辑结构:数据元素之间的逻辑关系)可以把数据结构分成线性结构和非线性结构。线性结构的顺序存储结构是一种顺序存取的存储结构,线性表的链式存储结构是一种随机存取的存储结构。线性表若采用链式存储表示时所有结点之间的存储单元地址可连续可不连续。逻辑结构与数据元素本身的形式、内容、相对位置、所含结点个数都无关。

(1)线性结构是数据元素之间的一种线性关系,数据元素"一个接一个的排列"。在一个线性表中数据元素的类型是相同的,或者说线性表是由同一类型的数据元素构成的线性结构。在实际问题中线性表的例子是很多的,如学生情况信息表是一个线性表,表中数据元素的类型为学生类型;一个字符串也是一个线性表,表中数据元素的类型为字符型,等等。

线性表是最简单、最基本,也是最常用的一种线性结构。线性表是具有相同数据类型的$n(n>=0)$个数据元素的有限序列,通常记为$(a_1,a_2,\cdots,a_{i-1},a_i,a_{i+1},\cdots,a_n)$,其中$n$为表长,$n=0$时称为空表。它有两种存储方法:顺序存储和链式存储,它的主要基本操作是插入、删除和检索等。

(2)非线性结构,数学用语,其逻辑特征是一个结点元素可能有多个直接前趋和多个直接后继。

3.4.2 数据结构在计算机中的表示

1. 数据在计算机中的存储

计算机中表示数据的最小单位是二进制数的一位,叫作位。我们用一个由若干位组合起来形成的一个位串表示一个数据元素,通常称这个位串为元素或结点。当数据元素由若干数据项组成时,位串中对应于各个数据项的子位串称为数据域。元素或结点可看成是数据元素在计算机中的映象。

数据的物理(存储)结构,包括数据元素的表示和关系的表示。数据元素之间的关系有两种不同的表示方法:顺序映象和非顺序映象,并由此得到两种不同的存储结构:顺序存储结构和链式存储结构。

顺序存储方法:它是把逻辑上相邻的结点存储在物理位置相邻的存储单元里,结点间的逻辑关系由存储单元的邻接关系来体现,由此得到的存储表示称为顺序存储结构。顺序存储结构是一种最基本的存储表示方法,通常借助于程序设计语言中的数组来实现。

链接存储方法:它不要求逻辑上相邻的结点在物理位置上亦相邻,结点间的逻辑关系是由附加的指针字段表示的。由此得到的存储表示称为链式存储结构,链式存储结构通常借助于程序设计语言中的指针类型来实现。

索引存储方法:除建立存储结点信息外,还建立附加的索引表来标识结点的地址。

散列存储方法:根据结点的关键字直接计算出该结点的存储地址。

2. 编程中使用的关系形式

数据结构不同于数据类型,也不同于数据对象,它不仅要描述数据类型的数据对象,而且要描述数据对象各元素之间的相互关系。

逻辑结构在编程处理过程中,无论哪一种存储方式,都可以按照算法不同表达成编程的常用结构,即编程语言可以设定的数据存储和遍历查找的关系结构。

(1)数组。在程序设计中,为了处理方便,把具有相同类型的若干变量按有序的形式组织起来。这些按序排列的同类数据元素的集合称为数组。在 C 语言中,数组属于构造数据类型。一个数组可以分解为多个数组元素,这些数组元素可以是基本数据类型或是构造类型。因此按数组元素的类型不同,数组又可分为数值数组、字符数组、指针数组、结构数组等各种类别。

(2)栈。它是只能在某一端插入和删除的特殊线性表。它按照先进后出的原则存储数据,先进入的数据被压入栈底,最后的数据在栈顶,需要读数据的时候从栈顶开始弹出数据(最后一个数据被第一个读出来)。

(3)队列。一种特殊的线性表,它只允许在表的前端(front)进行删除操作,而在表的后端(rear)进行插入操作。进行插入操作的端称为队尾,进行删除操作的端称为队头。队列是按照"先进先出"或"后进后出"的原则组织数据的。队列中没有元素时,称为空队列。

(4)链表。它是一种物理存储单元上非连续、非顺序的存储结构,既可以表示线性结构,也可以用于表示非线性结构,数据元素的逻辑顺序是通过链表中的指针链接次序实现的。链表由一系列结点(链表中每一个元素称为结点)组成,结点可以在运行时动态生成。每个结点包括两个部分:一个是存储数据元素的数据域,另一个是存储下一个结点地址的指针域。

(5) 树。它是包含 $n(n>0)$ 个结点的有穷集合 K,且在 K 中定义了一个关系 N,N 满足以下条件:①有且仅有一个结点 K_0,他对于关系 N 来说没有前驱,称 K_0 为树的根结点。简称为根(root)。②除 K_0 外,K 中的每个结点,对于关系 N 来说有且仅有一个前驱。③K 中各结点,对关系 N 来说可以有 m 个后继($m \geq 0$)。

(6) 图。图是由结点的有穷集合 V 和边的集合 E 组成。其中,为了与树形结构加以区别,在图结构中常常将结点称为顶点,边是顶点的有序偶对,若两个顶点之间存在一条边,就表示这两个顶点具有相邻关系。

(7) 堆。在计算机科学中,堆是一种特殊的树形数据结构,每个结点都有一个值。通常我们所说的堆的数据结构,是指二叉堆。堆的特点是根结点的值最小(或最大),且根结点的两个子树也是一个堆。

(8) 散列表。若结构中存在关键字和 K 相等的记录,则必定在 $f(K)$ 的存储位置上。由此,不需比较便可直接取得所查记录。称这个对应关系 f 为散列函数(Hash function),按这个思想建立的表为散列表。

3.4.3 结构算法与操作

算法的设计取决于数据(逻辑)结构,而算法的实现依赖于采用的存储结构。数据的存储结构实质上是它的逻辑结构在计算机存储器中的实现,为了全面地反映一个数据的逻辑结构,它在存储器中的映象包括两方面内容,即数据元素之间的信息和数据元素之间的关系。

1. 不同数据结构有其相应的若干运算

数据的运算是在数据的逻辑结构上定义的操作算法,如检索、插入、删除、更新和排序等。数据的运算是数据结构的一个重要方面,讨论任一种数据结构时都离不开对该结构上的数据运算及其实现算法的讨论。

2. 数据应用软件的建立

软件系统框架应建立在数据之上,而不是建立在操作之上。一个含抽象数据类型的软件模块应包含定义、表示、实现三个部分。

抽象数据类型:一个数学模型以及定义在该模型上的一组操作。抽象数据类型实际上就是对该数据结构的定义,它定义了一个数据的逻辑结构以及在此结构上的一组算法。

抽象数据类型可用三元组表示:(D,S,P)。D 是数据对象,S 是 D 上的关系集,P 是对 D 的基本操作集。

抽象数据类型(ADT)是一个实现包括储存数据元素的存储结构以及实现基本操作的算法。在这个数据抽象思想中,数据类型的定义和它的实现是分开的,这在软件设计中是一个重要的概念。这使得只研究和使用它的结构而不用考虑它的实现细节成为可能。

ADT 的定义:

ADT 抽象数据类型名:{数据对象:(数据元素集合),数据关系:(数据关系二元组结合),基本操作:(操作函数的罗列)}。

3. 抽象数据类型的两个重要特性

（1）数据抽象，用 ADT 描述程序处理的实体时，强调的是其本质的特征、其所能完成的功能以及它和外部用户的接口（即外界使用它的方法）。

（2）数据封装，将实体的外部特性和其内部实现细节分离，并且对外部用户隐藏其内部实现细节。

对每一个数据结构而言，必定存在与它密切相关的一组操作。若操作的种类和数目不同，即使逻辑结构相同，数据结构能起的作用也不同。

不同的数据结构其操作集的实现不同，但下列操作必不可缺：

(1) 结构的生成。
(2) 结构的销毁。
(3) 在结构中查找满足规定条件的数据元素。
(4) 在结构中插入新的数据元素。
(5) 删除结构中已经存在的数据元素。
(6) 遍历。

3.5 数据库技术

数据库（Data Base）是按照数据结构来组织、存储和管理数据的仓库。它出现于 60 多年前，随着信息技术和市场的发展，特别是 20 世纪 90 年代以后，数据管理不再仅仅是存储和管理数据，而转变成用户所需要的各种数据管理的方式。数据库有很多种类型，从最简单的存储有各种数据的表格到能够进行海量数据存储的大型数据库系统都在各个方面得到了广泛的应用。

数据库中的数据是为众多用户所共享其信息而建立的，已经摆脱了具体程序的限制和制约。不同的用户可以按各自的用法使用数据库中的数据；多个用户可以同时共享数据库中的数据资源，即不同的用户可以同时存取数据库中的同一个数据。数据共享性不仅满足了各用户对信息内容的要求，同时也满足了各用户之间信息通信的要求。

数据库系统是使用数据库技术对数据进行管理和存储的计算机系统，由数据库（Data Base）、数据库管理系统（Data Base Management System，DBMS）、数据库管理员（Data Base Administrator，DBA）和应用程序组成。

工程数据库系统支持工程设计、制造、生产管理以及经营决策等整个企业数据处理的数据库。由工程数据库、管理系统、终端用户组成。

工程数据库存储：产品图形数据信息；零件材质、公差和表面粗糙度；产品和部件组成的装配关系信息数据等文字数据信息；设计参数、分析数据、资源设备数据等设计数据信息；加工设备、工艺规程、工序文件和数控加工程序等工艺数据信息。

20 世纪 90 年代，随着基于 PC 的客户/服务器计算模式和企业软件包的广泛采用，数据管理的变革基本完成。数据管理不再仅仅是存储和管理数据，而转变成用户所需要的各种数据管理的方式。Internet 的异军突起以及 XML 语言的出现，为数据库系统的发展开辟了一片新的天地。

数据库发展阶段大致划分为人工管理阶段、文件系统阶段、数据库系统阶段、高级数库阶段。

3.5.1 数据库基础

数据库是一个单位或是一个应用领域的通用数据处理系统,它存储的是属于企业和事业部门、团体和个人的有关数据的集合。数据库中的数据是从全局观点出发建立的,按一定的数据模型进行组织、描述和存储。其结构基于数据间的自然联系,从而可提供一切必要的存取路径,且数据不再针对某一应用,而是面向全组织,具有整体的结构化特征。

随着信息管理内容的不断扩展,出现了丰富多样的数据模型(层次模型、网状模型、关系模型、面向对象模型、半结构化模型等),新技术也层出不穷(数据流、Web 数据管理、数据挖掘等)。每隔几年,国际上一些资深的数据库专家就会聚集一堂,探讨数据库研究现状、存在的问题和未来需要关注的新技术焦点。

1. 数据库的基本结构分三个层次,反映了观察数据库的三种不同角度

以内模式为框架所组成的数据库叫作物理数据库;以概念模式为框架所组成的数据库叫概念数据库;以外模式为框架所组成的数据库叫用户数据库。

(1)物理数据层。

物理数据层是数据库的最内层,是物理存储设备上实际存储的数据的集合。这些数据是原始数据,是用户加工的对象,由内部模式描述的指令操作处理的位串、字符和字组成。

(2)概念数据层。

概念数据层是数据库的中间一层,是数据库的整体逻辑表示,指出了每个数据的逻辑定义及数据间的逻辑联系,是存贮记录的集合。它所涉及的是数据库所有对象的逻辑关系,而不是它们的物理情况,是数据库管理员概念下的数据库。

(3)用户数据层。

它是用户所看到和使用的数据库,表示了一个或一些特定用户使用的数据集合,即逻辑记录的集合。

数据库不同层次之间的联系是通过映射进行转换的。

2. 数据库种类

数据库通常分为层次式数据库、网络式数据库和关系式数据库三种,分别称作层次、网状和关系数据库系统,是在建立相应模型基础上建立的数据库系统,而不同的数据库是按不同的数据结构来联系和组织的。

第三代数据库支持多种数据模型(比如关系模型和面向对象的模型),并和诸多新技术相结合(比如分布处理技术、并行计算技术、人工智能技术、多媒体技术、模糊技术),广泛应用于多个领域(商业管理、GIS、计划统计等),由此也衍生出多种新的数据库技术。

(1)层次结构模型。

按照层次模型建立的数据库系统称为层次模型数据库系统。IMS(Information Management System)是其典型代表。

层次结构模型实质上是一种有根结点的定向有序树(在数学中"树"被定义为一个无回的连通图)。

(2)网状结构模型。

按照网状数据结构建立的数据库系统称为网状数据库系统,其典型代表是 DBTG (Database Task Group)。用数学方法可将网状数据结构转化为层次数据结构。

(3) 关系结构模型。

关系式数据结构把一些复杂的数据结构归结为简单的二元关系(即二维表格形式)。例如,某单位的职工关系就是一个二元关系。

由关系数据结构组成的数据库系统被称为关系数据库系统。

在关系数据库中,对数据的操作几乎全部建立在一个或多个关系表格上,通过对这些关系表格的分类、合并、连接或选取等运算来实现数据的管理。

dBASE Ⅱ 就是这类数据库管理系统的典型代表。对于一个实际的应用问题(如人事管理问题),有时需要多个关系才能实现。用 dBASE Ⅱ 建立起来的一个关系称为一个数据库(或称数据库文件),而把对应多个关系建立起来的多个数据库称为数据库系统。dBASE Ⅱ 的另一个重要功能是通过建立命令文件来实现对数据库的使用和管理,对于一个数据库系统相应的命令序列文件,称为该数据库的应用系统。

(4) 分布式数据库允许用户开发的应用程序把多个物理分开的、通过网络互联的数据库当作一个完整的数据库看待。

(5) 并行数据库通过武夷集群(cluster)技术把一个大的事务分散到 cluster 中的多个节点去执行,提高了数据库的吞吐和容错性。

(6) 多媒体数据库提供了一系列用来存储图像、音频和视频对象类型,更好地对多媒体数据进行存储、管理、查询。模糊数据库是存储、组织、管理和操纵模糊数据库的数据库,可以用于模糊知识处理。

因此,可以概括地说,一个关系称为一个数据库,若干个数据库可以构成一个数据库系统。数据库系统可以派生出各种不同类型的辅助文件和建立它的应用系统,构成分布式和并行的数据库体系。

3.5.2　数据库的主要特点

数据库(Data Base,DB)是一个长期存储在计算机内的、有组织的、有共享的、统一管理的数据集合。它是一个按数据结构来存储和管理数据的计算机软件系统。

数据库的概念实际包括两层意思:(1)数据库是一个实体,它是能够合理保管数据的"仓库",用户在该"仓库"中存放要管理的事务数据,"数据"和"库"两个概念结合成为数据库。(2)数据库是数据管理的新方法和技术,它能更合适地组织数据、更方便地维护数据、更严密地控制数据和更有效地利用数据。

因此存在如下特点:

(1) 实现数据共享。

数据共享包含所有用户可同时存取数据库中的数据,也包括用户可以用各种方式通过接口使用数据库,并提供数据共享。

(2) 减少数据的冗余度。

同文件系统相比,由于数据库实现了数据共享,从而避免了用户各自建立应用文件,减少了大量重复数据,减少了数据冗余,维护了数据的一致性。

(3) 数据的独立性。

数据的独立性包括逻辑独立性(数据库中数据库的逻辑结构和应用程序相互独立)和物理独立性(数据物理结构的变化不影响数据的逻辑结构)。

(4)数据实现集中控制。

文件管理方式中,数据处于一种分散的状态,不同的用户或同一用户在不同处理中其文件之间毫无关系。利用数据库可对数据进行集中控制和管理,并通过数据模型表示各种数据的组织以及数据间的联系。

(5)数据的一致性和可维护性,以确保数据的安全性和可靠性。

主要包括:①安全性控制:以防止数据丢失、错误更新和越权使用;②完整性控制:保证数据的正确性、有效性和相容性;③并发控制:同一时间周期内,允许对数据实现多路存取,又能防止用户之间的不正常交互作用。

(6)故障恢复。

由数据库管理系统提供一套方法,可及时发现故障和修复故障,从而防止数据被破坏。数据库系统能尽快恢复数据库系统运行时出现的故障,可能是物理上或是逻辑上的错误。比如对系统的误操作造成的数据错误等。

第三代数据库产生于20世纪80年代,随着科学技术的不断进步,各个行业领域对数据库技术提出了更多的需求,关系型数据库已经不能完全满足需求,于是产生了第三代数据库。主要有以下特征:

(1)支持数据管理、对象管理和知识管理。

(2)保持和继承了第二代数据库系统的技术。

(3)对其他系统开放,支持数据库语言标准,支持标准网络协议,有良好的可移植性、可连接性、可扩展性和互操作性等。

3.5.3 常用数据库系统

数据库是依照某种数据模型组织起来并存放二级存储器中的数据集合。这种数据集合具有如下特点:尽可能不重复,以最优方式为某个特定组织的多种应用服务,其数据结构独立于使用它的应用程序,对数据的增、删、改和检索由统一软件进行管理和控制。从发展的历史看,数据库是数据管理的高级阶段,它是由文件管理系统发展起来的。

1. SQLServer(Structured Query Language Server)

SQLServer 是一个关系数据库管理系统(DBMS)。Microsoft SQL Server 2010 的重点是自助服务和面向商业智能的报告功能,代号为 Kilimanjaro 的新版。

自助服务功能将通过一套代号为 Gemini 的技术实现。Gemini 使用户能够开发访问多个数据源,整合数据,输出图表和报表。

SQLServer 是通过 SharePoint 与其他应用软件实现数据共享的商业智能应用软件。Gemini 技术将主要与 Excel 相关联,使 Excel 用户能够访问自助服务提供的相关数据。

2. Access

Access 是微软公司推出的基于 Windows 的桌面关系数据库管理系统(Relational Database Management System, RDBMS),是 Office 系列应用软件之一。

Access 提供了表、查询、窗体、报表、页、宏、模块来建立数据库系统的对象;提供了多种向导、生成器、模板，把数据存储、数据查询、界面设计、报表生成等操作规范化；为建立功能完善的数据库管理系统提供了方便，也使得普通用户不必编写代码，就可以完成大部分数据管理的任务。

Access 能够存取 Access/Jet、Microsoft SQL Server、Oracle（甲骨文软件公司），或者任何 ODBC 兼容数据库内的资料。熟练的软件设计师和资料分析师利用它来开发应用软件，而一些不熟练的程序员和非程序员的"进阶用户"则能使用它来开发简单的应用软件。虽然它支持部分面向对象技术，但是未能成为一种完整的面向对象开发工具。

3. MySQL 是一个小型关系型数据库管理系统

MySQL 的开发者为瑞典 MySQL AB 公司。2008 年 1 月 16 日 MaSQL AB 公司被 Sun 公司收购。而 2009 年，SUN 又被 Oracle 收购。对于 MySQL 的前途，没有任何人抱乐观的态度。目前 MySQL 被广泛地应用在 Internet 上的中小型网站中。由于其体积小、速度快、总体拥有成本低，尤其是开放源码这一特点，许多中小型网站为了降低网站总体拥有成本而选择了 MySQL 作为网站数据库。

（1）MySQL 是一种关联数据库管理系统。

关联数据库将数据保存在不同的表中，而不是将所有数据放在一个大的仓库内，这样就增加了速度并提高了灵活性。MySQL 的 SQL 指的是"结构化查询语言"。SQL 是用于访问数据库的最常用标准化语言，它是由 ANSI/ISO SQL 标准定义的。SQL 标准自 1986 年以来不断演化发展，有数种版本。在本手册中，"SQL-92"指的是 1992 年发布的标准，"SQL：1999"指的是 1999 年发布的标准，"SQL：2003"指的是标准的当前版本。我们采用术语"SQL 标准"标示 SQL 标准的当前版本。

（2）MySQL 软件是一种开放源码软件。

"开放源码"意味着任何人都能使用和改变软件。任何人都能从 Internet 下载 MySQL 软件，而无须支付任何费用。如果愿意，你可以研究源码并进行恰当的更改，以满足你自己的需求。MySQL 软件采用了 GPL（GNU 通用公共许可证），定义了在不同情况下可以用软件做的事和不可做的事。数据库服务器具有快速、可靠和易于使用的特点。MySQL 服务器还有一套实用的特性集合，在基准测试主页上，给出了 MySQL 服务器和其他数据库管理器的比较结果。

4. PostgreSQL

到了 1996 年，我们很明显地看出"Postgres95"这个名字已经经不起时间的考验了，于是我们起了一个新名字 PostgreSQL 用于反映最初的 POSTGRES 和最新使用的 SQL 版本之间的关系。同时版本号也重新从 6.0 开始，将版本号放回到最初的由伯克利 POSTGRES 项目开始的顺序中。Postgres95 版本的开发重点放在标明和理解现有的后端代码的问题上。PostgreSQL 开发重点转到了一些有争议的特性和功能上面，当然各个方面的工作都在同时进行。

PostgreSQL 支持大部分 SQL 标准并且提供了许多其他现代特性：复杂查询、外键、触发器、视图、事务完整性、多版本并发控制。同样，PostgreSQL 可以用许多方法扩展，如通过增加新的数据类型、函数、操作符、聚集函数、索引方法、过程语言。并且，因为许可证的灵活，任何人都可以以任何目的免费使用、修改和分发 PostgreSQL，不管是私用、商用，还是学术研究使用。

3.6 产品数据交换标准

随着 CAD/CAM 技术的迅猛发展和推广应用,各企业都在积极采用 CAD/CAM 技术。因历史原因及不同的开发目的,各 CAD/CAM 软件的内部数据记录方式和处理方式不尽相同,开发软件的语言也不完全一致,因此,CAD/CAM 的数据交换与共享是目前面临的重要课题。

自 20 世纪 80 年代初以来,国外对数据交换标准做了大量的研制、制定工作,也产生了许多标准。例如,美国的 DXF、IGES、ESP、PDES,法国的 SET,德国的 VDAIS、VDAFS,ISO 的 STEP 等。这些标准都为 CAD 及 CAM 技术在各国的推广应用起到了极大的促进作用。

3.6.1 产品数据交换标准概述

图形标准是指图形系统及其相关应用系统中各界面之间进行数据传送和通信的接口标准,以及供图形应用程序调用的子程序功能及其格式标准,前者称为数据及文件格式标准,后者称为子程序界面标准。

已经制订的图形标准都是接口标准,这些标准旨在使图形系统中两部分之间的接口标准化。接口标准分为两大类:

(1) 数据接口标准:用于确定系统各界面之间数据传递和通信的标准。
(2) 子程序接口标准:规定应用程序调用子程序的功能及格式的标准。

标准所处的位置不同,所起的作用的提供的服务也不同。

1. 基本图形交换规范 IGES

IGES1981 年成为 ANSI 标准,其作用是在不同的图形系统之间交换数据,其基本单元是实体,实体分为三类:几何实体、描述实体和结构实体。其文件格式是由 ASCII 码、记录长度为 80 个字符的顺序文件组成,文件分五节,并提供出错处理机制。

2. 图形核心系统 GKS

GKS 提供了在应用程序和图形输入输出设备之间的功能接口,是一个子程序接口标准,是一个独立于语言的图形系统核心。

GKS 作为一个系统核心,它提供的图形功能和特殊的图形设备是无关的,它可调用输入、输出、输入输出、独立图段存储、元文件输出、元文件输入等六种抽象的物理设备(图形工作站),它允许输出图素在不同的工作站上变换和传送;它包括线元素、点元素、字符元素和光栅元素等基本图素,以图段方式工作和组合,采用元文件在图形系统间传送图形。GKS 是一个二维图形标准,而 GKS-3D 是一个三维图形标准。

3. 程序员级层次结构图形系统 PHIGS

PHIGS 是 ANSI 在 1986 年公布的为应用程序员提供的控制图形设备的子程序接口标准,可分为九个程序模块来分别实现,各模块间独立,仅通过公共数据结构与其他模块连接。所有图形数据组织在称为结构的单元中,结构间通过层次调用发生联系,结构中可包括图形元素、模型变换矩阵元素、观察选择元素、应用数据元素和结构调用元素等。应用程序可通过调用一个不存在的结构、打开已存在结构、一个不存在的结构登录到工作站上、改变结构标识符时引用一个结构名等四种方式创建结构,并提供了有效的编辑结构的手段。与 GKS 相比,其差别体现在数据结构、可修改性、属性存储、输出流水线等方面。

4. 计算机图形设备接口 CGI

CGI 是由 ISO TC 97 提出的设备接口草案,与 1985 年 ANSI 公布的 VDI 标准一致,提供了一种可视图形设备驱动程序的标准,属于程序接口标准。

5. 计算机图形元文件 CGM

CGM 是由 ANSI 在 1986 年提出的标准,1987 年成为 ISO 标准,是一套与设备无关的语义、词法定义的图形文件格式,提供了随机存取、传送、简洁定义图像的手段。通用性是它的关键属性,是一种静态的图形生成元文件。其标准有两部分组成,一是功能规格说明,以抽象的词法描述了相应的文件格式;二是描述了 CGM 的三种标准编码形式,即字符、二进制和清晰的正文编码。

3.6.2 常用的产品数据交换标准

1. 基本图形转换标准(IGES)

基本图形转换标准(The Initial Graphics Exchange Specification,IGES)是被定义于 Computer-Aided Design(CAD)&Computer-Aided Manufacturing(CAM)systems(电脑辅助设计 & 电脑辅助制造系统)不同电脑系统之间的通用 ANSI 信息交换标准。

3D Studio MAX 可以实现这种 IGES 格式以用于机械、工程、娱乐和研究等不同领域。用户使用了 IGES 格式特性后,你可以读取从不同平台来的 NURBS 数据,如 Maya、Pro/ENGINEER、SOFTIMAGE、CATIA 等软件。为了得到完整的数据,建议使用 5.3 版本的 IGES 格式。

IGES 是为了解决数据在不同的 CAD/CAM 间进行传递的问题,它定义了一套表示 CAD/CAM 系统中常用的几何和非几何数据格式,以及相应的文件结构,用这些格式表示的产品定义数据可以通过多种物理介质进行交换。

IGES 模型是用于描述产品几何实体信息的集合,它通过实体对产品的形状、尺寸以及产品的特性信息进行描述。

实体是 IGES 的基本信息单位,它可以是几何元素,也可能是实体的集合。实体可分为几何实体和非几何实体。

IGES 重点支持二维线框模型、三维线框模型、三维表面模型、三维实体模型、技术图样模型的交换。

(1) IGES 的作用和文件构成。

CAD/CAM 技术在工业界的推广应用,使得越来越多的用户需要把它们的数据在不同 CAD/CAM 系统之间交换。IGES 正是为了解决数据在不同的 CAD/CAM 间进行传递的问题,它定义了一套表示 CAD/CAM 系统中常用的几何和非几何数据格式,以及相应的文件结构,用这些格式表示的产品定义数据可以通过多种物理介质进行交换。

如数据要从系统 A 传送到系统 B,必须由系统 A 的 IGES 前处理器把这些传送的数据转换成 IGES 格式,而实体数据还得由系统 B 的 IGES 后处理器把其从 IGES 格式转换成该系统内部的数据格式。把系统 B 的数据传送给系统 A 也需相同的过程。

标准的 IGES 文件包括固定长 ASCII 码、压缩的 ASCII 及二进制三种格式。固定长 ASCII 码格式的 IGES 文件每行为 80 个字符,整个文件分为 5 段。段标识符位于每行的第 73 列,第 74~80 列指定为用于每行的段的序号。序号都以 1 开始,且连续不间断,其值对应于该段的行数。

①开始段,代码为 S,该段是为提供一个可读文件的序言,主要记录图形文件的最初来源及生成该 IGES 文件的相同名称。IGES 文件至少有一个开始记录。

②全局参数段,代码为 G,主要包含前处理器的描述信息及为处理该文件的后处理器所需要的信息。参数以自由格式输入,用逗号分隔参数,用分号结束一个参数。主要参数有文件名、前处理器版本、单位、文件生成日期、作者姓名及单位、IGES 的版本、绘图标准代码等。

③目录条目段,代码为 D,该段主要为文件提供一个索引,并含有每个实体的属性信息,文件中的每个实体都有一个目录条目,大小一样,由 8 个字符组成一域,共 20 个域,每个条目占用两行。

④参数数据段,代码为 P,该段主要以自由格式记录与每个实体相连的参数数据,第一个域总是实体类型号。参数行结束于第 64 列,第 65 列为空格,第 66~72 列为含有本参数数据所属实体的目录条目第一行的序号。

⑤结束段,代码为 T,该段只有一个记录,并且是文件的最后一行,它被分成 10 个域,每域 8 列,第 1~4 域及第 10 域为上述各段所使用的表示段类型的代码及最后的序号(即总行数)。

(2)IGES 文件的数据记录格式。

在 IGES 文件中,信息的基本单位是实体,通过实体描述产品的形状、尺寸以及产品的特性。实体的表示方法对所有当前的 CAD/CAM 系统都是通用的,实体可分为几何实体和非几何实体,每一类型实体都有相应的实体类型号,几何实体为 100~199,如圆弧为 100,直线为 110 等;非几何实体又可分为注释实体和结构实体,类型号为 200~499,如注释实体有:直径尺寸标注实体(206)、线性尺寸标注实体(216)等,结构实体有颜色定义(314)、字型定义(310)、线型定义(304)等。

几何实体和非几何实体通过一定的逻辑关系和几何关系构成产品图形的各类信息,实体的属性信息记录在目录条目段,而参数数据记录在参数数据段。下面举例介绍。

①直线。

IGES 文件中实体是有界的,每一点为起点 P_1,第二点为终点 P_2,参数数据为起点和终点的坐标 $P_1(X_1,Y_1,Z_1)$、$P_2(X_2,Y_2,Z_2)$。直线实体的类型号为 110,其定义如下:

110 1432 1 1 0 9 0 000020001D 2747
110 0 0 1 0 0D 2748

参数定义字段:

110,442.012 51,−338.641 97,0.,440.418 76,−338.641 97,0.;2747P 1432

上式中,起点坐标为(442.01251,−338.64197,0.),终点坐标(440.41876,−338.64197,0.),2747 表示该直线实体在目录条目段中的第一行序号,1432 表示该直线实体在参数数据段中的序号。

②圆弧。

IGES 中圆弧由两个端点及弧的一个中心确定,该圆弧始点在先,终点随后,并以逆时针方向画出圆弧。参数数据为 $ZT, X_1, Y_1, X_2, Y_2, X_3, Y_3$。$ZT$ 为 XT、YT 平面上的圆弧平行于 ZT 的位移量,(X_1, Y_1) 为圆弧中心坐标,(X_2, Y_2) 为圆弧起点坐标,(X_3, Y_3) 为圆弧终点坐标。如果起点与终点坐标重合,则为一个整圆。圆弧的实体类型号为 100,其定义为

100 6020 1 1 0 7841 8253 000010001D 8255
100 0 0 2 0 0D 8256

参数定义字段:

100,-1003.02643,-758.02863,-5144.16797,-758.02863,-5144.16797,8255P 6020-758.03094,-5146.36768;8255P 6021

即位移为 -1 003.026 43

圆心坐标为 (-758.028 63,-5 144.167 97)

起点坐标为 (-758.028 63,-5 144.167 97)

终点坐标为 (-758.030 94,-5 146.367 68)

③变换矩阵。

变换矩阵在 IGES 中是一个特殊实体("算子实体"),借助于变换矩阵实体可以实现实体由定义空间到模型空间的转换。其转换可表示为

列向 $[X_1, Y_1, Z_1]$ 是一个被变换向量,$[X_2, Y_2, Z_2]$ 是变换后的向量,$\boldsymbol{R} = [RIJ]$ 是实数矩阵,$\boldsymbol{T} =$ 列 $[T_1, T_2, T_3]$ 是一个实数的 3 级行列向量,12 个参数 R_{11}、R_{12}、R_{13}、T_1、…、R_{31}、R_{32}、R_{33}、T_3 全部为实数。

变换矩阵类型号为 124,其定义如下

124 6034 1 1 0 7841 0 000000001D 8269
124 0 0 1 0 0D 8270

参数定义字段:

124,0.,0.,1.,0.,0.,1.,0.,0.,-1.,0.,0.,0.;8269P 6034

上述变换矩阵的作用是将坐标 (X_1, Y_1, Z_1) 变为 (X_2, Y_2, Z_2),且 $X_2 = Z_1, Y_2 = Y_1, Z_2 = -X_1$,即表示将某一实体绕 Y 轴旋转 90°。

④有理 B 样条曲线。

有理 B 样条曲线用来描述具有普遍意义的解析曲线,在实际工程中已广泛应用。它首先用于 CAD/CAM 技术的空间曲线,有理 B 样条曲线的参数数据有 K,M,P1,P2,P3,P4,T (-M) ~ T(N+M),W(0) ~ W(K),X0,Y0,Z0,…,XK,YK,ZK,V(0),V(1),XNORM,YNORM,ZNORM。

K 为 K 次 B 样条曲线,M 为基函数的阶,P1 为平面标志,P2 表示曲线的起点和终点是否重合,P3 表示曲线是多项式或有理式,P4 表示曲线对于其参数是否是周期性的,T(-M) ~ T(N+M) 为节点序列,W(0) ~ W(K) 为权值,X0,Y0,Z0,…,XK,YK,ZK 为控制点,V(0) 为起始值参数,V(1) 终止值参数,XNORM、YNORM、ZNORM 为单位法向。

有理 B 样条曲线实体的类型号为 126,其定义为

126 2253 1 1 0 3479 0 000000001D 3883
126 35 5 3 0 0D 3884

参数定义字段:

126,3,3,0,0,1,0,0.,0.,0.,0.,1.,1.,1.,1.,1.,1.,1.,1.,0.,3883P 2253

–912.10699,744.65399,0.,–912.69482,744.61395,0.,–914.01208, 3883P 2254
744.52753,0.,–915.29333,744.44391,0.,1.,0.,0.,0.; 3883P 2255

上式表示样条函数及基函数都为3阶,非平面开曲线,多项式非周期曲线,权值均为1,$N=K-M+1=1$,$A=2M+N=7$。

有理B样条曲线也可以表示一个优选的曲线类型,其类型由目录条目段中的格式参数确定,如3表示椭圆弧,2表示圆弧等。

(3) IGES存在问题及解决办法。

IGES目前已发展到V5.3版,每一版本的功能都有所加强,压缩了数据格式、扩充了元素范围、扩大了宏指令功能、完善了使用说明等,可以支持产品造型中的边界表示和结构的实体几何表示,并在国际上绝大多数商品化CAD/CAM系统中采用。因此,在实际工作中,由CAD/CAM系统的数据格式转换成IGES格式时,一般都不会产生问题;而由IGES格式转换成CAD/CAM系统的数据格式时常会出现问题,下面介绍几种经常发生的问题及解决办法:

①变换过程中经常会发生错误或数据丢失现象,最差的情况是因一个或几个实体无法转换,使整个图形都无法转换,如仅因一个B样条曲线无法转换,导致全部不能转换。这时可通过另一个CAD/CAM系统来进行转换,如欲把某IGES文件转换成CATIA,可先把该IGES文件转换成UGII,再通过UGII的IGES转换器转换成IGES格式,然后经CATIA的后处理器转换成CATIA的数据格式。

②在转换数据的过程中经常发生某个或某几个小曲面丢失的情况,这时可利用原有曲面边界重新生成曲面;但当子图形丢失太多时,则可通过前述第一种类似方式进行转换。

③某些小曲面(Face)在转换过程中变成大曲面(Surface),此时可对曲面进行裁剪。

2. 产品数据模型交换标准(STEP)

STEP(Standard for the Exchange of Product Model Data)标准是国际标准化组织制定的描述整个产品生命周期内产品信息的标准,STEP标准是一个正在完善中的"产品数据模型交换标准"。它是由国际标准化组织(ISO)工业自动化与集成技术委员会(TC184)下属的第四分委会(SC4)制定的,ISO正式代号为ISO 10303。它提供了一种不依赖具体系统的中性机制,旨在实现产品数据的交换和共享。这种描述的性质使得它不仅适合于交换文件,也适合于作为执行和分享产品数据库和存档的基础。发达国家已经把STEP标准推向了工业应用。它的应用显著降低了产品生命周期内的信息交换成本,提高了产品研发效率,成为制造业进行国际合作、参与国际竞争的重要基础标准,是保持企业竞争力的重要工具。

STEP标准既是一种产品信息建模技术,又是一种基于面向对象思想方法的软件实施技术。它支持产品从设计到分析、制造、质量控制、测试、生产、使用、维护到废弃整个生命周期的信息交换与信息共享,目的在于提供一种独立于任何具体系统而又能完整描述产品数据信息的表示机制和实施的方法与技术。

STEP(ISO 10303)是一个关于数字化产品数据表示和交换的国际标准,目的是提供一种不依赖于具体应用系统的中性机制,用来描述产品整个生命周期中的数据,实现信息模型标准化的一种很好的选择。

(1) STEP标准体系的组成。

STEP标准不是一项标准,而是一组标准的总称,STEP把产品信息的表达和数据交换的实现方法区分成六类。

①描述方法(Description Methods);
②实现方法(Conformance Testing);
③集成资源(Implementation Methods):分为一般通信资源和应用资源;
④应用协议(Application Protocols);
⑤一致性测试方法论和框架(Conformance Testing);
⑥抽象测试集(Abstract Test Suites)。

STEP 标准的组成结构如图 3.13 所示。STEP 标准也可划分为 STEP 标准的数据模型和工具两部分。数据模型包括通用集成资源、应用集成资源、应用协议;工具包括描述方法、实现方法、一致性测试方法和抽象测试套件。其中资源信息模型定义了开发应用协议基础的数据信息,包括通用的模型和支持特定应用的模型。产品数据的描述格式独立于应用,并且通过应用协议进行实施。应用协议定义了支持特定功能的资源信息模型,明确规定了特定应用领域所需的信息和信息交换方法,提供一致性测试的需求和测试目的。

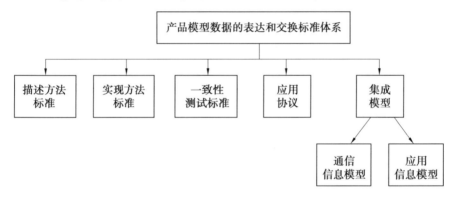

图 3.13 STEP 的标准体系

几乎每一个主要的 CAD/CAM 系统都包含由一个 STEP 应用协议定义的一个读写数据的模块。

在美国最普遍实现的协议称为 AP-203。这个协议用来交换描述实体模型以及实体模型装配体的数据。在欧洲,一个非常相似的协议称为 AP-214,完成的是相同的功能。

无论称呼如何,构成该标准的核心体系的关键语言有:

①描述语言:EXPRESS 语言是 STEP 标准开发的面向对象的信息模型描述语言(ISO10303-11),用于描述集成资源和应用协议,即是记录产品数据的建模语言,在 STEP 技术中处于基础和核心的地位。

②实现语言:鉴于 EXPRESS 本身不是一种实现语言,STEP 规定了若干通过映射关系来实现 EXPRESS 的语言。主要有:

·STEP p21 文件(ISO 10303-21):p21 文件采用自由格式的物理结构,基于 ASCII 编码,不依赖于列的信息(IGES 有列的概念),且无二义性,便于软件处理。p21 文件格式是信息交换与共享的基础之一。其常用扩展名有 stp、step、p21,因此常常被称作 STEP 文件或者 p21 文件。

·SDAI 接口(Standard Data Access Interface)(ISO 10303-22):是 STEP 中规定的标准

数据存取接口,提供访问和操作 STEP 模型数据的操作集,为应用程序开发员提供统一的 EXPRESS 实体实例的编程接口需求规范。可用于更高层的数据库实现和知识库实现。

· STEP data in XMI(ISO 10303-28):提供 STEP 文件到 XML 的映射,XML 是为 Internet 上传输信息而设计的一种中性的数据交换语言,是 Internet/Intranet 间存储和提取产品数据的主要语言工具。

③应用协议(AP):STEP 利用应用协议来保证语义的一致性。应用协议指定了在某一应用领域中,共享信息模型结构所需遵循的特定应用协议所规定的模型结构。通过应用协议,建立一种中性机制解决不同 CAx 系统之间的数据交换。已制订或正在制订的有关工程设计与制造方面的 STEP 应用协议有 38 个(AP-201~AP-238)。

(2)STEP 的关键技术。

STEP-NC 自 1997 年的研发以来,制造业中关于 STEP 的应用已经成为工业化国家中的热点研究对象。在所有的热点研究课题中,美国有 Super Model 项目、欧洲有 MATRAS 计划和 OPTIMAL、日本有 Digital Master 项目、韩国有 STEP-NC 项目,这些都是十分有代表性的项目。而上述热点的研究国家主要都是集中在数据库、标准以及 STEP-NC 的控制器这三个方面的研究。

①数据库的研究。对于 STEP-NC 所涵盖的特殊定义、几何模型、工艺流程、公差定义等信息都必须通过一个相同的智能接口,才能完整地被集成到一个产品模型的数据库中。在数据库的研究当中,STEP Tools 公司是最具代表性的,主要因为该公司于 2000 年开始了"超级模型"——Super Model 的项目研究。"超级模型"项目的英文全称是 Model Driven Intelligent Control of Manufacturing,该项目主要是为了建立一个包含可直接驱动数据铣床、零件所有制造特征的数据库,之后再向 PDM、数控车削等目标扩展。STEP Tools 公司最终在"超级模型"项目中开发了两项新技术,分别是 EXPRESS-X 和 STEP/XML,由于这两项技术的应用中,数控编程都是被简化了的,因此,给 CNC 可以在因特网上直接查找产品数据奠定了坚实的基础。

②标准的研究。当前已经制定的关于 STEP 和 STEP-NC 的标准,涉及的行业通常是汽车、飞机、造船业、机械设计、电子电路等。

STEP-NC 是一个面向对象的新型 NC 编程数据接口国际标准(ISO 14649),它于 1996 年开始制定,在 2001 年底成为国际标准草案(Draft International Standard,DIS),由国际标准化组织 ISO/TC184 工业数据技术委员会正式命名为 ISO 14649,其目的旨在取代在数控机床中广泛使用的 ISO 6983 标准。它包括通用数据、基本概念及规则、铣削刀具、数控铣削加工等。目前正在制定中的 STEP-NC 标准有放电加工、数控车削加工、监控、玻璃木材的铣削等。

STEP-NC 的基本原理是基于制造特征进行编程,它告诉 CNC 的是"加工什么",而不是直接对刀具运动进行编程,以及告诉 CNC"如何加工"的具体动作。加工流程是以工作步骤(working step)作为基本单位,将特征与技术信息联系到一起,每个工作步骤只定义一种操作("干什么,如何干等",仅能用一种刀具和一种策略)。

STEP-NC 通过任务描述(钻中心孔、钻孔、粗加工、精加工……)把工件的加工程序传到加工车间,在车间可以根据实际的需要对加工程序进行修改,修改后的加工过程信息可以保存并返回到设计部门,使经验和知识能更好地交换和保留,也实现了产品生命周期数据的共享。

STEP-NC将产品模型数据转换标准STEP扩展到CNC领域,重新制订了CAD/CAM与CNC之间的接口,它要求CNC系统直接使用符合STEP标准的CAD三维数据模型(包括工件几何数据、参数配置和制造特征)(如图3.14所示)、工艺信息和刀具信息直接产生加工程序。

为了在CAM系统和CNC系统之间进行信息交换时完整全面的表达信息,必须建立合适的数据模型。ISO14649使用面向对象的方式定义的数据模型避免了信息的丢失,它把每一个加工步骤都定义成独立的对象,每个对象又包含各种描述性的属性。通过严格的分离几何数据、操作数据、加工数据等这些数据,简化了信息的存储和访问,使不同模块之间可进行信息的交换。零件的加工过程被定义成一个工步序列,一个基于几何信息的工步确定了哪些操作被执行,而这种面向对象的操作本身又包含了工艺信息、刀具信息、加工策略等。

图3.14 面向对象的数据模型

③STEP-NC控制器。

目前的STEP Tools公司正在研制机床控制器的软件,这款软件是用于直接读取Super Model的。此外,还有POHANG科技大学(韩国)、Siemens公司(德国)等都在致力于控制器的积极研究。在很多研究当中,Siemens公司取得了丰硕的成果。

3. 绘图交换文件(DXF)

DXF是AutoCAD(Drawing Interchange Format或者Drawing Exchange Format)绘图交换文件,也叫绘图交换标准。DXF是Autodesk(欧特克)公司开发的用于AutoCAD与其他软件之间进行CAD数据交换的CAD数据文件格式。

DXF是一种开放的矢量数据格式,可以分为两类:ASCII格式和二进制格式;ASCII具有可读性好的特点,但占用的空间较大;二进制格式则占用的空间小、读取速度快。由于AutoCAD现在是最流行的CAD系统,DXF也被广泛使用,成为事实上的标准。绝大多数CAD系统都能读入或输出DXF文件。

(1)DXF的构成。

图形交换文件(Drawing Exchange File,DXF),这是一种ASCII文本文件,它包含对应的DWG文件的全部信息,不是ASCII码形式,可读性差,但用它形成图形速度快。不同类型的计算机即使是用同一版本的文件,其 DWG 文件也是不可交换的。为了克服这一缺点,AutoCAD 提供了 DXF 类型文件,其内部为 ASCII 码,这样不同类型的计算机可通过交换 DXF 文件来达到交换图形的目的,由于 DXF 文件可读性好,用户可方便地对它进行修改、编程,达到从外部图形进行编辑和修改的目的。

DXF 文件是由很多的"代码"和"值"组成的"数据对"构造而成,这里的代码称为"组码"(group code),指定其后的值的类型和用途。每个组码和值必须为单独的一行。

DXF 文件被组织成为多个"段"(section),每个段以组码"0"和字符串"SECTION"开头,紧接着是组码"2"和表示段名的字符串(如 HEADER)。段的中间,可以使用组码和值定义段中的元素。段的结尾使用组码"0"和字符串"ENDSEC"来定义。

(2) DXF 文件结构。

ASCII 格式的 DXF 可以用文本编辑器进行查看。

DXF 文件的基本组成如下所示:

HEADER 部分,图的总体信息。每个参数都有一个变量名和相应的值。

CLASSES 部分,包括应用程序定义的类的信息,这些实例将显示在 BLOCKS、ENTITIES 以及 OBJECTS 部分。通常不包括用于与其他应用程序交互的信息。

TABLES 部分,这部分包括命名条目的定义。

Application ID (APPID)表

Block Recod (BLOCK_RECORD)表

Dimension Style (DIMSTYPE)表

Layer (LAYER)表

Linetype (LTYPE)表

Text style (STYLE)表

User Coordinate System (UCS)表

View (VIEW)表

Viewport configuration (VPORT)表

BLOCKS 部分,这部分包括 Block Definition,实体用于定义每个 Block 的组成。

ENTITIES 部分,这部分是绘图实体,包括 Block References 在内。

OBJECTS 部分,包括非图形对象的数据,供 AutoLISP 以及 ObjectARX 应用程序所使用。

THUMBNAILIMAGE 部分,包括 DXF 文件的预览图。

END OF FILE

(3) 实体部分。

(ENTITIES)

该部分内容包含了所绘制图形的所有数据。

例如:定义直线的数据为起点坐标和终点坐标。格式如下:

ACD bline...

x_1...

y_1...

x_2...

y_2

类似地,有定义圆及圆弧的数据。等等。

总之,这些数据可以通过编程将其提取出来用于其他用途。例如,提取图形的数据用来生成加工代码,以进行数控系统的开发。

习 题

1. 产品数据的数字化处理方式主要有哪些?
2. 求曲线方程的步骤是什么?
3. 什么是光顺、拟合、插值?
4. B-Spline 曲线应用优点是什么?
5. 什么是数据物理结构?逻辑结构如何表达?
6. 工程数据库存储信息有哪些?
7. STEP 把产品信息的表达和数据交换的实现方法区分成哪六类?

第4章 产品数字化造型技术

随着时代的前进,科学技术的发展,人们审美观念的提高与变化,机械产品的造型设计和其他工业产品一样,不断地向高水平发展变化。影响产品造型设计的因素很多,但是,现代产品的造型设计,主要强调满足人和社会的需要,设计美观大方、精巧宜人的产品,为人们生活、生产活动提供便利,并提高整个社会物质文明和精神文明水平。这是现代工业产品造型设计的主要依据和出发点。

人们处在不同的时代,有着不同的精神向往,当机械产品的造型形象具有时代精神意义,符合时代特征,这些具有特殊感染力的"形""色""质"就会表现出产品体现时代科学水平与当代审美观念的时代特征,这就是产品的时代性。

20世纪40年代,"二战"结束前后,由于战争带来的动荡和苦难,人们的心情沉重,希望有一个和平、安全的环境,所以,当时的机械产品,多采用具有柔和感的弧线形,出现了以"流线型"产品为时尚,并由此而形成该时代工业造型的特点。

20世纪50年代,由于人的生理和"二战"等原因,人们厌倦了臃肿、富有张力感的流线型,视觉心理上渴望能够得到一些平复和舒展;工业产品造型顺应大多数人们的意念(当然科技的发展也逐渐地打破了"流线型"的垄断),而逐渐地将曲线拉直,于是出现了一种具有直线加大曲率特点的时代造型。

20世纪六七十年代,由于科技的进一步发展,特别是大批新材料、新工艺的出现,使得产品造型在制作工艺上变得精炼、简洁,多出现直角或斜面的产品。

20世纪80年代后,更由于大规模集成电路、数控、微机、机电一体化等技术形式日新月异,塑料电镀、工程注塑等新材料、新工艺层出不穷,工业呈现更大、更高的发展趋势。在这种多元的大好形势下,人们从理智到观念上的审美要求和标准都正在或将要发生质的转变。作为产品造型,真实地反映人们对于高科技大胆执著的追求,选用几何体造型,使布局和构成更加简洁明快、理智抽象、充满几何美和数理美意味的多样化表现,自然而然地成为现代产品造型的时尚。

4.1 数字化造型技术概述

产品设计(造型),一个创造性的综合信息处理过程,通过多种元素如线条、符号、数字、色彩等方式的组合把产品的形状以平面或立体的形式展现出来。它是将人的某种目的或需要转换为一个具体的物理或工具的过程;是把一种计划、规划设想、问题解决的方法,通过具体的操作,以理想的形式表达出来的过程。

机械产品的造型设计,属于"工业设计"范畴。工业设计是近代一门新兴的边缘学科,它是应用工程技术和艺术手段设计、塑造产品的形象,并将其最后统一在产品的功能、结构、工艺、宜人性、视觉传达、市场关系等要素上。从而取得人-机(产品)-环境和谐的一项创造性设计。

建模技术是将现实世界中的物体及其属性转化为计算机内部可以数字化表示、可分析、控制和输出的几何形体的方法。

产品数字化造型,即产品的数字化建模,利用计算机系统,以数学方法的方程式产生直线、曲线和各种形状,并描述物体的形状和它们之间的空间关系。例如,计算机辅助设计(CAD)程序可在屏幕上生成物体,依据物体相互之间的关系实现二维或三维空间的关系的精确放置,如图 4.1 所示。

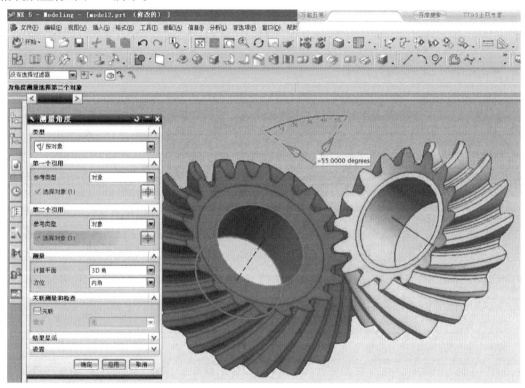

图 4.1　产品数字化造型

4.1.1　产品造型设计流程

1. 构思创意草图

工作将决定产品设计的成本和产品设计的效果,所以这一阶段是整个产品设计最为重要的阶段。通过思考形成创意,并加以快速的记录。这一设计初期阶段的想法常表现为一种即时闪现的灵感,缺少精确尺寸信息和几何信息。基于设计人员的构思,通过草图勾画方式记录,绘制各种形态或者标注记录下设计信息,确定三至四个方向,再由设计师进行深入设计。

2. 平面效果图

2D 效果图将草图中模糊的设计结果确定化、精确化。通过这个环节生成精确的产品平面设计图,既可以清晰地向客户展示产品的尺寸和大致的体量感,表达产品的材质和光影关系,是设计草图后的更加直观和完善的表达。

3. 多角度结构设计

多角度效果图,给人更为直观的方式从多个视觉角度去感受产品的空间体量。全面地评估产品设计,减少设计的不确定性。设计产品内部结构。产品装配结构以及装配关系,评估产品结构的合理性,按设计尺寸,精确地完成产品的各个零件的结构细节和零件之间的装配关系。

4. 产品色彩与标志设计

产品色彩设计是用来解决客户对产品色彩系列的要求,通过计算机调配出色彩的初步方案,来满足同一产品的不同的色彩需求,扩充客户产品线。

产品表面标志设计将成为面板的亮点,给人带来全新的生活体验。简洁明晰的LOGO,提供亲切直观的识别感受,同时也成为精致的细节。

4.1.2 产品数字化造型设计主要内容

1. 参数化设计

参数化设计是 Revit Building 的一个重要思想,它分为两个部分:参数化图元和参数化修改引擎。

2. 智能化技术

智能化技术在其应用中主要体现在计算机技术、精密传感技术、GPS 定位技术的综合应用上。随着产品市场竞争的日趋激烈,产品智能化优势在实际操作和应用中得到非常好的运用。

3. 基于特征设计

基于特征的设计是一种基于特征的 CAD 系统的实现方法,它使设计者按照特征进行产品建模,而在基于特征的 CAD 系统中特征的描述和修改是两个重要的问题。

4. 单一数据库与相关性设计

单一数据库就是与产品相关数据来自同一数据库,建立在单一数据库基础上的产品开发,可以保证任何设计改动,都将及时反映到其他相关环节上。实现产品相关性设计,有利于减少设计差错,提高设计质量,缩短开发周期。

5. 几何建模技术

几何建模是指用计算机及其图形系统来描述和处理物体的几何和拓扑信息,建立计算机内部模型的过程。由于几何建模包含了物体的几何形状等基本结构信息,因此几何建模技术是虚拟制造的基础。

6. 标准化

由于数字化设计软件产品来自不同地区与厂商,相互兼容问题就显得尤为重要,为实现信息共享,相关软件必须支持跨平台异构,就需要数据的转换的标准化,如 IGES、STEP 等,见第 3 章产品数据交换标准。

4.2 建模基础

任何复杂形体都是由基本几何元素构成的。几何造型就是通过对几何元素进行各种变换、处理以及集合运算,以生成所需几何模型的过程。因此,了解空间几何元素的定义及形体设计与制造过程中坐标应用,有助于理解和掌握几何造型技术,也有助于熟悉不同软件提供的造型功能。

4.2.1 形体的定义

1. 点(Vertex)

点是零维几何元素,也是几何造型中最基本的几何元素,任何形体都可以用有序的点的集合来表示。利用计算机存储、管理、输出形体的实质就是对点集及其连接关系的处理。

点有不同的种类,如端点、交点、切点、孤立点等。在形体定义中,一般不允许存在孤立点。在自由曲线及曲面中常用到三种类型的点,即控制点、型值点和插值点。控制点也称特征点,它用于确定曲线、曲面的位置和形状,但相应的曲线或曲面不一定经过控制点。型值点用于确定曲线、曲面的位置和形状,并且相应的曲线或曲面一定要经过型值点。插值点则是为了提高曲线和曲面的输出精度,或为便于修改曲线和曲面的形状,而在型值点或控制点之间插入的一系列点。

2. 边(Edge)

边是一维几何元素,它是指两个相邻面或多个相邻面之间的交界。正则形体的一条边只能有两个相邻面,而非正则形体的一条边则可以有多个相邻面。边由两个端点界定,即边的起点及边的终点。直线边或曲线边都可以由它的端点定界,但曲线边通常是通过一系列的型值点或控制点来定义,并以显式或隐式方程式来表示。另外,边具有方向性,它的方向是由起点沿边指向终点。

3. 面(Face)

面是二维几何元素,它是形体表面一个有限、非零的区域。面的范围由一个外环和若干个内环界定(图4.2)。一个面可以没有内环,但必须有且只能有一个外环。面具有方向性,一般用面的外法矢方向作为面的正方向。外法矢方向通常由组成面的外环的有向棱边,并按右手法则确定。几何造型系统中,常见的面的形式有平面、二次曲面、柱面、直纹面、双三次参数曲面等。

4. 环(Loop)

环是由有序、有向边(直线段或曲线段)组成的面的封闭边界。环中的边不能相交,相邻边共享一个端点。环有内外环之分,确定面的最大外边界的环称为外环,确定面中内孔或凸台边界的环称为内环。环也具有方向性,它的外环各边按逆时针方向排列,内环各边则按顺时针方向排列。

5. 体(Object)

体是由封闭表面围成的三维几何空间。通常,把具有维数一致的边界所定义的形体称为正则形体。非正则形体的造型技术将线框、表面和实体造型统一起来,可以存取维数不一致的几何元素,并对维数不一致的几何元素进行求交分类,扩大了几何造型的应用范围。通常,几何造型系统都具有检查形体合法性的功能,并删除非正则实体。

6. 壳(Shell)

壳是由一组连续的面围成。其中,实体的边界称为外壳;如果壳所包围的空间是空集,则为内壳。一个体至少有一个壳组成,也可能由多个壳组成。

7. 形体的层次结构

形体的几何元素及几何元素之间存在以下两种信息:①几何信息:用于表示几何元素的性质和度量关系,如位置、大小、方向等;②拓扑信息:用于表示各几何元素之间的连接关系。总之,形体在计算机内部是由几何信息和拓扑信息共同定义的,一般可以用如图4.2所示的六层结构表示。

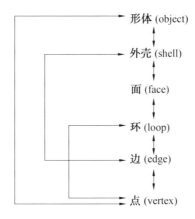

图4.2 几何形体的层次结构

4.2.2 设计与制造系统坐标系

为了说明质点的位置、运动的快慢、方向等,必须选取其坐标系。在参照系中,为确定空间一点的位置,按规定方法选取的有次序的一组数据,叫作"坐标"。在某一问题中规定坐标的方法,就是该问题所用的坐标系。

坐标系的种类很多,常用的坐标系有笛卡尔直角坐标系、平面极坐标系、柱面坐标系(或称柱坐标系)和球面坐标系(或称球坐标系)等。中学物理学中常用的坐标系为直角坐标系,或称为正交坐标系。

从广义上讲:事物的一切抽象概念都是参照于其所属的坐标系存在的,同一个事物在不同的坐标系中就会有不同抽象概念来表示,坐标系表达的事物有联系的抽象概念的数量(既坐标轴的数量)就是该事物所处空间的维度。

虚拟机床运动模型的建立涉及三个坐标系:世界坐标系、参考坐标系(运动坐标系)和局部坐标系(静坐标系)。

世界坐标系决定了整个加工中心的空间位置,它在窗口中的位置和姿态的变化取决于视点和坐标原点的变化,分别由视点变换矩阵和窗口投影变换矩阵表示。

参考坐标系定义了被研究的零部件在运动时的参考坐标系,加工中心零部件的运动可分解成参考坐标系下的直线运动和旋转运动。

局部坐标系固连在加工中心运动的零部件上,它反映零部件在参考坐标系下的位置和方向。

这三个坐标系是求解虚拟加工仿真过程中各部件在世界坐标系下位置的有效手段。对虚拟机床而言,世界坐标系的原点通常建立在床身基座上,采用笛卡儿坐标系;局部坐标系的原点建立在运动部件上,坐标轴的方向与世界坐标系的方向一致;参考坐标系则是描述零部件运动关系时引进的坐标系。如图4.3所示,在数字化设计与制造过程中,采用坐标不同。

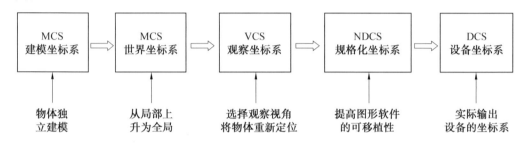

图4.3　数字化设计与制造的坐标系构成

（1）世界坐标系（World Coordinate System，WCS）也称全局坐标系（global coordinate system）或用户坐标系。

（2）建模坐标系（Modeling Coordinate System，MCS）也称为局部坐标系（local coordinate system）或主坐标系（master coordinate system）。

（3）观察坐标系（Viewing Coordinate Systems，VCS）是左手三维直角坐标系,用于从观察者的角度对世界坐标系内的物体进行重新定位和描述,如图4.4所示。

（4）成像坐标系（Imaging Coordinate Systems，ICS）是一个二维坐标系,它定义在成像平面上。

（5）规格化设备坐标系（Normolizing Device Coordinate System，NDCS）,也是左手三维直角坐标系。

（6）设备坐标系（Device Coordinate System，DCS）也称屏幕坐标系（screen coordinate system）。

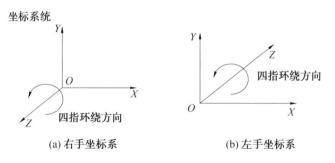

图4.4　三维直角坐标系的定义

数字化造型技术基于数字化制造设备的三个坐标系即机械坐标系、编程坐标系和工件坐标系的计算机辅助设计。

（1）机械坐标系的原点是生产厂家在制造机床时的固定坐标系原点，也称机械零点。它是在机床装配、调试时已经确定下来的，是机床加工的基准点。在使用中，机械坐标系是由参考点来确定的，机床系统启动后，进行返回参考点操作，机械坐标系就建立了。坐标系一经建立，只要不切断电源，坐标系就不会变化。

（2）编程坐标系是编程序时使用的坐标系，一般把我们把 Z 轴与工件轴线重合，X 轴放在工件端面上。工件坐标系是机床进行加工时使用的坐标系，它应该与编程坐标系一致。能否让编程坐标系与工坐标系一致，是操作的关键。

在使用中我们发现，FANUC 系统与航天数控系统的机械坐标系确定基本相同，都是在系统启动后回参考点确定。

（3）工件坐标系（Workpiece Coordinate System）固定于工件上的笛卡尔坐标系，是编程人员在编制程序时用来确定刀具和程序起点的，该坐标系的原点是编程人员根据具体情况确定，但坐标轴的方向应与机床坐标系一致并且与之有确定的尺寸关系。

4.3 形体建模及表示形式

建模技术是产品信息化的源头，是定义产品在计算机内部表示的数字模型、数字信息及图形信息的工具，它为产品设计分析、工程图生成、数控编程、数字化加工、数字化装配，以及生产过程管理等提供有关产品信息描述与表达方法，是实现虚拟制造的前提条件和核心内容之一。

常用的产品建模方式目前主要有几何建模和特征建模技术两种，这其中又包含参数化设计和变量化设计等技术。

4.3.1 几何建模技术

几何建模是指用计算机及其图形系统来描述和处理物体的几何和拓扑信息，建立计算机内部模型的过程。几何信息一般指物体在空间中的形状、位置和大小；拓扑信息则是物体各分量的数目及其相互间的连接关系。由于几何建模包含了物体的几何形状等基本结构信息，因此几何建模技术是虚拟制造的基础。

三维几何建模主要有线框建模、表面建模和实体建模三种方式。

1. 线框建模

线框建模是指利用边界线和轮廓线来描述几何体模型的方法，它是用基本线素来定义的，线框建模数据，结构简单，存储量小，运算速度快。但这种模型包含的信息有限，不能提供计目标的棱线部分而构成的立体框架图。

用这种方法生成的实体模型是由一系列的直线、圆弧、点及自由曲线组成，描述的是产品的轮廓外形，在计算机内部生成三维映像，还可实现视图变换和空间尺寸的协调。

线框模型的数据结构是表结构，在计算机内部存储的是物体顶点及棱线的信息，如图 4.5 所示，将物体的几何信息和拓扑信息层次清楚地记录在顶点表及边表中，这样就构成了三维物体的全部信息，如图 4.6 所示。

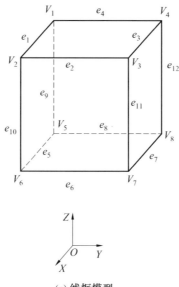

(a) 线框模型

顶点	坐标值		
	x	y	z
1	0	0	1
2	1	0	1
3	1	1	1
4	0	1	1
5	0	0	0
6	1	0	0
7	1	1	0
8	0	1	0

(b) 顶点表

棱线	顶点号	
1	1	2
2	2	3
3	3	4
4	4	1
5	5	6
6	6	7
7	7	8
8	8	5
9	1	5
10	2	6
11	3	7
12	4	8

(c) 棱线表

图 4.5 线框模型的数据结构原理

但这种模型包含的信息有限,不能提供三维实体完整且严密的几何模型,容易出现二义性,无法计算物体的重心和体积等,也不含物体的物理属性,无法检测物体间的碰撞和干涉等。因此,这种建模方法有逐渐被表面建模技术和实体建模技术取代的趋势,但它是表面模型和实体模型的基础,一般作为这两种建模方法输入数据的辅助手段,故仍有一定的应用。

顶点表	边表	边类型
	$E_1(V_1,V_2)$	直线
$V_1(V_1,V_2)$	$E_2(V_1,V_2)$	直线
$V_2(V_1,V_2)$	$E_3(V_1,V_2)$	半圆
$V_3(V_1,V_2)$	$E_4(V_1,V_2)$	半圆

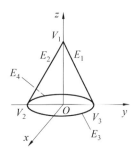

图 4.6　物体的线框定义模型

2. 表面建模(造型)

表面建模是通过对实体的各个表面或曲面进行描述而构造实体模型的一种三维建模方法。表面建模时,常利用线框功能先构造线框图,然后用扫描或旋转等手段将其变成曲面,也可用系统提供的许多曲面因素来建立各种曲面模型。该模型在线框模型的基础上增加了环和边的信息及表面特征、棱边的连接方向等内容,比线框模型多了一个面表,记录了边、面间的拓扑关系。但仍缺乏面和体之间的拓扑关系,没有物理属性,仍然不是实体模型。

(1)根据形体表面的不同,可分为平面建模和曲面建模。

①平面建模。平面建模是将形体表面划分成一系列多边形网格,每一个网格构成一个小的平面,用这一系列小的平面逼近形体的实际表面。

平面建模可用最少的数据精确地表示多面体,但对一般的曲面物体来说,所需表示的精度越高,网格就必须越小且越多,这就使平面模型具有存储量大、精度低、不便于控制等缺点,因而平面模型逐渐被曲面模型取代。

②曲面建模。曲面建模的重点是由给出的离散点数据构成光滑过渡的曲面,使这些曲面通过或者逼近这些离散点,主要适用于其表面不能用简单数学模型进行描述的复杂物体型面,如汽车、飞机、船舶、水轮机叶片、家用电器以及地形地貌的描述等。

曲面建模中,对于曲面或者曲线一般不用多元函数方程直接描述,而是用参数方程的形式来表示。该方法是在拓扑矩形的边界网格上,利用混合函数在纵向和横向两对边界曲线间构造光滑过渡的曲线,即把需要建模的曲面划分为一系列曲面片,用连接条件对其进行拼接而生成整个曲面。采用曲面时,需要处理曲面光顺、曲面求交和曲面裁减等问题。

目前常见的参数曲面主要有孔斯(Coons)曲面[图 4.7(a)]、B 样条曲面[图 4.7(b)]、贝塞尔(Bezier)曲面[图 4.7(c)]和非均匀有理 B 样条(NURBS)曲面等。

在计算机辅助几何造型设计中,非均匀有理 B 样条技术越来越受到人们的重视,这是由于 NURBS 的优越性质与潜在开发能力决定的,首先,NURBS 可精确表示规则曲线与曲面,可以在一个几何设计系统中使用同一的数学模型表示规则曲面和自由曲面。

曲面建模在描述三维实体信息方面要比线框模型严密完整,能够构造出复杂的曲面,可计算表面积和进行有限元网格划分,还能产生数控加工刀具轨迹。但曲面建模理论复杂,而且缺乏实体内部信息,有时会出现二义性。

(2)曲面造型方法。

对于一个实体而言,可用不同的曲面造型方法来构造相同的曲面,选用哪种方法更好一

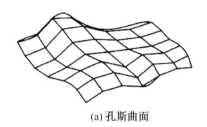

(a) 孔斯曲面

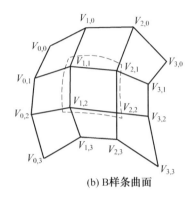

(b) B样条曲面

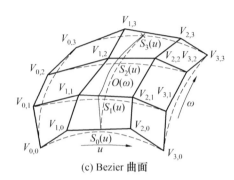

(c) Bezier 曲面

图 4.7　典型的参数曲面

一般有两个衡量标准：一是要能更准确体现设计者的设计思想和设计原则；二是看哪种方法产生的模型能够准确、快速和方便地产生数控加工的刀具轨迹，即更好地为后续的 CAE 和 CAM 服务。

常用的曲面造型方法有以下几种：

①扫描曲面(Swept Surface)。根据扫描方法的不同，又可分为旋转扫描法和轨迹扫描法两类。一般可以形成以下几种曲面形式：

线性拉伸面，是由一条曲线(母线)沿着一定的直线方向移动而形成的曲面，如见图 4.8 所示。

旋转面，是由一条曲线(母线)绕给定的轴线，按给定的旋转半径旋转一定的角度而扫描成的面，如图 4.9 所示。

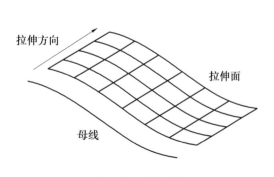

图 4.8　拉伸曲面

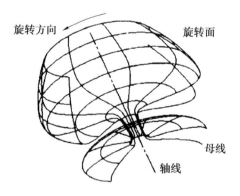

图 4.9　曲面旋转

扫成面，是由一条曲线(母线)沿着另一条(或多条)曲线(轨迹线)扫描而成的面，如图

4.10 所示。

②直纹面(Ruled Surface)。直纹面是以直线为母线,直线的端点在同一方向上沿着两条轨迹曲线移动所生成的曲面,如图 4.11 所示。圆柱面、圆锥面都是典型的直纹面。

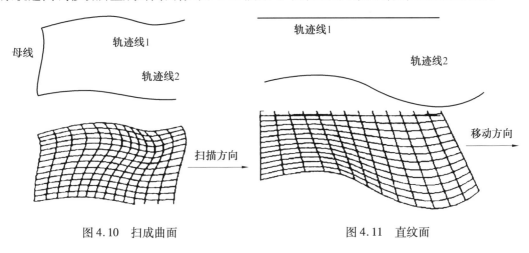

图 4.10　扫成曲面　　　　　　　　图 4.11　直纹面

③复杂曲面(Complex Surface)造型。复杂曲面的基本生成原理是:先确定曲面上特定的离散点(型值点)的坐标位置,通过拟合使曲面通过或逼近给定的型值点,得到相应的曲面。一般地,曲面的参数方程不同,就可以得到不同类型及特性的曲面,如图 4.7 所示。

孔斯曲面是由四条封闭边界所构成的曲面。孔斯曲面的几何意义明确、曲面表达式简洁,主要用于构造一些通过给定型值点的曲面,但不适用于曲面的概念性设计。

B 样条曲面是 B 样条曲线和贝塞尔曲面方法在曲面构造上的综合应用。它以 B 样条基函数来反映控制顶点对曲面形状的影响。该方法不仅保留了贝塞尔曲面设计方法的优点,而且解决了贝塞尔曲面设计中存在的局部性修改问题。

贝塞尔曲面是以逼近为基础的曲面设计方法。它先通过控制顶点的网格勾画出曲面的大体形状,再通过修改控制点的位置来修改曲面的形状。这种方法比较直观,易于为工程设计人员接受。该方法存在局部性修改的缺陷,即修改任意一个控制点都会影响整张曲面的形状。

3. 实体建模(造型)

实体建模(Solid Model)是一种具有封闭空间、能提供三维形体完整的几何信息的模型。因此,它所描述的形体是唯一的。

(1)实体建模的基本原理。

实体建模技术是指利用一些基本体素或扫描体等通过集合运算(布尔运算)生成复杂实体模型的一种建模技术。实体建模主要包括基本实体的生成和基本实体之间的布尔运算(并、交、差)两部分。

按照物体生成方法的不同,基本实体的生成方法主要可分为体素法和扫描法两种。

①体素法。体素法是通过基本体素的集合运算构造几何实体的建模方法。每一基本体素具有完整的几何信息,是真实而唯一的三维实体。体素法包括基本体素的定义与描述,以及体素之间的集合运算。

基本体素的实体信息包括基本体素的几何参数(如长、宽、高、半径等)及体素的基准点。常用的基本体素如图 4.12 所示。

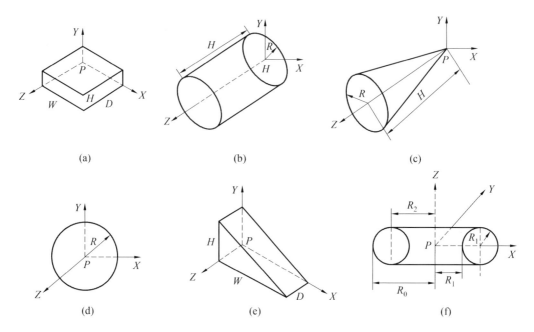

图 4.12　常用的基本体素

体素造型法也称为实体构造法,以基本体素为基础,通过交、并、差等布尔运算来构造复杂的形体的方法。

布尔运算是指两个或两个以上体素经过集合运算得到新的实体的一种方法,包括联合、相交、相减。在图形处理操作中引用了这种逻辑运算方法以使简单的基本图形组合产生新的形体,并由二维布尔运算发展到三维图形的布尔运算。

例 4.1　执行如下布尔运算,求获得三维几何实体。

(b)并集:$A \cup B = B \cup A$。

(c)交集:$A \cap B = B \cap A$。

(d)差集:$A - B$。

如图 4.13 所示,表示了长方体体素 A 与圆柱体体素 B 经布尔运算后得到的结果。

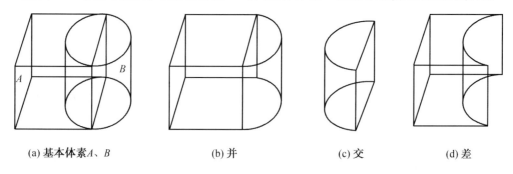

图 4.13　基本体素的建模运算

物体在进行布尔运算后随时可以对两个运算对象进行修改操作,布尔运算的方式、效果也可以编辑修改,布尔运算修改的过程可以记录为动画,表现神奇的切割效果。

②扫描法。扫描法是将平面内的封闭实曲线进行扫描变换(如平移、旋转和放样等)形成实体模型的方法。扫描变换一般需要两个分量,一是被移动的基体,二是移动的路径。扫描法可分为平面轮廓扫描和整体扫描。平面轮廓是预先定义一个封闭的截面轮廓,再定义该轮廓移动的轨迹或旋转的中心线、旋转角度,就可得到所需的实体。

整体扫描是首先定义一个三维实体作为扫描基体,让此基体在空间运动。运动可以是沿着某一方向或某一空间曲线移动,也可以是绕某一轴转动或绕某一点摆动。整体扫描法对于生产过程的干涉检验和运动分析都有很大的实用价值,尤其在数控加工中对于轨迹的生成与检验更具有重要意义。图4.14所示即为几种采用扫描变换构造的物体。

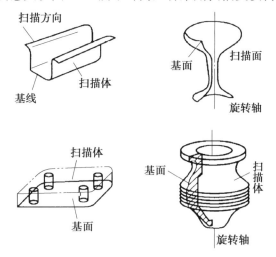

图4.14 扫描实体图示

三维实体建模能唯一、准确、完整地表达物体的形状,而且在产品描述、物理属性、特性分析、运动分析干涉检测以及有限元分析、加工过程的模拟仿真等方面,实体模型已成为不可缺少的前提条件,因此,实体建模技术是目前虚拟制造产品建模中的主流建模技术。

4. 实体建模中的计算机内部表示

三维实体建模过程中,在计算机内部存储的信息不是简单的边线或顶点信息,而是比较完整地记录了生成物体的各个方面的数据。

三维实体的计算机内部定义方法很多,常见的有边界表示法、构造实体几何法、混合表示法、空间单元法、半空间法等。下面主要介绍边界表示法、构造实体几何法和混合表示法。

(1)边界表示法(Boundary representation) 简称 B-Rep 法。其基本思想是,一个形体可以通过包容它的面来表示,而每一个面又可用构成此面的边来描述,边通过点,点通过三个坐标值来定义。由于它通过描述形体的边界来表示形体,而形体的边界就是其内部点与外部点的分界面,故称为边界表示法。

B-Rep 法中要表达的信息分为两类,一类是几何数据,一类是拓扑信息。在计算机内部的数据结构呈网状结构,以体现实体模型的实体、面、边(线)、点的描述格式。

B-Rep 法详细地记录了构成形体的面、边的方程及顶点坐标值等几何信息,同时描述了这些几何元素之间的连接关系。图 4.15 所示为边界表示法的树形结构示意图,即计算机中树形的数据结构表示形式。B-Rep 法的核心信息是平面,通过边构成平面之间的关联,再通过边的指向来标识平面的法线方向,从而判断某一平面是内面还是外面。

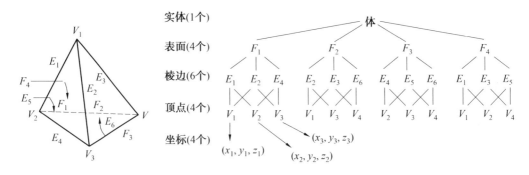

图 4.15　边界表示法树形结构

边界表示法强调实体外表的细节,详细记录了构成物体所有几何元素(面、边、点)的几何信息和相互之间的连接关系,数据易于管理。但边界表示法无法提供实体生成过程信息,同时存在信息冗余。

(2)构造实体几何法(Constructive solid geometry)简称 CSG 法。其基本思想是,任何复杂的实体都可通过某些简单的体素(基本体素)加以组合来表示,通过描述基本体素(如球、柱等)和它们的集合运算(如并、交、差等)来构造实体。

CSG 法的结构为树状结构,是用一棵有序的二叉树记录实体的所有组合基本体素以及它们之间的集合运算和几何变换过程,而且同一物体完全可以定义不同的基本体素,经过不同的集合运算加以构造,如图 4.16 所示。采用 CSG 法构造实体时,计算机内部表示与物体的描述和拼合运算过程密切相关,即存储的主要是物体的生成过程,所以又称为过程模型。

CSG 法数据结构简练、模型紧凑、信息量小且无二义性,有较强的参数化功能,造型概念直观,能够表示的实体范围大。

但采用 CSG 法,对形体的修改不能深入到形体的局部,不能直接生成显示线框图所需要的数据,必须经过边界计算程序的运算才能完成从 CSG 到边界表示的转换。纯粹的 CSG 法造型系统在实现某些交互操作(如直线的拾取和删除)时会有困难。

(3)混合表示法(Hybrid model)。B-Rep 法和 CSG 法都有各自的优缺点,单独使用都不能很好地满足实体建模的各种要求。混合表示法就是建立在 B-Rep 法和 CSG 法基础上,将两者结合起来形成的实体描述方法。一般采用 CSG 模型来描述几何造型的过程及其设计参数,而用 B-Rep 模型来描述详细的几何信息和进行显示、查询等操作。CSG 和 B-Rep 信息的相互补充确保了几何模型信息的正确和完整。目前大多数 CAD/CAM 系统都采用这种混合表示法进行造型建模。

4.3.2　特征建模技术

工程技术人员在产品设计制造过程中,不仅要关心产品的结构形状、公称尺寸,而且还要关心其尺寸公差、形位公差、表面粗糙度、材料性能和技术要求等一系列对实现产品功能极为重要的非几何信息。

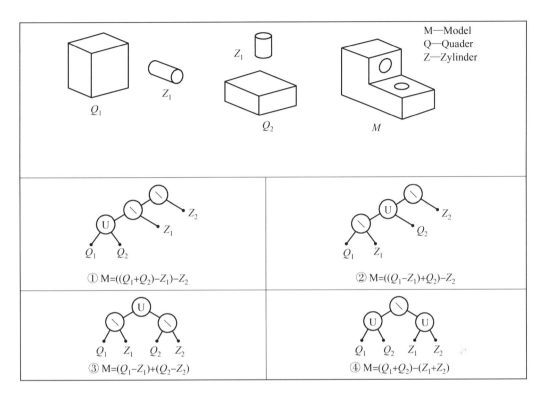

图 4.16 不同算法的 CSG 树

三维几何建模技术只较详细地描述了物体的几何信息和相互之间的拓扑关系,但无法充分有效地描述这些非几何信息,这就给 CAD/CAM 的集成带来了困难。于是,近年发展起来一种称为特征建模的新的建模技术。特征建模技术使得虚拟制造系统在描述零件信息时,信息含量更为丰富,也更加接近实际加工要求。PRO/E、UG 等软件的许多基本设计单元就是基于特征建模技术来定义和实现的。

1. 特征的定义

特征是指具有工程含义的几何实体,是为了表达产品的完整信息而提出的一个概念。特征是对诸如零件形状、工艺和功能等与零件描述相关的信息集的综合描述,是反映零件特点的可按一定规则分类的产品描述信息。因此,产品特征是产品形状特征和产品工程语义信息的集合,如图 4.17 所示。

理解特征概念时,必须注意:

(1)特征不是体素,不是某个或某几个加工面。

(2)特征不是一个完整的零件。

(3)特征的分类与该表面加工工艺规程密切相关,用不同加工方法加工实现的表面或零件需要定义成不同的特征。例如,直径较小的孔可以通过一次加工而成;而直径较大的孔,当加工精度相同时,可能毛坯上还带有预铸孔,或经多次加工,则需用不同的加工方法实现,这就要定义两种不同的特征。

(4)描述特征的信息中,除表达形状的几何信息及约束关系外,还须包含材料、精度等信息。

(5)通过定义简单的特征,还可生成组合特征。

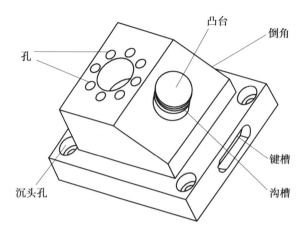

图 4.17　某零件的特征

2. 特征的分类

特征的分类与零件类型和具体的工程应用有关。通常可分为以下几类:形状特征、精度特征、材料特征、技术特征、装配特征、管理特征等。其中,形状特征是描述产品的最主要和最基本的特征。形状特征又可分为不同类型,如根据制造方法不同,可分为铸、锻、焊等;根据零件类型不同,可分为轴盘类、板块类、箱体类、自由曲面类等;根据零件在设计过程中的作用不同可分为主特征和辅特征,或基特征、正特征和负特征等。

目前,人们正在试图用特征来反映机械产品数字化设计与制造中的各种信息,它所包含的信息和内容还在不断增加。与产品数字化设计有关的特征包括:

(1)形状特征(Form Feature)用于描述具有一定工程意义的几何形状信息。它是产品信息模型中最主要的特征信息之一,也是其他非几何信息(如精度特征、材料特征等)的载体。非几何信息可以作为属性或约束附加在形状特征的组成要素上。形状特征又分为主特征和辅特征。其中,主特征用于构造零件的主体形状结构,辅特征用于对主特征进行局部修改,并依附于主特征。辅特征又有正负之分。正特性向零件加材料,如凸台、筋等形状实体;负特性向零件减材料,如孔、槽等形状。辅特征还包括修饰特征,用来表示印记和螺纹等。

(2)装配特征(Assembly Feature)用于表达零部件的装配关系。此外,装配特征还包括装配过程中所需的信息(如简化表达、模型替换等),以及在装配过程中生成的形状特征(如配钻等)。

(3)精度特征(Precision Feature)用于描述产品几何形状、尺寸的许可变动量及其误差,如尺寸公差、形位公差、表面粗糙度等。精度特征又可细分为形状公差特征、位置公差特征、表面粗糙度等。

(4)材料特征(Material Feature)用于描述材料的类型、性能以及热处理等信息。例如:机械特性、物理特性、化学特性、导电特性、材料处理方式及条件等。

(5)性能分析特性(Analysis Feature) 也称为技术特征,用于表达零件在性能分析时所使用的信息,如有限元网格划分等。

(6)补充特征 也称管理特征,用于表达一些与上述特征无关的产品信息。例如:成组技术中用于描述零件设计编码等的管理信息。

特征造型是以实体模型为基础,用具有一定设计或加工功能的特征作为造型的基本单元,如槽、圆孔、凸台、倒角等来建立零件的几何模型的造型技术,与采用点、线、面的几何元素相比,利用特征进行的设计更加符合设计人员的设计思路,有利于提高设计工作效率。

3. 特征造型的特点

与传统造型方法相比,特征造型(Feature-based Modeling)具有如下特点:

(1)传统造型技术,如线框造型、曲面造型和实体造型,都是着眼于完善产品的几何描述能力。特征造型则着眼于如何更好地表达产品完整的技术及生产管理信息,以便为建立产品的集成信息模型服务。

(2)特征造型使产品数字化设计工作在更高的层次上进行,设计人员的操作对象不再是原始的线条和体素,而是产品的功能要素,如螺纹孔、定位孔、键槽等。特征的引用直接体现了设计意图,使得所建立的产品模型更容易为别人理解、所设计的图样更容易修改,也有利于组织生产,从而使设计人员可以有更多精力进行创造性构思。

(3)特征造型有助于加强产品设计、分析、工艺准备、加工、装配、检验等各部门之间的联系,更好地将产品的设计意图贯彻到后续环节,并及时地得到后者的反馈信息。

(4)特征造型有助于推行行业内产品设计和工艺方法的规范化、标准化和系列化,在产品设计中及早考虑制造要求,保证产品结构具有良好的工艺性。

(5)特征造型有利于推动行业及专业产品设计,有利于从产品设计中提炼出规律性知识及规则,促进产品智能化设计和制造的实现。

4. 特征的表示和数据结构

基于特征的零件信息模型总体结构如图 4.18 所示,它将零件信息分为零件层、特征层和几何层三个层次。零件层主要反映零件的总体信息;特征层是一系列的特征子模型及其相互关系;几何层反映零件的几何、拓扑信息。几何层是整个模型的基础,而特征层是整个模型的核心。

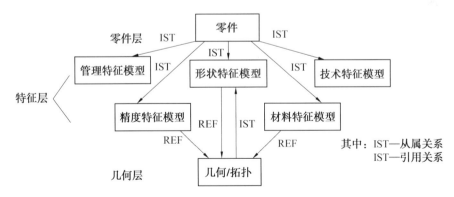

图 4.18　基于特征的信息模型结构

不同的特征类型,其模型的数据结构内容也不一样。图 4.19 所示的是基于形状特征描述的零件信息模型的数据结构。

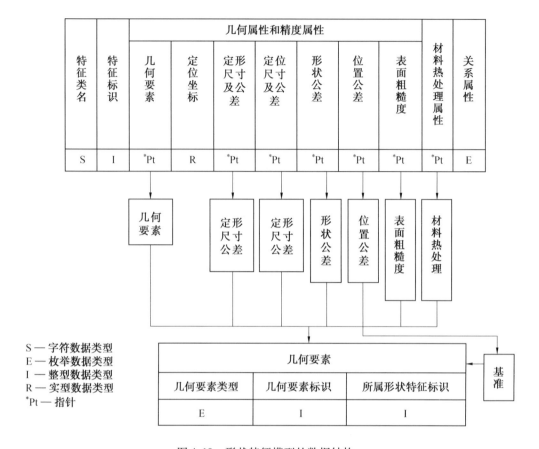

图 4.19　形状特征模型的数据结构

4.3.3　参数化建模技术

参数化建模是指在参数化造型过程中,记录建模过程和其中的变量以及用户执行的各种操作功能。基于特征参数化的设计技术是一种面向产品制造全过程的描述信息和信息关系的产品数字化建模方法。

1. 参数化建模技术

(1)参数化设计的基本概念。在虚拟产品的设计和分析过程中,往往要求所建立的模型能方便灵活地进行修改,但传统的建模方法,只能建立固定的设计模型,不能满足自动化设计的要求。参数化设计就是以规则或代数方程的形式定义尺寸间的约束关系,建立相应的推理和求解驱动机制。

(2)参数化设计的基本方法。要实现参数化设计,必须首先建立零件的参数化模型。参数化模型是指标有参数名的零件图。一般情况下,参数化模型的结构(拓扑信息)不变,但各个参数值是可变的(但在某些情况下,拓扑结构也是可能改变的)。目前较为成熟的参数化设计方法是基于约束的尺寸驱动方法和基于特征的参数化建模方法。

①基于约束的尺寸驱动法。其基本原理是:对初始图形施加一定的约束(以尺寸进行约束或实体关系进行约束),模型一旦建好后,尺寸的修改立即会自动转变为模型的修改,

即尺寸驱动模型。

约束一般分为两类:一类称为尺寸约束,它包括线性尺寸、角度尺寸等一般尺寸标注中的尺寸约束,称为显示约束。另一类称为几何约束,如水平约束、垂直约束、平行约束、相切约束等,这类约束称为隐式约束。

常用的基于约束的尺寸驱动法有变动几何法、几何推理法和参数驱动法。

变动几何法是基于几何约束的数学方法。它将给定的几何约束转化为一系列以特征点为变元的非线性方程组,通过数值方法求解非线性方程组确定几何细节。首先把图形看作是由一系列关键点定义,用矢量表示为

$$\boldsymbol{R} = \{x_1, x_2, x_3, \cdots, x_{n-2}, x_{n-1}, x_n\}$$

式中, x_1、x_2、x_3 分别表示 x_1、y_1、z_1,依此类推。

为了限制几何特征的形状与位置,几何元素之间的关系必须用一组约束来描述,根据实际图形的约束,可得到非线性约束方程组

$$F_i(x, d) = 0 \quad (i = 1, 2, \cdots, m)$$

式中, x 是几何矢量;d 是尺寸矢量;m 是约束条件个数。

最后,通过数值方法求解非线性方程,得出一组与尺寸相对应的几何模型。

几何推理法是根据模型的几何特征,利用约束之间的相互关系,对给定的一组约束采用匹配方法,将约束条件与规则库中的推理规则匹配,逐步得到几何模型的一种方法。

几何推理法一般采用谓词语句进行描述这种方法,是一种局部求解方法,与变动几何法相比,可以避免复杂方程组的求解问题,同时可以判断并处理几何模型通用模式定义时产生的约束不一致和过约束的问题。

参数驱动法是一种基于图形数据库的操作和对几何约束处理,使用驱动树来分析几何约束,对图形进行处理的方法。首先将复杂的物体逐步分解为相对简单的体素,然后对图形数据库进行操作,再通过图形之间的约束对生成的简单几何体素进行处理,得到所需要的几何模型。该方法不涉及复杂的方程求解,简单易用,可以较好地处理相对复杂的三维建模问题。

②基于特征的参数化建模。基于特征的参数化建模是将特征造型技术与参数化技术有机结合起来的技术,实现对多种设计方式(自顶向下或自底向上等)和设计形式(初始形式、相似设计和变异设计等)支持的一种建模方法。

基于特征的参数化建模主要过程是:a. 基于约束的特征描述;b. 特征结构图元参数化建模;c. 特征之间的约束建模。

基于特征的参数化设计过程中,最主要的是基于约束的特征描述,包括的内容主要有:a. 将产品描述为几何形状特征的集合;b. 将形状特征分解为具有一定几何体素的特征结构图元,结构图元一般可由线段、圆、圆弧、样条曲线等组成;c. 根据几何体素及位置关系分析结构图元的几何构成及其位置。

在 CAD 参数化设计系统中,产品的主特征和辅特征均要实现参数化,特征结构图元参数化一般为一个主特征和部分辅特征参数化。

特征之间的约束包括特征的空间位置关系、公差和装配结构等几何因素,主要采用二叉树来描述特征模型之间的拓扑结构关系。

2. 特征/参数化造型应用

将参数化造型的思想应用到特征造型过程中,用尺寸驱动或变量设计的方法,定义特征并进行相关操作,就形成了参数化特征造型。

参数化特征造型在使用建模应用软件进行产品造型设计过程中被综合利用。

以 Solid Works 软件工作流程为例,参数化特征造型的基本过程即含义如下,Solid Works 工作流程如图 4.20 所示。

(1)三维零件模型是 SolidWorks 的基本部件。

(2)特征是三维模型的基本元素。

①"拉伸(Extrude)特征"是将一草图沿与草图垂直的方向移动一定距离生成特征的方法。

②"扫描(Sweep)特征"是将一个轮廓(截面)沿着一条路径移动而生成基体、凸台、切除或曲面等特征的方法。

③"旋转(Revolve)特征"是将一个草图绕中心线旋转一定角度来生成特征的方法,它既可以生成基体/凸台特征,也可旋转切除或生成旋转曲面特征。

④"放样(Loft)"是以两个或多个轮廓为基础,通过在轮廓之间的过渡生成的特征。

⑤"圆角(Fillet)"和"倒角(Chamfer)"是机械零件中的常见结构。

⑥"抽壳(Shell)特征"是去除零件内部的材料,使所选择的面敞开,并在剩余面上生成薄壁特征。

⑦"筋(Rib)特征"是从开环的草图轮廓生成的特殊类型的拉伸特征。

⑧"孔(Hole)"是机械零件中的常见特征。

⑨"拔模(Draft)"以指定的角度斜削模型中所选的面。

⑩特征的"镜向(Mirror)"是以一个(或多个)已有特征为基础,以某一基准面为对称面,在基准面的另一侧生成上述特征的复制。

⑪"线性阵列(Linear Pattern)"是沿一条或两条直线路径生成已选特征的多个实例。

⑫"圆周阵列(Circular Pattern)"是以绕一轴心沿圆周排列的方式,生成一个或多个特征的多个实例。

(3)二维草图是生成特征的基础。草图绘制是造型的前提,在 SolidWorks 中多数特征是以二维草图为基础生成的,还提供了绘制草图的辅助工具,如转换实体引用、镜像、剪裁等。

4.3.4 变量化建模技术

变量化建模技术是指图形的几何关系、拓扑关系,甚至工程设计计算条件均可变的技术,其设计结果受到一组约束方程的控制和驱动。

变量化设计的本质就是动态地建立和识别约束,并在此约束下求解各个特征点。变量化绘图主要有整体求解法、局部求解法、几何推理法和辅助线法等。

(1)整体求解法是将几何约束转变为一系列以特征点为变元的非线性方程组的方法。

通常把约束条件分成显式和隐式两类。显示约束用尺寸标出,隐式约束在图纸上不作标记,但却起作用,比如两条约束平行的线段,虽然未标注平行公差,但却严格遵循着这种约束。然后通过数值法求解非线性方程组确定出几何细节。这种方法概念清楚,适应能力强,

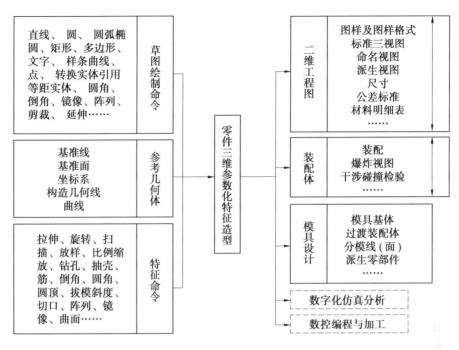

图 4.20　Solid Works 软件工作流程

但有时会产生过约束或欠约束，导致无法求解。

（2）局部求解法是在作图过程中同步建立结构图形约束的方法。随着交互式作图，自动记录对应元素之间的显式约束语义。所记录的约束种类和项目可通过预先选择菜单项加以设置。它能对每个新增加的几何元素的约束关系及时给予确定，可以及早发现几何元素和尺寸之间的欠约束。该方法简单实用，但对于复杂图形的几何约束难以表示和处理。

（3）几何推理法是采用谓词表示几何约束的方法。在专家系统基础上，将手工绘图的过程分解为一系列最基本的规则，通过人工智能的符号处理、知识查询和几何推理等手段把作图步骤与规则相匹配，导出几何细节，求解未知数。该方法可以检查约束模型的有效性，并且有局部修改功能，但系统比较庞大、推理速度慢，对循环约束情况难以求解。

（4）辅助线求解法是利用辅助线作为隐含约束的方法。所有作图线都是在辅助线的基础上，而每条辅助线都只依赖至多一个变量，辅助线即构成了对图形的约束，不必再做遍历搜索。当改动某一尺寸值时，可从中检索到对应的辅助线及其几何属性，同时跟踪受制约的所有后继元素，一一做相应修改，实现尺寸驱动。该方法符合设计人员的绘图习惯，但在线条太多太密时将影响操作，辅助线之间相互干扰，造成不便。

参数化和变量化建模技术的发展，使得虚拟制造系统可以灵活地修改产品设计方案和参数，为产品的并行协同设计提供了很好的技术保证。Pro/E、UG、CATIA、MDT、Solidworks 等都是以参数化特征建模为特点的新一代三维实体造型软件。SDRC 公司的 I-DEAS 软件是采用变量法造型技术的典型代表，目前 I-DEAS 已经并入 EDS 公司的 UGNX 软件。

4.4 虚拟装配技术

装配是一个汉语词语,产品都是由若干个零件和部件组成的。按照规定的技术要求,将若干个零件接合成部件或将若干个零件和部件接合成产品的劳动过程,并经过调试、检验使之成为合格产品称为装配。装配始于装配图纸的设计。前者称为部件装配,后者称为总装配。它一般包括装配、调整、检验和试验、涂装、包装等工作。

数字化装配即利用数字化设计软件在计算机上将设计的三维模型进行预装配,也叫作虚拟装配技术。

作为虚拟制造的关键技术之一,虚拟装配技术近年来受到了学术界和工业界的广泛关注,并对敏捷制造、虚拟制造等先进制造模式的实施具有深远影响。通过建立产品数字化装配模型,虚拟装配技术在计算机上创建近乎实际的虚拟环境,可以用虚拟产品代替传统设计中的物理样机,能够方便地对产品的装配过程进行模拟与分析,预估产品的装配性能,及早发现潜在的装配冲突与缺陷,并将这些装配信息反馈给设计人员。

虚拟装配在新产品开发、产品的维护以及操作培训方面具有独特的作用。运用该技术不但有利于并行工程的开展,而且还可以大大缩短产品开发周期,降低生产成本,提高产品在市场中的竞争力。

4.4.1 虚拟装配技术应用特征

基于产品虚拟拆装技术在交互式虚拟装配环境中,用户使用各类交互设备(数据手套/位置跟踪器、鼠标/键盘、力反馈操作设备等)像在真实环境中一样对产品的零部件进行各类装配操作,在操作过程中系统提供实时的碰撞检测、装配约束处理、装配路径与序列处理等功能,从而使得用户能够对产品的可装配性进行分析、对产品零部件装配序列进行验证和规划、对装配操作人员进行培训等,在装配(或拆卸)结束以后,系统能够记录装配过程的所有信息,并生成评审报告、视频录像等供随后的分析使用。

虚拟装配是虚拟制造的重要组成部分,利用虚拟装配,可以验证装配设计和操作的正确与否,以便及早地发现装配中的问题,对模型进行修改,并通过可视化显示装配过程。虚拟装配系统允许设计人员考虑可行的装配序列,自动生成装配规划,它包括数值计算、装配工艺规划、工作面布局、装配操作模拟等。现在产品的制造正在向着自动化、数字化的方向发展,虚拟装配是产品数字化定义中的一个重要环节。

虚拟装配技术的发展是虚拟制造技术的一个关键部分,但相对于虚拟制造的其他部分而言,它又是最薄弱的环节。虚拟装配技术发展滞后,使得虚拟制造技术的应用性大大减弱,因此对虚拟装配技术的发展也就成为目前虚拟制造技术领域内研究的重点,这一问题的解决将使虚拟制造技术形成一个完善的理论体系,使生产真正在高效、高质量、短时间、低成本的环境下完成,同时又具备了良好的服务。虚拟装配从模型重新定位、分析方面来讲,它是一种零件模型按约束关系进行重新定位的过程,是有效地分析产品设计合理性的一种手段;从产品装配过程来讲,它是根据产品设计的形状特性、精度特性,真实地模拟产品的三维装配过程,并允许用户以交互方式控制产品的三维真实模拟装配过程,以检验产品的可装配性。

4.4.2 虚拟装配的分类

按照实现功能和目的的不同,目前针对虚拟装配的研究可以分为如下三类:以产品设计为中心的虚拟装配、以工艺规划为中心的虚拟装配和以虚拟原型为中心的虚拟装配。

1. 以产品设计为中心的虚拟装配

虚拟装配是在产品设计过程中,为了更好地帮助进行与装配有关的设计决策,在虚拟环境下对计算机数据模型进行装配关系分析的一项计算机辅助设计技术。它结合面向装配设计(Design for Assembly,DFA)理论和方法,基本任务就是从设计原理方案出发在各种因素制约下寻求装配结构的最优解,由此拟定装配草图。它以产品可装配性的全面改善为目的,通过模拟试装和定量分析,找出零部件结构设计中不适合装配或装配性能不好的结构特征,进行设计修改。最终保证所设计的产品从技术角度来讲装配是合理可行的,从经济角度来讲应尽可能降低产品总成本,同时还必须兼顾人因工程和环保等社会因素。

2. 以工艺规划为中心的虚拟装配

针对产品的装配工艺设计问题,基于产品信息模型和装配资源模型,采用计算机仿真和虚拟现实技术进行产品的装配工艺设计,从而获得可行且较优的装配工艺方案,指导实际装配生产。根据涉及范围和层次的不同,又分为系统级装配规划和作业级装配规划。前者是装配生产的总体规划,主要包括市场需求、投资状况、生产规模、生产周期、资源分配、装配车间布置、装配生产线平衡等内容,是装配生产的纲领性文件。后者主要指装配作业与过程规划,主要包括装配顺序的规划、装配路径的规划、工艺路线的制定、操作空间的干涉验证、工艺卡片和文档的生成等内容。

工艺规划为中心的虚拟装配,以操作仿真的高逼真度为特色,主要体现在虚拟装配实施对象、操作过程以及所用的工装工具上,均与生产实际情况高度吻合,因而可以生动直观地反映产品装配的真实过程,使仿真结果具有高可信度。

3. 以虚拟原型为中心的虚拟装配

虚拟原型是利用计算机仿真系统在一定程度上实现产品的外形、功能和性能模拟,以产生与物理样机具有可比性的效果来检验和评价产品特性。传统的虚拟装配系统都是以理想的刚性零件为基础,虚拟装配和虚拟原型技术的结合,可以有效分析零件制造和装配过程中的受力变形对产品装配性能的影响,为产品形状精度分析、公差优化设计提供可视化手段。以虚拟原型为中心的虚拟装配主要研究内容包括考虑切削力、变形和残余应力的零件制造过程建模,有限元分析与仿真,配合公差与零件变形以及计算结果可视化等方面。

4.4.3 虚拟装配规划技术

装配规划是产品装配过程中以及所需装配资源的指令,装配序列是装配规划最基本的信息,所有零件的装配序列形成产品的装配规划。产品中零件之间的几何关系、物理结构及功能特性等决定了产品的装配顺序。

1. 装配序列的规划方法

装配序列的规划方法可分为装配优先约束关系法、组织识别法、拆卸法、知识求解法、矩阵求解法等。

优先约束关系法是指零件之间的装配顺序约束关系，是表达零件装配先后顺序的一种非常紧凑的方法，其关键是装配优先约束关系的获取；组织识别法是根据零件的组件分类，确定组件之后，分层次生成组件的装配顺序，综合组件的装配顺序，即可求得产品的装配顺序；若零件的装配和拆卸互为可逆过程，则可通过求解零件的拆卸顺序来得到零件的装配顺序，即所谓的拆卸法；知识求解法是基于知识的方法来求解装配序列，它采用一阶谓词逻辑来表达产品结构、序列优先约束和装配资源约束等知识；矩阵求解法是指装配体中有配合关系的零件之间的连接关系以矩阵记录，矩阵中的每一元素代表零件的装配关系。

2. 装配序列规划的表达和几何推理

装配序列常用的表达方法有优先约束图法、有向装配状态图法、有序表达法和序列约束法。装配规划中的几何推理包括的内容主要有装配体中零部件之间的拓扑连接关系、零件拆卸方向的确定以及沿拆卸路径的干涉检验。

装配体中零部件之间的拓扑连接关系以邻接表结构表达与存储，邻接表的头节点存储零件或子装配体的有关信息，头节点链接一单向链表，链表节点存储头节点的关联零部件的有关信息。

零件配合特征几何元素的类型决定零件的拆卸方向。若一个零件同时和多个零件具有装配关系，则零件拆装方向为各个配合特征几何元素决定的拆卸方向的交集，若零件拆卸方向集不为空集，则定义零件具有拆卸局部自由度。

为正确规划轨迹装配路径或轨迹，零件在拆卸过程中需要和装配体周围的其他零件进行动态干涉检验。零件动态干涉检验常采用沿拆卸方向的投影法就是将待拆卸零件和装配体中的其他零件沿拆卸方向投影，得到投影多边形，根据投影多边形的几何关系可判定待拆零件在拆卸过程中是否和其他零件发生干涉碰撞。投影多边形间的几何关系分相离、相含和相交三种情况。若投影多边形相离则对应的零件不发生干涉；若相交或相含，则需进一步进行深度检验。

3. 装配路径规划

装配路径是指从被安装零部件存放的位置，直到零件被装配到机体上所行走的轨迹。装配路径规划是指在明确了零部件的装配顺序后，确定装配零部件时行走的准确路线，从而避免被安装零部件和其他零部件间的碰撞，确保零部件更合理地装配，同时也获取更高的装配精度。

在装配工艺规划中，元件的装配路径是关键信息。装配路径规划的依据是零件的运动包络体在不和周围物体发生干涉的情况下尽量最短。装配路径规划的方法有两种，一是通过装配元件配合面的装配关系以及装配顺序自动计算装配路径；二是通过交互的办法定义装配路径。

交互可以在传统的 CAD 工具上进行，也可以利用虚拟装配系统。

（1）基于 CAD 的装配路径规划法对于每个装配关系，利用鼠标通过交互操作，用户定义每个运动元件局部坐标系的位置和方向，CAD 系统模块对每个元件按照一定顺序依次进行矩阵变换时，元件将沿着一条无干涉的路径装配进入另外一个与之相配合的元件或子装配体。

(2)基于虚拟装配的装配路径规划法在虚拟环境下,利用虚拟设备(如数据手套、头盔显示器),模拟产品的手工装配过程,选择记录在任意时刻的装配方位矩阵。

4. 装配工艺规划后处理

装配工艺规划后处理是借助计算机辅助手段处理计算机辅助装配工艺规划(CAAPP)的结果,形成实用的装配工艺文件,它是 CAAPP 的延续,处于设计和生产的过渡阶段,是连接集成化产品设计和现场装配的纽带。计算机自动生成装配工艺文件的基本流程如图4.21所示。

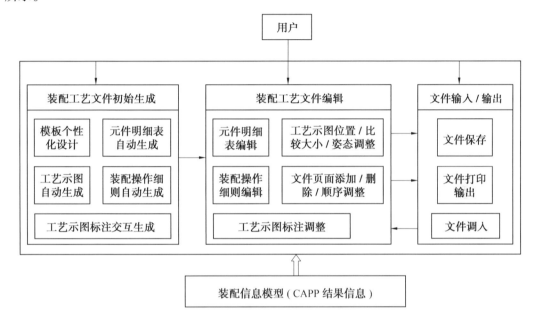

图 4.21　生成工艺文件流程

整个流程分为三个阶段,即装配工艺文件初始生成、文件编辑和文件输入输出。装配信息模型尤其是其中的装配工艺规划结果信息为其信息来源。用户首先根据自己的要求创建装配工艺文件的模板,然后从装配信息中提取出相关信息进行处理,进而生成装配工艺文件,在此基础上可以对装配工艺文件进行编辑、保存、打印输出和重新调入等。

4.4.4　虚拟装配的构成及应用实例

虚拟装配由两个部分组成,即由虚拟现实软件内容和虚拟现实外设设备,这两个部分协同工作,缺一不可,这样才能制造出交互性与沉浸性于一体的虚拟装配环境。

1. 虚拟现实软件内容

一般由各种 VR 软件组成,先在三维软件中根据虚拟现实的内容制作相应的三维模型,然后再把这些三维模型导入到 VR 软件中,接下来就需要硬件设备来支撑这些软件程序,如图 4.22 所示。

图 4.22　虚拟现实界面

2. 虚拟现实(VR)外设设备

虚拟现实技术的特征之一就是人机之间的交互性。为了实现人机之间的充分交换信息,必须设计特殊输入和演示设备,以影响各种操作和指令,且提供反馈信息,实现真正生动的交互效果。不同的项目可以根据实际的应用有选择地使用这些工具,主要包括:VR 系列虚拟现实工作站、立体投影、立体眼镜或头盔显示器、三维空间跟踪定位器、数据手套、3D 立体显示器、三维空间交互球、多通道环幕系统、建模软件等,如图 4.23 所示。

图 4.23　虚拟现实感受场景

3. 虚拟装配系统的应用

目前,许多国家都在致力于虚拟装配技术的研究,其中较为著名的有美国华盛顿州立大学和美国国家标准技术研究所联合开发的虚拟装配设计环境 VADE 系统。该系统以 SGI Onyx2(6 个 Processors,2 个 Infinite reality pipes)为平台,以 Flock of brids、Cyberglove 和 VR4

头盔为虚拟现实交互设备。VADE 系统的结构和信息流如图 4.24 所示。

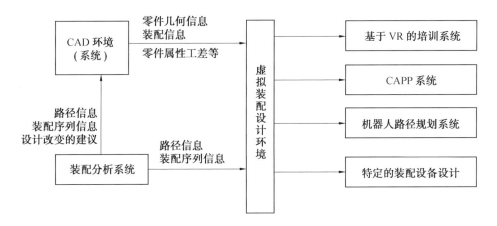

图 4.24 VADE 系统的结构和信息流

VADE 的主要功能特性有：

(1) 从 CAD 系统到 VR 的自动数据转化。VADE 自动将参数化 CAD 系统(如 PRO/E)中的产品装配树、零部件的几何形状传递到 VR 系统中。

(2) 从 CAD 系统中捕捉装配意图并应用于虚拟环境。VADE 通过对 CAD 系统中装配约束的捕捉，实现对零件运动的引导与装配序列的生成。

(3) 零件的交互动力学模拟在物理模型基础上进行实体的碰撞检测，模拟用户、零件、装配工具及环境之间的动力学作用。

(4) 扫掠体积生成的轨迹编辑，VADE 允许用户记录、编辑零件的装配轨迹，然后在虚拟环境中生成用于显示零件的扫掠体积。

(5) 虚拟环境中对零件结构参数的修改。首先，VADE 将 CAD 系统中标识的零件模型的关键参数提取出来供用户在虚拟环境中修改，然后将修改后的零件模型重新传入 VADE。

(6) 装配环境与零件初始位置的生成。整个装配环境可以在 CAD 系统中定义，同时用户可指定零部件的装配初始位置。

(7) 双手装配与灵活操作，VADE 同时支持单手与双手操作。双手操作时，佩戴的手套设备灵活，已有的算法能支持对虚拟手拿着的部件进行操作，另一只手可用来抓住和操纵子装配的基础部件，使得其他零部件能装配到它上面。

(8) 支持虚拟装配工具。虚拟装配工具是装配环境的重要组成部分，VADE 提供了"手工具""工具-零件"两种交互方法，并通过这两种交互方法的协同操作实现虚拟环境中零件运动的控制。

清华大学也开发出一个虚拟装配支持系统 VASS。该系统以 Pro/E 软件为平台，以 Pro/TOOLKIT 和 C 语言为工具，能够在产品设计阶段基于三维数字化实体模型实施数字化预装配，直观地规划装配工艺过程，验证与改善产品的可装配性。

4.5 主流数字化造型软件介绍

4.5.1 CATIA

CATIA(交互式 CAD/CAE/CAM 系统)是法国达索公司的产品开发解决方案。作为 PLM 协同解决方案的一个重要组成部分,它可以通过建模帮助制造厂商设计他们未来的产品,并支持从项目前阶段、具体的设计、分析、模拟、组装到维护在内的全部工业设计流程。CATIA 系列产品在汽车、航空航天、船舶制造、厂房设计(主要是钢构厂房)、建筑、电力与电子、消费品和通用机械制造八大领域里提供 3D 设计和模拟解决方案。

从 1982 年到 1988 年,CATIA 相继发布了 1 版本、2 版本、3 版本,并于 1993 年发布了功能强大的 4 版本,CATIA 软件分为 V4 版本和 V5 版本两个系列。V4 版本应用于 UNIX 平台,V5/V6 版本应用于 UNIX 和 Windows 两种平台。

CATIA 如今在 CAD/CAE/CAM 以及 PDM 领域内的领导地位,已得到世界范围内的承认。

CATIA 提供了方便的解决方案,迎合所有工业领域的大、中、小型企业需要。包括:从大型的波音 747 飞机、火箭发动机到化妆品的包装盒,几乎涵盖了所有的制造业产品。在世界上有超过 13 000 的用户选择了 CATIA。CATIA 源于航空航天业,但其强大的功能已得到各行业的认可,在欧洲汽车业,已成为事实上的标准。CATIA 的著名用户包括波音、克莱斯勒、宝马、奔驰等一大批知名企业。其用户群体在世界制造业中具有举足轻重的地位。波音飞机公司使用 CATIA 完成了整个波音 777 的电子装配,创造了业界的一个奇迹,从而也确定了 CATIA 在 CAD/CAE/CAM 行业内的领先地位。

模块化的 CATIA 系列产品提供产品的风格和外型设计、机械设计、设备与系统工程、管理数字样机、机械加工、分析和模拟。CATIA 产品基于开放式可扩展的 V5 架构,通过使企业能够重用产品设计知识,缩短开发周期,CATIA 解决方案加快企业对市场的需求的反应。自 1999 年以来,市场上广泛采用它的数字样机流程,从而使之成为世界上最常用的产品开发系统。

1. 核心技术

CATIA 先进的混合建模技术:

(1)设计对象的混合建模。在 CATIA 的设计环境中,无论是实体还是曲面,做到了真正的交互操作。

(2)变量和参数化混合建模。在设计时,设计者不必考虑如何参数化设计目标,CATIA 提供了变量驱动及后参数化能力。

(3)几何和智能工程混合建模。对于一个企业,可以将企业多年的经验积累到 CATIA 的知识库中,用于指导本企业新手,或指导新车型的开发,加速新型号推向市场的时间。

(4)CATIA 所有模块具有全相关性。CATIA 具有在整个产品周期内的方便的修改能力,尤其是后期修改性。无论是实体建模还是曲面造型,由于 CATIA 提供了智能化的树结构,用户可方便快捷地对产品进行重复修改,即使是在设计的最后阶段需要做重大的修改,或者是对原有方案的更新换代,对于 CATIA 来说,都是非常容易的事。CATIA 的各个模块存在着真正的全相关性,三维模型的修改,能完全体现在二维模型、模拟分析、模具和数控加工的程序中。

(5)并行工程的设计环境使得设计周期大大缩小。CATIA 提供的多模型链接的工作环境及混合建模方式,使得并行工程设计模式已不再是新鲜的概念,总体设计部门只要将基本的结构尺寸发放出去,各分系统的人员便可开始工作,既可协同工作,又不互相牵连;由于模型之间的互相联结性,使得上游设计结果可作为下游的参考,同时,上游对设计的修改能直接影响到下游工作的刷新。实现真正的并行工程设计环境。

CATIA 的曲面设计过程如图 4.25 所示。

图 4.25　CATIA 曲面设计过程

2. CATIA 的功能和模块

CATIA 拥有强大的曲面设计模块。CATIA 覆盖了产品开发的整个过程,CATIA 提供了完备的设计能力:从产品的概念设计到最终产品的形成,以其精确可靠的解决方案提供了完整的 2D、3D、参数化混合建模及数据管理手段,从单个零件的设计到最终电子样机的建立;同时,作为一个完全集成化的软件系统,CATIA 将机械设计、工程分析及仿真、数控加工和 CATweb 网络应用解决方案有机地结合在一起,为用户提供严密的无纸工作环境,特别是 CATIA 中的针对汽车、摩托车业的专用模块。

(1)Generative Shape Design。

Generative Shape Design 简称 GSD,创成式造型,是非常完整的曲线操作工具和最基础的曲面构造工具,除了可以完成所有曲线操作以外,还可以完成拉伸、旋转、扫描、边界填补、桥接、修补碎片、拼接、凸点、裁剪、光顺、投影和高级投影、倒角等操作,连续性最高达到 G2,生成封闭片体 Volume,完全达到普通三维 CAD 软件曲面造型功能,如 Pro/E。完全参数化操作。

(2) Free Style Surface。

Free Style Surface 简称 FSS,自由风格造型,几乎完全非参。除了包括 GSD 中的所有功能以外,还可完成诸如曲面控制点(可实现多曲面到整个产品外形同步调整控制点、变形)、自由约束边界,去除参数,达到汽车 A 面标准的曲面桥接、倒角、光顺等操作,所有命令都可以非常轻松地达到 G2。

(3) Automotive Class A。

Automotive Class A 简称 ACA,汽车 A 级曲面,完全非参,此模块提供了强大的曲线曲面编辑功能和无比强大的一键曲面光顺,几乎所有命令可达到 G3,而且不破坏原有光顺外形。可实现多曲面甚至整个产品外形的同步曲面操作(控制点拖动、光顺、倒角等)。

(4) FreeStyle Sketch Tracer。

FreeStyle Sketch Tracer 简称 FST,自由风格草图绘制,可根据产品的三视图或照片描出基本外形曲线。

(5) Digitized Shape Editor。

Digitized Shape Editor 简称 DSE,数字曲面编辑器,根据输入的点云数据,进行采样,编辑,裁剪已达到最接近产品外形的要求,可生成高质量的 mesh 小三角片体。完全非参。

(6) Quick Surface Reconstruction。

Quick Surface Reconstruction 简称 QSR,快速曲面重构,根据输入的点云数据或者 mesh 以后的小三角片体,提供各种方式生成曲线,以供曲面造型,完全非参。

(7) Shape Sculpter。

小三角片体外形编辑,可以对小三角片体进行各种操作,功能几乎强大到与 CATIA 曲面操作相同,完全非参。

(8) Automotive BIW Fastening。

汽车白车身紧固,设计汽车白车身各钣金件之间的焊接方式和焊接几何尺寸。

(9) Image & Shape。

可以像捏橡皮泥一样拖动,拉伸,扭转产品外形、增加"Image Shape(橡皮泥块)"等方式以达到理想的设计外形。可以极其快速地完成产品外形概念设计。

(1)~(9)包括在 Shape design 和 Styling 模块中。

(10) Healing Assistant。

一个极其强大的曲面缝补工具,可以将各种破面缺陷自动找出并缝补。

3. CATIA 的行业应用

(1)航空航天。

CATIA 源于航空航天工业,是业界无可争辩的领袖。其精确安全,可靠性满足商业、防御和航空航天领域各种应用的需要。在航空航天业的多个项目中,CATIA 被应用于开发虚拟的原型机,其中包括 Boeing 飞机公司(美国)的 Boeing 777 和 Boeing 737,Dassault 飞机公司(法国)的阵风(Rafale)战斗机、Bombardier 飞机公司(加拿大)的 Global Express 公务机,以及 Lockheed Martin 飞机公司(美国)的 Darkstar 无人驾驶侦察机。

Boeing 飞机公司在 Boeing 777 项目中,应用 CATIA 设计了除发动机以外的 100% 的机械零件。并将包括发动机在内的 100% 的零件进行了预装配。Boeing 777 也是迄今为止,唯一进行 100% 数字化设计和装配的大型喷气客机。参与 Boeing 777 项目的工程师、工装设计师、技师以及项目管理人员超过 1 700 人,分布于美国、日本、英国的不同地区。他们通过 1 400 套 CATIA 工作站联系在一起,进行并行工作。Boeing 的设计人员对 777 的全部零件进行了三维实体造型,并在计算机上对整个 777 进行了全尺寸的预装配。预装配使工程师不必再制造一个物理样机,工程师在预装配的数字样机上即可检查和修改设计中的干涉和不协调。Boeing 飞机公司宣布在 777 项目中,与传统设计和装配流程相比较,由于应用 CATIA 节省了 50% 的重复工作和错误修改时间。尽管首架 777 的研发时间与应用传统设计流程的其他机型相比,其节省的时间并不是非常的显著,但 Boeing 飞机公司预计,777 后继机型的开发至少可节省 50% 的时间。CATIA 的后参数化处理功能在 777 的设计中也显示出了其优越性和强大功能。为迎合特殊用户的需求,利用 CATIA 的参数化设计,Boeing 公司不必重新设计和建立物理样机,只需进行参数更改,就可以得到满足用户需要的电子样机,用户可以在计算机上进行预览。

(2) 汽车工业。

CATIA 是汽车工业的事实标准,是欧洲、北美和亚洲顶尖汽车制造商所用的核心系统。CATIA 在造型风格、车身及引擎设计等方面具有独特的长处,为各种车辆的设计和制造提供了端对端(end to end)的解决方案。CATIA 涉及产品、加工和人三个关键领域。CATIA 的可伸缩性和并行工程能力可显著缩短产品的上市时间。

一级方程式赛车、跑车、轿车、卡车、商用车、有轨电车、地铁列车、高速列车,各种车辆在 CATIA 上都可以作为数字化产品,在数字化工厂内,通过数字化流程,进行数字化工程实施。CATIA 的技术在汽车工业领域内是无人可及的,并且被各国的汽车零部件供应商所认可。一些著名汽车制造商所做的采购决定,足以证明数字化车辆的发展动态。Scania 是居于世界领先地位的卡车制造商,总部位于瑞典。其卡车年产量超过 50 000 辆。当其他竞争对手的卡车零部件还在 25 000 个左右时,借助于 CATIA 系统,已经将卡车零部件减少了一半。在整个卡车研制开发过程中,使用更多的分析仿真,以缩短开发周期,提高卡车的性能和维护性。CATIA 系统是主要 CAD/CAM 系统,全部用于卡车系统和零部件的设计。通过应用这些新的设计工具,如发动机和车身底盘部门 CATIA 系统创成式零部件应力分析的应用,支持开发过程中的重复使用等应用,公司已取得了良好的投资回报。为了进一步提高产品的性能,Scania 公司在整个开发过程中,正在推广设计师、分析师和检验部门采用更加紧密的协同工作方式。这种协调工作方式可使 Scania 公司更具市场应变能力,同时又能从物理样机和虚拟数字化样机中不断积累产品知识。

(3) 造船工业。

CATIA 为造船工业提供了优秀的解决方案,包括专门的船体产品和船载设备、机械解决方案。船体设计解决方案已被应用于众多船舶制造企业,如 General Dynamics、Meyer Weft 和 Delta Marin,涉及所有类型船舶的零件设计、制造、装配。船体的结构设计与定义是基于三维参数化模型的。参数化管理零件之间的相关性,相关零件的更改,可以影响船体的外型。船体设计解决方案与其他 CATIA 产品是完全集成的。传统的 CATIA 实体和曲面造型功能用于基本设计和船体光顺。Bath Iron Works 应用 GSM(创成式外型设计)作为参数化引擎,进行驱逐舰的概念设计和与其他船舶结构设计解决方案进行数据交换。

4.2 版本的 CATIA 提供了与 Deneb 加工的直接集成,并在与 Fincantieri 的协作中得到发展,机器人可进行直线和弧线焊缝的加工并克服了机器人自动线编程的瓶颈。

诺思罗普·格鲁曼造船公司位于弗吉尼亚州纽波特纽斯的造船厂,曾经建造过10艘"尼米兹"级核动力航空母舰,在航空母舰设计上拥有丰富的经验。为了设计建造"吉拉德·R. 福特"号航空母舰,诺思罗普·格鲁曼造船公司选择了由法国达索系统公司开发的计算机辅助三维交互式运用软件,即CATIA(Computer Aided 3D Interactive Analysis)软件。达索在美国与IBM公司合作销售这款软件。诺思罗普·格鲁曼造船公司的网站上介绍说:"CATIA软件可以模拟所有的设计过程,从项目前阶段到细节设计、分析、模拟,一直到组装和维护。"ENOVIA提供了强大的数据管理能力,使CATIA成为当今世界上最顶尖的技术。

Delta Marin在船舶的设计与制造过程中,依照船体设计舰桥、甲板和推进系统。船主利用4D漫游器进行浏览和检查。

中国广州的文冲船厂也对CATIA进行了成功的应用。使用CATIA进行三维设计,取代了传统的二维设计。

(4)厂房设计。

在丰富经验的基础上,IBM和Dassault-Systems为造船业、发电厂、加工厂和工程建筑公司开发了新一代的解决方案。包括管道、装备、结构和自动化文档。CCPlant是这些行业中的第一个面向对象的知识工程技术的系统。

CCPlant已被成功应用于Chrysler及其扩展企业。使用CCPlant和Deneb仿真对正在建设中的Toledo吉普工厂设计进行了修改,节省了一定的费用,并且对将来企业的运作有着深远的影响。

Haden International的涂装生产线主要应用于汽车和宇航工业。Haden International应用CATIA设计其先进的涂装生产线,CCPlant明显缩短了设计与安装的时间。Shell使用CCPlant在鹿特丹工厂开发新的生产流程。

(5)加工和装配。

一个产品仅有设计是不够的,还必须制造出来。CATIA擅长为棱柱和工具零件做2D/3D关联,CATIA规程驱动的混合建模方案保证高速生产和组装精密产品,如机床、医疗器械、胶印机钟表及工厂设备等均能做到一次成功。

在机床工业中,用户要求产品能够迅速地进行精确制造和装配。Dassault System产品的强大功能使其应用于产品设计与制造的广泛领域。大的制造商如Staubli从Dassault System的产品中受益匪浅。Staubli使用CATIA设计和制造纺织机械和机器人。Gidding &Lewis使用CATIA设计和制造大型机床。

Dassault System产品也同样应用于众多小型企业。例如,Klipan使用CATIA设计和生产电站的电子终端和控制设备。Polynorm使用CATIA设计和制造压力设备。Tweko使用CADAM设计焊接和切割工具。

(6)消费品。

全球有各种规模的消费品公司信赖CATIA,其中部分原因是CATIA设计的产品的风格新颖,而且具有建模工具和高质量的渲染工具。CATIA已用于设计和制造多种产品,如餐具、计算机、厨房设备、电视和收音机以及庭院设备。

另外,为了验证一种新的概念在美观和风格选择上达到一致,CATIA可以从数字化定义的产品,生成具有真实效果的渲染照片。在真实产品生成之前,即可促进产品的销售。

4. CATIA V6

CATIA V6 通过 PLM 工具栏和指南针提供向 D 的产品定义的直觉式连通,使线上社区能够围绕 D 的模型聚集、共享和体验。例如,用户能够访问上下文中的 PLM 信息,识别其他贡献者并与其实时连通。一旦连通,他们就可使用在线即时协同工具进行智能设计思路相互沟通,从聊天室和快照一直到联合检查和联合设计。

身临其境的体验,为了获得首次逼真情境的体验,CATIA V6 引入了范式的转换,带给了 D 的产品设计无与伦比的真实感。此外,由于提供尖端的 D 操纵器,用户只需轻轻点击便能连通上下文。CATIA V6 还使用户能够直接从 D 模型迅速获得有关 PLM 的信息。

面向知识产权管理的一个 PLM 平台,利用集体智慧。让各种社团在任何时间从任何地点都能访问更新的有关产品定义的信息。促进使用 CATIA 的设计人员、使用 SIMULIA 的工程人员和使用 DELMIA 的制造人员使用同一个知识数据库进行多学科的协同。

在线建模和协同,在线协同,协同 D 产品创建能够远程操作和在线完成。通过向扩展型企业的社区提供一个带有中央数据仓储的 CATIA V6 发布,2010 年 7 月 1 日,上海——全球 3D 技术和产品全生命周期管理(PLM)解决方案的领导者达索系统(Dassault Systèmes)推出了 PLM2.0 平台的最新版本 V6R2011,作为该公司逼真体验(Lifelike Experience)战略实施的一部分。V6R2011 在协同创造方面有着前所未有的新进展,拥有 874 种新特性、更多的协同创新增强技术以及全新的 V6 Academia 解决方案。

V6R2011 是基于达索系统 V6 平台的最新版本,也是符合达索系统提出的 PLM2.0 概念的最新一代平台。V6R2011 在逼真体验、协同创造及协作创新方面均树立了新的行业标准。CATIA 在系统功能及内容方面进一步增强,并专为汽车、航空航天、机器人和能源等领域的复杂系统高级建模新增了 11 个 Dymola 技术与组件库。同时,两款面向企业资源建模的新型 DELMIA 制造解决方案 Lifelike Human 和 Lifelike Conveyor 也实现了前所未有的逼真效果。SIMULIA V6R2011 为设计人员提供了 Abaqus 针对复杂组件的强大功能。3DVIA Composer 则更进一步拓展了 3D 逼真体验技术在数字出版应用的竞争优势。V6R2011 更全面升级达索系统的 PLMExpress,推出了针对中型企业的即装即用新型项目管理功能。

CATIA 的竞争对手包括 UGNX、Pro/E、Topsolid、Cimatron。其中 NX、Pro/E 和 CATIA 可谓三分天下。

4.5.2 Pro/Engineer

Pro/Engineer 操作软件是美国参数技术公司(PTC)旗下的 CAD/CAM/CAE 一体化的三维软件。

Pro/Engineer 软件以参数化著称,是参数化技术的最早应用者,在目前的三维造型软件领域中占有着重要地位。

Pro/Engineer 作为当今世界机械 CAD/CAE/CAM 领域的新标准而得到业界的认可和推广,是现今主流的 CAD/CAM/CAE 软件之一,特别是在国内产品设计领域占据重要位置。

Pro/Engineer 和 WildFire 是 PTC 官方使用的软件名称,但在中国用户所使用的名称中,并存着多个说法,如 ProE、Pro/E、破衣、野火等都是指 Pro/Engineer 软件,Pro/E2001、Pro/E2.0、Pro/E3.0、Pro/E4.0、Pro/E5.0 等都是指软件的版本。

1. 主要特性

Pro/E 第一个提出了参数化设计的概念,并且采用了单一数据库来解决特征的相关性问题。另外,它采用模块化方式,用户可以根据自身的需要进行选择,而不必安装所有模块。Pro/E 的基于特征方式,能够将设计至生产全过程集成到一起,实现并行工程设计。它不但可以应用于工作站,而且也可以应用到单机上。

Pro/E 采用了模块方式,可以分别进行草图绘制、零件制作、装配设计、钣金设计、加工处理等,保证用户可以按照自己的需要进行选择使用。

(1) 参数化设计。

相对于产品而言,我们可以把它看成几何模型,而无论多么复杂的几何模型,都可以分解成有限数量的构成特征,而每一种构成特征,都可以用有限的参数完全约束,这就是参数化的基本概念。但是无法在零件模块下隐藏实体特征。

(2) 基于特征建模。

Pro/E 是基于特征的实体模型化系统,工程设计人员采用具有智能特性的基于特征的功能去生成模型,如腔、壳、倒角及圆角,可以随意勾画草图,轻易改变模型。这一功能特性给工程设计者提供了在设计上从未有过的简易和灵活。

(3) 单一数据库(全相关)。

Pro/Engineer 是建立在统一基层的数据库上,不像一些传统的 CAD/CAM 系统是建立在多个数据库上的。所谓单一数据库,就是工程中的资料全部来自一个库,使得每一个独立用户在为一件产品造型而工作,不管他是哪一个部门的。换言之,在整个设计过程的任何一处发生改动,亦可以前后反映在整个设计过程的相关环节上。例如,一旦工程详图有改变,NC(数控)工具路径也会自动更新;组装工程图如有任何变动,也同样完全反映在整个三维模型上。这种独特的数据结构与工程设计的完整的结合,使得一件产品的设计结合起来。这一优点,使得设计更优化,成品质量更高,产品能更好地推向市场,价格也更便宜。

Pro/E 设计界面如图 4.26 所示。

2. 软件版本

2010 年 10 月 29 日,PTC® 公司宣布,推出 Creo™ 设计软件。也就是说 Pro/E 正式更名为 Creo。

目前 Pro/E 最高版本为 Creo Parametric 2.0。但在市场应用中,不同的公司还在使用着从 Proe2001 到 WildFire5.0 的各种版本,WildFire3.0 和 WildFire5.0 是主流应用版本。Pro/Engineer软件系列都支持向下兼容但不支持向上兼容,也就是新的版本可以打开旧版本的文件,但旧版本默认是无法直接打开新版本文件。虽然 PTC 提供了相应的插件以实现旧版本打开新版本文件的功能,但在很多情况下支持并不理想,容易造成软件在操作过程中直接跳出。

在 Pro/Engineer 软件版本中,除了使用类似 proe2001、WildFire、WildFire2.0、WildFire3.0、WildFire4.0 和 WildFire5.0 等主版本外在每一个主版本中还有日期代码的小版本区别,不同的日期代码代表主版本的发行日期顺序。通常每一个主版本中都会有C000、F000 和 M×××三个不同系列的日期代码,C000 版代表的是测试版,F000 是第一次正式版,而类似 M010、M020…M200 等属于成熟的正式发行版系列。M 系列的版本可以打开

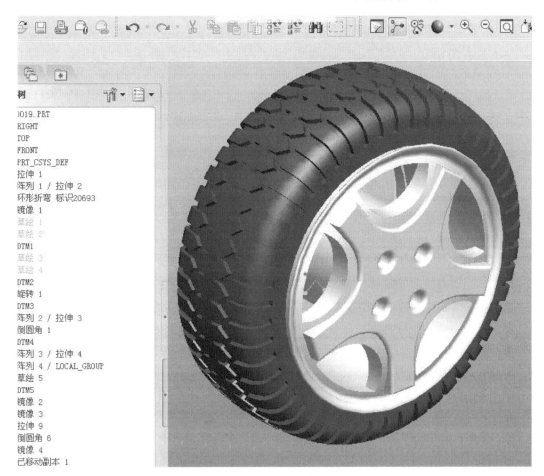

图 4.26 Pro/E 设计界面

C000 和 F000 系列版本的文件,而 C000 版本则无法打开相同主版本的 F000 和 M×××版本的Pro/Engineer文件,比如 WildFire4.0 C000 版本的 Pro/Engineer 将无法打开 WildFire4.0 M060 版本的 Pro/Engineer 所创建的文件,但反过来则可以。

3. 模块组成

Pro/Engineer 是软件包,并非模块,它是该系统的基本部分,其中功能包括参数化功能定义、实体零件及组装造型、三维上色、实体或线框造型、完整工程图的产生及不同视图展示(三维造型还可移动,放大或缩小和旋转)。Pro/Engineer 是一个功能定义系统,即造型是通过各种不同的设计专用功能来实现,其中包括:筋(Ribs)、槽(Slots)、倒角(Chamfers)和抽壳(Shells)等,采用这种手段来建立形体,对于工程师来说是更自然、更直观、无须采用复杂的几何设计方式。这个系统的参数化功能是采用符号式的赋予形体尺寸,不像其他系统是直接指定一些固定数值于形体,这样工程师可任意建立形体上的尺寸和功能之间的关系,任何一个参数改变,其他相关的特征也会自动修正。这种功能使得修改更为方便和可令设计优化更趋完美。造型不单可以在屏幕上显示,还可传送到绘图机上或一些支持 Postscript 格式的彩色打印机。Pro/Engineer 还可输出三维和二维图形给予其他应用软件,诸如有限元分析及后置处理等,这都是通过标准数据交换格式来实现,用户更可配上 Pro/Engineer 软件的其他模块或自行利用 C 语言编程,以增强软件的功能。

4. 主要功能

它在单用户环境下(没有任何附加模块)具有大部分的设计能力、组装能力(运动分析、人机工程分析)和工程制图能力(不包括 ANSI、ISO、DIN 或 JIS 标准),并且支持符合工业标准的绘图仪(HP、HPGL)和黑白及彩色打印机的二维和三维图形输出。

Pro/Engineer 功能如下:

(1)特征驱动(例如:凸台、槽、倒角、腔、壳等)。

(2)参数化(参数=尺寸、图样中的特征、载荷、边界条件等)。

(3)通过零件的特征值之间、载荷/边界条件与特征参数之间(如表面积等)的关系来进行设计。

(4)支持大型、复杂组合件的设计(规则排列的系列组件,交替排列,Pro/Program 的各种能用零件设计的程序化方法等)。

(5)贯穿所有应用的完全相关性(任何一个地方的变动都将引起与之有关的每个地方变动)。其他辅助模块将进一步提高扩展 Pro/Engineer 的基本功能。

4.5.3 SolidWorks

SolidWorks 是达索系统(Dassault Systemes S. A)下的子公司,专门负责研发与销售机械设计软件的视窗产品,公司总部位于美国马萨诸塞州。达索公司是负责系统性的软件供应,并为制造厂商提供具有 Internet 整合能力的支援服务。该集团提供涵盖整个产品生命周期的系统,包括设计、工程、制造和产品数据管理等各个领域中的最佳软件系统,著名的 CATIAV5 就出自该公司,目前达索的 CAD 产品市场占有率居世界前列。

SolidWorks 公司成立于 1993 年,由 PTC 公司的技术副总裁与 CV 公司的副总裁发起,总部位于马萨诸塞州的康克尔郡(Concord,Massachusetts)内,当初的目标是希望在每一个工程师的桌面上提供一套具有生产力的实体模型设计系统。从 1995 年推出第一套 SolidWorks 三维机械设计软件至 2010 年已经拥有位于全球的办事处,并经由 300 家经销商在全球 140 个国家进行销售与分销该产品。1997 年,SolidWorks 被法国达索(Dassault Systemes)公司收购,作为达索中端主流市场的主打品牌。

SolidWorks 软件是世界上第一个基于 Windows 开发的三维 CAD 系统,由于技术创新符合 CAD 技术的发展潮流和趋势,SolidWorks 公司于两年间成为 CAD/CAM 产业中获利最高的公司。该系统在 1995—1999 年获得全球微机平台 CAD 系统评比第一名;从 1995 年至今,已经累计获得 17 项国际大奖,其中仅从 1999 年起,美国权威的 CAD 专业杂志 CADENCE 连续 4 年授予 Solid,Works 最佳编辑奖,以表彰 SolidWorks 的创新、活力和简明。至此,SolidWorks 所遵循的易用、稳定和创新三大原则得到了全面的落实和证明,使用它,设计师大大缩短了设计时间,产品快速、高效地投向了市场。

在美国,包括麻省理工学院(MIT)、斯坦福大学等在内的著名大学已经把 SolidWorks 列为制造专业的必修课,国内的一些大学(教育机构)如电子科技大学、哈尔滨工业大学、清华大学、中山大学、中南大学、重庆大学、浙江大学、华中科技大学、北京航空航天大学、东北大学、大连理工大学、北京理工大学等也在应用 SolidWorks 进行教学。

由于使用了 Windows OLE 技术、直观式设计技术、先进的 parasolid 内核（由剑桥提供）以及良好的与第三方软件的集成技术，SolidWorks 成为全球装机量最大、最好用的软件之一。资料显示，目前全球发放的 SolidWorks 软件使用许可约 28 万，涉及航空航天、机车、食品、机械、国防、交通、模具、电子通信、医疗器械、娱乐工业、日用品/消费品、离散制造等分布于全球 100 多个国家的约 31 000 家企业。在教育市场上，每年来自全球 4 300 所教育机构的近 145 000 名学生通过 SolidWorks 的培训课程。

配置管理是 SolidWorks 软件体系结构中非常独特的一部分，它涉及零件设计、装配设计和工程图。配置管理使得你能够在一个 CAD 文档中，通过对不同参数的变换和组合，派生出不同的零件或装配体。

1. SolidWorks 的协同工作优势

(1) SolidWorks 提供了技术先进的工具，使得你通过互联网进行协同工作。

(2) 通过 eDrawings 方便地共享 CAD 文件。eDrawings 是一种极度压缩的、可通过电子邮件发送的、自行解压和浏览的特殊文件。

(3) 通过三维托管网站展示生动的实体模型。三维托管网站是 SolidWorks 提供的一种服务，用户可以在任何时间、任何地点快速地查看产品结构。

(4) SolidWorks 支持 Web 目录，用户可将设计数据存放在互联网的文件夹中，就像存本地硬盘一样方便。

(5) 用 3D Meeting 通过互联网实时地协同工作。3D Meeting 是基于微软 NetMeeting 的技术而开发的专门为 SolidWorks 设计人员提供的协同工作环境。

2. 实现装配设计

(1) 在 SolidWorks 中，当生成新零件时，用户可以直接参考其他零件并保持这种参考关系。在装配的环境里，可以方便地设计和修改零部件。对于超过一万个零部件的大型装配体，SolidWorks 的性能得到极大的提高。

(2) SolidWorks 可以动态地查看装配体的所有运动，并且可以对运动的零部件进行动态的干涉检查和间隙检测。

(3) 用智能零件技术自动完成重复设计。智能零件技术是一种崭新的技术，用来完成诸如将一个标准的螺栓装入螺孔中，而同时按照正确的顺序完成垫片和螺母的装配。

(4) 镜像部件是 SolidWorks 技术的巨大突破。镜像部件能产生基于已有零部件（包括具有派生关系或与其他零件具有关联关系的零件）的新的零部件。

(5) SolidWorks 用捕捉配合的智能化装配技术，来加快装配体的总体装配。智能化装配技术能够自动地捕捉并定义装配关系。

3. 制作工程图

(1) SolidWorks 提供了生成完整的、车间认可的详细工程图的工具。工程图是全相关的，当用户修改图纸时，三维模型、各个视图、装配体都会自动更新。

(2) 从三维模型中自动产生工程图，包括视图、尺寸和标注。

(3) 增强了的详图操作和剖视图。

(4) 使用 RapidDraft 技术，可以将工程图与三维零件和装配体脱离，进行单独操作，以加快工程图的操作，但保持与三维零件和装配体的全相关。

（5）用交替位置显示视图能够方便地显示零部件的不同的位置,以便了解运动的顺序。交替位置显示视图是专门为具有运动关系的装配体而设计的独特的工程图功能。

4. 主要模块

（1）零件建模。

SolidWorks 提供了无与伦比的、基于特征的实体建模功能。通过拉伸、旋转、薄壁特征、高级抽壳、特征阵列以及打孔等操作来实现产品的设计。

通过对特征和草图的动态修改,用拖拽的方式实现实时的设计修改。三维草图功能为扫描、放样生成三维草图路径,或为管道、电缆、线和管线生成路径。

（2）曲面建模。

通过带控制线的扫描、放样、填充以及拖动可控制的相切操作产生复杂的曲面。可以直观地对曲面进行修剪、延伸、倒角和缝合等曲面的操作。

（3）钣金设计。

SolidWorks 提供了顶尖的、全相关的钣金设计能力。可以直接使用各种类型的法兰、薄片等特征,正交切除、角处理以及边线切口等钣金操作变得非常容易。用户化的 SolidWorks 的 API 为用户提供了自由的、开放的、功能完整的开发工具。

开发工具包括 Microsoft Visual Basic for Applications（VBA）、Visual C++及其他支持 OLE 的开发程序。

（4）数据转换模块。

SolidWorks 提供了当今市场上几乎所有 CAD 软件的输入/输出格式转换器,有些格式,还提供了不同版本的转换。

（5）帮助文件。

SolidWorks 配有一套强大的、基于 HTML 的全中文的帮助文件系统。包括超级文本链接、动画示教、在线教程以及设计向导和术语。

5. 标准件库

（1）SolidWorks 自有标准件库。

SolidWorks 系统自带的标准件库,包含螺栓、螺母、螺钉、螺柱、键、销、垫圈、挡圈、密封圈、弹簧、型材、法兰等常用零部件,模型数据可被直接调用。

（2）数据资源。

"LinkAble PARTcommunity 在线零部件数据资源库:LinkAble PARTcommunity 旨在为基于 Pro/E 环境的设计者提供完善而有效的零部件三维数据资源,用于本地产品的开发和配置。LinkAble PARTcommunity 除包含完整的 ISO/EN/DIN 标准件模型数据资源外,更囊括数百家国内外厂商的零部件产品模型,涉及气动、液压、FA 自动化、五金、管路、操作件、阀门、紧固件等多个门类,能够满足机电产品及装备制造企业的产品研发人员日常所需,且该在线模型库可终身免费注册和使用。LinkAble PARTcommunity 除可提供 Pro/E 的原始格式模型下载接口外,还提供名为 Part2CAD 的集成接口,可将在线模型下载后直接打开于本地 Pro/E 界面。"

（3）离线模型。

PARTsolutions 是翎瑞鸿翔与德国卡迪纳斯共同面向中国市场推出的 SolidWorks 离线版

零部件数据资源库解决方案,其不仅可提供比 PARTcommunity 更为丰富的零部件数据资源,而且采取局域网服务器-客户端安装方式,大大提高了 SolidWorks 终端对模型数据的搜索和调用效率,此外,接口程序提供了二者的无缝嵌入式集成方案。此外,PARTsolutions 可与 SolidWorks 及其 PLM 环境实现紧密集成,实现企业内部物料信息与模型信息的对接,从而在源头上避免和减少了一物多码现象。同时为了应制造行业的需求,该模型库提供企业自有数据资源的配置模块,可为企业本地服务器提供兼容多 CAD 环境的企标件和特定供应商产品数据的配置任务。

4.5.4 AutoCAD

AutoCAD(Autodesk Computer Aided Design)是 Autodesk(欧特克)公司首次于 1982 年开发的自动计算机辅助设计软件,用于二维绘图、详细绘制、设计文档和基本三维设计,现已经成为国际上广为流行的绘图工具。AutoCAD 具有良好的用户界面,通过交互菜单或命令行方式便可以进行各种操作。它的多文档设计环境,让非计算机专业人员也能很快地学会使用。在不断实践的过程中更好地掌握它的各种应用和开发技巧,从而不断提高工作效率。AutoCAD 具有广泛的适应性,可以在各种操作系统支持的微型计算机和工作站上运行。AutoCAD 在全球广泛使用,可以用于土木建筑、装饰装潢、工业制图、工程制图、电子工业、服装加工等领域。

1. 功能说明

(1)制图流程。

AutoCAD 制图流程为:前期与客户沟通出平面布置图,后期出施工图,施工图有平面布置图、顶面布置图、地材图、水电图、立面图、剖面图、节点图、大样图等。

(2)软件格式。

AutoCAD 的文件格式主要有:①dwg 格式,AutoCAD 的标准格式;②dxf 格式,AutoCAD 的交换格式;③dwt 格式,AutoCAD 的样板文件。

(3)应用领域。

AutoCAD 广泛应用于土木建筑、装饰装潢、城市规划、园林设计、电子电路、机械设计、服装鞋帽、航空航天、轻工化工等诸多领域。

AutoCAD 可以实现工程制图,设计制作建筑工程、装饰设计、环境艺术设计、水电工程、土木施工等工程图纸,实现工业制图的精密零件、模具、设备装配图等。

在不同的行业中,Autodesk(欧特克)开发了行业专用的版本和插件,在机械设计与制造行业中发行了 AutoCAD Mechanical 版本;在电子电路设计行业中发行了 AutoCAD Electrical 版本;在勘测、土方工程与道路设计行业中发行了 Autodesk Civil 3D 版本;而学校里教学、培训中所用的一般都是 AutoCAD 简体中文(Simplified Chinese)版本;一般没有特殊要求的服装、机械、电子、建筑行业的公司用的是 AutoCAD Simplified 版本,AutoCAD Simplified 基本上算是通用版本;对于机械,当然也有相应的 AutoCAD Mechanical(机械版)。

2. 使用过程说明

(1)基本特点。

AutoCAD 具有完善的图形绘制功能;具有强大的图形编辑功能;可以采用多种方式进

行二次开发或用户定制；可以进行多种图形格式的转换，具有较强的数据交换能力；支持多种硬件设备；支持多种操作平台，具有通用性、易用性，适用于各类用户。此外，从 AutoCAD 2000 开始，该系统又增添了许多强大的功能，如 AutoCAD 设计中心（ADC）、多文档设计环境（MDE）、Internet 驱动、新的对象捕捉功能、增强的标注功能以及局部打开和局部加载的功能。

（2）平面绘图。

AutoCAD 能以多种方式创建直线、圆、椭圆、多边形、样条曲线等基本图形对象。

AutoCAD 提供了正交、对象捕捉、极轴追踪、捕捉追踪等绘图辅助工具。正交功能使用户可以很方便地绘制水平、竖直直线，对象捕捉可帮助拾取几何对象上的特殊点，而追踪功能使画斜线及沿不同方向定位点变得更加容易。

（3）编辑图形。

AutoCAD 具有强大的编辑功能，可以移动、复制、旋转、阵列、拉伸、延长、修剪、缩放对象等。

标注尺寸：可以创建多种类型尺寸，标注外观可以自行设定。

文字标注：能轻易在图形的任何位置、沿任何方向书写文字，可设定文字字体、倾斜角度及宽度缩放比例等属性。

图层管理功能：图形对象都位于某一图层上，可设定图层颜色、线型、线宽等特性。

三维绘图：可创建 3D 实体及表面模型，能对实体本身进行编辑。

网络功能：可将图形在网络上发布，或是通过网络访问 AutoCAD 资源。

数据交换：AutoCAD 提供了多种图形图像数据交换格式及相应命令。

3. 使用技巧

（1）二次开发。

AutoCAD 允许用户定制菜单和工具栏，并能利用内嵌语言 Autolisp、Visual Lisp、VBA、ADS、ARX 等进行二次开发。

（2）表格制作。

AutoCAD 虽然有强大的图形功能，但表格处理功能相对较弱，而在实际工作中，往往需要在 AutoCAD 中制作各种表格，如工程数量表等，如何高效制作表格，是一个很现实的问题。

在 AutoCAD 环境下用手工画线方法绘制表格，然后，再在表格中填写文字，不但效率低下，而且，很难精确控制文字的书写位置，文字排版也有问题。虽然 AutoCAD 支持对象链接与嵌入，可以插入 Word 或 Excel 表格，但是修改起来不是很方便，一点小小的修改就得进入 Word 或 Excel，修改完成后，又得退回到 AutoCAD；另外，一些特殊符号如一级钢筋符号、二级钢筋符号等，在 Word 或 Excel 中很难输入。有没有两全其美的方法呢，经过探索，可以这样较好地解决：先在 Excel 中制完表格，复制到剪贴板，然后再在 AutoCAD 环境下选择 edit 菜单中的 Pastespecial，选择作为 AutoCAD Entities，确定以后，表格即转化成 AutoCAD 实体，用 explode 打开，即可以编辑其中的线条及文字，非常方便。

（3）图形插入。

Word 文档制作中，往往需要各种插图，Word 绘图功能有限，特别是复杂的图形，该缺点更加明显，而 AutoCAD 是专业绘图软件，功能强大，很适合绘制比较复杂的图形，用

AutoCAD 绘制好图形，然后插入 Word 制作复合文档。利用 AutoCAD 绘好图后，可以用 AutoCAD 提供的 EXPORT 功能先将 AutoCAD 图形以 BMP 或 WMF 等格式输出，然后插入 Word 文档，也可以先将 AutoCAD 图形拷贝到剪贴板，再在 Word 文档中粘贴。须注意的是，由于 AutoCAD 默认背景颜色为黑色，而 Word 背景颜色为白色，首先应将 AutoCAD 图形背景颜色改成白色。另外，AutoCAD 图形插入 Word 文档后，往往空边过大，效果不理想，可利用 Word 图片工具栏上的裁剪功能进行修整，空边过大问题即可解决。

（4）线宽修改。

AutoCAD 提供了一个多段线线宽修改命令 PEDIT，来进行多段线线宽的修改（若不是多段线，则该命令将先转化成多段线，再改变其线宽），但是 PEDIT 操作频繁，每次只能选取 1 个实体操作，效率低下。AutoCAD R14 附赠程序 Bonus 提供了 mpedit 命令，用于成批修改多段线线宽，非常方便高效。在 AutoCAD 2000 中，还可给实体指定线宽（LineWeight）属性修改线宽，只需选择要改变线宽的实体（实体集），改变线宽属性即可。须注意的是，LineWeight 属性线宽在屏幕的显示与否决定于系统变量 WDISPLAY，该变量为 ON，则在屏幕上显示 LineWeight 属性线宽，该变量为 OFF，则不显示。多段线线宽同 LineWeight 都可控制实体线宽，两者之间的区别是：LineWeight 线宽是绝对线宽，而多段线线宽是相对线宽，也就是说，无论图形以多大尺寸打印，LineWeight 线宽都不变，而多段线线宽则随打印尺寸比例大小变化而变化。命令 scale 对 LineWeight 线宽没什么影响，无论实体被缩放多少倍，LineWeight 线宽都不变，而多段线线宽则随缩放比例改变而改变。

（5）打印技巧。

如果需要到别的计算机去打印 AutoCAD 图形，但是别的计算机可能没安装 AutoCAD，或者因为各种原因（如 AutoCAD 图形在别的计算机上字体显示不正常；通过网络打印，网络打印不正常等）不能利用别的计算机进行正常打印，这时，可以先在自己计算机上将 AutoCAD 图形打印到文件，形成打印机文件，然后，再在别的计算机上用 DOS 的拷贝命令将打印机文件输出到打印机，方法为：copy <打印机文件> prn /b。须注意的是，为了能使用该功能，需先在系统中添加别的计算机上特定型号打印机，并将它设为默认打印机，另外，COPY 后不要忘了在最后加/b，表明以二进制形式将打印机文件输出到打印机。

（6）选择技巧。

AutoCAD 还提供了 Fence 方式（以键入"F"响应 Select object：）选择实体，画出一条不闭合的折线，所有和该折线相交的实体即被选择。在选择目标时，有时会不小心选中不该选择的目标，这时用户可以键入 R 来响应"select objects："提示，然后把一些误选的目标从选择集中剔除，然后键入 A，再向选择集中添加目标。当所选择实体和别的实体紧挨在一起时可在按住 Ctrl 键的同时，连续单击鼠标左键，这时紧挨在一起的实体依次高亮度显示，直到所选实体高亮度显示，再按下 Enter 键（或单击鼠标右键），即选择了该实体。还可以有条件选择实体，即用 filter 响应"select objects"：，在 AutoCAD2000 中，还提供了 QuickSelect 方式选择实体，功能和 filter 类似，但操作更简单、方便。AutoCAD 提供的选择集的构造方法功能很强，灵活恰当地使用可使制图的效率大大提高。

（7）属性查询。

AutoCAD 提供点坐标（ID）、距离（Distance）、面积（area）的查询，给图形的分析带来了很大的方便，但是在实际工作中，有时还须查询实体质量属性特性，AutoCAD 提供实体质量属性查询(Mass Properties),可以方便查询实体的惯性矩、面积矩、实体的质心等,须注意的是,对于曲线、多义线构造的闭合区域,应先用 region 命令将闭合区域面域化,再执行质量属性查询,才可查询实体的惯性矩、面积矩、实体的质心等属性。

习　　题

1. 什么是产品数字化造型?
2. 产品数字化造型设计主要内容是什么?
3. 数字化设计与制造的坐标系构成是什么?
4. 与传统造型方法相比,特征造型的特点是什么?
5. 虚拟装配的研究可以分为几类?

第 5 章 数字化仿真技术

仿真技术得以发展的主要原因,是它所带来的巨大社会经济效益。二十世纪五六十年代仿真主要应用于航空、航天、电力、化工以及其他工业过程控制等工程技术领域。在航空工业方面,采用仿真技术使大型客机的设计和研制周期缩短20%。利用飞行仿真器在地面训练飞行员,不仅节省大量燃料和经费(其经费仅为空中飞行训练的1/10),而且不受气象条件和场地的限制。此外,在飞行仿真器上可以设置一些在空中训练时无法设置的故障,培养飞行员应对故障的能力。训练仿真器所特有的安全性也是仿真技术的一个重要优点。在航天工业方面,采用仿真试验代替实弹试验可使实弹试验的次数减少80%。在电力工业方面采用仿真系统对核电站进行调试、维护和排除故障,1年即可收回建造仿真系统的成本。现代仿真技术不仅应用于传统的工程领域,而且日益广泛地应用于社会、经济、生物等领域,如交通控制、城市规划、资源利用、环境污染防治、生产管理、市场预测、世界经济的分析和预测、人口控制等。对于社会经济等系统,很难在真实的系统上进行实验。因此,利用仿真技术来研究这些系统就具有更为重要的意义。

仿真技术最初主要应用在军事领域。二十世纪五六十年代,仿真技术开始应用于洲际导弹的研制、阿波罗登月计划、核电站运行等方面。从20世纪80年代开始,仿真技术借助计算机技术的发展开始进入了计算机仿真的崭新时代,计算机仿真技术开始大规模地应用于仪器仪表、虚拟制造、电子产品设计、仿真训练等人们生产、生活的各个方面。

自20世纪90年代开始,基于计算机仿真技术,国内建设了一批水平较高、规模较大的半实物仿真系统,如射频制导导弹半实物仿真系统、红外制导导弹半实物仿真系统、歼击机工程飞行模拟器、歼击机半实物仿真系统、驱逐舰半实物仿真系统等,这些半实物仿真系统在武器型号研制中发挥了重大作用。

2008年全球计算机仿真市场的总体规模达883亿美元以上,中国计算机仿真市场的总体规模达298亿人民币以上,未来计算机仿真行业发展潜力巨大。

5.1 仿真技术概述

仿真技术是一门多学科的综合性技术,它以控制论、系统论、相似原理和信息技术为基础,以计算机和专用设备为工具,利用系统模型对实际的或设想的系统进行动态试验。例如,汽车或飞机的驾驶训练模拟器,就是应用仿真技术的成果。

计算机仿真是应用电子计算机对系统的结构、功能和行为以及参与系统控制的人的思维过程和行为进行动态性比较逼真的模仿。它是一种描述性技术,是一种定量分析方法。通过建立某一过程或某一系统的模式,来描述该过程或该系统,然后用一系列有目的、有条件的计算机仿真实验来刻画系统的特征,从而得出数量指标,为决策者提供关于这一过程或系统的定量分析结果,作为决策的理论依据。

随着科学技术的进步,尤其是信息技术和计算机技术的发展,"仿真"的概念不断得以发展和完善,因此给予仿真一个清晰和明了的定义是非常困难的。但一个通俗的系统仿真的基本含义是:构建一个实际系统的模型,对它进行试验,以便理解和评价系统的各种运行策略。而这里的模型是一个广义的模型,包含数学模型、物理模型等。显然,根据模型的不同,有不同方式的仿真。系统可以分为连续时间系统和离散时间系统两大类,由于这两类系统的运动规律差异很大,描述其运动规律的模型也有很大的不同,因此,相应的仿真方法也不同,分别对应为连续时间系统仿真和离散时间系统仿真。

在仿真硬件方面,从20世纪60年代起采用数字计算机逐渐多于模拟计算机。混合计算机系统在20世纪70年代一度停滞不前,20世纪80年代以来又有发展的趋势,由于小型机和微处理机的发展,以及采用流水线原理和并行运算等措施,数字仿真运算速度的提高有了新的突破。例如,利用超小型机VAX11-785和外围处理器AD-10联合工作可对大型复杂的飞行系统进行实时仿真。

在仿真软件方面,除进一步发展交互式仿真语言和功能更强的仿真软件系统外,另一个重要的趋势是将仿真技术和人工智能结合起来,产生具有专家系统功能的仿真软件。仿真模型、实验系统的规模和复杂程度都在不断地增长,对它们的有效性和置信度的研究将变得十分重要。同时,建立适用的基准对系统进行评估的工作也日益受到重视。

仿真作用:(1)仿真的过程也是实验的过程,而且还是系统地收集和积累信息的过程。尤其是对一些复杂的随机问题,应用仿真技术是提供所需信息唯一令人满意的方法。(2)对一些难以建立物理模型和数学模型的对象系统,可通过仿真模型来顺利地解决预测、分析和评价等系统问题。(3)通过系统仿真,可以把一个复杂系统降阶成若干子系统以便于分析。(4)通过系统仿真,能启发新的思想或产生新的策略,还能暴露出原系统中隐藏着的一些问题,以便及时解决。

5.1.1 数字化仿真系统及方法

信息处理技术和网络技术的发展,实际上已经完全改变了仿真的概念。因此引入数字化仿真技术的概念,即利用现代的数字化技术仿真分析产品设计、制造及企业管理的数据信息。

数字化仿真(Digital Simulation)在计算数学、计算力学、计算机软件硬件等相关技术的基础上,用计算机建立数学模型,用来分析和优化系统,形成计算机仿真,实质是仿真过程的数字化。

仿真工具主要指的是仿真硬件和仿真软件。

仿真硬件中最主要的是计算机。用于仿真的计算机有三种类型:模拟计算机、数字计算机和混合计算机。

数字计算机还可分为通用数字计算机和专用的数字计算机。模拟计算机主要用于连续系统的仿真,称为模拟仿真。在进行模拟仿真时,依据仿真模型将各运算放大器按要求连接起来,并调整有关的系数器。改变运算放大器的连接形式和各系数的调定值,就可修改模型。仿真结果可连续输出。因此,模拟计算机的人机交互性好,适合于实时仿真。改变时间比例尺还可实现超实时的仿真。

20世纪60年代前的数字计算机由于运算速度低、人机交互性差,在仿真中应用受到限制。现代的数字计算机已具有很高的速度,某些专用的数字计算机的速度更高,已能满足大部分系统的实时仿真的要求,由于软件、接口和终端技术的发展,人机交互性也已有很大提高。数字计算机已成为现代仿真的主要工具。

混合计算机把模拟计算机和数字计算机联合在一起工作,能充分发挥模拟计算机的高速度和数字计算机的高精度、逻辑运算和存储能力强的优点。但这种系统造价较高,只宜在一些要求严格的系统仿真中使用。

随着计算机技术的飞速发展,在仿真机中也出现了一批很有特色的仿真工作站、小巨机式的仿真机、巨型机式的仿真机。20世纪80年代初推出的一些仿真机,如SYSTEM10和SYSTEM100就是这类仿真机的代表。

除计算机外,仿真硬件还包括一些专用的物理仿真器,如运动仿真器、目标仿真器、负载仿真器、环境仿真器等。

仿真软件包括为仿真服务的仿真程序、仿真程序包、仿真语言和以数据库为核心的仿真软件系统。仿真软件的种类很多,在工程领域,用于系统性能评估,如机构动力学分析、控制力学分析、结构分析、热分析、加工仿真等的仿真软件系统,MSC Software 在航空航天等高科技领域已有45年的应用历史。

仿真实验没有普通意义上必备器材的实验,很多仿真实验软件早就开发出来了,在很多大学、全国重点高中、初中已经应用开来。仿真软件通过图形化界面联系理论条件与实验过程,同时运用一定的编程达到模拟现实的效果。目前主要包括物理仿真实验、化学仿真实验和生物仿真实验三种。

数控仿真系统就是模拟真实数控机床的操作,学习数控技术、演示讲解数控操作编程、工程技术人员检验数控数序防止碰刀提高效益的工具软件。通过在PC机上操作该软件,能在很短时间内掌握各种系统数控车、数控铣及加工中心的操作。代表性的产品有宇航、宇龙、斯沃、VERICUT等数控仿真系统,一些数控系统生产商也可能推出自己的仿真软件。

1. 系统仿真

随着科学技术的进步,人们将研究的对象看成是一个系统,从整体的行为上对它进行研究。这种系统研究不在于列举所有的事实和细节,而在于识别出有显著影响的因素和相互关系,以便掌握本质的规律。对于所研究的系统可以通过类比、抽象等手段建立起各种模型,称为建模。模型可以取各种不同的形式,不存在统一的分类原则。按照模型的表现形式可以分为物理模型、结构模型、仿真模型和数学模型。

(1)物理模型。

物理模型也称实体模型,可分为实物模型和类比模型。

①实物模型。根据相似性理论制造的按原系统比例缩小(也可以是放大或与原系统尺寸一样)的实物,如风洞实验中的飞机模型、水力系统实验模型、建筑模型、船舶模型等。

②类比模型。在不同的物理学领域(力学、电学、热学、流体力学等)系统中各自的变量有时服从相同的规律,根据这个共同规律可以制出物理意义完全不同的比拟和类推的模型。例如,在一定条件下由节流阀和气容构成的气动系统的压力响应与一个由电阻和电容所构成的电路的输出电压特性具有相似的规律,因此可以用比较容易进行实验的电路来模拟气动系统。

(2)结构模型。

结构模型是主要反映系统的结构特点和因果关系的模型。结构模型中的一类重要模型是图模型。此外生物系统分析中常用的房室模型(见房室模型辨识)等也属于结构模型。结构模型是研究复杂系统的有效手段。

(3)仿真模型。

仿真模型是通过数字计算机、模拟计算机或混合计算机上运行的程序表达的模型。采用适当的仿真语言或程序,物理模型、数学模型和结构模型一般能转变为仿真模型。关于不同控制策略或设计变量对系统的影响,或是系统受到某些扰动后可能产生的影响,最好是在系统本身上进行实验,但这并非永远可行。原因是多方面的,如实验费用可能是昂贵的;系统可能是不稳定的,实验可能破坏系统的平衡,造成危险;系统的时间常数很大,实验需要很长时间;待设计的系统尚不存在等。在这样的情况下,建立系统的仿真模型是有效的。

仿真模型是被仿真对象的相似物或结构形式。它可以是物理模型或数学模型,并不是所有对象都能建立物理模型。例如,为了研究飞行器的动力学特性,在地面上只能用计算机来仿真。为此首先要建立对象的数学模型,然后将它转换成适合计算机处理的形式,即仿真模型。具体地说,对于模拟计算机应将数学模型转换成模拟排题图;对于数字计算机应转换成源程序。

(4)数学模型。

数学模型是用数学语言描述的一类模型。数学模型可以是一个或一组代数方程、微分方程、差分方程、积分方程或统计学方程,也可以是它们的某种适当的组合,通过这些方程定量地或定性地描述系统各变量之间的相互关系或因果关系。除了用方程描述的数学模型外,还有用其他数学工具,如代数、几何、拓扑、数理逻辑等描述的模型。需要指出的是,数学模型描述的是系统的行为和特征而不是系统的实际结构。

数学模型是近些年发展起来的新学科,是数学理论与实际问题相结合的一门科学。它将现实问题归结为相应的数学问题,并在此基础上利用数学的概念、方法和理论进行深入的分析和研究,从而从定性或定量的角度来刻画实际问题,并为解决现实问题提供精确的数据或可靠的指导。

数学模型还没有一个统一的准确的定义,因为站在不同的角度可以有不同的定义。我们给出如下定义:数学模型是关于部分现实世界和为一种特殊目的而做的一个抽象的、简化的结构。具体来说,数学模型就是为了某种目的,用字母、数字及其他数学符号建立起来的等式或不等式以及图表、图象、框图等描述客观事物的特征及其内在联系的数学结构表达式。

系统仿真就是根据系统分析的目的,在分析系统各要素性质及其相互关系的基础上,建立能描述系统结构或行为过程的且具有一定逻辑关系或数量关系的仿真模型,据此进行试验或定量分析,以获得正确决策所需的各种信息。

① 仿真是一种对系统问题求数值解的计算技术。尤其当系统无法通过建立数学模型求解时,仿真技术能有效地来处理。

② 仿真是一种人为的试验手段。它和现实系统实验的差别在于,仿真实验不是依据实际环境,而是作为实际系统映象的系统模型以及相应的"人造"环境下进行的。这是仿真的主要功能。

③仿真可以比较真实地描述系统的运行、演变及其发展过程。

④中国学者认为:系统仿真就是在计算机上或(/和)实体上建立系统的有效模型(数字的、物理效应的或数字物理效应混合的模型),并在模型上进行系统试验。

建模技术未来的发展方面如图5.1所示,仿真技术的发展是建立在建模技术和分析技术发展上的综合应用。

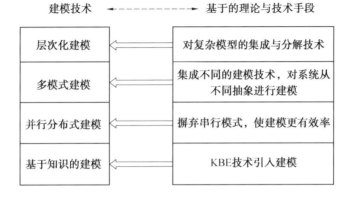

图 5.1　建模技术的未来发展

2. 仿真方法

仿真方法主要是指建立仿真模型和进行仿真实验的方法,人们有时将建立数学模型的方法也列入仿真方法,这是因为对于连续系统虽已有一套理论建模和实验建模的方法,但在进行系统仿真时,常常先用经过假设获得的近似模型来检验假设是否正确,必要时修改模型,使它更接近于真实系统。对于离散事件系统建立它的数学模型就是仿真的一部分。

传统的仿真方法是一个迭代过程,即针对实际系统某一层次的特性(过程),抽象出一个模型,然后假设态势(输入),进行试验,由试验者判读输出结果和验证模型,根据判断的情况来修改模型和有关的参数。如此迭代地进行,直到认为这个模型已满足试验者对客观系统的某一层次的仿真目的为止。

模型对系统某一层次特性的抽象描述包括:系统的组成,各组成部分之间的静态、动态、逻辑关系,在某些输入条件下系统的输出响应等。根据系统模型状态变量变化的特征,又可把系统模型分为:连续系统模型——状态变量是连续变化的;离散(事件)系统模型——状态变化在离散时间点(一般是不确定的)上发生变化;混合型——上述两种的混合。

计算机仿真技术和用于仿真的计算机(简称仿真机)都应充分反映上述仿真的特点及满足仿真工作者的需求。

系统仿真的基本方法是建立系统的结构模型和量化分析模型,并将其转换为适合在计算机上编程的仿真模型,然后对模型进行仿真实验。

在以上两类基本方法的基础上,还有一些用于系统(特别是社会经济和管理系统)仿真的特殊而有效的方法,如系统动力学方法、蒙特卡洛法等。系统动力学方法通过建立系统动力学模型(流图等)、利用 DYNAMO 仿真语言在计算机上实现对真实系统的仿真实验,从而研究系统结构、功能和行为之间的动态关系。

由于连续系统和离散(事件)系统的数学模型有很大差别,所以系统仿真方法基本上分为两大类,即连续系统仿真方法和离散系统仿真方法。

（1）连续系统仿真。

连续时间系统仿真是指物理系统状态随时间连续变化的系统，一般可以用常微分方程或偏微分方程组描述。需要特别指出的是这类系统也包括用差分方程描述的离散时间系统。工科院校主要研究的对象是工业自动化和工业过程控制，因此本教材主要介绍连续系统仿真。

（2）离散事件系统。

离散事件系统是指物理系统的状态在某些随机时间点上发生离散变化的系统。它与连续时间系统的主要区别在于：物理状态变化发生在随机时间点上，这种引起状态变化的行为称为"事件"，因而这类系统是由事件驱动的。离散时间系统的事件（状态）往往发生在随机时间点上，并且事件（状态）是时间的离散变量。系统的动态特性无法使用微分方程这类数学方程来描述，而只能使用事件的活动图或流程图。因此对离散事件系统仿真的主要目的是对系统事件的行为做统计特性分析，而不像连续系统仿真的目的是对物理系统的状态轨迹做出分析。

在所有仿真模型中，通常采用数学模型来分析系统工程问题进行仿真分析，其原因在于：

① 数学模型是定量分析的基础。

② 数学模型是系统预测和决策的工具。

③ 数学模型可变性好，适应性强，分析问题速度快，省时省钱，且便于使用计算机。

3. 系统模型的仿真试验

为了建立一个有效的仿真系统，一般都要经历建立模型、仿真实验、数据处理、分析验证等步骤。为了构成一个实用的较大规模的仿真系统，除仿真机外，还需配有控制和显示设备。

系统模型是一个系统某一方面本质属性的描述，它以某种确定的形式（如文字、符号、图表、实物、数学公式等）提供关于该系统的知识。常用的系统模型通常可分为物理模型、文字模型和数学模型三类，其中物理模型与数学模型又可分为若干种。

系统模型一般不是系统对象本身而是现实系统的描述、模仿和抽象。例如：地球仪是地球原型的本质和特征的一种近似或集中反映。系统模型是由反映系统本质或特征的主要因素构成的。系统模型集中体现了这些主要因素之间的关系。

仿真实验没有普通意义上实验的必备器材，而是在计算机上用仿真软件模拟现实的效果，用软件模拟实验条件是一个可行性非常高的方法。

随着仿真技术的进步、虚拟实验技术的成熟，人们开始认识到虚拟实验室在教育领域的应用价值，它除了可以辅助高校的科研工作，在实验教学方面也具有利用率高、易维护等诸多优点。近年来，国内的许多高校都根据自身科研和教学的需求建立了一些虚拟实验室。

虚拟实验室是一种基于 Web 技术、VR 虚拟现实技术构建的开放式网络化的虚拟实验教学系统，是现有各种教学实验室的数字化和虚拟化。虚拟实验室由虚拟实验台、虚拟器材库和开放式实验室管理系统组成。虚拟实验室为开设各种虚拟实验课程提供了全新的教学环境。虚拟实验台与真实实验台类似，可供学生自己动手配置、连接、调节和使用实验仪器及设备。教师利用虚拟器材库中的器材自由搭建任意合理的典型实验或实验案例，这一点是虚拟实验室有别于一般实验教学课件的重要特征。

虚拟现实实验室是虚拟现实技术应用研究的重要载体。

虚拟实验室的开发分为模型建立、制作交互文档、网络发布三个阶段。

仿真可以再现系统的状态、动态行为及其性能特征,用于分析系统配置是否合理、性能是否满足要求、预测系统可能存在的缺陷,为系统设计提供决策支持和科学依据,如图 5.2 所示。系统是研究对象,模型是系统某种程度和层次的抽象,仿真是通过对系统模型的试验来分析、评价和优化系统。

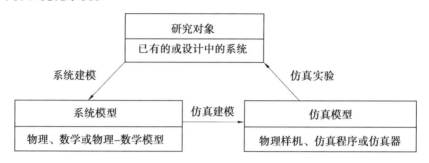

图 5.2　系统、模型与仿真实验之间的关系

5.1.2　数字化仿真的基本步骤

数字化仿真的应用主要介于数字化设计和数字化制造两个环节之间。为实现信息共享、减少重复建模,仿真软件多支持产品数据交换的国际或行业标准,与主流数字化设计与制造软件之间保持良好的兼容性。

实现数字仿真一般包括建立数学模型、建立数字仿真模型和仿真实验三个主要步骤。细分的过程如下:

(1)问题描述与需求分析。

(2)设定研究目标和计划。

(3)建立系统的数学模型。

(4)模型的校核、验证及确认。

(5)数据采集。

(6)数学模型与仿真模型的转换。

(7)仿真试验设计。

(8)仿真试验。

(9)仿真数据处理及结果分析。

(10)优化和决策。

当采用数学模型研究制造系统的性能时,模型求解大致可有两类方法,即解析法(analytical method)和数值法(numerical method)。

解析法:采用数学演绎推理求解模型。例如:采用运筹学方法优化结构尺寸、优化运输路线问题等。

数值法:可以模拟系统运行过程,并由模型的输出数据来评价系统性能。图 5.3 分析了系统、试验与模型求解之间的关系。

系统建模和仿真的目的是分析实际系统的性能特征,它的应用步骤如图 5.4 所示。

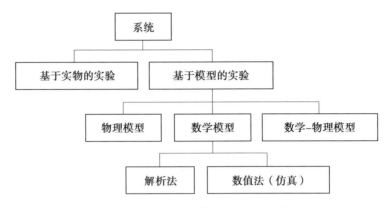

图 5.3　系统、实验与模型求解之间的关系

1. 问题描述与需求分析

建模与仿真的应用源于系统研发需求。因此,首先需要明确被研究系统的结构组成、工艺参数和功能等,划定系统的范围和运行环境,提炼出系统的主要特征和建模元素,以便对系统建模和仿真研究做出准确定位和判断。

2. 设定研究目标和计划

优化和决策是系统建模与仿真的目的。根据研究对象的不同,建模和仿真的目标包括系统性能、质量、强度、寿命、产量、成本、效率、资源消耗等。根据研究目标,确定拟采用的建模与仿真技术,制订建模与仿真研究计划,包括技术方案、技术路线、时间安排、成本预算、软硬件条件以及人员配置等。

3. 建立系统的数学模型

为保证所建模型符合真实系统、反映问题的本质特征和运行规律,在建立模型时要准确把握系统的结构和机理,提取关键的参数和特征,并采取正确的建模方法。按照由粗到精、逐步深入的原则,不断细化和完善系统模型。需要指出的是,数学建模时不应追求模型元素与实际系统的一一对应,而应通过合理的假设来简化模型结果,关注系统的核心元素和本质特征。此外,应以满足仿真精度为目标,避免使模型过于复杂,以降低建模和求解的难度。

4. 模型的校核、验证及确认

系统建模和仿真的重要作用是为决策提供依据。为减少决策失误,降低决策风险,有必要对所建数学模型和仿真模型进行校核、验证及确认,以确保系统模型和仿真逻辑及结果的正确性和有效性。实际上,模型的校核、验证及确认工作贯穿于系统建模与仿真的全过程。

5. 数据采集

要想使仿真结果能够反映系统的真实特性,采集或拟合符合系统实际的输入数据显得尤为重要。实际上,数据采集工作在系统建模与仿真中具有十分重要的作用。这些数据是仿真模型运行的基础,也直接关系到仿真结果的可信度。

6. 数学模型与仿真模型的转换

在计算机仿真中,需要将系统的数学模型转换为计算机能够识别的数据格式。

7. 仿真实验设计

为提高系统建模与仿真的效率,在不同层面和深度上分析系统性能,有必要进行仿真实

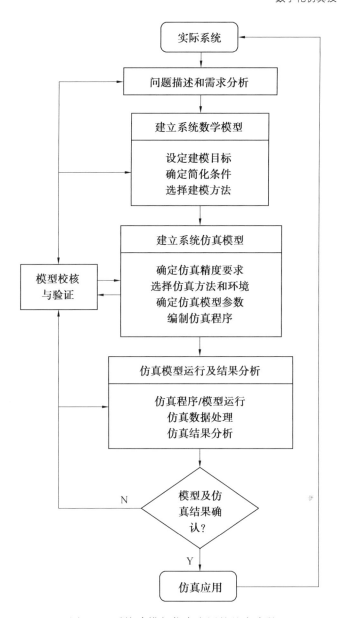

图 5.4 系统建模与仿真应用的基本步骤

验方案的设计。

8. 仿真实验

仿真实验是运行仿真程序、开展仿真研究的过程，也就是对所建立的仿真模型进行数值试验和求解的过程。不同的仿真模型有不同的求解方法。

9. 仿真数据处理及结果分析

从仿真实验中提取有价值的信息并指导实际系统的开发，是仿真的最终目标。早期仿真软件的仿真结果多以大量数据的形式输出，需要研究人员花费大量时间整理、分析仿真数据，以得到科学结论。目前，仿真软件中广泛采用图形化技术，通过图形、图表、动画等形式显示被仿真对象的各种状态,使得仿真数据更加直观、丰富和详尽,也有利于人们对仿真结果的分析。应用领域及仿真对象不同,仿真结果的数据形式和分析方法也不尽相同。

10. 优化和决策

根据系统建模和仿真得到的数据和结论,改进和优化系统结构、参数、工艺、配置、布局及控制策略等,实现系统性能的优化,并为系统决策提供依据。

5.2 有限元(FEM)技术

有限元分析(FEA)是基于结构力学分析迅速发展起来的一种现代计算方法,是一种基于计算机的数值仿真技术。它是 20 世纪 50 年代首先在连续体力学领域——飞机结构静、动态特性分析中应用的一种有效的数值分析方法,随后很快广泛地应用于求解热传导、电磁场、流体力学等问题,有限元方法已经应用于水工、土建、桥梁、机械、电机、冶金、造船、飞机、导弹、宇航、核能、地震、物探、气象、渗流、水声、力学、物理学等,几乎所有的科学研究和工程技术领域。基于有限元分析(FEA)算法编制的软件,即所谓的有限元分析软件。通常,根据软件的适用范围,可以将其分为专业有限元软件和大型通用有限元软件。

实际上,经过了几十年的发展和完善,各种专用的和通用的有限元软件已经使有限元方法转化为社会生产力。

随着计算机技术的迅速发展,在工程领域中,有限元分析(FEA)越来越多地用于仿真模拟,来求解真实的工程问题。这些年来,越来越多的工程师、应用数学家和物理学家已经证明这种采用求解偏微分方程(PDE)的方法可以求解许多物理现象,这些偏微分方程可以用来描述流动、电磁场以及结构力学等。有限元方法用来将这些众所周知的数学方程转化为近似的数字式图像。

常见通用有限元软件包括 LUSAS、MSC. Nastran、Ansys、Abaqus、LMS–Samtech、Algor、Femap/NX Nastran、Hypermesh、COMSOL Multiphysics、FEPG 等。

5.2.1 有限元法概念及求解步骤

在数学中,有限元法(Finite Element Method,FEM)是一种为求解偏微分方程边值问题近似解的数值技术。求解时对整个问题区域进行分解,每个子区域都成为简单的部分,这种简单部分就称作有限元。它通过变分方法,使得误差函数达到最小值并产生稳定解。类比于连接多段微小直线逼近圆的思想,有限元法包含了一切可能的方法,这些方法将许多被称为有限元的小区域上的简单方程联系起来,并用其去估计更大区域上的复杂方程。它将求解域看成是由许多称为有限元的小的互连子域组成,对每一单元假定一个合适的(较简单的)近似解,然后推导求解这个域总的满足条件(如结构的平衡条件),从而得到问题的解。这个解不是准确解,而是近似解,因为实际问题被较简单的问题所代替。由于大多数实际问题难以得到准确解,而有限元不仅计算精度高,而且能适应各种复杂形状,因而成为行之有效的工程分析手段。

按照基本未知量和分析方法的不同,有限元法可分为位移法和力法。以应力计算为例,位移法是以节点位移为基本未知量,选择适当的位移函数,进行单元的力学特征分析,在节点处建立单元的平衡方程,即单元刚度方程,由单元刚度方程组成整体刚度方程,求解节点位移,再由节点位移求解应力;而力法是以节点力为基本未知量,在节点上建立位移连续方程,在解出节点力后,再计算节点位移和应力。一般地,位移法比较简单,而用力法求解的应力精度高于位移法。用有限元法分析结构时,多采用位移法。

有限元法以数值理论计算代替了传统的经验类比设计,使产品设计模型及性能计算方法产生深刻变化。目前,有限元法理论仍在不断发展之中,功能不断完善,使用越来越方便。

如前所述,有限单元法的基本思想是将问题的求解域划分为一系列单元,单元之间仅靠节点连接。

下面以平面问题为例,简要介绍有限元分析的基本步骤。

1. 结构离散

结构离散就是将求解区域分割成具有某种几何形状的单元,也称为划分网格。平面问题的有限元分析中,常用的单元形式有三节点三角形单元、四节点矩形单元、四节点四边形单元、六节点三角形单元以及八节点曲边四边形单元等(图5.5)。其中,三节点三角形单元最为简单,应用得也最广泛。

图5.5 平面单元的基本形式

结构离散的结果就是形成一系列单元。离散时,需要考虑连续体的结构及分析要求,合理确定单元形状、数目及单元分割方案,并计算出各节点的坐标,对节点和单元编号。图5.6为采用三节点三角形单元对一矩形区域的离散和编号。

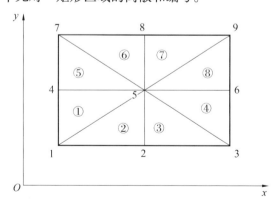

图5.6 离散节点及编号

在划分有限元网格时,要注意:

①任一单元的节点必须同时是相邻单元的节点,而不能是相邻三角形单元的内点,即网格划分后不能有孤立的点、孤立的边。

②单元的各边长相差不宜太大,以免计算中出现较大误差。在三节点三角形单元中,也将三角形的最长边与垂直于最长边的三角形的高度之比称为长细比(ratio of slenderness 或

aspect ratio)。

③网格划分应考虑分析对象的结构特点。例如：对于对称性结构，可以取其中的一部分进行分析；对于可能存在应力急剧变化的区域，网格可以划分得密集一些，或先按较粗网格统一划分，再对局部进行网格加密，以提高解算精度等。

④单元编号一般按右手规则进行，并尽量遵循单元的节点编号最大差值最小的原则，以减少刚度矩阵的规模，减少对计算机内存的占用。

2. 单元分析

如图 5.7 所示，对任意一个三角形单元，设节点编号为 l、m、n。为描述单元内任一点 (x,y) 的位移 $u(x,y)$、$v(x,y)$，可先把 u、v 假设为坐标 x、y 的某种函数，也就是选用适当的位移模式。该三角形单元有 3 个节点，共有 6 个自由度，即 6 个位移分量，用阵列可以表示为 $\{q\}^e = [u_l \ v_l \ u_m \ v_m \ u_n \ v_n]^T$，称 $\{q\}^e$ 为单元节点位移。单元内部任一点的位移 u、v 都可以根据单元节点的位移完全确定。

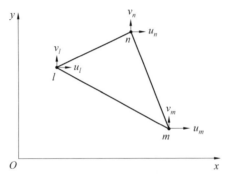

图 5.7　平面三角单元

因此，位移模式应包含 6 个待定系数 α_1，α_2，$\cdots$，α_6。假设单元内的位移 u、v 是 x、y 的线性函数，可以表示为

$$\begin{cases} u(x,y) = a_1 + a_2 x + a_3 y \\ v(x,y) = a_4 + a_5 x + a_6 y \end{cases}$$

上式还可写成矩阵形式

$$\begin{Bmatrix} u(x,y) \\ v(x,y) \end{Bmatrix} = \begin{pmatrix} 1 & x & y & 0 & 0 & 0 \\ 0 & 0 & 0 & 1 & x & y \end{pmatrix} \begin{Bmatrix} a_1 \\ a_2 \\ a_3 \\ a_4 \\ a_5 \\ a_6 \end{Bmatrix}$$

可以简记为

$$\begin{Bmatrix} u \\ v \end{Bmatrix} = [M]\{a\}$$

$$[M] = \begin{bmatrix} 1 & x & y & 0 & 0 & 0 \\ 0 & 0 & 0 & 1 & x & y \end{bmatrix}; \{a\} = \begin{bmatrix} a_1 & a_2 & \cdots & a_6 \end{bmatrix}^T$$

将 l、m、n 的节点坐标分别代入上式,可以得到 6 个方程。这些方程用矩阵表示为

$$\begin{Bmatrix} u_l \\ v_l \\ u_m \\ v_m \\ u_n \\ v_n \end{Bmatrix} = \begin{pmatrix} 1 & x_l & y_l & 0 & 0 & 0 \\ 0 & 0 & 0 & 1 & x_l & y_l \\ 1 & x_m & y_m & 0 & 0 & 0 \\ 0 & 0 & 0 & 1 & x_m & y_m \\ 1 & x_n & y_n & 0 & 0 & 0 \\ 0 & 0 & 0 & 1 & x_n & y_n \end{pmatrix} \begin{pmatrix} a_1 \\ a_2 \\ a_3 \\ a_4 \\ a_5 \\ a_6 \end{pmatrix}$$

可以解出:$\{a\} = [A]^{-1}\{q\}^e$

代入前式,可以得出

$$\begin{Bmatrix} u \\ v \end{Bmatrix} = [M][A]^{-1}\{q\}^e \text{ 或者 } \begin{Bmatrix} u \\ v \end{Bmatrix} = [N]\{q\}^e$$

$[N]$ 称为单元位移的形状函数矩阵,$[N] = [M][A]^{-1}$。

对于这种简单的三角形单元,将式中的 $[A]$ 求逆,再后乘矩阵 $[M]$,将结果整理为

$$[N] = \begin{bmatrix} N_l & 0 & N_m & 0 & N_n & 0 \\ 0 & N_l & 0 & N_m & 0 & N_n \end{bmatrix}$$

其中,各形状函数为

$$\begin{cases} N_l = \dfrac{a_l + b_l x + c_l y}{2\Delta} \\ N_m = \dfrac{a_m + b_m x + c_m y}{2\Delta} \\ N_n = \dfrac{a_n + b_n x + c_n y}{2\Delta} \end{cases}$$

$\Delta = \dfrac{1}{2}(x_l y_m + x_m y_n + x_n y_l) - \dfrac{1}{2}(x_m y_l + x_n y_m + x_l y_n)$,为三角形单元的面积。

$$a_l = \begin{vmatrix} x_m & y_m \\ x_n & y_n \end{vmatrix}, \quad b_l = -\begin{vmatrix} 1 & y_m \\ 1 & y_n \end{vmatrix}, \quad c_l = \begin{vmatrix} 1 & x_m \\ 1 & x_n \end{vmatrix}$$

$$a_m = -\begin{vmatrix} x_l & y_l \\ x_n & y_n \end{vmatrix}, \quad b_m = \begin{vmatrix} 1 & y_l \\ 1 & y_n \end{vmatrix}, \quad c_m = -\begin{vmatrix} 1 & x_l \\ 1 & x_n \end{vmatrix}$$

$$a_n = \begin{vmatrix} x_l & y_l \\ x_m & y_m \end{vmatrix}, \quad b_n = -\begin{vmatrix} 1 & y_l \\ 1 & y_m \end{vmatrix}, \quad c_n = \begin{vmatrix} 1 & x_l \\ 1 & x_m \end{vmatrix}$$

在右手坐标系 xOy(由 x 轴到 y 轴为逆时针)中,按上式计算时,三角形节点顺序应按逆时针方向排列(如图 5.7 中 l、m、n 顺序),可以计算得到的三角形面积总是正值。

3. 单元应变及力分析

当结构受载荷达到静止的变形位置时,各单元在单元节点力的作用下产生内部应力,处在平衡状态。根据虚功原理,当结构受到载荷作用而处于平衡状态时,在任意给出的节点虚位移下,外力 F 及内力 σ 所做的虚功之和等于零。即

$$\delta W_F + \delta W_\sigma = 0$$

若单元结点以任意虚位移 $\delta q^e = [\delta u_i\ \delta v_i\ \delta u_j\ \delta v_j\ \delta u_k\ \delta v_k]^T$,则单元内将产生相应的虚位移 δu、δv 和虚应变 $\delta \varepsilon_x$、$\delta \varepsilon_y$、$\delta \gamma_{xy}$,它们都是 x、y 的坐标函数。

单元节点力的虚功

$$\delta W_F = \delta u_i F_{xi} + \delta v_i F_{yj} + \delta u_j F_{xj} + \delta v_j F_{yj} + \delta u_k F_{xk} + \delta v_k F_{yk}$$

记为

$$\delta W_F = \delta q^e f^e$$

内力所做的虚功

$$\delta W_\sigma = -\int_V (\delta \varepsilon_x \sigma_x + \delta \varepsilon_y \sigma_y + \delta \gamma_{xy} \tau_{xy}) \mathrm{d}V$$

$$= -\int_V \delta \varepsilon^T \sigma \mathrm{d}V = -\int_V \delta (q^e)^T B^T D B q^e \mathrm{d}V$$

式中,V 为单元体积。

根据虚功方程,得

$$\delta(q^e)^T f^e = \delta(q^e)^T \int_V B^T D B \mathrm{d}V q^e \Rightarrow f^e$$

$$= \int_V B^T D B \mathrm{d}V q^e$$

记为

$$[k]^e = \int_V B^T D B \mathrm{d}V$$

称为 e 单元的刚度矩阵,则有

$$\{f\}^e = [k]^e \{q\}^e$$

4. 整体刚度矩阵叠加

由于各单元刚度矩阵是在统一的直角坐标系下建立的,可直接叠加,将各单元刚度矩阵中的子块按其统一编号的下标加入到整体刚度矩阵相应的子块中。

5. 基本方程和边界条件

刚度矩阵叠加后,可以得到结构的基本方程:$[k]\{q\} = \{F\}$。其中,成对的节点内力将消掉,再考虑边界及条件约束,可求解出各节点的未知位移。

6. 位移和应力的求解

当得到全部的节点位移后,利用几何方程和物理方程即可求得单元的应变和应力。由弹性力学理论知,平面内的应变

$$\{\varepsilon\} = \begin{Bmatrix} \varepsilon_x \\ \varepsilon_y \\ \gamma_{xy} \end{Bmatrix} = \begin{Bmatrix} \dfrac{\partial u}{\partial x} \\ \dfrac{\partial u}{\partial y} \\ \dfrac{\partial u}{\partial y} + \dfrac{\partial v}{\partial x} \end{Bmatrix} = \begin{pmatrix} \dfrac{\partial}{\partial x} & \\ \dfrac{\partial}{\partial y} & \\ \dfrac{\partial}{\partial y} & \dfrac{\partial}{\partial x} \end{pmatrix} \begin{Bmatrix} u \\ v \end{Bmatrix}$$

在平面应力状态下,平面内应力分量与应变的关系可表示为

$$\{\sigma\} = \begin{Bmatrix} \sigma_x \\ \sigma_y \\ \tau_{xy} \end{Bmatrix} = \frac{E}{1-\mu^2} \begin{bmatrix} 1 & \mu & 0 \\ \mu & 1 & 0 \\ 0 & 0 & \dfrac{1-\mu}{2} \end{bmatrix} \begin{Bmatrix} \varepsilon_x \\ \varepsilon_y \\ \gamma_{xy} \end{Bmatrix}$$

5.2.2 主流有限元分析软件介绍

1. NASTRAN

NASTRAN 是 1966 年美国国家航空航天局(NASA)为了满足当时航空航天工业对结构分析的迫切需求主持开发的大型应用有限元程序。

1969 年 NASA 推出了其第一个 NASTRAN 版本。1973 年 2 月,NASTRAN Level 15 发布的同时,MSC 公司被指定为 NASTRAN 的特邀维护商。继 1995 年的 MSC.NASTRAN V68.2 版,1996 年的 MSC.NATRAN V69 版,1997 年的 MSC.NASTRAN V70 版之后,当前最新版本为 MSC.NASTRAN V70.5,其继续向 CAE 仿真工具的高度自动化和智能化方向发展,同时在非线性、梁单元库、h-p 单元混合自适应、优化设计、数值方法及整体性能水平方面又有了很大改进和增强。

MSC.NASTRAN 是一个具有高度可靠性的结构有限元分析软件,有着 36 年的开发和改进历史,并通过 50 000 多个最终用户的长期工程应用的验证。MSC.NASTRAN 的整个研制及测试过程是在 MSC 公司的 QA 部门、美国国防部、国家宇航局、联邦航空管理委员会(FAA)及核能委员会等有关机构的严格控制下完成的,每一版的发行都要经过 4 个级别、5 000 个以上测试题目的检验。

MSC.NASTRAN 被人们如此推崇而广泛应用,使其输入输出格式及计算结果成为当今 CAE 工业标准,几乎所有的 CAD/CAM 系统都竞相开发了其与 MSC.NASTRAN 的直接接口,MSC.NAS TRAN 的计算结果通常被视为评估其他有限元分析软件精度的参照标准,同时也是处理大型工程项目和国际招标的首选有限元分析工具。

MSC.NASTRAN 全模块化的组织结构使其不但拥有很强的分析功能而又保证很好的灵活性,用户可针对根据自己的工程问题和系统需求通过模块选择、组合获取最佳的应用系统。此外,MSC.NASTRAN 的全开放式系统还为用户提供了其他同类程序所无法比拟开发工具 DMAP 语言。

MSC.NASTRAN 对于解题的自由度数、带宽或波前没有任何限制,其不但适用于中小型项目对于处理大型工程问题也同样非常有效,并已得到了公认。MSC.NASTRAN 已成功地解决了超过 5 000 000 自由度以上的实际问题。

2. COMSOL Multiphysics

COMSOL Multiphysics 是一款大型的高级数值仿真软件。广泛应用于各个领域的科学研究以及工程计算,被当今世界科学家称为"最专业的多物理场全耦合分析软件"。模拟科学和工程领域的各种物理过程,COMSOL Multiphysics 以高效的计算性能和杰出的多场双向直接耦合分析能力实现了高度精确的数值仿真。

3. pFEPG

pFEPG 采用元件化思想和有限元语言这一先进的软件设计,为各种领域、各方面问题的有限元求解提供了一个极其有力的工具,采用 pFEPG 可以在数天甚至数小时内完成通常需要数月甚至数年才能完成的编程劳动。pFEPG 是目前"幸存"下来的为数不多的 CAE 技术中发展最好的有限元软件,目前有 300 多家科研院、企业应用,已成为国内做得最大的有限元软件平台。

pFEPG 作为通用型的有限元软件,能够解决固体力学、结构力学、流体力学、热传导、电磁场以及数学方面的有限元计算,在耦合方面具有特有的优势,能够实现多物理场任意耦合;在有限元并行计算方面处于领先地位。

4. SciFEA

SciFEA 软件开发的计算功能包括梁、板、壳结构计算,弹性、弹塑性、黏弹性、黏弹塑性、非线性弹性计算,热分析、流体分析、流固耦合、热固耦合、热流固耦合计算等功能。计算的类型包括静力、动力、模态分析等。SciFEA 软件已形成了单机版、网络版、集群并行版、GPU 并行版。GPU 并行版是基于新的 GPU/CPU 混合架构的并行有限元计算系统。SciFEA 可用于机械、土木、电气、电子、热能、航空航天、地质、能源等专业的有限元计算分析,也可用于高校研究所等单位的有限元教学与科研。

SciFEA 抛弃了传统 CAE 软件复杂结构体系的设计模式,采用直接面向用户需求的独立模块开发方式。SciFEA 软件中的功能模块保持了计算的独立性,对 CAE 软件功能扩展的复杂度降低。同时,增加了行业需求集成的灵活度。

SciFEA 软件包括软件操作界面、前后处理和计算功能模块三大部分。前后处理采用欧洲工程数值模拟中心开发的 GiD 软件包,SciFEA 3.0 版提供的计算功能模块包括:弹性计算、塑性计算、流体计算、黏弹性计算、材料计算、结构计算、损伤破裂计算、水热力耦合计算、传热计算、渗流计算、电磁计算、电热力耦合计算、岩土计算、热固耦合计算、化学反应计算等;计算类型包括稳态、瞬态、动力、非线性等。

SciFEA 发布的计算功能模块均提供算例,用户可以结合算例学习 SciFEA。SciFEA 的用户模块挂载功能实现了计算模块的快速整合以及耦合问题的快速求解。

SciFEA 提供单机版、网络版、机群并行版、显卡(GPU)并行版,发行的版本为 3.0 版本。单机版、网络版均提供免费试用的版本。使用版本的使用方式和正式版本一致,只是在计算的单元规模上有少于 3 000 个单元的限制。网络版 iSciFEA 提供了试用的通用账号(用户名:guest;密码 SciFEA)。iSciFEA、SciFEA 在北京超算官网上均有下载。

SciFEA 的前后处理器采用欧洲工程数值模拟国际中心开发的 GiD 软件。GiD 软件具有几何建模、网格划分、CAD 数据导入、后处理结果显示等功能。GiD 采用类似于 CAD 的操作模式,可以通过拉伸、旋转、镜像、缩放、偏置等操作得到面、体,可以直接构造矩形、多边形、圆、球、圆柱、圆锥、棱柱、圆环等;通过体面的布尔加、减、交等操作得到模型。

GiD 可将几何模型自动离散成线单元、三角形单元、四边形单元、四面体单元、六面体单元等,并且可以根据用户的需要对网格进行局部的加密以及网格阶次的选择。

具有 CAD 和 CAE 接口,GiD 提供 IGES、DXF、Parasolid、VDA、STL、Nastran 等接口,并且可以将 GiD 的数据文件写成上述的格式。

GiD 可将结果写成各种常用的图形文件,如 BMP、GIF、TPEG、PNG、TGA、TIFF、VRML 等格式,以及 AVI、MEPG 的动画格式。后处理支持的结果显示方式有:带状云图显示、等直线显示、切片显示、矢量显示、变形显示等。并且可以根据用户的需要定制显示菜单。

5. SciFEA 软件 GPU 版本

超算显卡并行系统(简称 SciFEA-GPU)是北京超算自主开发的一款基于 GPU/CPU 混合架构的有限元分析系统。基于 GPU 和 CPU 两种不同架构处理器的结合,组成硬件上的协同模式；通过实现 GPU 和 CPU 的混合编程，由 CPU 负责执行顺序型的代码，由 GPU 来负责密集的并行计算实现高效有限元分析。同时 SciFEA-GPU 软件按照全新的可装配的思路进行开发，利用软件的可重用性，降低了软件开发的难度，增加了软件的可靠度。SciFEA-GPU 软件的设计架构体现了数值模拟软件个性化发展方向，为用户提供了一种按需选择的高性能计算新模式。

SciFEA-GPU 在材料固化、岩石破裂、瓦斯运移、孔隙介质渗流方面均有成功应用，隐式算法的计算效率是单 CPU 的 6~8 倍，显式算法在 30 倍左右。北京超算提供计算 GPU 加速引擎和 GPU 并行计算软件开发定制服务。

6. ABAQUS

ABAQUS 是一套功能强大的工程模拟的有限元软件，其解决问题的范围从相对简单的线性分析到许多复杂的非线性问题。达索并购 ABAQUS 后，将 SIMULIA 作为其分析产品的新品牌。它是一个协同、开放、集成的多物理场仿真平台。

7. LMS-Samtech

SAMTECH 公司是世界著名的有限元软件 SAMCEF 的开发商和供应服务商，公司总部设在比利时列日市，其前身是比利时列日大学的宇航实验室，其软件开发的历史可以追溯到 1965 年。SAMCEF 软件的第一个静力分析程序 ASEF 于 1965 年完成。随后在 1972 和 1975 年分别增加了模态分析程序 DYNAM 和热分析程序 Thermal ASEF。1977 年动力响应程序 REPDYN 诞生。1978 年推出了 SAMCEF 优化模块 OPTI。1980 年推出了非线性静态和动力学软件 SAMCEF Mecano，标志着 SAMCEF 在多柔体动力学领域地位的确立。

8. SAMCEF Field

SAMCEF Field 是通用的有限元分析前后处理平台。它以图形化界面的形式，完成几何建模、特性定义、载荷和约束处理、网格划分、作业提交和监控以及后处理仿真等操作。它支持各种 CAD 到 CAE 模型的导入，以及各种格式结果文件和图表的输出。作为一个开放式的环境，SAMCEF Field 通过非常直观的导航功能，为用户进行机构与结构的设计和仿真分析提供了一个必要的工具。

5.3 多体系统动力学仿真

多体系统动力学是在经典力学基础上发展的、与大型复杂工程对象的设计紧密结合的力学学科。其研究对象是由大量物体相互联系组成的系统，研究方法立足于现代计算技术。

多体系统动力学仿真技术的发展分为 3 个阶段：前期是以现代计算力学为基础的"多体动力学仿真"阶段，近期扩展到与结构、控制和优化结合的"多体系统仿真"阶段，目前正走向"结合机-电-控与多物理场"的"多体产品仿真"阶段。

多体系统动力学仿真技术的发展主要有以下几个方面：

1. 多体动力学

这一时期是多体仿真的萌芽期，从事多体仿真的多是机构动力学学者。20 世纪 70 年代，随着计算机应用的逐渐普及，以美国为主的许多大学的应用力学学者开始以牛顿的运动定律对机械构造组成建立可数字化的数学模型（Mathematical Models），这就是今天多体仿真的前身。

20世纪70年代中期至90年代中期是多体动力学的蓬勃发展期,许多重要的数学模型和算法、有效的数值解法,甚至几何模型与数学模型关系的建立都是发生在此期间,其中影响较大的包括密西根大学的以 Eduler Angles 为旋转自由度的三维数模,爱荷华大学的 Eduler Parameters 旋转自由度、相对自由度和递归算法(Recursive Formulation),伊利诺大学 Dr. Shabana 的模态柔性体算法等。

到了20世纪90年代中期这些技术都已成熟,值得一提的是 RecurDyn 的研发团队集成了以上学术成果,并且引入同时期发展成熟的有限元算法作为可承受大变形和接触的柔性体数模,于20世纪90年代末,在微软的视窗操作系统上发布了第一版的 RecurDyn,也算是"多体动力学仿真"纪元的一个总成。

2. 多体系统

这一时期是多体仿真的成长期,市场主导了多体仿真的内涵。在 RecurDyn 第一版发布的20世纪90年代末,计算机的容量和速度又达到了一个新境界,新的多体仿真技术要求和挑战也随之浮现,由此迎来了"多体仿真系统"的新纪元。

多体系统由"多体动力学"引申而来,一般泛指包括机械构造、结构材料和控制(软、硬)元件的整体系统。多体系统仿真则是以电脑辅助的方法对多体系统进行数字化模拟的技术。

多体系统仿真所面临的挑战大致可分为5类:大型模型的运算、滑动和碰撞接触、运动中的柔性体、控制-机构集成以及系统的设计与优化。在21世纪的第一个10年中,RecurDyn 的研发总部集成了美国、德国、日本、韩国研发团队的技术专长,针对以上5个挑战提出了解答。

3. 大型模型运算

除了原有的针对大型多刚体模型所提供的递归算法(Recursive Formulation),RecurDyn 增加了针对大型有限元多柔体(MFBD)模型的 SMP 并行求解,这两种算法对提高大型模型的计算效率起到了重要的作用。

4. 滑动碰撞接触

除了改良原有的面接触算法(Surface Contact Algorithms)以外,RecurDyn 还提供了快速的解析解接触算法(Primitive Contact Algorithms)、稳定性更高的实体接触算法(Solid Contact Algorithms)及支持柔性体的接触算法,这些算法大幅提高了接触计算的速度、稳定性和精确性。

5. 运动中柔性体

除了原有的以运动中的振动为仿真目的的 RFLEX 模态法柔性体算法,RecurDyn 强化了以运动中的接触、大变形和其他非线性为仿真目的的 FFLEX 有限元柔性体算法,计算精度得到了较大的提升。

6. 控制机构集成

除了原有的与 MATLAB/Simulink 联合仿真的功能外,RecurDyn 的研发部门直接将控制系统的建模界面和算法集成,其求解器可以实现机械和控制两种算法的耦合求解,两者在这一时期真正融合成了一个单一的数字化系统。

7. 系统设计优化

为了达到以仿真驱动设计的目的，RecurDyn 针对不同的产业，研发了各种专业建模工具包，包括发动机的各个子系统、工具机、履带、进纸机构、链、带、滑轮、齿轮、轴承、弹簧等，这些大幅缩短了工程师建立（并修改）数字化仿真系统所需的时间。接着 RecurDyn 提供了全面的参数化几何建模和优化功能，帮助工程师以数字方法寻找更优化的设计方案。另外还有 ProcessNet 二次开发工具包，可以依据产品特性和设计需求，开发出专用的参数化系统和设计优化的开发平台。此时，仿真本身已不再是目的，设计的优化才是多体系统仿真的真正目的。

8. 多体产品

这一时期是多体仿真的成熟期，多体仿真将成为"数字化产品开发"的核心技术。多体产品仿真指在"多体系统仿真"技术的基础上，加上"多物理场仿真""芯片-韧体仿真""软-硬件联合仿真"等功能，以进一步达成数字化产品开发的目的。目前正处于这一时期的开端。RecurDyn 的研发部门正集中全球的开发资源，计划将 RecurDyn 开发成一个"多学科集成的优化平台"和一个"机-电-控集成的产品开发平台"。

5.4 虚拟样机仿真技术

虚拟样机技术是 20 世纪 80 代年逐渐兴起，基于计算机技术的一个新概念。从国内外对虚拟样机技术（Virtual Prototyping，VP）的研究可以看出，虚拟样机技术的概念还处于发展的阶段，在不同应用领域中存在不同定义。

目前，虚拟样机已成为一个有效的工具，它已成为设计部门评估和交流设计的必要工具。

虚拟样机本身不仅提供所有的交流设计意图所必需的可视化信息，而且各种传统的介质因素必须同虚拟样机一起被显示，如图 5.8 所示。层信息、位图和其他沉浸式显示的因素都能使评估人员建立合理的对产品的设计印象，包括产品规格、标题、列举、注解及其他的信息，有图表，曲线图和各种表格。

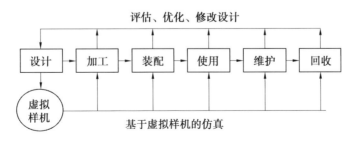

图 5.8 虚拟样机仿真应用

5.4.1 虚拟样机技术概述

虚拟样机技术(VPT,virtual prototyping technology)是利用软件建立机械系统的三维实体模型和力学模型,分析和评估系统的性能,从而为物理样机的设计制造提供依据;是一种基于虚拟样机的数字化设计方法,又叫作数字化样机;是各领域 CAx/DFx 技术的发展和延伸。虚拟样机技术进一步融合了先进建模/仿真技术、现代信息技术、先进设计制造技术和现代管理技术,将这些技术应用于复杂产品全生命周期和全系统的设计,并对它们进行综合管理。

在建模和仿真领域比较通用的关于虚拟样机的概念是美国国防部建模和仿真办公室(DMSO)的定义。DMSO 将虚拟样机定义为:对一个与物理原型具有功能相似性的系统或者子系统模型进行的基于计算机的仿真;而虚拟样机技术则是使用虚拟样机来代替物理样机,对候选设计方案的某一方面的特性进行仿真测试和评估的过程。

而现代的数字化设计与制造过程中,虚拟样机是指在产品设计和开发的过程中,把虚拟产品建模技术(CAD)和分析技术(CAE)相结合,针对产品在投入使用后的各种工序进行动态仿真分析,预测产品整体性能,从而改进产品设计,缩短研发周期,节省成本,现代虚拟样机的技术体系,如图 5.9 所示。

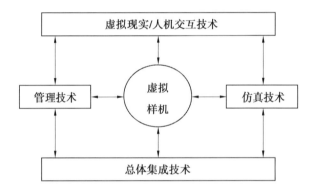

图 5.9 虚拟样机的技术体系

1. 现代虚拟样机具有的特点

与传统产品设计技术相比,虚拟样机技术强调系统的观点,涉及产品全生命周期,支持对产品的全方位测试、分析与评估,强调不同领域的虚拟化的协同设计。

(1)虚拟样机技术是将 CAD 建模技术、计算机支持的协同工作(CSCW)技术、用户界面设计、基于知识的推理技术、设计过程管理和文档化技术、虚拟现实技术集成起来,形成一个基于计算机、桌面化的分布式环境以支持产品设计过程中的并行工程方法。

(2)虚拟样机的概念与集成化产品和加工过程开发(Integrated Product and Process Development,简称 IPPD)是分不开的。IPPD 是一个管理过程,这个过程将产品概念开发到生产支持的所有活动集成在一起,对产品及其制造和支持过程进行优化,以满足性能和费用目标。IPPD 的核心是虚拟样机,而虚拟样机技术必须依赖 IPPD 才能实现。

(3)虚拟样机技术就是在建立第一台物理样机之前,设计师利用计算机技术建立机械系统的数学模型,进行仿真分析并从图形方式显示该系统在真实工程条件下的各种特性,从而修改并得到最优设计方案的技术。

(4)虚拟样机是一种计算机模型,它能够反映实际产品的特性,包括外观、空间关系以及运动学和动力学特性。借助于这项技术,设计师可以在计算机上建立机械系统模型,伴之以三维可视化处理,模拟在真实环境下系统的运动和动力特性,并根据仿真结果精简和优化系统。

(5)虚拟样机技术利用虚拟环境在可视化方面的优势以及可交互式探索虚拟物体功能,对产品进行几何、功能、制造等许多方面交互的建模与分析。它在CAD模型的基础上,把虚拟技术与仿真方法相结合,为产品的研发提供了一个全新的设计方法。

2. 基于ADAMS的虚拟样机的仿真分析流程

ADAMS,即机械系统动力学自动分析(Automatic Dynamic Analysis of Mechanical Systems),该软件是美国机械动力公司(Mechanical Dynamics Inc.)(现已并入美国MSC公司)开发的虚拟样机分析软件。ADAMS已经被全世界各行各业的数百家主要制造商采用。根据1999年机械系统动态仿真分析软件国际市场份额的统计资料来看,ADAMS软件销售总额近8 000万美元、占据了51%的份额。

多体系统力学仿真分析的主要任务是进行运动学、动力学和静力学计算。用来进行多体系统运动学和动力学分析的软件一般需要包括三个基本模块:前处理模块、求解模块和后处理模块。前处理模块主要是各种参数的输入,建立分析模型;后处理模块主要是结果数据的处理,如生成曲线、数表、动画等;求解模块是软件的核心模块,由该模块自动生成系统的动力学方程,并提供静力学、运动学和动力学的解算结果,如图5.10所示。

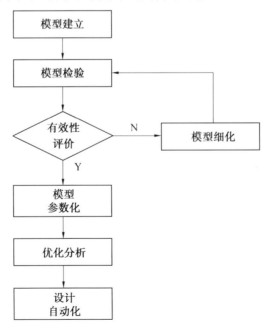

图5.10 基于ADAMS的虚拟样机的仿真分析流程

(1)模型建立,包括零件的创建(或从其他CAD软件中输入)、约束施加、运动驱动的施加、力(力矩)的施加。

(2)模型检验,在建模完成后或建模的任何时刻,都可以通过仿真来检验各种性能和各种工况下的响应。ADAMs/View 模型提交给 ADAM 求解器 ADAMS/Solve 的同时,ADAMs/View动态地显示模型动画,动态地更新定义的各种测量(Wea-sure)值曲线。仿真结束后,还可进行各种后处理。

(3)有效性评价,读入机械系统物理模型的测试数据,通过曲线叠加和仿真结果进行比较,研究虚拟样机的仿真精度。

(4)模型细化,若虚拟样机仿真结果和实际有很大差距,则说明所建立的虚拟样机将物理样机简化太多,需细化仿真模型,如在铰链中增加或改变摩擦系数,将刚性零件和刚性铰链柔性化。

(5)模型参数化,模型细化后需要进行仿真分析比较才能知道细化的质量和效果。为了方便模型修改,需要将经常更改的值参数化,然后就可进行反复迭代或为优化分析提供数据,以便找到理想值。

(6)优化分析,包括主要设计影响因素研究、试验设计研究和最优化研究等不同阶段或层次的仿真分析。

(7)设计自动化,针对具体设计领域的特点和个人偏好,ADMAS 还提供个性化的设计工具以提高设计效率,如定义菜单或对话框等。

虚拟样机技术仿真应用主要体现在如下几个方面(图5.11):

①几何建模。
②物理约束机制的实现。
③样机动态干涉分析。
④虚拟样机动力学仿真结果分析。

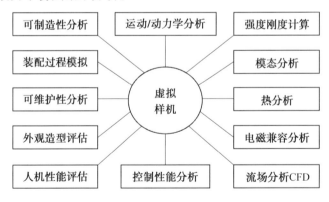

图 5.11　基于虚拟样机的多领域协同仿真

5.4.2　主流虚拟样机关键技术及解决方案

1. 现代虚拟样机的构建关键技术

(1)建立可信赖的 1∶1 产品虚拟原型,建立可信的图像是一个核心要求。目前,绘图师和设计师都用不同的射线跟踪包(沿物理样机)去形成高真实的图像或动画电影。当在墙上看到这些图像时,你就会想象你正经历着这个产品,或正在看它漂亮的图片。这种预先渲染的技术限制了通常物理样机所提供的探测和交互的种类。例如,你不能进入图像的内部和感受聚集在你周围的场景。这种情况下,具有现实性的图像并没有充分的理由代替物理样机。既然这样,使用这种技术生成的虚拟样机的应用的可信度就会大打折扣,因为它们限制了探测场景的比例和现场的沉浸感。当计算机可视化的价值得到工业界的普遍认可时,具有"沉浸感"的虚拟样机还是被许多专家持怀疑和观望态度。但当它呈现出高可信度的图像和虚拟样机时,这种怀疑的态度就会消失。虚拟样机的展示,的确给观察者一种与物理样机同处一室的感觉,这时,观察者就会认为他看到的虚拟样机是真实的。

(2)沉浸式显示环境的建立能形成各种形状,是模拟的关键技术。它需要使用不同的设备支持交互、跟踪和立体观察,也要用各种不同的通道、管道和主机配置的工作站来驱动。因此虚拟样机必须灵活地支持各种变化。建立沉浸式显示投影的最有效的一种方法就是利用立体眼镜,这种方式的显示有主动和被动两种(主动就是你必须带特殊的有电池的眼镜,被动就是只要带简单的偏振眼镜)。这两种眼镜都能使虚拟样机呈现并围绕在观者的周围。这种技术对于通过投影把样机显示在观者的视野中是非常有效的。

虚拟样机仿真技术是一基于多种技术的集成,如图5.12所示。

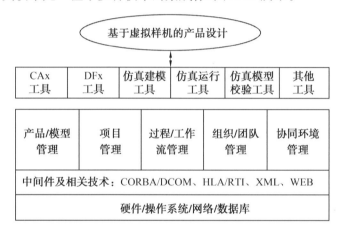

图5.12　虚拟样机的集成框架

2. 主流虚拟样机应用的解决方案

基于SolidWorks的虚拟样机如图5.13所示。

5.4.3　虚拟样机软件ADAMS介绍

ADAMS全称是机械系统自动动力学分析软件,是目前世界范围内使用最广泛的多体系统仿真分析软件,它为用户提供了强大的建模、仿真环境,使用户能够对各种机械系统进行建模、仿真和分析,和其他CAD\CAE软件相比,ADAMS具有十分强大的运动学和动力学分析系统,其建模反震的精度和可靠性在现在所有的动力学分析软件中也名列前茅,应用它可以方便地建立参数化的实体模型,并采用多刚体系统动力学原理进行仿真计算。

ADAMS软件使用交互式图形环境和零件库、约束库、力库,创建完全参数化的机械系统几何模型,其求解器采用多刚体系统动力学理论中的拉格朗日方程方法,建立系统动力学方程,对虚拟机械系统进行静力学、运动学和动力学分析,输出位移、速度、加速度和反作用力曲线。ADAMS软件的仿真可用于预测机械系统的性能、运动范围、碰撞检测、峰值载荷以及

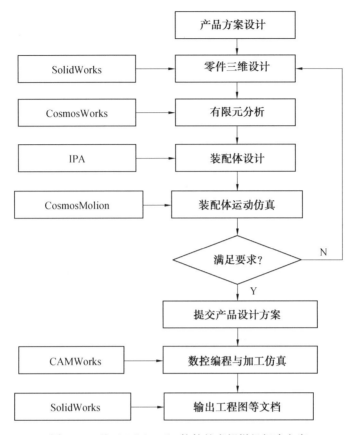

图 5.13　基于 SolidWorks 软件的虚拟样机解决方案

计算有限元的输入载荷等。

ADAMS 一方面是虚拟样机分析的应用软件，用户可以运用该软件非常方便地对虚拟机械系统进行静力学、运动学和动力学分析。另一方面，又是虚拟样机分析开发工具，其开放性的程序结构和多种接口，可以成为特殊行业用户进行特殊类型虚拟样机分析的二次开发工具平台。ADAMS 软件有两种操作系统的版本：UNIX 版和 Windows NT/2000 版。文中将以 Windows 2000 版的 ADAMS 12.0 为蓝本进行介绍。

ADAMS 的现代版本的应用具有 Multidiscipline Value 多学科价值，多学科的价值在于大大地拓广了数字分析的能力，MSC 的 MD 技术是优化的涵盖跨学科/多学科的集成，可以充分利用现有的高性能计算技术解决很多大规模的问题。多学科技术聚焦于提升仿真效率，保证设计初期设计的有效性，提升品质，加速产品投放市场。

1. ADAMS 软件的模块

ADAMS 软件的模块由基本模块、扩展模块、接口模块、专业领域模块及工具箱 5 类模块组成，如图 5.14 所示。

用户不仅可以采用通用模块对一般的机械系统进行仿真，而且可以采用专用模块针对特定工业应用领域的问题进行快速有效的建模与仿真分析。各模块中英文对照如下：

用户界面模块 ADAMS/View

求解器模块 ADAMS/Solver

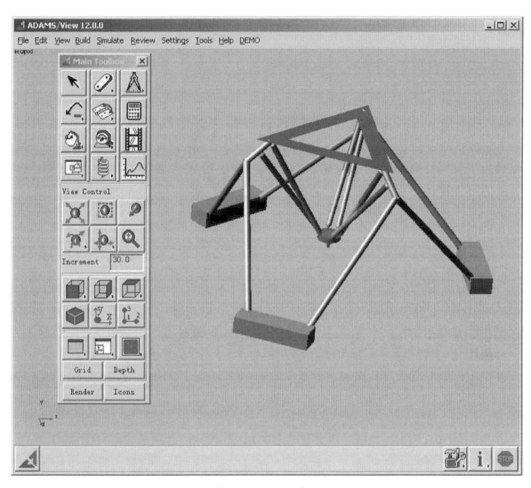

图 5.14 ADAMS 视图

后处理模块 ADAMS/PostProcessor
扩展模块液压系统模块 ADAMS/Hydraulics
振动分析模块 ADAMS/Vibration
线性化分析模块 ADAMS/Linear
高速动画模块 ADAMS/Animation
试验设计与分析模块 ADAMS/Insight
耐久性分析模块 ADAMS/Durability
数字化装配回放模块 ADAMS/DMU Replay
接口模块 柔性分析模块 ADAMS/Flex
控制模块 ADAMS/Controls
图形接口模块 ADAMS/Exchange
CATIA 专业接口模块 CAT/ADAMS
Pro/E 接口模块 Mechanical/Pro
专业领域模块轿车模块 ADAMS/Car
悬架设计软件包 Suspension Design

概念化悬架模块 CSM
驾驶员模块 ADAMS/Driver
动力传动系统模块 ADAMS/Driveline
轮胎模块 ADAMS/Tire
柔性环轮胎模块 FTire Module
柔性体生成器模块 ADAMS/FBG
经验动力学模型 EDM
发动机设计模块 ADAMS/Engine
配气机构模块 ADAMS/Engine Valvetrain
正时链模块 ADAMS/Engine Chain
附件驱动模块 Accessory Drive Module
铁路车辆模块 ADAMS/Rail
FORD 汽车公司专用汽车模块 ADAMS/Pre（现改名为 Chassis）
工具箱软件开发工具包 ADAMS/SDK
虚拟试验工具箱 Virtual Test Lab
虚拟试验模态分析工具箱 Virtual Experiment Modal Analysis
钢板弹簧工具箱 Leafspring Toolkit
飞机起落架工具箱 ADAMS/Landing Gear
履带/轮胎式车辆工具箱 Tracked/Wheeled Vehicle
齿轮传动工具箱 ADAMS/Gear Tool

用户可以利用 Adams 在计算机上建立和测试虚拟样机，实现事实再现仿真，了解复杂机械系统设计的运动性能。

其中，MD Adams（MD 代表多学科）是在企业级 MSC SimEnterprise 仿真环境中与 MD Nastran 相互补充，提供了对于复杂的高级工程分析的完整的仿真环境，MD Adams 的发布完全支持运动-结构耦合仿真。

MD Adams/Car 包含许多的功能模块，用于多学科仿真。技术团队可以快速建立和测试整车和子系统的功能化虚拟样车，可以帮助在车辆研发过程中节省时间、降低费用和风险，提升新车设计的品质。通过 MD Adams/Car 的仿真环境，汽车工程师们可以在虚拟环境中对于不同的路面、不同的实际条件反复测试他们的设计，从而得到满意的结果。

2. MD Adams R3 的新功能

（1）新的在线帮助系统以及 PDF 格式文件，方便打印。

在 MD Adams 中，MSC.Software 引入了一套新的电子在线帮助系统。MD Adams 和 MD Adams/Car 的用户可以使用整个帮助系统。在帮助系统的目录表中，按照模块进行组织，更方便信息的查找和搜索。

对 MD Adams/View 中的命令语言，新加帮助，对 MD Adams/Vibration 模块新加了新的理论手册。

为方便打印，帮助文档提供了所有帮助文档的 PDF 格式。

（2）输出线形模型可用在 NASTRAN 中进行进一步的振动性能分析。

MD Adams/Vibration 的一个新功能就是 Adams2Nastran 功能，该功能可以输出线形模型,用于在 NASTRAN 中进行进一步的振动性能分析。此功能将线性化的 ADAMS 模型封装为 Nastran 的 DMIG 输入形式。一旦输出完成,用户能够利用 NASTRAN 强大的频响分析功能,对系统进行精确的 NVH 分析和较高频域范围内系统的响应分析。

(3) 在 3D 接触分析中,用于处理球体新的分析方法。

当模型中存在 3D 的球体接触碰撞时,为了得到更为精确的结果,加强了接触计算的算法,即使用真实的几何来代表球体。同旧的将球体表面用小平面表示的方法相比,这种算法解算的速度明显加快。这种算法的另一个好处是接触载荷计算的精度提高。

(4) 仿真过程中时变累计质量的计算。

新版本中开发了新的实用子程序,可以自动地计算仿真过程中时变的系统累计质量。新的解算器可以完成多体系统质量的计算,包括刚性体和弹性体。

(5) 对频响仿真节点的应力和应变结果的曲线绘制。

MD Adams 新版本支持绘制由于强迫载荷激励产生的载荷输入引起的在弹性体上应力产生的应变的结果曲线。利用此功能,可以让分析人员快速地进行"what-if"的研究,同时考虑系统多体动力学特性和结构的影响。

(6) MD Adams/Car Mechatronics(汽车机电模块)。

MD Adams/Car Mechatronics 为新的模块,该模块极大地加强了 Adams/Car 和 Adams/Controls 的集成。新模块的宗旨是在 Car 模型下标准化控制系统的实现。

使用新的机电模块,可以很容易地对车辆控制系统性能的参数影响进行仿真,控制器的开/关只需要简单地在控制器上切换一下即可。

信号控制器,作为机电模块的一部分,可以在整个系统装配时连接控制系统和机械系统。

(7) C Solver 支持 Adams/Car。

Adams/Car 的模型可以使用 C Solver 解算,用户可以利用新的 HHT 积分器以提高解算速度。MD Adams/Tire 和 MD Adams/SmartDriver 模块也支持新的 C Solver。

新的 C Solver 提供分析偏微分方程的功能,因而精度更高也更稳定。同时还支持基于传动系统建立的一般状态方程(GSE),并改进了包含弹性体和钢板弹簧的模型。

(8) 更精确的动态悬架分析。

MD Adams 具有的功能可以利用动态悬架试验台对悬架模型完成更为真实的动态悬架分析。此新功能将悬架运动的动态影响考虑在内,因而可以提高仿真的精度。

用户同样可以使用 RPC 格式的文件作为运动驱动,这一点对于悬架系统及其零部件的耐久性能分析是至关重要的。

(9) 用于轮胎分析的新试验台。

轮胎试验台可更为快速地进行多个轮胎模型的比较,可以为不同的轮胎模型自动地生成轮胎特性比较需要的各种曲线图。这种高度自动化的分析功能界面有助于对各种轮胎模型的品质以及轮胎数据库快速地分析比较。

5.5 CAE 技术

计算机辅助工程(Computer Aided Engineering,简称 CAE),是用计算机辅助求解复杂工程和产品结构强度、刚度、屈曲稳定性、动力响应、热传导、三维多体接触、弹塑性等力学性能的分析计算,以及结构性能的优化设计等问题的一种近似数值分析方法。CAE 技术的提出就是要把工程(生产)的各个环节有机地组织起来,其关键就是将有关的信息集成,使其产生并存在于工程(产品)的整个生命周期。因此,CAE 系统是一个包括了相关人员、技术、经营管理及信息流和物流的有机集成且优化运行的复杂系统。

CAE 从 20 世纪 60 年代初在工程上开始应用到今天,已经历了 50 多年的发展历史,其理论和算法都经历了从蓬勃发展到日趋成熟的过程,现已成为工程和产品结构分析中(如航空、航天、机械、土木结构等领域)必不可少的数值计算工具,同时也是分析连续力学各类问题的一种重要手段。

随着计算机技术的普及和不断提高,CAE 系统的功能和计算精度都有很大提高,各种基于产品数字建模的 CAE 系统应运而生,并已成为结构分析和结构优化的重要工具,同时也是计算机辅助 4C 系统(CAD/CAE/CAPP/CAM)的重要环节。

CAE 的技术种类有很多,其中包括有限元法(FEM,即 Finite Element Method)、边界元法(BEM,即 Boundary Element Method)、有限差分法(Finite Difference Element Method,FDM)等。每一种方法各有其应用的领域,而其中有限元法应用的领域越来越广,现已应用于结构力学、流体力学、电路学、电磁学、热力学、声学、化学化工反应等。

针对特定类型的工程或产品所开发的用于产品性能分析、预测和优化的软件,称之为专用 CAE 软件。可以对多种类型的工程和产品的物理、力学性能进行分析、模拟和预测、评价和优化,以实现产品技术创新的软件,称之为通用 CAE 软件。

CAE 软件的主体是有限元分析(Finite Element Analysis,FEA)软件。

5.5.1 CAE 系统的核心技术

CAE 系统的核心思想是结构的离散化,即将实际结构离散为有限数目的规则单元组合体,实际结构的物理性能可以通过对离散体进行分析,得出满足工程精度的近似结果来替代对实际结构的分析,这样可以解决很多实际工程需要解决而理论分析又无法解决的复杂问题。其基本过程是将一个形状复杂的连续体的求解区域分解为有限的形状简单的子区域,即将一个连续体简化为由有限个单元组合的等效组合体;通过将连续体离散化,把求解连续体的场变量(应力、位移、压力和温度等)问题简化为求解有限的单元节点上的场变量值。

此时得到的基本方程是一个代数方程组,而不是原来描述真实连续体场变量的微分方程组。求解后得到近似的数值解,其近似程度取决于所采用的单元类型、数量以及对单元的插值函数。根据经验,CAE 各阶段所用的时间是:40%~45%用于模型的建立和数据输入,50%~55%用于分析结果的判读和评定,而真正的分析计算时间只占 5%左右。针对这种情况,采用 CAD 技术来建立 CAE 的几何模型和物理模型,完成分析数据的输入,通常称此过程为 CAE 的前处理。同样,CAE 的结果也需要用 CAD 技术生成形象的图形输出,如生成位移图、应力、温度、压力分布的等值线图,表示应力、温度、压力分布的彩色明暗图,以及随机械载荷和温度载荷变化生成位移、应力、温度、压力等分布的动态显示图,我们称这一过程为 CAE 的后处理。

(1) CAE 技术是一门涉及许多领域的多学科综合技术,其关键技术有以下几个方面:

① 计算机图形技术。

CAE 系统中表达信息的主要形式是图形,特别是工程图。在 CAE 运行的过程中,用户与计算机之间的信息交流是非常重要的,交流的主要手段之一是计算机图形。所以,计算机图形技术是 CAE 系统的基础和主要组成部分。

② 三维实体造型。

工程设计项目和机械产品都是三维空间的形体。在设计过程中,设计人员构思形成的也是三维形体。CAE 技术中的三维实体造型就是在计算机内建立三维形体的几何模型,记录下该形体的点、棱边、面的几何形状及尺寸,以及各点、边、面间的连接关系。

③ 数据交换技术。

CAE 系统中的各个子系统,个个功能模块都是系统有机的组成部分,它们都应有统一的几类数据表示格式,使不同的子系统间、不同模块间的数据交换顺利进行,充分发挥应用软件的效益,而且应具有较强的系统可扩展性和软件的可再用性,以提高 CAE 系统的生产率。各种不同的 CAE 系统之间为了信息交换及资源共享的目的,建立 CAE 系统软件均应遵守的数据交换规范。目前,国际上通用的标准有 IGES、STEP 等。

④ 工程数据管理技术。

CAE 系统中生成的几何与拓扑数据,工程机械,工具的性能、数量、状态,原材料的性能、数量、存放地点和价格,工艺数据和施工规范等数据必须通过计算机存储、读取、处理和传送。这些数据的有效组织和管理是建造 CAE 系统的又一关键技术,是 CAE 系统集成的核心。采用数据库管理系统(DBMS)对所产生的数据进行管理是最好的技术手段。

⑤ 管理信息系统。

工程管理的成败,取决于能否做出有效的决策。一定的管理方法和管理手段是一定社会生产力发展水平的产物。市场经济环境中企业的竞争不仅是人才与技术的竞争,而且是管理水平、经营方针和管理决策的竞争。决策的依据和出发点取决于信息的质量。所以,建立一个由人和计算机等组成的能进行信息收集、传输、加工、保存、维护和使用的管理信息系统,有效地利用信息控制企业活动是 CAE 系统具有战略意义、事关全局的一环。工程的整个过程归根结底是管理过程,工程的质量与效益在很大程度上取决于管理。

(2) 针对不同的应用,也可用 CAE 仿真模拟零件、部件、装置(整机)乃至生产线、工厂的运动和运行状态。

应用 CAE 软件对工程或产品进行性能分析和模拟时,一般要经历以下三个过程:

① 前处理:对工程或产品进行建模,建立合理的有限元分析模型。

② 有限元分析:对有限元模型进行单元特性分析、有限元单元组装、有限元系统求解和有限元结果生成。

③ 后处理:根据工程或产品模型与设计要求,对有限元分析结果进行用户所要求的加工、检查,并以图形方式提供给用户,辅助用户判定计算结果与设计方案的合理性。

前、后处理是近十多年发展最快的 CAE 软件成分,它们是 CAE 软件满足用户需求,使通用软件专业化、属地化,并实现 CAD、CAM、CAPP、PDM 等软件无缝集成的关键性软件成分。它们通过增设 CAD 软件,如 Pro/Engineer、UG、Solidedge、CATIA、MDT 等软件的接口数据模块,实现了 CAD/CAE 的有效集成。

5.5.2 CAE 软件的结构与功能

衡量 CAE 技术水平的重要标志之一是分析软件的开发和应用。目前,ABAQUS、ANSYS、NASTRAN 等大型通用有限元分析软件已经引进中国,在汽车、航空、机械、材料等许多行业得到了应用。中国的计算机分析软件开发是一个薄弱环节,严重地制约了 CAE 技术的发展。仅以有限元计算分析软件为例,目前的世界年市场份额达 5 亿美元,并且以每年 15% 的速度递增。相比之下,中国自己的 CAE 软件工业还非常弱小,仅占有很少量的市场份额。

1. CAE 软件的基本结构

CAE 软件包含以下模块:

前处理模块:给实体建模与参数化建模,构件的布尔运算,单元自动剖分,节点自动编号与节点参数自动生成,载荷与材料参数直接输入有公式参数化导入,节点载荷自动生成,有限元模型信息自动生成等。

有限元分析模块:有限单元库,材料库及相关算法,约束处理算法,有限元系统组装模块,静力、动力、振动、线性与非线性解法库。大型通用题的物理、力学和数学特征,分解成若干个子问题,由不同的有限元分析子系统完成。一般有如下子系统:线性静力分析子系统、动力分析子系统、振动模态分析子系统、热分析子系统等。

后处理模块:有限元分析结果的数据平滑,各种物理量的加工与显示,针对工程或产品设计要求的数据检验与工程规范校核,设计优化与模型修改等。

另外,还有用户界面模块、数据管理系统与数据库、专家系统、知识库。

2. CAE 分析

CAE 软件按研究对象分为静态结构分析和动态分析;按研究问题分为线性问题和非线性问题;按物理场分为结构(固体)、流体和电磁等。

CAE 分析通常指有限元分析和机构的运动学及动力学分析。有限元分析可完成力学分析(线性、非线性、静态、动态)、场分析(热场、电场、磁场等)、频率响应和结构优化等。机构分析能完成机构内零部件的位移、速度、加速度和力的计算,机构的运动模拟及机构参数的优化,如图 5.15 所示。

CAE 软件对工程和产品的分析、模拟能力,主要决定于单元库和材料库的丰富和完善程度,单元库所包含的单元类型越多,材料库所包括的材料特性种类越全,其 CAE 软件对工程或产品的分析、仿真能力越强。

一个 CAE 软件的计算效率和计算结果的精度,主要决定于解法库。先进高效的求解算法与常规的求解算法,在计算效率上可能有几倍、几十倍,甚至几百倍的差异。

典型的 CAE 应用软件可以分析的类型如下:

(1)结构静力分析。

用来求解外载荷引起的位移、应力和力。静力分析很适合求解惯性和阻尼对结构的影响并不显著的问题。ANSYS 程序中的静力分析不仅可以进行线性分析,而且也可以进行非

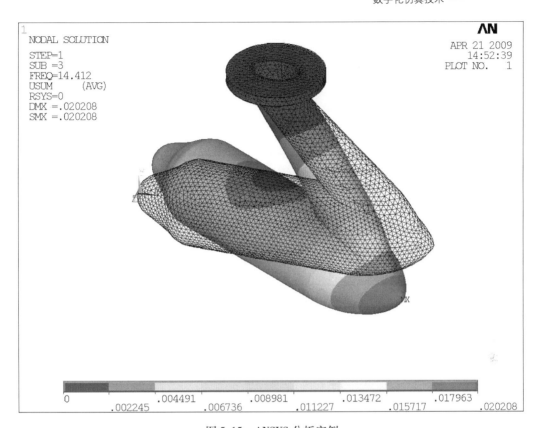

图 5.15 ANSYS 分析实例

线性分析,如塑性、蠕变、膨胀、大变形、大应变及接触分析。

(2) 结构动力学分析。

结构动力学分析用来求解随时间变化的载荷对结构或部件的影响。与静力分析不同,动力分析要考虑随时间变化的力载荷以及它对阻尼和惯性的影响。ANSYS 可进行的结构动力学分析类型包括:瞬态动力学分析、模态分析、谐波响应分析及随机振动响应分析。

(3) 结构非线性分析。

结构非线性导致结构或部件的响应随外载荷不成比例变化。ANSYS 程序可求解静态和瞬态非线性问题,包括材料非线性、几何非线性和单元非线性三种。

(4) 动力学分析。

ANSYS 程序可以分析大型三维柔体运动。当运动的积累影响起主要作用时,可使用这些功能分析复杂结构在空间中的运动特性,并确定结构中由此产生的应力、应变和变形。

(5) 热分析。

程序可处理热传递的三种基本类型:传导、对流和辐射。热传递的三种类型均可进行稳态和瞬态、线性和非线性分析。热分析还具有可以模拟材料固化和熔解过程的相变分析能力以及模拟热与结构应力之间的热-结构耦合分析能力。

(6) 电磁场分析。

电磁场分析主要用于电磁场问题的分析,如电感、电容、磁通量密度、涡流、电场分布、磁力线分布、力、运动效应、电路和能量损失等。还可用于螺线管、调节器、发电机、变换器、磁体、加速器、电解槽及无损检测装置等的设计和分析领域。

(7) 流体动力学分析。

ANSYS 流体单元能进行流体动力学分析,分析类型可以为瞬态或稳态;分析结果可以是每个节点的压力和通过每个单元的流率;并且可以利用后处理功能产生压力、流率和温度分布的图形显示。另外,还可以使用三维表面效应单元和热-流管单元模拟结构的流体绕流并包括对流换热效应。

(8) 声场分析。

程序的声学功能用来研究在含有流体的介质中声波的传播,或分析浸在流体中的固体结构的动态特性。这些功能可用来确定音响话筒的频率响应,研究音乐大厅的声场强度分布,或预测水对振动船体的阻尼效应。

(9) 压电分析。

压电分析用于分析二维或三维结构对 AC(交流)、DC(直流)、任意随时间变化的电流和机械载荷的响应。这种分析类型可用于换热器、振荡器、谐振器、麦克风等部件及其他电子设备的结构动态性能分析,可进行静态分析、模态分析、谐波响应分析、瞬态响应分析。

5.5.3 典型 CAE 分析软件 ANSYS 功能简介

ANSYS 软件是美国 ANSYS 公司研制的大型通用有限元分析(FEA)软件,是世界范围内增长最快的计算机辅助工程(CAE)软件,能与多数计算机辅助设计(Computer Aided Design,CAD)软件接口实现数据的共享和交换,如 Creo、NASTRAN、Algor、I-DEAS、AutoCAD 等;是融结构、流体、电场、磁场、声场分析于一体的大型通用有限元分析软件;在核工业、铁道、石油化工、航空航天、机械制造、能源、汽车交通、国防军工、电子、土木工程、造船、生物医学、轻工、地矿、水利、日用家电等领域有着广泛的应用。

ANSYS 功能强大,操作简单方便,现在已成为国际最流行的有限元分析软件,在历年的 FEA 评比中都名列第一。目前,我国 100 多所理工院校采用 ANSYS 软件进行有限元分析或者作为标准教学软件。

ANSYS 有限元软件包是一个多用途的有限元法计算机设计程序,可以用来求解结构、流体、电力、电磁场及碰撞等问题。它可应用于航空航天、汽车工业、生物医学、桥梁、建筑、电子产品、重型机械、微机电系统、运动器械等工业领域。

1. 软件的组成

软件主要包括前处理模块、分析计算模块和后处理模块。

前处理模块:提供了一个强大的实体建模及网格划分工具,用户可以方便地构造有限元模型。

分析计算模块:包括结构分析(可进行线性分析、非线性分析和高度非线性分析)、流体动力学分析、电磁场分析、声场分析、压电分析以及多物理场的耦合分析,可模拟多种物理介质的相互作用,具有灵敏度分析及优化分析能力。

后处理模块:可将计算结果以彩色等值线显示、梯度显示、矢量显示、粒子流迹显示、立体切片显示、透明及半透明显示(可看到结构内部)等图形方式显示出来,也可将计算结果以图表、曲线形式显示或输出。

软件提供了100种以上的单元类型,用来模拟工程中的各种结构和材料。该软件有多种不同版本,可以在从个人机到大型机等多种计算机设备上运动,如 PC、SGI、HP、SUN、DEC、IBM、CRAY 等。

2. 应用过程

(1)前处理的实体建模。

ANSYS 程序提供了两种实体建模方法:自顶向下与自底向上。自顶向下进行实体建模时,用户定义一个模型的最高级图元,如球、棱柱,称为基元,程序则自动定义相关的面、线及关键点。用户利用这些高级图元直接构造几何模型,如二维的圆和矩形以及三维的块、球、锥和柱。无论使用自顶向下还是自底向上方法建模,用户均能使用布尔运算来组合数据集,从而"雕塑出"一个实体模型,如图5.16所示。

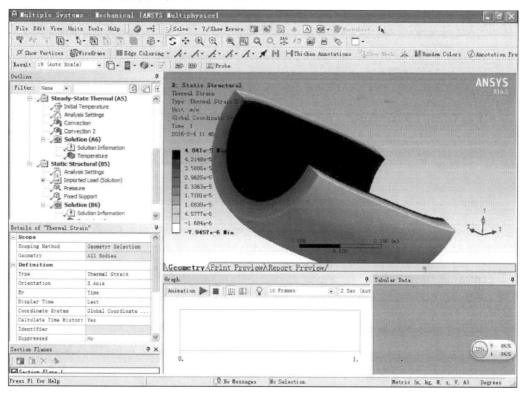

图 5.16 实体建模分析

ANSYS 程序提供了完整的布尔运算,诸如相加、相减、相交、分割、黏结和重叠。在创建复杂实体模型时,对线、面、体、基元的布尔操作能减少相当可观的建模工作量。

ANSYS 程序还提供了拖拉、延伸、旋转、移动、延伸和拷贝实体模型图元的功能。附加的功能还包括圆弧构造、切线构造、通过拖拉与旋转生成面和体、线与面的自动相交运算、自动倒角生成、用于网格划分的硬点的建立、移动、拷贝和删除。自底向上进行实体建模时,用户从最低级的图元向上构造模型,即用户首先定义关键点,然后依次是相关的线、面、体。

(2)网格划分。

ANSYS 程序提供了使用便捷、高质量的对 CAD 模型进行网格划分的功能。包括四种网格划分方法:延伸划分、映像划分、自由划分和自适应划分。延伸网格划分可将一个二维网格延伸成一个三维网格。映像网格划分允许用户将几何模型分解成简单的几部分,然后选择合适的单元属性和网格控制,生成映像网格。ANSYS 程序的自由网格划分器功能是十分强大的,可对复杂模型直接划分,避免了用户对各个部分分别划分然后进行组装时各部分网格不匹配带来的麻烦。自适应网格划分是在生成了具有边界条件的实体模型以后,用户指示程序自动地生成有限元网格,分析、估计网格的离散误差,然后重新定义网格大小,再次分析计算、估计网格的离散误差,直至误差低于用户定义的值或达到用户定义的求解次数。

(3) 施加载荷。

在 ANSYS 中,载荷包括边界条件和外部或内部作应力函数,在不同的分析领域中有不同的表征,但基本上可以分为自由度约束、力(集中载荷)、面载荷、体载荷、惯性载荷以及耦合场载荷 6 大类。

① 自由度约束(DOF Constraints):将给定的自由度用已知量表示。例如,在结构分析中约束是指位移和对称边界条件,而在热力学分析中则指的是温度和热通量平行的边界条件。

② 力(集中载荷)(Force):是指施加于模型节点上的集中载荷或者施加于实体模型边界上的载荷。例如,结构分析中的力和力矩,热力分析中的热流速度,磁场分析中的电流段,如图 5.17 所示。

③ 面载荷(Surface Load):是指施加于某个面上的分布载荷。例如,结构分析中的压力,热力学分析中的对流和热通量。

④ 体载荷(Body Load):是指体积或场载荷。例如,需要考虑的重力,热力分析中的热生成速度。

⑤ 惯性载荷(Inertia Loads):是指由物体的惯性而引起的载荷。例如,重力加速度、角速度、角加速度引起的惯性力。

⑥ 耦合场载荷(Coupled-field Loads):是一种特殊的载荷,是考虑到一种分析的结果,并将该结果作为另外一个分析的载荷。例如,将磁场分析中计算得到的磁力作为结构分析中的力载荷。

(4) 后处理。

ANSYS 程序提供两种后处理器:通用后处理器和时间历程后处理器。

① 通用后处理器也简称为 POST1,用于分析处理整个模型在某个载荷步的某个子步、或者某个结果序列、或者某特定时间或频率下的结果,如结构静力求解中载荷步 2 的最后一个子步的压力或者瞬态动力学求解中时间等于 6 秒时的位移、速度与加速度等。

② 时间历程后处理器也简称为 PosT26,用于分析处理指定时间范围内模型指定节点上的某结果项随时间或频率的变化情况,如在瞬态动力学分析中结构某节点上的位移、速度和加速度从 0~10 s 之间的变化规律。

后处理器可以处理的数据类型有两种:一是基本数据,是指每个节点求解所得自由度解,对于结构求解为位移张量,其他类型求解还有热求解的温度、磁场求解的磁势等,这些结果项称为节点解;二是派生数据,是指根据基本数据导出的结果数据,通常是计算每个单元的所有节点、所有积分点或质心上的派生数据,所以也称为单元解。不同分析类型有不同的单元解,对于结构求解有应力和应变等,其他如热求解的热梯度和热流量、磁场求解的磁通量等。

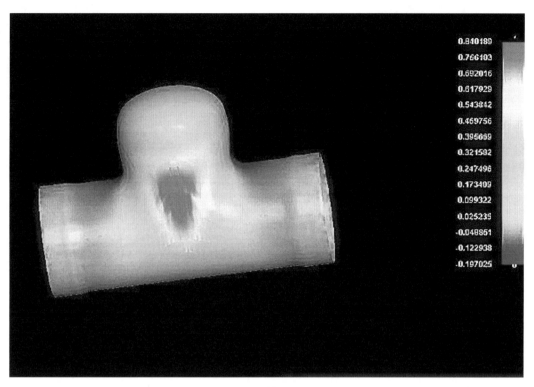

图 5.17 温度和压力荷载

3. 未来开发应用

ANSYS 日前宣布推出业界领先的工程设计仿真软件最新版 ANSYS 16.0,其独特的新功能,为指导和优化产品设计带来了最优的方法和提供了更加综合全面的解决方案。工程仿真软件 ANSYS 16.0 在结构、流体、电磁、多物理场耦合仿真、嵌入式仿真技术各方面都有重要的进展。

(1)能实现电子设备的互联。

电子设备连接功能的普及化、物联网发展趋势的全面化,需要对硬件和软件的可靠性提出更高的标准。最新发布的 ANSYS 16.0,提供了众多验证电子设备可靠性和性能的功能,贯穿了产品设计的整个流程,并覆盖电子行业全部供应链。在 ANSYS 16.0 中,全新推出了"ANSYS 电子设计桌面"(ANSYS Electronics Desktop)。在单个窗口高度集成化的界面中,电磁场、电路和系统分析构成了无缝的工作环境,从而确保在所有应用领域中,实现仿真的最高的生产率和最佳实践。ANSYS 16.0 中另一个重要的新功能是可以建立三维组件(3D Component),并将它们集成到更大的装配体中。使用该功能,可以很容易地构建一个无线通信系统,这对日益复杂的系统设计尤其有效。建立可以直接仿真的三维组件,并将它们存储在库文件中,这样就能够很简便地在更大的系统设计中添加这些组件,而无须再进行任何激励、边界条件和材料属性的设置,因为所有的内部细节已经包含在三维组件的原始设计之内。

(2)仿真各种类型的结构材料。

减轻质量并同时提升结构性能和设计美感,这是每位结构工程师都会面临的挑战。薄型材料和新型材料是结构设计中经常选用的,它们也会为仿真带来一些难题。金属薄板可在提供所需性能的同时最大限度地减少材料和质量,是几乎每个行业都会采用的"传统"材料,采用 ANSYS 16.0,工程师能够加快薄型材料的建模速度,迅速定义一个完整装配体中各部件的连接方式。ANSYS 16.0 中提供了高效率的复合材料设计功能,以及实用的工具,便于更好地理解仿真结果。

(3)简化复杂流体动力学工程问题。

产品变得越来越复杂,同时产品性能和可靠性要求也在不断提高,这些都促使工程师研究更为复杂的设计和物理现象。ANSYS 16.0 不仅可简化复杂几何结构的前处理工作流,同时还能提速多达40%。工程师面临多目标优化设计时,ANSYS 16.0 通过利用伴随优化技术和可实现高效率多目标设计优化,实现智能设计优化。新版 ANSYS 16.0 除了能简化复杂的设计和优化工作,还能简化复杂物理现象的仿真。对于船舶与海洋工程应用,工程师利用新版本可以仿真复杂的海洋波浪模式。旋转机械设计工程师(压缩机、水力旋转机械、蒸汽轮机、泵等)可使用傅里叶变换方法,高效率地获得固定和旋转旋转机械组件之间的相互作用结果。

(4)基于模型的系统和嵌入式软件开发。

基于系统和嵌入式软件的创新在每个工业领域都有非常显著的增长。各大公司在该发展趋势下面临着众多挑战,尤其是如何设计研发这些复杂的系统。ANSYS 16.0 面向系统研发人员及其相应的嵌入式软件开发者提供了多项新功能。针对系统工程师,ANSYS 16.0 具备扩展建模功能,他们可以定义系统与其子系统之间复杂的操作模式。随着系统变得越来越复杂,它们的操作需要更全面的定义。系统和软件工程师可以在他们的合作项目中进行更好的合作,减少研发时间和工作量。ANSYS 16.0 增加了行为图建模方式应对此需求。在航空领域,ANSYS 16.0 针对 DO-330 的要求提供了基于模型的仿真方法,这些工具经过DO-178C验证,有最高安全要求等级,是首个面向全新认证要求的工具。

5.6 虚拟制造

虚拟制造技术(virtual manufacturing technology,VMT)是以虚拟现实和仿真技术为基础,对产品的设计、生产过程统一建模,在计算机上实现产品从设计、加工和装配、检验到产品使用整个生命周期的模拟和仿真。

虚拟制造技术可以在产品的设计阶段就模拟出产品及其性能和制造过程,以此来优化产品的设计质量和制造过程,优化生产管理和资源规划,以达到产品开发周期和成本的最小化,产品设计质量的最优化和生产效率最高化,从而形成企业的市场竞争优势。例如,波音777,其整机设计、部件测试、整机装配以及各种环境下的试飞均是在计算机上完成的,其开发周期从过去的 8 年缩短到 5 年。Chrycler 公司与 IBM 合作开发的虚拟制造环境用于其新型车的研制,在样车生产之前,即发现其定位系统及其他许多设计有缺陷,从而缩短了研制周期。虽然虚拟制造技术的出现只有短短的几年时间,但虚拟制造的应用将会对未来制造业的发展产生深远的影响。

1. 关键技术

在 VMT 的关键技术中,除了高性能计算机系统软硬件设备之外,还包括实时三维图形系统和虚拟现实交互技术。利用实时三维图形系统,可以生成有逼真感的图形,图像具有三维全彩色、明暗、纹理和阴影等特征。虚拟现实是一种交互式的先进的计算机显示技术,双向对话是它的一种重要工作方式。就虚拟现实交互技术而言,人是主动的,具有参与性,而不再是观众,有时甚至还充当主人的角色。主要优点如下:

(1)提供关键的设计和管理决策对生产成本、周期和能力的影响信息,以便正确处理产品性能与制造成本、生产进度和风险之间的平衡,做出正确的决策。

(2)提高生产过程开发的效率,可以按照产品的特点优化生产系统的设计。

(3)通过生产计划的仿真,优化资源的利用,缩短生产周期,实现柔性制造和敏捷制造。

(4)可以根据用户的要求修改产品设计,及时做出报价和保证交货期。

2. 主要应用

(1)虚拟企业。

虚拟企业建立的一个重要原因是,各企业本身无法单独满足市场需求,迎接市场挑战。因此,为了快速响应市场的需求,围绕新产品开发,利用不同地域的现有资源、不同的企业或不同地点的工厂,重新组织一个新公司。该公司在运行之前,必须分析组合是否最优,能否协调运行,并对投产后的风险、利益分配等进行评估。这种联作公司称为虚拟公司,或者叫动态联盟,是一种虚拟企业,它是具有集成性和实效性两大特点的经济实体。

在面对多变的市场需求时,虚拟企业具有加快新产品开发速度、提高产品质量、降低生产成本、快速响应用户需求、缩短产品生产周期等优点。因此,虚拟企业是快速响应市场需求的部队,能在商战中为企业把握机遇。

(2)虚拟产品设计。

飞机、汽车的设计过程中,会遇到一系列问题,如其形状是否符合空气动力学原理、内部结构布局是否合理,等等。在复杂管道系统设计中,采用虚拟技术,设计者可以"进入其中"进行管道布置,并可检查能否发生干涉。美国波音公司投资上亿美元研制波音喷气式客机,仅用一年多时间就完成了研制,一次试飞成功,投入运营。波音公司分散在世界各地的技术人员可以从客机数以万计的零部件中调出任何一种在计算机上观察、研究、讨论,所有零部件均是三维实体模型。由此可见虚拟产品设计给企业带来的效益。

(3)虚拟产品制造。

应用计算机仿真技术,对零件的加工方法、工序顺序、工装和工艺参数的选用以及加工工艺性、装配工艺性等均可建模仿真,可以提前发现加工缺陷,提前发现装配时出现的问题,从而能够优化制造过程,提高加工效率。

(4)虚拟生产过程。

产品生产过程的合理制定,人力资源、制造资源、物料库存、生产调度、生产系统的规划设计等,均可通过计算机仿真进行优化;同时还可对生产系统进行可靠性分析。对生产过程的资金和产品市场进行分析预测,从而对人力资源、制造资源进行合理配置,对缩短产品生产周期、降低成本意义重大。

3. 虚拟加工技术

虚拟加工技术是指利用计算机技术,以可视化的、逼真的形式来直观表示零件数控加工过程。虚拟加工是实际加工在计算机上的本质实现,它是虚拟制造技术的重要组成部分。

虚拟加工技术主要包括虚拟环境的建立和加工过程仿真等关键技术。

(1) 虚拟加工环境。

虚拟加工环境是实际的加工系统在不消耗能源和资源的计算机虚拟环境中完全映射，且必须与实际加工系统具有功能和行为上的一致性。

虚拟加工环境包括硬件环境和软件环境，硬件环境一般分为三个层次，即车间层、机床层和毛坯层。车间层只是为了增加环境的真实感，起到烘托和陪衬作用；机床层包括机床（加工中心）、机床刀具和夹压，是虚拟加工环境的关键部分；毛坯层与加工过程仿真模块密切相关。软件环境一般包括 NC 代码解析模块、加工过程仿真模块等。这些模型和模块在 NC 代码驱动下相互协同工作，完成毛坯的加工。

(2) 虚拟加工的基本流程。

虚拟加工一般采用三维实体仿真技术，首先在虚拟机上输入数控（NC）代码，然后对输入的代码进行语法检查和翻译，根据指令生成相应的刀具扫描体，并在指令的驱动下，对刀具扫描体与被加工零件的几何体进行求交运算、碰撞干涉检查、材料切除等，并生成指令执行后的中间结果。指令不断执行，每一条指令的执行结果均可保存，以便检查，直到所有指令执行完毕，虚拟加工任务结束，所有这些虚拟加工过程均可以在计算机上通过三维动画显示出来。

(3) 虚拟机床。

虚拟机床是指数控机床（如加工中心）在虚拟环境下的映射，主要由虚拟加工设备模型、毛坯模型、刀具模型、夹具模型等组成，它是虚拟加工过程的载体和核心。在虚拟加工硬件环境的三个层次中，除车间层外的另两个层次（机床层和毛坯层）都可归结为虚拟机床的范畴。

为了使虚拟加工过程真实地模拟实际的加工过程，虚拟机床应满足如下要求：a. 能全面、逼真地反映现实的加工环境和加工过程；b. 能对加工中出现的碰撞、干涉提供报警信息；c. 能对产品的可加工性和工艺规程的合理性进行评估；d. 能对产品的加工精度进行评估、预测；e. 必须具有处理多种产品和多种加工工艺的能力。

① 虚拟机床的几何建模。

虚拟机床几何建模内容主要包括床身、立柱、主轴、工作台和刀架等主要部件，刀具和夹具等工装设备。在单个零件的几何建模中，一般以 CSG、B-rep 法或二者的混合来描述。

② 虚拟机床的运动建模。

零件的加工是机床通过工作台和主轴的运动来实现的，加工过程是一个动态连续的过程，因此，必须研究机床的运动建模技术。由于实际加工过程中数控机床运动的复杂性，目前的研究主要集中在刀具和零件的仿真描述方面，而对于数控机床仿真运动建模的研究还比较少。

虚拟机床的虚拟运动由各运动部件的平动、转动及相互间的联动构成。多个运动部件的联动采用插补算法可转化为单运动部件的平动或转动，因此，虚拟机床的运动可通过对部件进行平移和旋转变化来实现，虚拟运动速度由平移和旋转的步距值来控制。

夹具、毛坯和工件在工作台上的初始安装可通过将产品坐标系的原点与图形坐标系的原点重叠来实现，实际安装位置可通过对产品相对图形坐标原点进行平移变换得到。

虚拟机床运动模型的建立涉及三个坐标系：世界坐标系、参考坐标系（运动坐标系）和局部坐标系(静坐标系)。

世界坐标系：世界坐标系是系统的绝对坐标系，在没有建立用户坐标系之前画面上所有点的坐标都是以该坐标系的原点来确定各自的位置的。决定了整个加工中心的空间位置，它在窗口中的位置和姿态的变化取决于视点和坐标原点的变化，分别由视点变换矩阵和窗口投影变换矩阵表示。

参考坐标系：定义了被研究的零部件在运动时的参考坐标系，加工中心零部件的运动可分解成参考坐标系下的直线运动和旋转运动。

局部坐标系：固连在加工中心运动的零部件上，它反映零部件在参考坐标系下的位置和方向。

这三个坐标系是求解虚拟加工仿真过程中各部件在世界坐标系下位置的有效手段。对虚拟机床而言，世界坐标系的原点通常建立在床身基座上，采用笛卡儿坐标系；局部坐标系的原点建立在运动部件上，坐标轴的方向与世界坐标系的方向一致；参考坐标系则是描述零部件运动关系时引进的坐标系。

在虚拟机床建模中，每个运动部件对应一个坐标，各运动部件及床身按一定规律构成一条运动链，并规定运动链起始于工作台，终止于机床主轴。运动链中相邻部件间存在接触关系，床身为不动件。由于数控加工机床的几何模型是一个装配体，运动模型是建立在装配模型基础上的，装配模型中定义了各零部件之间的相对位置和装配层次关系，它反映了部件间的相互约束关系。约束关系主要包括几何关系和运动关系。几何关系主要描述零部件以及部件间的几何元素（点、线、面）之间的相互关系；运动关系是描述零部件之间存在的相对运动，称为运动链接关系，它是保证运动模型的建立和零部件运动过程仿真的重要前提。因此，运动链接关系必须在加工中心的模型描述和数据组织之前考虑。

基于当前情况，我国应以企业需求为出发点，大力推广并行工程、敏捷制造等思想和技术，为虚拟制造技术的实现提供坚实基础。政府方面应发挥政府的协调职能，组织企业和科研部门进行多方面、多层次的合作，加强科研成果的应用推广，组织多学科、跨地区的科研力量共同攻关，从宏观上加强对虚拟制造技术的指导，尽早制订出符合我国国情的发展计划。企业方面，应根据企业实际需求解决实际问题，力争尽快创造效益，以形成良性循环，促进研究工作的进一步开展；充分利用信息技术、网络技术、计算机技术对现实研究活动中的人、物、信息及研究过程进行全面的集成，通过协同工作缩短科研周期，增强科技成果的竞争力。

(4) 虚拟加工仿真应用。

虚拟加工过程仿真就是借助于虚拟现实技术和计算机仿真技术，对零件的加工过程进行全方位的模拟，是数控机床上进行的切削加工过程在虚拟环境下的映射。虚拟加工过程仿真一般包括三维动画仿真、碰撞干涉检测、加工精度分析和加工工时分析等内容，主要是针对产品设计的合理性和可加工性、加工方法、机床和切削工艺参数的选择以及刀具和工件之间的相对运动进行仿真和分析。

虚拟加工仿真主要有两个方面：几何仿真与物理仿真，如图5.18所示。

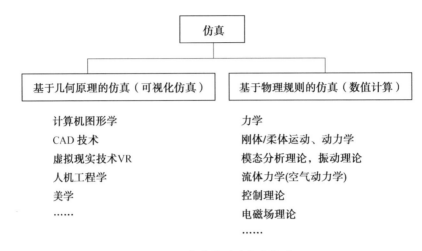

图 5.18 仿真类型及方法体系

习 题

1. 什么是计算机仿真及仿真的作用？
2. 物理模型的概念是什么？
3. 实现数字仿真的三个主要步骤是什么？
4. 什么是有限元法？
5. 多体系统动力学仿真技术的发展主要有几个方面？
6. 基于 ADAMS 的虚拟样机的仿真分析流程是什么？
7. CAE 的关键技术有几个方面？
8. 虚拟制造技术应用的优点是什么？

第6章 现代数字化制造与管理

现代制造企业的数字化管理涵盖产品数字化管理与生产环节的数字化监控,各种工艺流程、工序实施的数字化。管理者需要每天去分析库存数据、财务数据、销售网络、产品生产流程、品质数据、售后数据。企业的库存是否合理、财务是否健康、销售网络是否正常、生产流程是否顺利、售后网络是否完善,企业都得从重视数据管理开始。根据这些数据,才能做出正确的判断,才能做出正确的决策。数据管理对应于内容管理、竞争情报、知识管理、商业智能、数据仓储,权衡效益和成本,综合各个业务子系统的信息,实现良好的数据管理。

6.1 现代数字化制造与管理概述

数字化制造就是指制造领域的数字化,它是制造技术、计算机技术、网络技术与管理科学的交叉、融合、发展与应用的结果;也是制造企业、制造系统与生产过程、生产系统不断实现数字化的必然趋势,其内涵包括三个层面:以设计为中心的数字化制造技术、以控制为中心的数字化制造技术、以管理为中心的数字化制造技术,如图6.1所示。

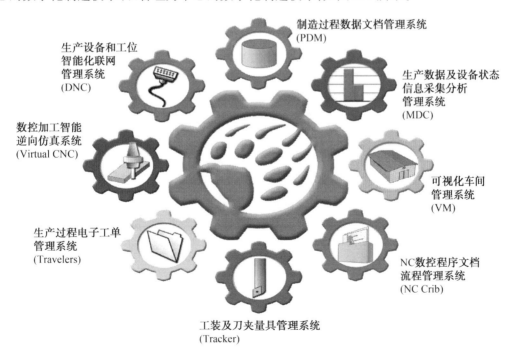

图 6.1 现代数字化制造管理系统组成

1. 数字化制造与传统制造相比优势明显

(1)数字化制造将不再局限于传统的机械制造领域,而是扩展到几乎所有工业领域。

(2）传统意义上的制造只是单纯的机械加工过程，而数字化制造涵盖了产品的整个生命周期，涉及各种产品类型。

（3）与传统制造技术不同的是，数字化制造技术总是以系统的、动态的和优化的方法来研究产品结构、制造工艺、加工装备、制造技术以及企业生产的组织与管理等，以获取最佳的效率和效益。

数字化管理是指利用计算机、通信、网络等技术，通过统计技术量化管理对象与管理行为，实现研发、计划、组织、生产、协调、销售、服务、创新等职能的管理活动和方法。

随着研发、生产、采购和销售过程信息化程度的提高，管理部门越来越迫切地希望采用质量信息系统来辅助管理并和其他部门实现信息化沟通，而实现品质工程的基础是有效地实行数字化管理系统。

2. 数字化生产管理

随着 PLM（产品生命周期管理）与 ERP 系统的日渐普及，企业的研发能力和成本控制能力不断得到提高。面对激烈的市场竞争和整体制造业水平的提升，一些行业领军企业越来越意识到产品和服务的质量成为下一轮竞争的焦点。传统质量管理办法存在着质量信息采集与管理不规范、质量问题追溯不易；质量过程控制有法不依，效率低下；质量决策与分析信息不全，决策"拍脑袋"等问题制约了企业的进一步发展。因此，需要在生产的每一个环节实现数字化，包括管理数据的收集与分析。

（1）数字化管理者定义。

作为企业的一员，无论是一线员工或是企业领导，都是数字的管理者。事实上，只要你愿意，几乎一切的管理要素、模块和结果，都可以数字化。包含确认消费需求、购买心态、消费模式、购买方式、产品定位、产品特征、产品性能、产品生产、产品品质、产品周期、产品服务等所有企业行为，也不再是凭借个人感觉、而是来自于数字分析。

一线员工是数字制造者，原始数字的准确、及时的记录是他们的责任。

基层管理是数字处理者，原始数字的筛选、加工、上传是他们的责任

中层管理是数字组织者，数字的分析、判断、处理是他们的工作要点。

高层管理是数字决策者，数字最好、最公正的参谋，是利润的代言人。

（2）数字化生产管理重要性。

①企业管理活动的实现基于网络。企业的知识资源、信息资源和财富可以数字化。

②企业的管理具有可计算性，即用量化管理技术来解决企业的管理问题。

当企业不再依赖组织时，不仅使扁平化、虚拟化成为现实，而且企业的文化也将发生深刻的变革，管理已成为一项业务，每一个员工都将是其工作任务的 GNS 管理者。在数字化管理理论中，知识的创建、加工、传播亦将是可集约化完成的，这是知识生产与应用的一个里程碑，知识经济将为人类带来更为美好的生活。不论完善与否，数字化管理理论是一种新的思想，我们愿与各界共同交流与研究，使之早日成为一种更有价值的应用。

3. 实现数字化生产管理的注意事项

（1）必须注重落实数字化管理模式在管理过程中以人为本的原则。

数字化管理的主体是人，不要因为数字化忘记了以人为本的原则。数据因人而存在，数据的采集方法和样本很智能很重要，但不能随心所欲，更不能伪造数据。我们在数字化管理

过程中一定要注意以人为本,要理解人,尊重人,激发人的积极性和创造性,挖掘人的潜能,充分发挥人的才干,以取得最好的工作绩效。注重情感管理,以塑造良好的人际关系;注重民主管理,提高企业职工的参与意识;注重自主管理,最大限度地调动人的主动性和积极性;注重人才管理,充分利用人力资源;增加人力资本,提高企业职工的素质;注重文化管理,建设企业文化,培养企业精神等。

(2)数据收集的准确性。

数据是否完整、准确、及时,直接关系到数字化管理的成败。收集数据并不难,因为一个企业的内部、外部数据可谓成千上万,但关键是如何收集、整理得到有效的数据。如果收集到的数据本身不正确或已过时,即使加工处理的过程再正确,输出的信息也是错误的信息,只会对企业决策起误导作用,这也正是很多企业信息系统建设失败的原因之一。我们必须从全局、从整体出发,系统地掌握企业的信息流向,有针对性地开展信息的收集、整理工作,抓好数据的源头工作。

(3)在数字化管理模式推进过程中,深入开展企业数字化管理数据分析。

数字化管理不是把数据收集到了就完成任务了,数字化管理需要进一步进行数字化分析,从而纠正我们在企业建设中"数字不清点子多、情况不明决心大"的不良绩效观。同时要对企业的科学规划、合理建设、民主管理和预案防灾等提供有理、有据、有可操作性的咨询和指导意见。

6.2 成组技术(GT)

成组技术(group technology,GT)20 世纪 50 年代起源于欧洲一些国家。二十世纪五六十年代我国已有少数企业利用成组技术组织生产。20 世纪 70 年代日本、美国、苏联等许多国家把成组技术与计算机技术、自动化技术结合起来发展成柔性制造系统。

成组技术与数据处理系统相结合,可从各种类型的零件中准确而迅速地按相似类型整理出零件分类系统。设计部门可根据零件形状特征把图纸集中分类,通过标准化方法减少零件种类,缩短设计时间。加工部门根据零件的形状、尺寸、加工技术的相似性进行分类,组成加工组,各加工组还可采用专用机床和工夹具,进一步提高机床的专业化、自动化程度。

按成组技术具体实施范围的不同,出现了成组设计、成组管理、成组铸造、成组冲压等分支。按照相似性归类成组的信息不同,出现了零件成组、工艺成组、机床成组等方法。采用成组技术可以获得较高的经济效益。20 世纪 70 年代后,成组技术的发展已超出了机械制造工艺的范围,成为一门综合性的科学技术。

柔性制造系统(FMS)出现并成为解决中小批量生产新途径后,成组生产组织的思想被融到柔性生产系统中,有效提高了生产柔性,很好地解决了多品种小批生产的问题,有很好的应用价值。

全面采用成组技术会从根本上影响企业内部的管理体制和工作方式,提高标准化、专业化和自动化程度。在机械制造工程中,成组技术是计算机辅助制造的基础,将成组哲理用于设计、制造和管理等整个生产系统,改变多品种小批量生产方式,以获得最大的经济效益。

6.2.1 成组技术基础

成组技术就是将企业的多种产品、部件或零件,按一定的相似性准则,分类编组,并以这些组为基础,组织生产各个环节,实现多品种小批量生产的产品设计、制造和管理的合理化。从而克服了传统小批量生产方式的缺点,使小批量生产能获得接近大批量生产的技术经济效果。

成组技术的核心是成组工艺,它是把结构、材料、工艺相近似的零件组成一个零件族(组),按零件族制定工艺进行加工,从而扩大了批量、减少了品种,便于采用高效方法、提高了劳动生产率。

零件的相似性是广义的,在几何形状、尺寸、功能要素、精度、材料等方面的相似性为基本相似性,以基本相似性为基础,在制造、装配等生产、经营、管理等方面所导出的相似性,称为二次相似性或派生相似性。

1. 成组工艺实施的步骤

(1)零件分类成组。
(2)制定零件的成组加工工艺。
(3)设计成组工艺装备。
(4)组织成组加工生产线。

成组技术的基本原则是根据零件的结构形状特点、工艺过程和加工方法的相似性,打破多品种界限,对所有产品零件进行系统的分组,将类似的零件合并、汇集成一组,再针对不同零件的特点组织相应的机床形成不同的加工单元,对其进行加工,经过这样的重新组合可以使不同零件在同一机床上用同一个夹具和同一组刀具,稍加调整就能加工,从而变小批量生产为大批量生产,提高生产效率。

2. 成组技术的分类方法

(1)视检法。

视检法是用眼睛审视零件图样或实物,然后凭人的主观经验分析出相似零件。它的效果主要取决于个人的生产经验,带有主观性和片面性。

(2)生产流程分析法。

生产流程分析法是通过对零件生产流程的分析,把工艺过程相近的,即使用同一组机床进行加工的零件归为一类。可按工艺相似性将零件分类,以形成加工族或工艺族。这一方法用于分选工艺相似的零件组时效果显著,但是用于分选结构相似的零件组时却收效甚微。

(3)编码分类法。

当大量信息需要存储和排序时,通常都使用编码分类法。例如,图书管理员应用分类法对书库中的图书进行分类,并按要求编码,以便于检索。

3. 使用数字化成组技术的优点

(1)产品设计的优势。

从产品设计的角度看,成组技术主要的优点是它能够使产品设计者避免重复的工作,特别是可以建立设计样件数据库,由于成组技术设计的易保存和易调用性使得它消除了重复设计同一个产品的可能性。成组技术的另一个优点是它促进了设计特征的标准化,这样使得加工设备和工件夹具标准化程度大大提高。

(2) 刀具和装置的标准化。

有相关性的工件分为一族,这使得为每一族设计的夹具可以被该族中的每一个工件使用。这样通过减少夹具的数量从而减少了夹具的花费。显然,一个夹具为整个族的零件只制造一次,而不是为每一个工件制造一个夹具。

(3) 提高了材料运输效率。

当工厂的布局是基于成组原理时,即把工厂分为单元,每个单元由一组用于生产同一族零件的各种机床组成,这时原材料的运输是很有效的,因为这种情况下零件在机床间的移动路径最短,这与以工艺划分来布局的传统意义上的加工路线形成对比。

(4) 分批式生产提高了经济效益。

通常,批量生产是指大范围的表面上看起来没有什么共同之处的各种非标准的工件的生产,因此,应用成组技术生产的工件可以获得只有在大批量生产时才能够获得的很高的经济利益。

(5) 加工过程和非加工过程时间的减少。

由于夹具和材料等非加工时间的减少,使得加工过程和非加工时间相应地减少。换句话说,由于材料传递在每一个单元内有效地进行,工件在机加工部门间有效地传送。这与典型的以工艺布局的工厂相比,大大地缩短了加工时间。

(6) 更加快捷、合理的加工方案。

成组技术是趋于数字化的加工方法,可通过合理的工件分类和编码系统来获得,在这里,对于每一个工件,通过它的编码,可以很容易地从计算机中调出有关该工件的详细加工方案。

6.2.2 零件编码分类体系

零件的分类编码系统就是用字符(数字、字母或符号)对零件的有关特征进行描述和标识的一套特定的规则和依据。按照分类编码系统的规则用字符描述和标识零件特征的过程就是对零件进行编码,这种码也叫 GT 码。

1. 在建立零件的分类编码系统时,必须考虑如下因素

(1) 零件类型(回转体、棱形件、拉伸件及钣金件等);
(2) 代码所表示的详细程度、码的结构(链式、分级结构或混合式);
(3) 代码使用的数制(二进制、八进制、十进制、字母数字制、十六进制等);
(4) 代码的构成方式(代码一般是由一组数字组成,也可以由数字和英文字母混合组成);
(5) 代码必须是无二义的和完整的,即每一个零件有它自己的唯一代码;
(6) 代码应该是简明的。

如果 100 位的代码和 10 位的代码都能无二义地、完整地代表所要描述的零件,则 10 位代码将更受欢迎。

OPITZ 码由 9 位数字组成;日本 KK-3 码长度为 21 位;荷兰 MICLASS 码长度可达 30 位;德意志民主共和国建立了由 72 位数字组成的分类编码系统,并且当作法律来执行。必须注意的是,无论分类编码系统多么复杂和详细,它们都不能详尽地描述零件的全部信息,因为分类编码系统一般只在宏观上描述零件信息而不过分追求零件信息的全部细节。

2. 分类编码系统的结构形式

在成组技术中,码的结构有三种形式:树式结构(分级结构)、链式结构以及混合式结构。

(1)树式结构。

码位之间是隶属关系,即除第一码位内的特征码外,其他各码位的确切含义都要根据前一码位来确定。树形结构的分类编码系统所包含的特征信息量较多,能对零件特征进行较详细的描述,但结构复杂,编码和识别代码不太方便。

(2)链式结构。

链式结构也称为并列结构或矩阵结构,每个码位内的各特征码具有独立的含义,与前后位无关。链式结构所包含的特征信息量比树式结构少,但结构简单,编码和识别也比较方便。OPITZ 系统的辅助码就属于链式结构形式,如图 6.2 所示。

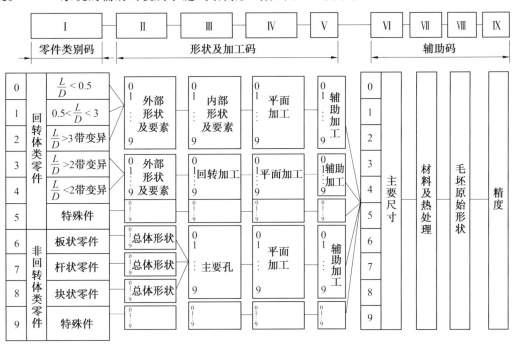

图 6.2 OPITZ 编码系统的结构

(3)混合式结构。

系统中同时存在以上所说的两种结构。大多数分类编码系统都有用混合式结构,如 OPITZ 系统、KK 系统等。如图 6.3 所示,是典型的编码系统结构。有了编码后,就可以使用应用工艺数据管理软件进行工艺规划,如图 6.4 所示。有了应用软件,借助人机交互的接口实现数字的设计与管理。

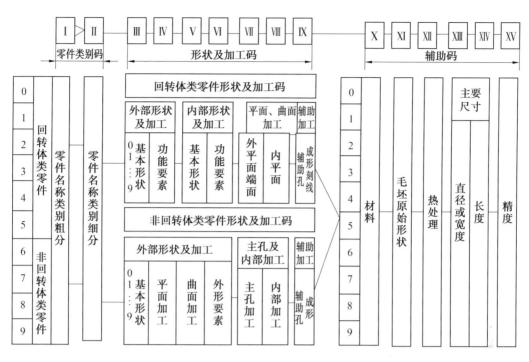

图 6.3　JLBM-1 编码系统的结构

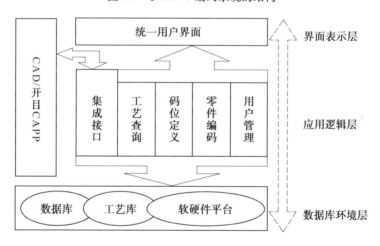

图 6.4　成组编码与工艺数据管理软件的体系结构

6.2.3　成组编码软件与工艺数据库管理软件的开发

1. 用户管理模块

管理系统操作人员,设置操作人员口令和权限。在满足不同系统用户操作需求的基础上,提高系统的安全性。

2. 零件编码模块

根据成组编码规则,对该产品的零件进行成组编码。该模块是软件开发的重点,主要功能包括:① 零件基础数据的录入,包括对应图形、图片的浏览。② 零件各码位的选取和显示。③ 零件相关码位信息的获取和快速查询。④ 零件码位选取信息的修改、更新。⑤ 零件码位信息获取的辅助提示。⑥ 完成零件的最终编码,并存入数据库。如表 6.1 所示。

表 6.1 零件编码规则

编号规则						
组号	名称	细分号	名称	细分号	名称	
10	发动机	10	发动机	1011	机油泵	
		1000	发动机总成	1012	机油粗滤器	
		1001	发动机悬置	1013	机油散热器	
		1002	汽缸体	1014	曲轴箱通风装置	
		1003	汽缸盖	1015	发动机启动辅助装置	
		1004	活塞及连杆	1016	分电器传动装置	
		1005	曲轴及飞轮	1017	机油细滤器	
		1006	凸轮轴	1018	机油箱及油管	
		1007	气门机构	1019	减压器	
		1008	进排气支管	1020	减压器操纵机构	
		1009	油底壳			
		1010	机油收集器	1022	发动机平衡装置	
11	供给系	11	供给系	1100	供油系装置	
		1101	燃油箱	1102	副燃油箱	
		1103	燃油箱盖	1104	燃油管路	
		1105	燃油滤清器(含粗)	1106	燃油输油泵	
		1107	化油器	1108	油门操纵机构	
		1109	空气滤清器	1110	调速器	
		1111	燃油喷射泵	1112	喷油器	
		1113	扫气泵	1114	扫气泵传动装置	
		1115	发动机断油机构	1116	燃油电动阀	
		1117	燃油细滤器	1118	增压器	
		1119	增压中冷器	1122	喷油泵传动泵	
		1125	油水分离器	1126	冒烟限制器	
		1127	自动提前器	1129	喷射管路	
		1130	燃油蒸发损失控制系统			

3. 码位定义模块

用于编码规则的说明和显示,并完成各码位数据(包括码位编号、含义特征等)的浏览、录入、修改、删除等数据库操作。该模块是零件编码模块数据的来源。

4. 工艺查询模块

工艺查询模块主要功能包括：① 按工件图号查编码：根据零件查的工件图号查询零件编码，实现浏览、修改、另存等操作功能。② 按编码查零件：根据编码相关信息作为查询条件，模糊查询相匹配零件，并对该零件信息实现浏览、修改、另存等操作功能。

6.3 数控加工技术

按照美国电子工业协会(EIA)数控标准化委员会的定义，数控机床(CNC)系统是借助于计算机通过执行其存储器内的程序来完成数控要求的部分或全部功能，并配有接口电路和伺服驱动装置的一种专用计算机系统。CNC 系统在通用性、灵活性、使用范围等方面具有更大的优越性。

6.3.1 数控机床(CNC)加工的基本概念

1. CNC 系统

数控系统是数控机床的重要部分，它随着计算机技术的发展而发展。

数控系统是由数控程序、输入输出设备、CNC 装置、可编程控制器(PLC)、主轴驱动装置和进给驱动装置(包括检测装置)等组成，也称为 CNC 系统。CNC 是在 NC 的基础上发展起来的，其部分或全部控制功能通过软件来实现。只要更改控制程序，无须更改硬件电路，就可改变控制功能。

目前，在计算机数控系统中所用的计算机已不再是小型计算机，而是微型计算机，用微型计算机控制的系统称为 MNC 系统，亦统称为 CNC 系统。CNC 系统框图如图 6.5 所示。

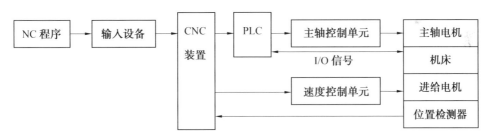

图 6.5 CNC 系统组成

CNC 系统的核心是 CNC 装置。现在的 CNC 装置都是由计算机完成以前硬件数控所做的工作，也称作计算机数控装置。随着计算机技术的发展，CNC 装置性能越来越好，价格越来越低。

2. CNC 装置的硬件组成

CNC 装置由硬件和软件组成，软件在硬件的支持下运行，离开软件，硬件便无法工作，两者缺一不可。CNC 装置的硬件具有一般计算机的基本结构，另外还有数控机床所特有的功能模块与接口单元，硬件如图 6.6 所示。

CNC 装置的软件又称系统软件，由管理软件和控制软件两部分组成。管理软件包括零件程序的输入输出程序、显示程序和 CNC 装置的自诊断程序等；控制软件包括译码程序、刀

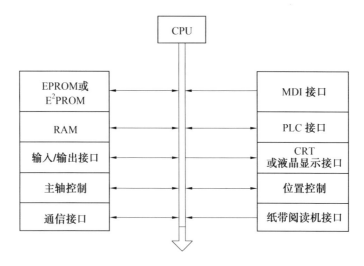

图 6.6 CNC 装置硬件组成

具补偿计算程序、速度控制程序、插补运算程序和位置控制程序等。CNC 装置的软件框图如图 6.7 所示。

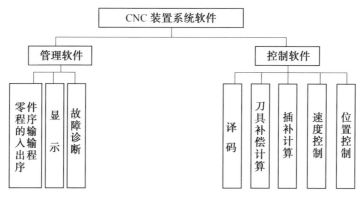

图 6.7 CNC 装置软件框图

为提高机床的进给速度,一些实时控制可由硬件完成,如硬件插补器。CPU 做些插补前的准备工作,而位置控制由硬件电路完成。所以软硬件承担任务的划分不是绝对不变的。

3. 数控机床加工零件基本过程

如图 6.8 所示,加工过程实现了自动控制。

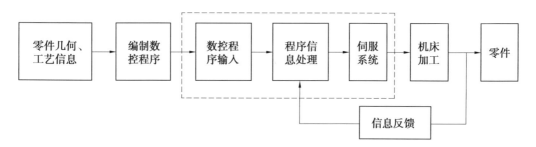

图 6.8 数控机床加工零件的基本过程

6.3.2 数控编程基础

为了使计算机能够识别和处理零件源程序,事先必须针对一定的加工对象进行编程,将编好的一套编译程序存放在计算机内,这个程序通常称为"数控程序系统"或"数控软件"。处理零件的源程序的编写叫数控编程。数控系统程序包括前置处理程序和后置处理程序两大模块。每个模块又由多个子模块及子处理程序组成。计算机有了这套处理程序,才能识别、转换和处理全过程,它是系统的核心部分。

1. 数控编程的方法

数控编程的方法有手工编程和自动编程。

(1)手工编程。

手工编程是指编制零件数控加工程序的各个步骤,即从零件图纸分析、工艺决策、确定加工路线和工艺参数、计算刀位轨迹坐标数据、编写零件的数控加工程序单直至程序的检验,均由人工来完成。

对于点位加工或几何形状不太复杂的轮廓加工,几何计算较简单,程序段不多,手工编程即可实现。但对轮廓形状不是由简单的直线、圆弧组成的复杂零件,特别是空间复杂曲面零件,数值计算则相当烦琐,工作量大,容易出错,且很难校对,采用手工编程是难以完成的。

(2)自动编程。

自动编程也称计算机辅助编程,即程序编制工作的大部分或全部由计算机来完成。如完成坐标值计算、编写零件加工程序单、自动地输出打印加工程序单和制备控制介质等。自动编程方法减轻了编程人员的劳动强度,缩短了编程时间,提高了编程质量,同时解决了手工编程无法解决的许多复杂零件的编程难题。工件表面形状越复杂,工艺过程越烦琐,自动编程的优势越明显。

自动编程的方法种类很多,发展也很迅速。根据编程信息的输入和计算机对信息的处理方式的不同,可以分为以自动编程语言为基础的自动编程方法(简称语言式自动编程)和以计算机绘图为基础的自动编程方法(简称图形交互式自动编程),此外还有数字化编程。

①语言编程。语言编程是以语言为基础的自动编程方法,在编程时编程人员是根据所用数控语言的编程手册以及零件图纸,以语言的形式表达出加工的全部内容,然后再把这些内容全部输入到计算机中进行处理,制作出可以直接用于数控机床的数控加工程序。

APT 是一种自动编程工具(Automatically Programmed Tool)的简称,是对工件、刀具的几何形状及刀具相对于工件的运动等进行定义时所用的一种接近于英语的符号语言。

②图形编程。图形编程是以计算机绘图为基础的自动编程方法,在编程时编程人员首先要对零件图纸进行工艺分析,确定构图方案,其后可以利用自动编程软件自身的绘图 CAD 功能,在 CRT 屏幕显示器上以人机对话的方式构建出几何图形,最后还要利用软件的 CAM 功能,制作出 NC 加工程序。

从计算机对信息的处理方式上来看,图形编程是一种人机对话的编程方法,编程人员根据屏幕菜单提出的内容,反复与计算机对话,选择菜单目录或回答计算机提问,直到把该回答的问题全部答完。这种编程方法从零件图形的定义,走刀路线的确定,到加工参数的选择等整个过程是在人机对话方式下完成,不存在编程语言问题。

交互式CAD/CAM集成系统自动编程是现代CAD/CAM集成系统中常用的方法。在编程时编程人员首先利用计算机辅助设计(CAD)或自动编程软件本身的零件造型功能,构建出零件几何形状,然后对零件图纸进行工艺分析,确定加工方案,其后还需利用软件的计算机辅助制造(CAM)功能,完成工艺方案的制定、切削用量的选择、刀具及其参数的设定,自动计算并生成刀位轨迹文件,利用后置处理功能生成指定数控系统用的加工程序。因此我们把这种自动编程方式称为图形交互式自动编程。这种自动编程系统是一种CAD与CAM高度集成的自动编程系统。

③数字化编程。利用自动测量机或扫描仪对零件实物、模型或无尺寸图样进行测量,然后输入计算机,自动生成零件加工程序。这种方法的局限性是硬件投资较大,仅适用一些特殊的应用领域。

2. 计算机辅助数控加工编程的一般原理

计算机辅助数控加工编程的一般原理如图6.9所示。编程人员首先将被加工零件的几何图形及有关工艺过程用计算机能够识别的形式输入计算机,利用计算机内的数控系统程序对输入信息进行翻译,形成机内零件拓扑数据;然后进行工艺处理(如刀具选择、走刀分配、工艺参数选择等)与刀具运动轨迹计算,生成一系列的刀具位置数据(包括每次走刀运动的坐标数据和工艺参数),这一过程称为主信息处理(或前置处理);然后对照所用系统的NC代码产生控制指令,这一过程称之为后置处理。经过后置处理便能输出某一具体数控机床要求的零件数控加工程序(即NC加工程序),该加工程序可以通过控制介质(如磁带、磁盘等)或通信接口送入机床的控制系统。

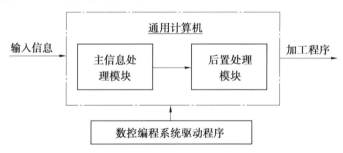

图6.9 计算机辅助数控加工编程的一般原理

整个处理过程是在数控系统程序(又称系统软件或编译程序)的控制下进行的。

3. 语言编程技术

零件的源程序是用专用的语言和符号来描述零件图纸上的几何形状及刀具相对零件运动的轨迹、顺序和其他工艺参数的程序。

零件源程序编好后,输入计算机。"数控软件"分两步对零件源程序进行处理。第一步是计算刀具中心相对于零件运动的轨迹,这部分处理不涉及具体NC机床的指令格式和辅助功能,具有通用性;第二步是后置处理,针对具体NC机床的功能产生控制指令,后置处理程序是不通用的。由此可见,经过数控程序系统处理后输出的程序才是控制NC机床的零件加工程序。整个NC自动编程的过程如图6.10所示。可见,为实现自动编程,数控自动编程语言和数控程序系统是两个重要的组成部分。

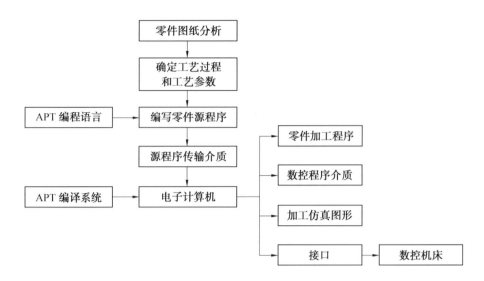

图 6.10 数控自动编程的过程

4. 数控程序的主要内容

（1）控制程序，该程序是用来控制程序输入、运动、辅助、输出和诊断部分的程序，在适当的时候调用这个程序，从而控制后置处理程序的流程。

（2）输入程序，这一部分的功能是将刀具位置数据变成后置处理程序能够处理的形式。刀具位置数据文件中包括刀具移动点的坐标值，还包括使数控机床各种功能工作的数据。它是按一定格式做成的，国际标准 ISO/TC97/SC5/G1 规定了刀位数据。输入程序将刀位数据变换成能够处理的形式后传送到预定的记录单元中。

（3）辅助处理程序，该程序主要是处理特定的机床的辅助功能动作的一些信息，如 F、S、T、M 等功能。此外，还能处理主信息不能处理的数控机床的一些特殊功能指令。

（4）运动处理程序，该程序主要处理刀具位置数据中与机床运动中（G 功能）有关的数据。运动处理程序完成以下工作：

①从零件坐标系到机床坐标系的变换。
②行程极限校验，间隙校验。
③进行速度码计算。
④对超前、滞后、同步校验并减少它们的误差。
⑤线性化。
⑥插补处理（直线插补、圆弧插补等）。
⑦输出程序，该程序的作用是分别将辅助处理和运动处理结果的信息转换成数控装置输入的格式，并在编辑以后输出。这样经过对刀位数据的一系列处理，最后得到适用于特定数控机床的数控带和零件加工程序。
⑧诊断程序，该程序的功能是诊断在各部分所发现的任何一个错误，报警，并进行修改。

6.3.3 APT 语言自动编程

在编程时编程人员依据零件图纸，以 APT 语言的形式表达出加工的全部内容，再把用

APT语言书写的零件加工程序输入计算机,经 APT 语言编程系统编译产生刀位文件(Cladata file),通过后置处理后,生成数控系统能接受的零件数控加工程序的过程。

采用 APT 语言自动编程时,计算机(或编程机)代替程序编制人员完成了烦琐的数值计算工作,并省去了编写程序单的工作量,因而可将编程效率提高数倍到数十倍,同时解决了手工编程中无法解决的许多复杂零件的编程难题。

1. APT 语言系统特点

(1)具有多种多样的处理能力。

APT 语言有多种多样的处理能力,从点位加工到两坐标乃至五坐标空间曲面连续加工控制都能处理。特别是在多坐标数控机床上加工复杂的空间曲面时,利用 APT 语言不但能方便地算出连续切削的刀具轨迹,而且当机床主坐标轴 X、Y、Z 和旋转坐标轴 A、B、C 联动时,也能保证刀具总是垂直于零件表面。

(2)接近自然语言。

用 APT 语言编写的源程序接近英语自然语言,即具有和英语类似的词汇,程序书写方法也类同英语习惯,容易被编程人员所掌控,而且编程人员无须学习数学方法和计算机编程技巧。

(3)可靠性高。

用 APT 语言编程可靠性高,因为系统诊断功能强,零件源程序的错误可由计算机自动检查出来。

(4)富有灵活性。

APT 语言系统累积了上千种后置处理程序,刀具轨迹数据只需计算一次,便可以调用不同后置处理程序制备出所用机床的加工程序和穿孔纸带。

(5)较为经济。

数据处理所需要的费用少,在编制复杂零件程序时尤为经济。

APT 语言系统也存在着不足,需用大型计算机,采用批处理形式;零件源程序的编写、编辑修改等不如图形编程系统方便、直观等。

2. APT 语言的基本组成

与通用计算机语言相似,用 APT 语言编辑的加工程序是由一系列语句所构成的,每个语句由一些关键词汇和基本符号组成,即 APT 语言由基本符号、词汇和语句组成。

(1)基本符号:数控语言中的基本符号是语言中不能再分的基本成分。语言中的其他成分均由基本符号组成。

(2)词汇:词汇是 APT 语言所规定的具有特定意义的单词的集合。每一个单词由 6 个以下字母组成,编程人员不得把它们当作其他符号使用。APT 语言中,大约有 300 多个词汇,按其作用大致可分为下列几种。

①几何元素词汇,如 POINT(点)、LINE(线)、PLANE(平面)等。

②几何位置关系状况词汇,如 PARLEL(平行)、PERPTO(垂直)、TANTO(相切)等。

③函数类词汇,如 SINF(正弦)、COSF(余弦)、EXPE(指数)、SQRTF(平方根)等。

④加工工艺词汇,如 OVSJSE(加工余量)、FEED(进给量)、TOLER(允差)等。

⑤刀具名称词汇,如 TURNTL(车刀)、MILTL(铣刀)、DRITL(钻头)等。

⑥与刀具运动有关的词汇,如 GOFWD(向前)、GODLTA(走增量)、TLLFT(刀具在左)等。

(3)语句:语句是数控编程语言中具有独立意义的基本单位。它由词汇、数值、标识符号等按语法规则组成。按其语句在程序中的作用大致可分为几何定义语句、刀具运动语句、工艺数据语句等几类。

3. APT 语言系统的系统程序

(1)APT 语言系统程序的结构,主要是由主信息处理程序和后置处理程序两大部分组成。APT 语言系统程序结构框图如图 6.11 所示。主信息处理程序完成刀具运动中心轨迹的计算,获得刀位数据。后置处理程序将刀位数据编程针对某一特定数控机床的加工程序。

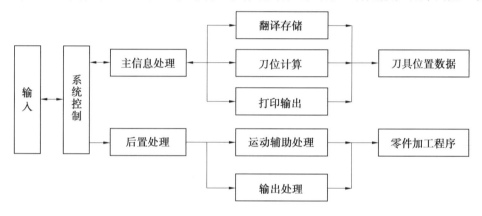

图 6.11　APT 系统程序结构框图

(2)主信息处理程序的组成和功能,它主要由输入翻译程序模块和计算程序组成。主信息处理程序如图 6.12 所示。

①输入翻译程序的组成及功能。

这部分包括输入模块、词法分析和语法分析模块。将源程序输入后,首先进行词法分析。计算机对源程序依次进行扫描,对构成源程序的字符串进行分解,识别单词。然后进行语法分析,把单词符号串分解成各类语法单位,确定整个输入串是否构成正确语法的句子。检查零件源程序中哪些地方不符合语法规定,发现错误及时进行修改。

②计算程序的组成及功能,经过词法和语法分析,得到没有错误的零件源程序;然后进入计算阶段,求得零件几何元素相交(相切)的基点,按插补方法和逼近误差分段的节点和刀具运动的中心轨迹,即刀位数据。

③后置处理程序的组成和功能,后置处理程序时将刀具位置数据、相应的切削条件和辅助信息等处理成特定数控系统所需要的指令和程序格式,并制成穿孔纸带及打印出零件加工程序单。

后置处理程序是根据数控机床的要求设计的,它能被数控机床的数控装置所接受,具有专用性。数控装置种类繁多,规格和功能差别大,所以要设计很多后置处理程序。后置处理程序由控制、输入、辅助、运动、输出和诊断 6 部分程序组成,其结构图如图 6.13 所示。

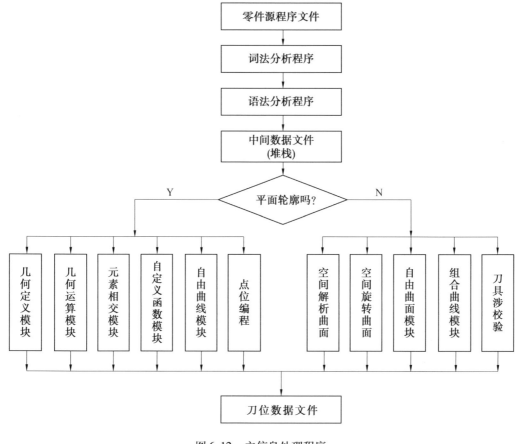

图 6.12 主信息处理程序

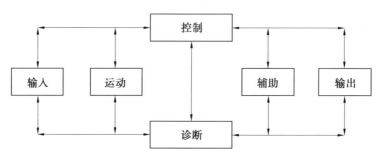

图 6.13 后置处理程序图

4. APT 语言零件源程序的组成

零件源程序的组成包括以下一些内容:

(1)坐标系的选定,在工件的适当位置按右手定则选定直角坐标系。选定坐标系有不同的方法,但一般尽可能选择不需计算就能利用图纸上标注的数值的坐标系。

(2)初始语句,这是给零件源程序做标题用的语句。

(3)定义语句,为了规定刀具的运动,必须对所有几何要素定义并赋名。控制面的定义是主要项目,然后将这些名字记入零件图纸。

(4)刀具形状的描述,指定实际使用的刀具形状,这是计算刀具端点坐标所必需的。

(5) 允许误差的指定,在 APT 语言系统中,刀具的曲线运动时用直线逼近,所以要指定其近似的允许误差的大小。允许误差值越小,越接近理论曲线,但计算机运算所需的时间相应增加,所以选定合适的允许误差是很重要的。

(6) 刀具起始位置的指定,在运动语句之前,要根据工作毛坯形状、工夹具情况,选定刀具的起始位置。

(7) 启动运动语句,刀具沿控制面移动之前,先要指令刀具向控制面移动,直到允许误差范围内为止。此语句还规定了下一个运动的控制面。

(8) 运动语句,为了加工出所要求的工具形状,需要使刀具沿导动面和零件面移动并在停止面停止的语句,这个语句可以依次重复进行。

(9) 与机床有关的指令语句,这类语句有:根据指定使用的机床和数控装置,而调出有关后置处理程序用的指令语句和指示主轴旋转的暂停、进给速度的转换、冷却液的开断等指令语句。

(10) 其他语句,为打印数据的指令语句,与计算机处理无关的注释语句等。

(11) 结束语句,零件源程序全部写完时,最后一定要写上结束语句。

6.3.4 APT 语言编程示例

铣削如图 6.14 所示零件,铣刀直径为 10 mm,SPAR 为刀具的起点(位于坐标原点上),加工顺序按 L_1—C_1—L_2—C_2—L_3—L_4—L_5 进行,刀具最后回到起始点。表 6.2 为加工零件的 APT 语言程序示例。

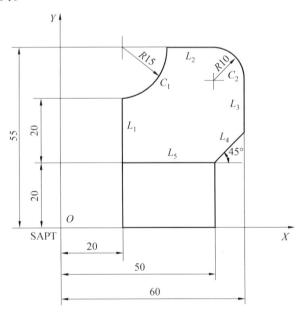

图 6.14 铣削例图

表6.2 APT语言程序示例

输入语句	说明
PARTON EXAMPLE PROGRAM	源程序标题为 EXAMPLE PROGRAM
CUTTER/10	给出刀具直径 ϕ10 mm
OUTTOL/.05	给出轮廓外容差 0.05 mm
SAPT=POINT/0,0,0	定义刀具起始点位置 START($X0,Y0,Z0$)
L1=LINE/20,20,0,20,40,0	定义直线 L_1(L_1 两点坐标值分别为 $X20,Y20,Z0$ 和 $X20,Y40,Z0$)
L2=LINE/35,55,0,50,55,0	定义直线 L_2(L_2 两点坐标值分别为 $X35,Y55,Z0$ 和 $X50,Y55,Z0$)
L3=LINE/60,30,0,60,45,0	定义直线 L_3(L_3 两点坐标值分别为 $X60,Y30,Z0$ 和 $X60,Y45,Z0$)
L4=LINE/50,20,0,60,30,0	定义直线 L_4(L_4 两点坐标值分别为 $X50,Y20,Z0$ 和 $X60,Y30,Z0$)
L5=LINE/20,20,0,50,20,0	定义直线 L_5(L_5 两点坐标值分别为 $X20,Y20,Z0$ 和 $X50,Y20,Z0$)
C1=CIRCLE/20,50,0,15	定义一个圆 C_1(C_1 圆心坐标为 $X20,Y55,Z0;R15$)
C2=CIRCLE/50,45,0,10	定义一个圆 C_2(C_2 圆心坐标为 $X50,Y45,Z0;R10$)
SPINDL/1800,CLW	规定主轴转速为 1 800 r/min,顺时针方向
COOLNT/ON	打开切削液
FEDRAT/120	规定刀具给进速度
FROM/SAPT	规定刀具起始点为 START 点
GPTP,L1	规定刀具从 STAET 点开始以最短距离运动到 L_1 向切时为止
TLLFT	顺着切削运动方向看,刀具处在工件左边的位置
GOLFT/L1,PAST,C1	刀具到达时,相对于前一运动向左并沿 L_1 运动,直到走过 C_1 为止
GORGT/C1,PAST,L2	表示刀具向右沿 C_1 运动,直到走过 L_2 时为止
GPLFT/L2,TANTO,C2	表示刀具向右沿 L_2 运动,直到走过 C_2 相切时为止
GOFWD/C2,TANTO,L3	表示刀具向右沿 C_2 运动,直到走过 L_3 相切时为止
GOFWD/L3,PAST,L4	表示刀具向前沿 L_3 运动,直到走过 L_4 时为止
GOFWD/L4,PAST,L5	表示刀具向前沿 L_4 运动,直到走过 L_5 时为止
GOFWD/L5,PAST,L1	表示刀具向右沿 L_5 运动,直到走过 L_1 时为止
GOTO/SAPT	刀具直接运动到起始点 START
COOLNT/OFF	关闭切削液
SPINDL/OFF	主轴停
FINI	工作源程序结束

6.3.5 图形编程技术概述

近些年来,由于计算机技术发展十分迅速,计算机的图形处理功能有了很大提高,一种可以直接将零件的几何图形信息自动转化为数控加工程序的计算机辅助编程技术——图形编程应运而生。

1. 图形编辑的概念、系统组成

图形编程是一种计算机辅助编程技术,它是通过专用的计算机软件来实现的。这种软件通常以机械 CAD 软件为基础,利用 CAD 软件图形编辑功能将零件的几何图形绘制到计算机上,形成零件的图形文件,然后再调用数控编程模块,采用人机交互方式,在计算机屏幕上指定被加工的部位,再输入相应的加工参数,计算机便可以自动地进行必要的数学处理并编制出数控加工程序,同时能在计算机屏幕上动态地显示刀具的加工轨迹。这种方法具有速度快、精度高、直观性好、使用方便、便于检查等优点。

图形编程系统的组成一般有几何造型、刀具轨迹生成、刀具轨迹编辑、刀具验证、后置处理、计算机图形显示、数据库管理、运行控制及用户界面等组成。

2. 图形编程的基本原理

目前,国内外图形编程软件的种类很多,其软件功能、面向用户接口方式有所不同,编程的具体过程及编程过程中所使用的命令也不尽相同,从总体上讲,其编程的基本原理及基本步骤大体上是一致的。归纳起来为五大步骤:零件图纸及加工工艺分析、几何造型、刀具轨迹计算及生成、后置处理、程序输出。

(1)零件图纸及加工工艺分析。

零件图纸及加工工艺分析是数控编程的依据。目前,国内外计算机辅助工艺过程设计(CAPP)技术尚未达到普及应用阶段,因此这项工作还不能由计算机承担,仍需人工进行。图形编程需要将零件被加工部分的图形准确地绘制在计算机上,并需要确定有关工件的装夹位置、工件坐标系、刀具尺寸、加工路线及加工工艺参数等数据之后才能进行编程,作为编程前期工作的零件图及加工工艺分析任务主要有:

①核准零件加工部位的几何尺寸、公差及精度要求。
②确定零件相对机床坐标系的装夹位置以及被加工部位所处的坐标平面。
③选择刀具并准确测定刀具有关尺寸。
④确定工件坐标系、编程原点,找正基准面及对刀点。
⑤确定加工路线。
⑥选择合理的工艺参数。

(2)几何造型。

几何造型就是利用图形交互自动软件的图形绘制、编辑修改、曲线曲面造型等有关指令,将零件被加工几何部位图形准确地绘制在计算机屏幕上,与此同时,在计算机内自动形成零件的图形数据文件。这相当于在 APT 语言编辑中,用几何定义语句定义零件的几何图形的过程。其不同点在于它不用语言而是用计算机绘图的方法将零件的图形数据输送到计算机中。这些图形数据是后来刀位轨迹计算的依据。自动编程过程中,软件将根据数据加工要求自动提取这些数据,进行分析判断和必要的数学处理,以形成加工的刀位轨迹数据。

图形数据的准确与否直接影响着编程结果的准确性。所以,要求几何造型必须准确无误。在计算机上进行几何造型,并不需要计算节点的坐标值,而是利用软件丰富的图形绘制、编辑、修改功能,采用类似手工绘图中所使用的几何作图的方法,在计算机上利用各种几何造型指令绘制构造零件的几何图形。

(3)刀位轨迹的生成。

图形编程的刀位轨迹的生成是面向屏幕上图形交互进行的。其过程是:首先在刀位轨迹生成菜单中选择所需的菜单选项,然后根据屏幕提示,用光标选择相应的图形目标,指定相应的坐标点,输入所需的各种参数。软件将自动从图形文件中提取编程所需要的信息,进行分析判断,计算出节点数据,并将其转换成刀位数据,存入指定的刀位文件中或直接进行后置处理生成数控加工程序。同时,在屏幕上显示出刀位的轨迹图形。

曲面加工比较复杂,所以具有曲面加工编程功能的软件,其交互编程过程通常采用多重菜单的方式进行。在曲面造型完成之后,进入刀位轨迹生成子菜单,编程人员根据所需的刀位轨迹生成方式,选取相应的菜单项,并根据屏幕提示输入相应参数,软件便自动生成刀位轨迹文件。

(4)后置处理。

后置处理的目的是形成数控指令文件。各种机床使用的数控系统不同,所用的数控指令文件的代码也有所不同。为解决这个问题,软件通常设计一个后置处理文件。在进行后置处理前,编程人员需对文件进行编辑,按文件规定的格式定义数控指令文件所使用的代码、程序格式、圆整化方式等内容。软件在执行后置处理命令时将自动按设计文件定义的内容、输出所需要的数控指令文件。另外,由于某些软件采用固定的模块化结构,其功能模块和数控系统是一一对应的,后置处理过程已固化在模块中,因此在生成刀位轨迹的同时便自动进行后置处理生成数控指令文件,无须再单独进行后置处理。

(5)程序输出。

由于图形交互自动编程软件在编程过程中可在计算机内自动生成刀位轨迹图形文件和数控指令文件,因此程序的输出可以通过计算机的各种外部设备进行。

使用打印机可以打印出数控加工程序单,并可在程序单上用绘图机绘制出刀位轨迹图,使机床操作者更加直观地了解加工的走刀过程。

使用由计算机直接驱动的纸带穿孔机,可将加工程序穿成纸带,提供给有读带装置的机床数控系统使用。

对于有标准通用接口的机床数控系统,可以和计算机直接联机,由计算机将加工程序直接送给机床数控系统。

6.3.6 图形编程实例

现在采用 I-DEAS GNC 编写加工某种可转位平面粗铣刀的刀槽。可转位刀具 NC 编程的一般步骤如下。

(1)首先在 CAD 系统进行实体造型得出设计模型,因为过程主要是从设计角度出发,所以各部分满足设计要求,能够产生标准图纸。在加工时,要有足够的进刀和退刀空间及其他工艺性的考虑,因此要有一个二次几何造型问题,将刀片、排屑槽模型根据加工情况适当放大,它们的形状决定了走刀的轨迹,所以要经适当的改变和简化,剔除与加工信息无关的几何元素,还要补充空刀、螺钉孔等加工信息,最后组成一个 NC 加工模型。

(2)进入 NC SETUP 模块,此时要根据实际情况确定是空间五坐标曲面加工方式,还是采用多轴二维半加工方式。前者需要将被加工的面按 SURFACE 选中;后者需要确定好空间方位,即选择 FACE,然后组织加工边界轮廓 KCURVE 和/或集点 POINTSET,最后生成 GNC 格式的作业文件(×××.JB)。

(3)加工工艺确定,包括划分工序、选择加工机床、选择刀具、切削用量、加工余量、加工路线等。将选用的刀具及切削用量按 GNC 的格式 TOOL/……写入作业文件。若采用多轴二维半加工方式,还要根据具体机床的形式,定义机床回转工作台(TBLE/)。

(4)进入 GNC,调入×××.JB 文件。先进行必要的几何分类及视图安排,开始编制加工程序 SEQUENCE。要注意的问题有:

① 被加工面的法向有时是相反的,要调过来。

② 边界是有方向的(KCURVE),根据加工要求确定。如果采用五坐标曲面加工方式,常用的命令有:PARTSURF/、MULTAIS/、TAXIS/、GOTO/、GUV/,此时 GOCLEAR/、PROFILE/等,因此 GNC 从空间曲面角度考虑,没有半径补偿(指边界方向),所以不实用。

如果采用多轴二维半加工方式(适用于空间复合角度平面问题),首先用 GOFACE 确定好空间方位,然后几乎可用全部的二维加工命令,如 GOC、PRO、DRILL、TAP、BOER、MOVE、LINEMOVE、SLOT、GROOVE、GOTO、GODELTA 等来确定加工路线。

(5)最后用 FILE 结束 SEQUNCE,用 FINISH 结束 JOB 作业,并生成刀位文件×××.CL。

(6)进行后置处理,选择所用机床的专用后处理程序,输入夹具的标准 N 值及程序号,就开始了对刀位文件的后处理过程,生成加工程序:×××.TP。一般要将此文件用编辑程序进行编辑,以解决在 SEP 中编制加工路线或工艺时遗留问题及一些不便于自动处理的子程序等。最后还要编辑出一个刀表文件以备操作者调刀用。

(7)将程序输入机床进行首件试加工,观察进刀、退刀点是否合理,有无干涉现象,某些因素是否影响了坐标值的精确度等。进行首件检查,如有问题,简单地用手工调整,原则性或复杂的就需回到 GNC 的 SEQ 中,重新修改,直至正确。

6.3.7 数控程序的检查与仿真

无论是采用语言自动编程方法还是采用图形自动编程方法生成的数控加工程序,在加工过程中是否发生过切、少切,所选择的刀具、走刀路线、进退刀方式是否合理,零件与刀具、刀具与夹刀、刀具与工作台是否干涉和碰撞等,编程人员往往事先很难预料,结果可能导致加工零件不符合要求,出现废品,有时会损坏机床、刀具。随着 NC 编程的复杂化,NC 代码的错误率也越来越高。在投入实际加工时零件的数控加工程序正确,对数控加工编程起着重要的作用。

目前数控程序检验方法主要有试切、刀具轨迹仿真、三维动态切削仿真和虚拟加工仿真等。

1. 试切法

试切法是 NC 程序检验的有效方法。传统试切是采用塑膜、蜡膜或木模在专用设备上进行的,通过塑膜、蜡膜或木模零件尺寸的正确性来判断数控加工程序是否正确。但试切过程不仅占用了加工设备的工作时间,需要操作人员在整个加工周期进行监控,而且加工中的各种危险同样难以避免。

用计算机仿真模拟系统,从软件上实现零件的试切过程,将数控程序的执行过程在计算机屏幕上显示出来,是数控加工程序检验的有效方法。在动态模拟时,刀具可以实时地在屏幕上移动,刀具与工件接触之处,工件的形状就会按刀具移动的轨迹发生相应的变化。观察者可在屏幕上看到连续的、逼真的加工过程。利用这种视觉检验装置,就可以很容易发现刀具和工件之间的碰撞及其他错误的程序命令。

2. 刀位轨迹仿真法

刀位轨迹仿真法一般是在后置处理之前进行,通过读取刀位数据文件检查刀具位置计算是否正确,加工过程中是否发生过切,所选刀具、走刀路线、进退刀方式是否合理,刀位轨迹是否正确,刀具与约束面是否发生干涉与碰撞。这种仿真一般可以采用动画显示的方法,效果逼真。由于该方法是在后置处理之前进行刀位轨迹仿真,因此可以脱离具体的数控系统环境进行。刀位轨迹仿真法是目前比较成熟有效的仿真方法,应用较为普遍。其主要有刀具轨迹显示验证、截面法验证和数值验证三种方式。

(1) 刀具轨迹显示验证。

刀具轨迹显示验证的基本方法是:当待加工零件的刀具轨迹计算完成以后将刀具轨迹在图形显示器上显示出来,从而判断刀具轨迹是否连续,检查刀位计算是否正确。图6.15是采用球形棒铣刀五坐标侧铣加工透平压缩机叶轮片型面的显示验证图。从图可看出刀具轨迹与叶型面的相对位置是合理的。

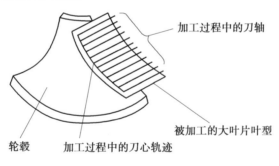

图 6.15 刀具轨迹显示验证

(2) 刀具轨迹截面法验证。

截面法验证是先构造一个截面,然后求该截面与待验证的刀位点上的刀具外形表面、加工表面及其约束面的交线,构成一幅截面图显示在屏幕上,从而判断所选择的刀具是否合理,检查刀具与约束面是否发生干涉与碰撞,加工过程是否存在过切。

截面法验证主要应用于侧铣加工、型腔加工及通道加工的刀具轨迹验证。截面形式有横截面、纵截面及曲截面等三种方法。

采用横截面方式时,构造一个与走刀路线上刀具的刀轴方向大致垂直的平面,然后用该平面去剖截待验证的刀位点上的刀具表面、加工表面及其约束面,从而得到一张所选刀位点上刀具与加工表面及其约束面的截面图。该截面图能反映出加工过程中刀杆与加工表面及其约束面的接触情况。图6.16是采用二坐标端铣加工型腔及二坐标侧铣加工轮廓时的横截面验证图。

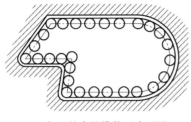 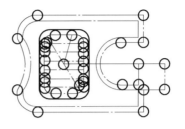

(a) 加工轮廓的横截面验证图　　　　　(b) 加工型腔的横截面验证图

图 6.16　横截面验证图

纵截面验证不仅可以得到一张反映刀杆与加工表面、刀尖与导动面的接触情况的定性验证图,还可以得到一个定量的干涉分析结果表。如图 6.17 所示,在用球形刀加工自由曲面时,若选择的刀具半径大于曲面的最小曲率半径,则可能出现过切干涉或加工不到位的情况。

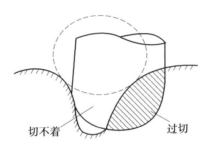

图 6.17　用球形刀加工自由曲面时的干涉

(3) 刀具轨迹数据验证。

刀具轨迹数据验证也称为距离验证,是一种刀具轨迹的定量验证方法。它通过计算各刀位点上刀具表面与加工表面之间的距离进行判断,若此距离为正,表示刀具离开加工表面一个距离;若距离为负,表示刀具与加工表面过切。

如图 6.18 所示,选取加工过程中某刀位点上的刀心,然后计算刀心到所加工表面的距离,则刀具表面到加工表面的距离为刀心到加工表面的距离减去球形刀刀具半径。设 C_0 表示加工刀具的刀心,d 是刀心表面的距离,R 表示刀具半径,则刀具表面到加工表面的距离:

$$\delta = d - R$$

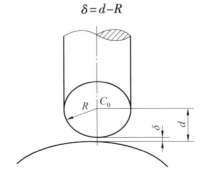

图 6.18　球形刀加工的数值验证

3. 三维动态切削仿真法

三维动态切削图形仿真验证是采用实体造型技术建立加工零件毛胚、机床、夹具及刀具在加工过程中的实体几何模型，然后将加工零件毛胚及刀具的几何模型进行快速布尔运算（一般为减运算），最后采用真实感图形显示技术，把加工过程中的零件模型、机床模型、夹具模型及刀具模型动态地显示出来，模拟零件的实际加工过程。

三维动态切削仿真法的特点是：仿真过程的真实感较强，基本上具有试切加工的验证效果。

现代数控加工过程的动态仿真验证的典型方法有两种：一种是只显示刀具模型和零件模型的加工过程动态仿真；另一种是同时动态显示刀具模型、零件模型、夹具模型和机床模型的机床仿真系统。

从仿真检验的内容看，可以仿真刀位文件，也可仿真 NC 代码。

4. 虚拟加工仿真法

虚拟加工仿真法是应用虚拟现实技术实现加工过程的仿真技术。虚拟加工仿真法主要解决加工过程和实际加工环境中，工艺系统间的干涉碰撞问题和运动关系。由于加工过程是一个动态的过程，刀具与工件、夹具、机床之间的相对位置是变化的，工件从毛胚开始经过若干道工序的加工，在形状和尺寸上均在不断变化，因此虚拟加工法是在各组成环节确定的工艺系统上进行动态仿真。

虚拟加工仿真方法与刀位轨迹仿真方法不同，虚拟加工仿真方法能够利用多媒体技术实现虚拟加工，不只是解决刀具与工件之间的相对运动仿真，它更重视对整个工艺系统的仿真。虚拟加工软件一般直接读取数控程序，模仿数控系统逐段解译，并模拟执行，利用三维真实感图形显示技术，模拟整个工艺系统的状态，还可以在一定程度上模拟加工过程中的声音等，提供更加逼真的加工环境效果。

从发展前景看，一些专家学者正在研究开发考虑加工系统物理、力学特性情况下的虚拟加工，一旦成功，数控加工仿真技术将发生质的飞跃。

6.4 数控(DNC)技术

DNC(Direct Numerical Control)称为直接数控，是网络化数控机床常用的制造术语。其基本原理是使用计算机对具有数控装置的机床或机床群直接进行程序传输和管理。

其本质是计算机与具有数控装置的机床群使用计算机网络技术组成的分布在车间中的数控系统。该系统对用户来说就像一个统一的整体，系统对多种通用的物理和逻辑资源整合，可以动态地分配数控加工任务给任一加工设备；是提高设备利用率，降低生产成本的有力手段，是未来制造业的发展趋势。

6.4.1 DNC 系统结构

现在的企业面对的是一个多变的需求环境，因而车间层控制系统面对的加工任务也是多变的。这种变化包括生产零件的品种、类型、规格、产量和交货期等多个因素的变化以及加工工艺路线随生产任务的不同而变化等。这就需要一个在时间和空间上都开放的车间层控制系统体系结构,运行于不同硬件环境的异构计算机系统中,同时又能适应新技术的发展,容纳新设备的增加。

1. DNC 系统是基于 CORBA 车间层控制系统的一个功能单元

在基于 CORBA 的车间层控制系统中,构造车间信息集成和共享的公共平台是核心问题之一,我们采用基于客户/服务器结构的分布式控制平台(如 Orbix),既可以将传统的递阶控制结构变换成更适合信息集成的分布或控制结构,又可适应不同产品制造过程(离散制造或连续制造)中统一的生产管理和组织要求。

车间层控制系统总体结构分为 3 层:底层为系统支持层,由分布式计算环境和异构网络集成系统两个子层构成,提供底层的计算机系统、网络系统和数据系统等系统级功能;中间层为开放式分布处理层,提供统一的集成通信服务,由开放式分布处理平台和应用程序接口组成;最上层为信息集成层,支持多客户/服务器的分布式多数据库集成系统,将现有的应用和数据信息集成到系统中。为实现控制结构的分布、数据库的分布以及系统功能的分布,提出的车间层控制系统软件采用基于 CORBA 规范的分布式对象体系结构。

CORBA 规范主要特点是实现软件总线结构。所谓软件总线的功能,就是起到类似于计算机系统硬件总线的作用,只要将应用模块按总线规范做成软插件,插入总线即可实现集成运行。实现软件总线的核心系统称为 ORB(对象请求代理器),它不仅支持标准的 OMG 对象模型,还具有分布进程管理和通信管理功能。此外,CORBA 定义了 IDL(Interface Definition Language)语言,以描述软件总线上的插销。IDL 提供了对成员系统的封装和成员系统之间的隔离,任何成员系统作为一个对象,通过 IDL 对其接口参数进行定义和说明,就可接到 ORB 上,为其他系统提供服务或向其他系统提出请求,达到即插即用效果。

车间层控制系统划分为许多独立的功能单元,每个功能单元对应于一个包含功能接口定义和实体的抽象对象,每类对象的接口由属性和操作组成,由 IDL 定义的其他功能单元可以透明访问的服务调用该对象的私有数据,具体功能的实现被封装在实体里。我们将每类对象按照功能划分成若干个子对象,将其设计成为可以直接插在 CORBA 软件总线上的对象插件。这些对象插件按照各层客户/服务器结构组成整个平台系统。这种结构可以带来长远的利益,既能迅速增加新的 DBMS 的应用和新的用户界面,又能升级支持各种新功能。

2. DNC 软件体系结构

基于 CORBA 的 DNC 系统软件的实现平台建立在车间层控制系统平台的基础上。我们将 DNC 系统体系结构划分为三层的客户/服务器结构,将表示逻辑、业务逻辑和数据处理逻辑明确划分开来。为此,表示层用来表示信息和收集数据,此处为由 VB 实现的可移植的 DNC 人机接口;业务层响应用户(或其他的业务服务)发来的请求,执行某种业务任务,此处为由 VC++来实现 DNC 应有程序及 NC 数据管理应用程序;数据层包括数据的定义、维修、访问和更新以及管理,并响应业务服务的数据请求,此处为经 IDL 功能接口定义封装的 NC 局部数据库(Access)服务器。这些层并不一定与网络上的具体物理位置相对应,它们只是概念上的层,借助这些概念可以开发出健壮的、基于组件的应用程序。

可以把应用程序的需求分解成明确定义的服务。在定义了服务之后,需要进一步创建具体的物理组件来实现它们。根据性能和维护的需求、工作量、网络带宽以及其他因素,可以在网络上灵活地部署这些组件。

3. DNC 系统软件数据模型

DNC 系统软件中涉及数据实体包含 4 类：①与制造设备硬件相关的数据实体（如机床等）；②与人机通信相关的数据实体（如通信协议实体和串口通信实体）；③数控数据实体（如 NC 程序号、刀具号、工序号）；④输入操作指令或派工单实体。采用面向对象方法将上述实体抽象成为类，可分为能力单元类、NC 机床类、NC 控制器类、通信协议类、终端服务器类、串口通信类、NC 程序类等。

DNC 应用程序中的对象从这些类中继承下来，每个对象的方法即该对象的成员函数根据相应的功能需求来定义。

DNC 系统软件的功能模型，其中 NC 数据管理的主要功能是对数控数据进行管理，主要有数控数据的显示、插入、修改、删除、更新、锁定(不允许更改)和打印等操作；NC 数据执行的主要功能有：数控数据在计算机和机床之间的传送、删除机床上的数控数据、启动机床上的数控程序、随时从机床设备获得工作状态信息并存入数据库，作为运行数据采集模块评价加工过程的根据；DNC 通信接口通过 DNC 协议和数据链路协议建立单元控制系统和 CNC 的连接。

DNC 系统功能包括：①NC 程序及数据的传递，以某种通信协议(如 Philip 532 等)实现通信功能；②机床状态采集和上报；③根据工序计划，自动分配 NC 程序及数据到相应机床；④刀具数据的分配与传递；⑤NC 程序统一管理及追溯；⑥车间数据智能化共享。

4. 配置结构

基于 CORBA 的车间层控制系统需要 2 种层次的互连。第一层是利用计算机局域网技术和协议软件把由异构计算机组成的车间层控制器、设备控制器等互联起来；第二层是在这一互联的基础上，实现各节点、各被控的异构制造设备(如加工中心、机器人、PLC 等)之间的信息交互，这种交互通过制造信息规范(MMS)实现。作为车间层控制系统的一个重要组成部分，DNC 系统的物理配置基本结构如图 6.19 所示，主计算机通过网络介质(具有独立 IP 地址的终端服务器)分别连接多台 CNC 系统实现 NC 程序的装卸、刀具数据的传递、操作命令的下达和状态信息的反馈。这是一种通过局域网连接起来的通信结构，它具有包括物理层、数据链路层、传输层及应用层 4 层结构，其中数据链路层采用 LSV2 通信协议，传输层采用 DNC 协议(如 SINUMERIK 协议、PHILIPS 协议)。

6.4.2 DNC 技术作用及优缺点

设备网络化管理通信，取代了纸质数控程序的传递和手动输入程序的低效率。

DNC 系统解决方案为企业搭建车间设备联网管理平台，将设备统一联网管理，大大缩短设备的程序准备时间和传输时间，实现高效准确的程序传输，帮助设备发挥最大价值。

1. DNC 技术应用的主要作用

(1)实现车间的完全网络化管理，为不同车间生产需求搭建多样的车间网络系统，消除车间数控设备之间的信息孤岛。彻底改变以前数控设备的单机通信方式，全面实现数控设备的集中管理与控制。

(2)使 NC 程序管理更加规范化。DNC 系统完善的程序传输流程、严谨的用户权限管理、方便的程序版本管理以及良好的可追溯性，实现对 NC 程序全生命周期的跟踪管理。

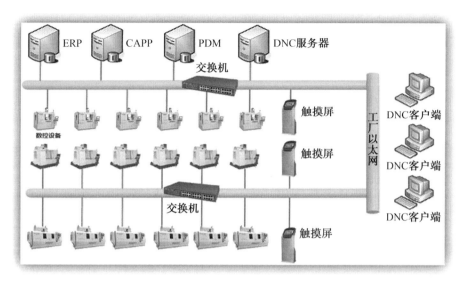

图 6.19 DNC 系统

（3）大幅提高数控设备利用率，减少数控设备的准备时间。DNC 系统方便、可靠、全自动的 NC 程序传输功能，可最大程度地提高数控设备的有效利用率。

（4）产品质量得到进一步提高，明显降低产品废品率。DNC 系统可从最大程度上避免程序错误，从管理手段与措施上使产品质量有了根本的保障。

（5）明显降低工作人员的劳动强度。服务器端无人值守，设备端全自动远程传输，操作者不用离开设备就能完成程序的远程调用、远程比较和远程上传等全部工作，明显减少了操作者因程序传输而在车间现场来回奔波的时间。

（6）车间现场更加整洁。DNC 系统实现了 NC 程序的集中管理与集中传输，车间现场不再需要大量的台式计算机及桌椅板凳，取而代之的是少量美观大方的现场触摸屏，整个车间显得更整洁，更符合车间精益生产管理的要求。

2. DNC 的主要优点

（1）实现车间的资源与信息透明化，降低了管理成本及管理难度，解决了过去对设备无法掌控的被动局面。把零件加工程序存入直接数控计算机的存储器后，即可由计算机直接控制机床，在整个加工过程中不需要读带机参与工作，提高了系统的工作可靠性，因为在数控机床的加工过程中有 75% 的故障来源于读带机。

（2）对车间的加工设备进行有效的整合，提高了设备的利用率，减少机床的辅助时间。一台计算机可以同时控制多台机床，因而能充分发挥计算机的功能。作为直接数控计算机终端的数控或计算机数控机床的台数可随时根据生产任务做相应的增减，并且能使它们同时加工同一种零件，或分别加工不同的零件，提高了系统的柔性，以适应中小批量的生产。在直接数控系统的基础上易于实现柔性制造系统。

目前，DNC 系统的研究尚存在以下有待解决的技术问题：①DNC 系统体系结构的开放性不强。国内大部分 DNC 系统局限于单一供应商的制造设备，平台之间可移植性差，不同应用程序互操作能力有待提高，不利于系统集成。②DNC 系统通信结构多为点对点式，或采用局域网加点对点式，不能很好地解决通信竞争问题。③DNC 系统与 NCP 和 CAD 的接口功能还很弱。④DNC 系统控制软件可重用性不强,需要进行面向对象设计和实现。本文提出了基于 CORBA(通用对象请求代理结构)的车间层控制系统中 DNC 系统,给了上述问题很好的解答,并实现了软件的编制及联机调式。

6.5 计算机辅助工艺规划(CAPP)技术

CAPP(Computer Aided Process Planning)是指借助于计算机软硬件技术和支撑环境,利用计算机进行数值计算、逻辑判断和推理等的功能来制定零件机械加工工艺过程。

CAPP 技术的研究和发展源于 20 世纪 60 年代。1969 年挪威推出了世界上第一个 CAPP 系统 AUTOPROS,并于 1973 年商品化。美国于 20 世纪 60 年代末 70 年代初着手于 CAPP 系统的研发。

借助于 CAPP 系统,可以解决手工工艺设计效率低、一致性差、质量不稳定、不易达到优化等问题。

6.5.1 CAPP 技术简介

CAPP 是计算机辅助工艺规划,是通过向计算机输入被加工零件的原始数据、加工条件和加工要求,由计算机自动地进行编码,编程直至最后输出经过优化的工艺规划卡片的过程。这项工作需要有丰富生产经验的工程师进行复杂的规划,并借助计算机图形学、工程数据库以及专家系统等计算机科学技术来实现的。

利用计算机来进行零件加工工艺过程的制订,把毛坯加工成工程图纸上所要求的零件,这一过程为计算机辅助工艺规划。它是通过向计算机输入被加工零件的几何信息(形状、尺寸等)和工艺信息(材料、热处理、批量等),由计算机自动输出零件的工艺路线和工序内容等工艺文件的过程。如图 6.20 所示为 CAPP 的系统组成。

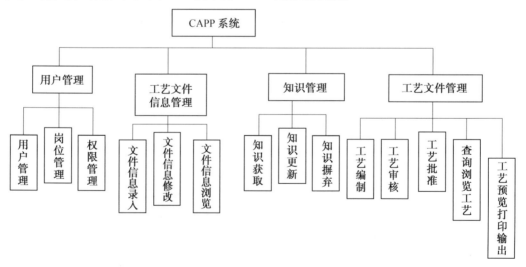

图 6.20 CAPP 系统组成

计算机辅助工艺规划常是联结计算机辅助设计(CAD)和计算机辅助制造(CAM)的桥梁,如图 6.21 所示。在集成化的 CAD/CAPP/CAM 系统中,由于设计时在公共数据库中所建立的产品模型不仅仅包含了几何数据,也记录了有关工艺需要的数据,以供计算机辅助工艺规划利用。计算机辅助工艺规划的设计结果也存回公共数据库中供 CAM 的数控编程。集成化的作用不仅仅在于节省了人工传递信息和数据,更有利于产品生产的整体考虑。从公共数据库中,设计工程师可以获得并考察他所设计产品的加工信息,制造工程师可以从中清楚地知道产品的设计需求。全面地考察这些信息,可以使产品生产获得更大的效益。

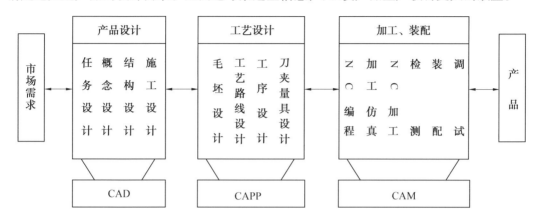

图 6.21　CAD/CAPP/CAM 关系

CAPP 的基础技术包括:

(1)成组技术(Group Technology)。

成组工艺是把尺寸、形状、工艺相近的零件组成一个个零件族,按零件族制定工艺进行生产制造,这样就扩大了批量,减少了品种,便于采用高效率的生产方式,从而提高了劳动生产率,为多品种、小批量生产提高经济效益开辟了一条途径。

零件在几何形状、尺寸、功能要素、精度、材料等方面的相似性为基本相似性。以基本相似性为基础,在制造、装配的生产、经营、管理等方面所导出的相似性,称为二次相似性或派生相似性。因此,二次相似性是基本相似性的发展,具有重要的理论意义和实用价值。

成组工艺的基本原理表明,零件的相似性是实现成组工艺的基本条件。成组技术就是揭示和利用基本相似性和二次相似性,使企业得到统一的数据和信息,获得经济效益,并为建立集成信息系统打下基础。

(2)零件信息的描述与获取。

输入零件信息是进行计算机辅助工艺过程设计的第一步,零件信息描述是 CAPP 的关键,其技术难度大、工作量大,是影响整个工艺设计效率的重要因素。

零件信息描述的准确性、科学性和完整性将直接影响所设计的工艺过程的质量、可靠性和效率。因此,对零件的信息描述应满足以下要求:

①信息描述要准确、完整。所谓完整是指要能够满足在进行计算机辅助工艺设计时的需要,而不是要描述全部信息。

②信息描述要易于被计算机接受和处理,界面友好,使用方便,工效高。

③信息描述要易于被工程技术人员理解和掌握,便于被操作人员运用。

④由于是计算机辅助工艺设计,信息描述系统(模块或软件)应考虑计算机辅助设计、计算机辅助制造、计算机辅助检测等多方面的要求,以便能够信息共享。

(3)工艺设计决策机制。
(4)工艺知识的获取及表示。
(5)工序图及其他文档的自动生成。
(6)NC加工指令的自动生成及加工过程动态仿真。
(7)工艺数据库的建立。

CAPP在制造过程中的地位:①可以将工艺设计人员从烦琐和重复性的劳动中解脱出来,以更多的时间和精力从事更具创造性的工作。②可以大大缩短工艺设计周期,提高企业对瞬息变化的市场需求做出快速反应的能力,提高企业产品在市场上的竞争能力。③有助于对工艺设计人员的宝贵经验进行总结和继承。④逐步形成典型零件的标准工艺库,实现工艺设计的最优化和标准化。⑤为实现企业信息集成创造条件,进而便于实现并行工程、敏捷制造等先进生产制作模式。

CAPP是产品造型和数控加工技术之间的桥梁,它可以使数字化设计的结果快速地应用于生产制造,充分发挥数控编程及加工技术的效益,从而实现数字化设计与制造之间的信息集成,如图6.22所示。

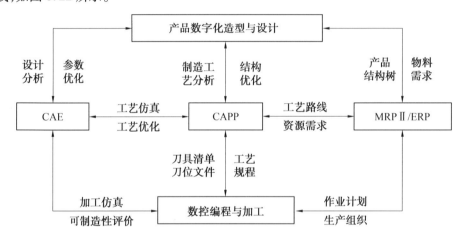

图6.22 数字化设计与制造中的CAPP

计算机辅助工艺规划的内容主要有:①产品零件信息输入;②毛坯选择及毛坯图生成;③定位夹紧方案选择;④加工方法选择;⑤加工顺序安排;⑥加工设备和工艺装备确定;⑦工艺参数计算;⑧工艺信息(文件)输出。

进行计算机辅助工艺规划的方法有:①检索式;②派生式(variant),亦称变异式、修订式、样件式等;③生成式(generative),亦称创成式;④综合式等。

CAPP的步骤共分为5步:①输入产品图纸信息;②拟定工艺路线和工序内容;③确定加工设备和工艺装备;④计算工艺参数;⑤输出工艺文件。

当前,计算机辅助工艺规划正在向集成化、智能化、柔性化方向发展,对柔性CAPP(非线性CAPP、可选CAPP)、动态CAPP(闭环CAPP、实时CAPP)、分布式CAPP、可重构CAPP、集成环境下CAPP、并行工程环境下CAPP以及智能CAPP等系统进行了研究和开发。

6.5.2 CAPP 功能与组成模块

CAPP 系统的基本结构由零件信息的获取、工艺决策、工艺数据库/知识库、人机界面、工艺文件管理/输出等模块组成，如图 6.23 所示。

图 6.23 典型零件的 CAPP 结构

CAPP 系统的工作原理、产品对象、规模大小不同而有较大的差异。CAPP 系统应用软件基本的构成模块，包括：

（1）控制模块。

控制模块的主要任务是协调各模块的运行，是人机交互的窗口，实现人机之间的信息交流，控制零件信息的获取方式。

(2)零件信息输入模块。

当零件信息不能从 CAD 系统直接获取时,用此模块实现零件信息的输入。

(3)工艺过程设计模块。

工艺过程设计模块进行加工工艺流程的决策,产生工艺过程卡,供加工及生产管理部门使用。

(4)工序决策模块。

工序决策模块的主要任务是生成工序卡,对工序间尺寸进行计算,生成工序图。

(5)工步决策模块。

工步决策模块对工步内容进行设计,确定切削用量,提供形成 NC 加工控制指令所需的刀位文件。

(6)NC 加工指令生成模块。

NC 加工指令生成模块依据工步决策模块所提供的刀位文件,调用 NC 指令代码系统,产生 NC 加工控制指令。

(7)输出模块。

输出模块可输出工艺流程卡、工序卡、工步卡、工序图及其他文档,输出亦可从现有工艺文件库中调出各类工艺文件,利用编辑工具对现有工艺文件进行修改得到所需的工艺文件。

(8)加工过程动态仿真。

加工过程动态仿真对所产生的加工过程进行模拟,检查工艺的正确性。

6.5.3 CAPP 的工作类型

CAPP 系统按其工作原理可分为派生式、检索式、创成式等。可以不同类型综合应用,实现人机交互。

1. 派生型

派生型工艺过程设计就是利用零件有相似性,相似的零件有相似的工艺过程这一原理,通过检索相似典型零件的工艺过程,加以增删或编辑而派生一个新零件的工艺过程,如图 6.24 所示。

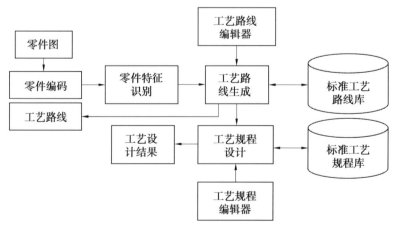

图 6.24 派生型 CAPP 系统流程图

2. 创成型

创成型工艺过程设计系统和派生式系统不同,它是根据输入的零件信息,依靠系统中的工程数据和决策方法自动生成零件的工艺过程 6.25 所示。它可以实现智能的工艺规划过程,如图 6.26 所示。

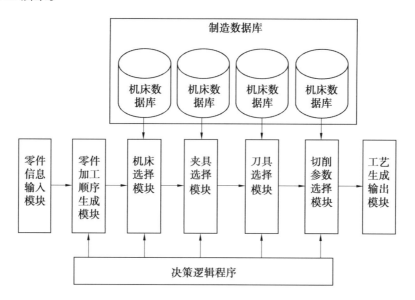

图 6.25　创成型工作原理图

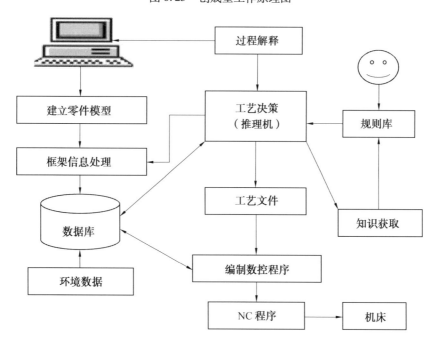

图 6.26　智能型 CAPP 系统的流程图

决策方法如下:
①决策树法。②基于知识的决策。③基于规则的推理过程。④基于框架的推理控制。

3. 综合型

综合型 CAPP 系统是将派生式与创成式结合起来,对新零件的工艺进行设计时,先通过计算机来检索所属零件族的标准工艺,再根据零件的具体情况,对标准工艺进行增加和删除,而工步设计则采用自动决策产生,将派生型和创成型互相结合,各取每种方法的优点。综合型检索式工艺过程设计系统是针对标准工艺的,将设计好的零件标准工艺进行编号,存储在计算机中,当制定零件的工艺过程时,可根据输入的零件信息进行搜索,查找合适的标准工艺,如图 6.27 所示。

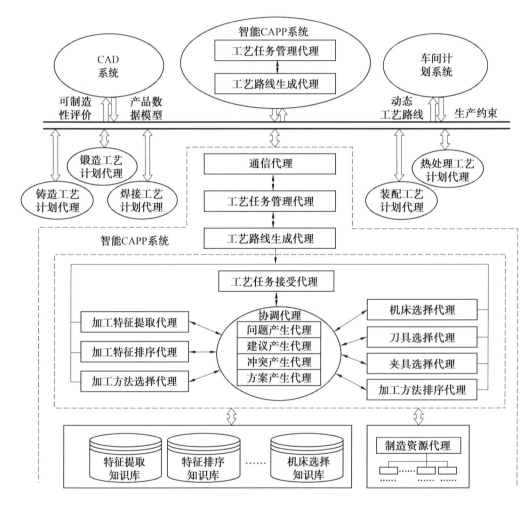

图 6.27　基于多代理的智能型 CAPP 体系结构

4. 交互型

交互型系统是按照不同类型零件的加工工艺需求,以人机对话的方式,完成工艺规程设计的系统。工艺设计人员根据屏幕上的提示,进行人机交互操作,形成所需的工艺规程。它比综合式 CAPP 系统更灵活方便,将一些经验性强、模糊的、难确定的问题留给用户,简化了系统的开发难度,有可能开发出较通用的系统。

6.5.4 CAPP 的应用

随着 CAD、CAPP、CAM、PDM、ERP 等技术单元技术日益成熟,同时又由于 CIMS 及 IMS 的提出和发展,促使 CAPP 向智能化、集成化和实用化方向发展。如图 6.28 ~ 图 6.31 所示,能够实现 CAPP 集成应用。当前,研究开发 CAPP 系统的热点问题有:

(1)产品信息模型的生成与获取。
(2)CAPP 体系结构研究及 CAPP 工具系统的开发。
(3)并行工程模式下的 CAPP 系统。
(4)基于分布型人工智能技术的分布型 CAPP 专机系统。
(5)人工神经网络技术与专家系统在 CAPP 中的综合应用。
(6)面向企业的实用化 CAPP 系统。
(7)CAPP 与自动生产调度系统的集成。

CAPP 软件提供商:达索公司(Dassault Systèmes)、参数技术公司(PTC)、西门子 PLM 公司(Siemens Product Lifecycle Management Software Inc.)、欧特克公司(Autodesk, Inc.)、CAXA 等。

计算机辅助工艺设计的重要意义在于:可以将工艺设计人员从大量繁重的重复性的手工劳动中解放出来,使他们能将主要精力投入到新产品的开发、工艺装备的改进及新工艺的研究等具有创造性的工作中;可以大大缩短工艺设计周期,保证工艺设计的质量,提高产品在市场上的竞争能力;可以提高企业工艺设计的标准化,并有利于工艺设计的最优化工作;能够适应当前日趋自动化现代制造环节的需要,并为实现计算机集成制造系统创造必要的技术基础。如图 6.32 所示为 CAPP 系统工作过程。

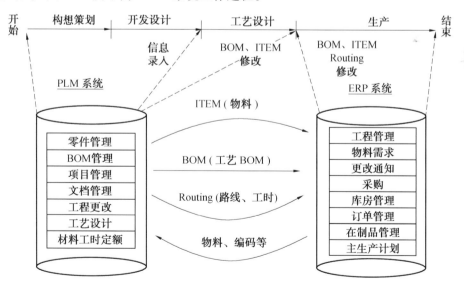

图 6.28 CAPP 与 ERP 集成

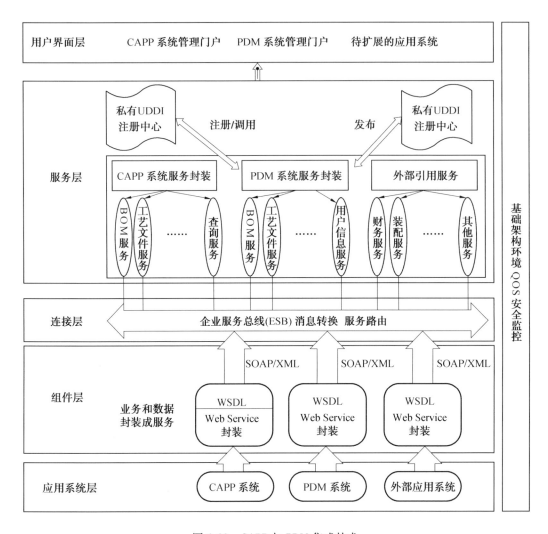

图 6.29 CAPP 与 PDM 集成技术

第 6 章
现代数字化制造与管理

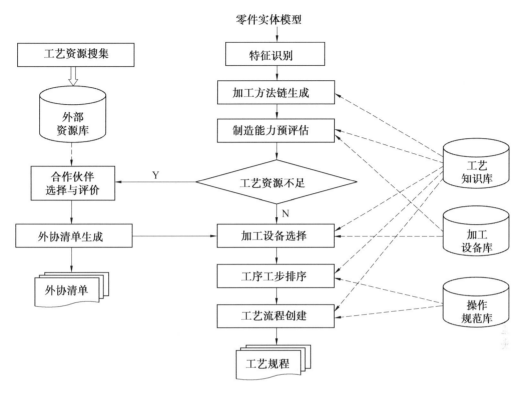

图 6.30 基于网络的 CAPP 工作流程

图 6.31 CAXA CAPP 系统组成

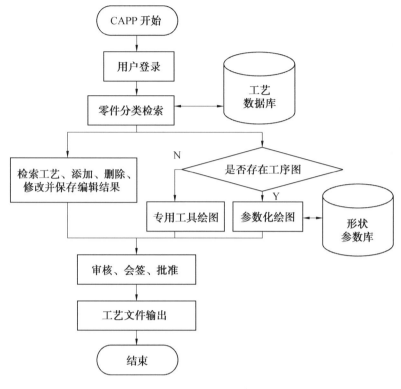

图 6.32 CAPP 系统工作过程

6.6 产品数据管理

二十世纪的六七十年代,企业在其设计和生产过程中开始使用 CAD、CAM 等技术,新技术的应用在促进生产力发展的同时也带来了新的挑战。对于制造企业而言,虽然各单元的计算机辅助技术已经日益成熟,但都自成体系,彼此之间缺少有效的信息共享和利用,形成所谓的"信息孤岛"。在这种情况下,许多企业已经意识到:实现信息的有序管理将成为在未来的竞争中保持领先的关键因素。产品数据管理(Product Data Management,PDM)正是在这一背景下应运而生的一项新的管理思想和技术。

6.6.1 产品数据数字化管理技术

经过近些年来的发展,PDM 技术已经取得了长足进步,在机械、电子、航空航天等领域获得了普遍的应用。PDM 技术正逐渐成为支持企业过程重组(BPR)、实施并行工程(CE)、CLMS 工程和 ISO 9000 质量认证等系统工程的使能技术。

1. 产品数据管理的定义

产品数据管理是基于分布式网络、主从结构、图形化用户接口和数据库件管理技术发展起来的一种软件框架(或数据平台),PDM 对并行工程中的人员工具、设备资源、产品数据以及数据生成过程进行全面管理。

PDM 可以定义为以软件技术为基础,以产品为核心,实现对产品相关的数据、过程、资源一体化集成管理的技术,如图 6.33 所示。这也是 PDM 系统有别于其他的信息管理系统,如企业信息管理系统(MIS)、制造资源计划(MRPII)、项目管理系统(PM)、企业资源计划(ERP)的关键所在。

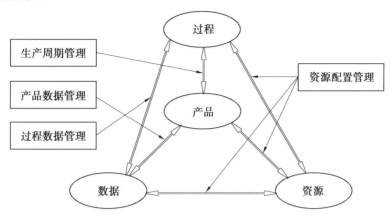

图 6.33　产品、过程、数据和资源的关系

作为 20 世纪末出现的技术,PDM 继承并发展了 CIM 等技术的核心思想,在系统工程思想的指导下,用整体优化的观念对产品设计数据和设计过程进行描述,规范产品生命周期管理,保持产品数据的一致性和可跟踪性。PDM 的核心思想是设计数据的有序、设计过程的优化和资源的共享。

从产品来看,PDM 系统可帮助组织产品设计,完善产品结构修改,跟踪进展中的设计概念,及时方便地找出存档数据以及相关产品信息。

从过程来看,PDM 系统可协调组织整个产品生命周期内诸如设计审查、批准、变更、工作流优化以及产品发布等过程事件。这只是单纯从技术的角度给 PDM 下了一个"准确"的定义,真正意义上的 PDM 远不止如此。如果一定要探寻 PDM 究竟是什么,我们不妨这样来定义它:PDM 是依托 IT 技术实现企业最优化管理的有效方法,是科学的管理框架与企业现实问题相结合的产物,是计算机技术与企业文化相结合的一种产品。企业文化为企业自身所积累、表现出来的各方面特色之总和。

2. PDM 技术的发展过程

产品数据管理的发展历程可以分为以下 3 个阶段,配合 CAD 工具的 PDM 系统、专业 PDM 产品产生和 PDM 的标准化阶段。

(1)配合 CAD 工具的 PDM 系统。

早期的 PDM 产品诞生于 20 世纪的 80 年代初。在当时,CAD 已经在企业中得到了广泛的应用,工程师们在享受 CAD 带来的好处的同时,不得不将大量的时间浪费在查找设计所需信息上,对于电子数据的存储和获取新方法的需求变得越来越迫切了。针对这种需求,各 CAD 厂家配合自己 CAD 软件推出了第一代 PDM 产品,这些产品的目标主要是解决大量电子数据的存储和管理问题,提供了维护"电子绘图仓库"的功能。

第一代 PDM 产品仅在一定程度上缓解了"信息孤岛"问题,仍然普遍存在系统功能较弱、集成能力和开放程度较低等问题。

(2) 专业 PDM 产品。

通过对早期 PDM 产品功能的不断扩展,最终出现了专业化的 PDM 产品,如 SDRC 公司的 Metaphase 和 ESS 的 IMAN 等就是第二代 PDM 产品的代表。

与第一代 PDM 产品相比,在第二代 PDM 产品中出现了许多新功能,如对产品生命周期内各种形式的产品数据的管理能力、对产品结构配置和管理、对电子数据的发布和更改的控制以及基于成组技术的零件分类管理与查询等,同时软件的集成能力和开放程度也有较大的提高,少数优秀 PDM 产品可以真正实现企业级的信息集成和功能集成。

第二代 PDM 产品在取得巨大进步时,在商业上也获得了很大的成功。PDM 开始成为一个产业,出现了许多专业开发、销售和实施 PDM 的公司。

(3) PDM 的标准化阶段。

1997 年 2 月,OMG 组织公布了其 PDM Enabier 标准草案。作为 PDM 领域的第一个国际标准,本草案由许多 PDM 领域的主导厂商参与制订,如 IBM、SDRC、PTC 等,PDM Enabier 的公布标志着 PDM 技术的标准化方面迈出了崭新的一步。

PDM Enabier 基于 CORBA 技术为 PDM 的系统功能、PDM 的逻辑模型和在 PDM 系统间的互操作提出了一个标准。统一标准的制订为新一代标准化 PDM 产品的发展奠定了基础。

3. 产品数据管理系统的技术规范

PDM 技术作为一门管理技术,管理着企业的全部知识资产。随着 PDM 技术的不断更新,为用户提供的功能越来越强大,同时又必须有效地保护原有的资源。一般来说,CAD 系统的改变可以通过图形数据交换标准来保护原有资源。理论上 PDM 系统的改变可以通过 STEP 标准来保护原有资源,可实际上由于 PDM 系统内巨大的数据量,往往这种转换是不可取的。

技术规范主要有以下几点:

(1) 需求分析用来确定软件系统的基本要求。

(2) 原型设计是在需求分析的基础上,根据软件需求和数据交换标准而开发出的一个早期可运行的软件版本,它反映了最终系统的部分重要特性。

(3) 原型评价用来考核原型的性能,检查原型是否实现了分析和规划阶段提出的目标,是否满足需求说明书的要求以及需求描述是否满足用户的愿望等。

(4) 系统改进是根据修改意见对早期原型进行的修改和完善。

(5) 运行过程注意保护企业数据安全。

6.6.2　PDM 技术功能

PDM 是一门用来管理所有与产品相关信息(包括零件信息、配置、文档、CAD 文件、结构、权限信息等)和所有与产品相关过程(包括过程定义和管理)的技术。通过实施 PDM,可以提高生产效率,有利于对产品的全生命周期进行管理,加强对文档、图纸、数据的高效利用,使工作流程规范化。

PDM 是制造过程数据文档管理系统,如图 6.34 所示,能够有效组织企业生产工艺过程卡片、零件蓝图、三维数模、刀具清单、质量文件和数控程序等生产作业文档,实现车间无纸化生产。

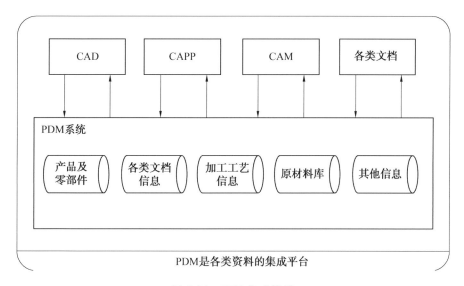

图 6.34　PDM 集成管理

PDM 在企业的信息集成过程中起到一个集成"框架（Framework）"的作用。各种应用程序如 CAD/CAM/CAE、EDA、OA、CAPP 等将通过各种"对象（Object）"而被集成进来，使得分布在企业各个地方、在各个应用中使用（运行）的所有产品数据得以高度集成、协调、共享，所有产品研发过程得以高度优化或重组。

PDM 技术的研究与应用在国外已经非常普遍，全球范围商品化的 PDM 软件不少于 100 种。这些 PDM 产品虽然有许多差异，但一般来说，大多具有以下一些主要功能：

1. 电子资料库和文档管理

对于大多数企业说，需要使用许多不同的计算机系统（主机、工作站、PC 机等）和不同的计算机软件来产生产品整个生命周期内所需的各种数据，而这些计算机系统和软件还有可能建立在不同的网络体系上。在这种情况下，如何确保这些数据总是最新的和正确的，并且使这些数据能在整个企业的范围内得到充分的共享，同时还要保证数据免遭有决的或有意的破坏，这些都是需要解决的问题。

PDM 的电子资料库和文档管理提供了对分布式异构数据的存储、检索和管理功能。在 PDM 中，数据的访问对用户来说是完全透明的，用户无须关心电子数据存放的具体样置，以及自己得到的是否是最新版本，这些工作均由 PDM 系统来完成。电子资料库的安全机制使管理员可以定义不同的角色并赋予这些角色不同的数据访问权限和范围，通过给用户分配相应的角色使数据只能被经过授权的用户获取或修改。同时，在 PDM 中电子数据的发布和变更必须经过事先定义的审批流程后才能生效，这样就使用户得到总是经过审批的正确信息。

某些 PDM 系统还具有对异流数据的管理能力，即 PDM 系统可以对传统的以非电子化形式存储和数据进行管理，虽然对这种文件和管理无法做到对 PDM 内部数据管理的安全程度，但其安全程度至少也不低于传统的手工管理方式，同时这种管理方法还提供了更好地对非电子化数据进行查找和跟踪的能力。

2. 产品结构与配置管理

产品结构与配置管理是 PDM 的核心功能之一,利用此功能可以实现对产品结构与配置信息和物料清单(Bill of Materials)的管理。而用户可以利用 PDM 提供的图形化的界面来对产品结构进行查看和编辑。

PDM 系统中,零部件按照它们之间的装配关系被组织起来,用户可以将各产品定义数据与零部件间关联起来,最终形成对产品结构的完整描述,传统 BOM 可以利用 PDM 自动生成。

PDM 系统通过有效性和配置规则来对系统化产品进行管理。有效性分为两种:结构有效性和版本有效性。结构有效性影响的是零部件在某个具体的装配关系中的数量,而版本有效性影响的是对零部件版本的选择。有效性控制有两种形式:时间有效性和序列数有效性。产品配置规则也分为两种:结构配置规则和可替换件配置规则。结构配置规则与结构有效性类似,控制的都是零部件在某个具体的装配关系中的数量,结构配置规则与结构有效性可以组合使用,可替换件配置规则控制的是可替换件组中零件的选择。配置规则与结构有效性可以组合使用;可替换件配置规则控制的是可替换件组中零件的选择。配置规则是由事先定义的配置参数经过逻辑组合而成。用户可以通过选择各配置变量的取值和设定具体的时间及序列数来得到同一产品的不同配置。

在企业中,同一产品的产品结构形式在不同的部门(如设计部门、工艺部门和生产计划部门)并不相同,因此 PDM 系统还提供了按产品视图来组织产品结构的功能。通过建立相应的产品视图,企业的不同部门可以按其需要的形式来对产品结构进行组织。而当产品结构发生更改时,可以通过网络化的产品结构视图来分析和控制更改对整个企业的影响。

3. 生命周期(工作流)管理

PDM 产品生命周期管理模块管理着产品数据的动态定义过程,其中包括宏观过程(产品生命周期)和各种微过程(如图纸的审批流程)。对产品生命周期的管理包括保留和跟踪产品从概念设计、产品开发、生产制造直到停止生产的整个过程中的所有历史记录,以及定义产品从一个状态换到另一个状态时必须经过的处理步骤。

管理员可以通过对产品数据的各基本处理步骤的组合来构造产品设计或更改流程,这些基本的处理步骤包括指定任务、审批和通知相关人员等。流程的构造是建立在对企业中各种业务流程的分析结果上的。

4. 集成开发接口

各企业的情况千差万别,用户的要求也是多种多样的,没有哪一种 PDM 系统可以适应所有企业的情况,这就要求 PDM 系统必须具有强大的客户需求满足的力和二次使用工具包,PDM 实施人员或用户可以利用这类工具包来进行针对企业具体情况的定制工作。

6.6.3 PDM 系统应用技术

PDM 系统由于其功能性、系统独立性、规模性、开放性等区别而大致分为两类。一种是面向设计团队(项目组),针对具体开发项目,主要以一两种应用软件为特定集成内容,使用规模在几台至百台左右,运行在局域网络环境中的 PDM 产品,我们称其为"项目组级 PDM"。

另一种 PDM 产品是高层次的"企业级 PDM"系统。它具有我们前面讨论提到的所有功能,可按用户需求以任意规模组成多硬件平台、多网络环境、多数据库、多层分布式 Server、多种应用软件等集成的跨企业、跨地区的超大型 PDM 系统,为企业提供基于并行工程思想的完整解决方案。世界上只有极少数 PDM 系统具备这样的能力,如 SDRC 的 Metaphase、Inso 的 SherpaWorks 等,如图 6.35 所示。

企业实施 PDM 的最终目标是达到企业级应用,项目组级 PDM 的应用只是实现这一目标的初级阶段,"中档 PDM"事实上是不存在的。那些游离在这两种层次之间的 PDM 产品,很难去定位它们。有些产品在技术上宣称是企业级的,但实施结果却是项目组级的。有些产品堆砌了许多漂亮辞藻来宣传其与众不同,但是至今仍无一个成功用户。客观上来说,它们还有很长的开发道路要走,自身有待完善。

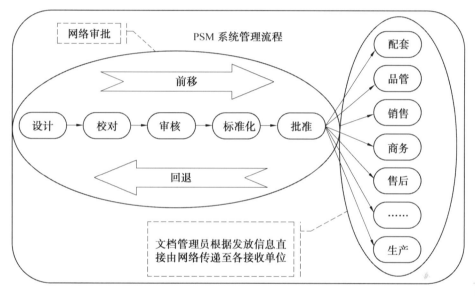

图 6.35　企业实施 PDM 管理流程

1. 工业领域的应用

PDM 涉及的领域很广,它可以管理各种与产品相关的信息,包括电子文档、数据文件以及数据库记录。适用的产品领域包括:

(1)制造业——汽车、飞机、船舶、计算机、家电、移动电话等。

(2)工程项目——建筑、桥梁、高速公路。

(3)工厂——钢铁厂、炼油厂、食品加工厂、制药厂、海洋平台等。

(4)基础设施——机场、海港、铁路运营系统、后勤仓储。

(5)公用事业——发电/电力设置、无线通信、水/煤/气供应、有线电视网。

(6)金融——银行、证券交易及其他行业。

值得指出的是:面对如此广泛的应用领域,尚无一种万能的 PDM 系统可以包罗万象地适用于它们。每个领域都有其自身的特点及需求,即使同一领域的单位,使用完全相同的 PDM 产品,也会遇到完全不同的实施问题。这正是实施 PDM 应充分考虑的问题。

国外已有许多著名的 PDM 软件,如 SDRC 公司的 Metaphase、EDS 公司的 IMAN、PTC 公司的Winchill、IBM公司的Product Manager、CV公司的Optegra等，它们基本上代表了系统功能信息流现今在PDM技术上的最高水平。

随着PDM技术逐渐为我国所重视，我国许多软件厂商也看到了PDM市场的巨大潜力，纷纷开发出自己的PDM产品，如浙江大天创瑞丰软件公司、华中理工大学的华中软件公司、清华大学的高华公司、中科院的凯思公司、南京的同创公司及东北大学的阿尔派公司等。

从应用效果看，有取得明显经济效益的，也有的未能达到预期目标。根据经验总结，企业应用PDM系统要达到目标，要注意如下问题：但企业究竟选择选择哪一个软件，主要应从能满足使用且投资比较经济为出发点，即以能提高产品的质量、缩短产品的开发周期，能满足企业以及内的功能需求，以便尽快地占领市场，为企业创造效益为准则。从软件的选型看，究竟选择哪一个PDM产品，除了重点考虑功能、价格两个重要因素外，更重要的应考虑PDM供应商的技术服务体系和能力。

2. PDM的应用者

PDM可触及现代企业的每个角落，每根神经。在企业内，只要是与产品数据打交道的人，都可以使用PDM。如果加以罗列的话，诸如总经理、厂长、总师、技术专家、项目经理、工程师、信息主管、设计人员、CAD/CAM/CAE使用者、系统管理员、会计资产评估人员、采购人员、市场/营销人员等，几乎业界每个企事业单位的每个部门都可以用到PDM，都可能从中受益，这是企业管理的需要。应该说PDM是21世纪企业的必由之路。我们有理由这样认为，现代企业人涉足PDM，不是意愿问题，而只是时间问题。

3. 管理的企业数据

PDM为一种"管得很宽"的软件。凡是最终可以转换成计算机描述和存储的数据，如下所列，它都可以兼收并蓄，一概管之。

例如：产品结构和配置、零件定义及设计数据、CAD绘图文件、工程分析及验证数据、制造计划及规范、NC编程文件、图像文件（照片、造型图、扫描图等）、产品说明书、软件产品（程序、库、函数等"零部件"）、各种电子报表、成本核算、产品注释等、项目规划书、多媒体音像产品、硬拷贝文件、其他电子数据等。

6.7　产品生命周期管理

产品生命周期管理（Product Life-Cycle Management，PLM），就是指从人们对产品的需求开始，到产品淘汰报废的全部生命历程。PLM是一种先进的企业信息化思想，它让人们思考在激烈的市场竞争中，如何用最有效的方式和手段来为企业增加收入和降低成本。

PLM是一种对所有与产品相关的数据、在其整个生命周期内进行管理的技术。既然PLM与所有与产品相关的数据的管理有关，那么就必然与PDM有关，可以说PLM完全包含了PDM的全部内容，PDM功能是PLM中的一个子集。但是PLM又强调了对产品生命周期内跨越供应链的所有信息进行管理和利用的概念，这是与PDM的本质区别。

（1）PDM主要管理从产品概念设计到样机试验阶段的产品数据信息，而PLM涵盖从产品规划、设计、制造、使用、报废乃至回收的全部过程，并向前延伸至客户需求管理（CNM）和供应链管理（SCM）、向后延伸至客户关系管理（CRM），形成包括产品全生命周期所有信息的管理。

(2) PDM 注重产品开发阶段的数据管理,PLM 关注产品全生命周期内数据的管理。

(3) PDM 侧重于企业内部和产品数据的管理,PLM 则强调对支持产品全生命周期的企业内部以及跨越企业的资源信息的管理及利用。

(4) PDM 是以文档为中心的研发流程管理,主要通过建立文档之间刚性的、单纯的连接来实现;PLM 则力图实现多功能、多部门、多学科以及与供应商、销售商之间的协同工作,需要提供上下文关联式的、更具柔性的连接。

由于 PLM 与 PDM 的渊源关系,因此几乎没有一个以"全新"面貌出现的 PLM 厂商,大多数 PLM 厂商来自 PDM 厂商。有一些原 PDM 厂商已经开发了成体系的 PLM 解决方案,成功地实现了向 PLM 厂商的转化,如 EDS、IBM。当然,也有 ERP 厂商的加入,如 SAP,已经提出了自己的基于 ERP 立场的 PLM 解决方案,试图在这个广大的市场上来分一勺羹;还有一些 CAD 或工程软件厂商也正在做这样的努力。需要指出的是,有一些原来本是 PDM/CAD 的厂商,并没有推出实际的 PLM 产品,而只是改了个名字就自称为 PLM 解决方案厂商,顺道搭车卖一些 PDM/CAD 产品。这样,一些鱼目混珠的动作给市场和广大客户都造成了很多的困惑。

PLM 并不是一种简单的"系统集成"。例如,1 个 PDM,2 个 CAD,1 个数字化装配,加之连接上某个 ERP 或是 SCM 系统,辅之以 Web 技术,就是"PLM"系统了。这样做,只是实现了一种技术的堆积和继承,只是完成了任务和过程自动化的功能,没有体现出 PLM 真正的思想和内涵。尽管以上的技术是需要的,但是对于实施 PLM 战略是不充分的。首先要理解到,由于 PLM 策略是完成不同的商业使命,因而它需要更复杂的系统体系结构。PLM 技术的选择和实施必须以这样的方式来做,构建一个面向更广泛的商业使命的生命周期财富管理系统来组成。技术的采用必须根据这个高层次使命的原则来选择,而不是以完成任务和过程自动化这样传统的历史使命来选择。

PLM 应用是一个或多个 PLM 核心功能的集合体,提供一套可满足产品生命周期具体需求的功能,它代表了 PLM 解决方案的某一视图。随着 PLM 在企业的推广应用,许多不同的 PLM 使功能应用被开发出来,如配置管理、工程变更管理、文档管理等,都已成为 PLM 的标准功能。这些应用缩短了 PLM 的实施时间,并将许多成功的实施经验融合在这些应用中。

6.7.1 典型的 PLM 应用功能

PLM 是一种企业信息化的商业战略。它实施一整套的业务解决方案,把人、过程和信息有效地集成在一起,作用于整个企业,遍历产品从概念到报废的全生命周期,支持与产品相关的协作研发、管理、分发和使用产品定义信息。

PLM 为企业及其供应链组成产品信息的框架。它由多种信息化元素构成:基础技术和标准(如 XML、视算、协作和企业应用集成)、信息生成工具(如 MCAD、ECAD 和技术发布)、核心功能(如数据仓库、文档和内容管理、工作流和程序管理)、功能性的应用(如配置管理)以及构建在其他系统上的商业解决方案,具有的功能如下。

(1) 变更管理。

变更管理使数据的修订过程可以被跟踪和管理,建立在 PLM 核心功能之上,提供一个打包的方案来管理变更请求、变更通知、变更策略,最后到变更的执行和跟踪等一整套方案。

(2)配置管理。

配置管理建立在产品结构管理功能之上,使产品配置信息可以被创建、记录和修改,允许产品按照特殊要求被建造,记录某个变形,被用来形成产品的结构。同时,也为产品周期中不同领域提供不同的产品结构表示。

(3)工作台。

工作台将完成特定任务必需的所有功能和工具集成到一个界面下,使最终用户可以在一个统一的环境中完成诸如设计协同、数据样机、设计评阅和仿真等工作。

(4)文档管理。

文档管理提供图档、文档、实体模型安全存取、版本发布、自动迁移、归档、签审过程中的格式转换、浏览、圈阅和标注,以及全文检索、打印、邮戳管理、网络发布等一套完整的管理方案,并提供多语言和多媒体的支持。

(5)项目管理。

项目管理是管理项目的计划、执行和控制等活动,以及管理与这些活动相关的资源。并将它们与产品数据和流程关联在一起,最终达到项目的进度、成本和质量的管理。

(6)产品协同。

产品协同可提供一类基于Ineternet的软件和服务,能让产品价值链上每个环节的每个相关人员在任何时候、任何地点都能够协同地对产品进行开发、制造和管理。

(7)产品构型管理。

产品构型管理是应对系列化产品设计和生产的有效方法。通过构型管理避免产品发生局部修改,或更换选件时重新构造BOM表和数据准备等繁重任务。

PLM是覆盖了从产品诞生到消亡的产品生命周期全过程的、开放的、互操作的一整套应用方案。建设这样一个企业信息化环境的关键是,要有一个纪录所有产品信息的、系统化的中心产品数据知识库。

这个知识库用来保护数据、实现基于任务的访问(如经常使用的三维视算功能),并作为一个协作平台来共享应用、数据,实现贯穿全企业、跨越所有防火墙的数据访问。PLM的作用可以覆盖到一个产品从概念设计、制造、使用直到报废的每一个环节。

6.7.2 典型PLM产品简介

ProWay C9 PLM系统是产品全生命周期协同管理平台,涵盖制造企业中产品概念创意、产品设计、产品工艺、产品样机制作、产品生产、产品销售、供应商协同、客户关系、产品维护、产品报废等产品生命周期中各个阶段、各种异构类型的产品数据的状态控制,审批流程控制、协同作业以及与各种相关工具和系统的深度应用集成,并采用B/S架构和SOA架构等先进软件技术,是目前国内针对大型制造企业、集团企业(甚至是异地协同开发)以及各类对产品研发管理要求较高的制造企业的产品开发协同管理最全面、最先进的解决方案。

(1)从源头开始管理产品定义。市场分析、客户需求、技术可行性分析等纳入ProWay C9 PLM管理,包括多方的异地协同、相互的反复讨论、资料的原始记录、更改记录,原有资料的查询搜索和统计,市场分析资料的采集、分析和统计,这些数据的有效管理成为产品开发定义的重要依据。

(2)管理图纸及文件。解决企业中复杂的电子图纸、软件、文件、技术资料、相关标准、更改记录等数据的归档、查询、共用、换版等控制问题,对图纸的创建、审批、归档、发布、回收、报废等不同阶段状态进行高效的管控,各种状态之间的转换通过审批流程的控制,自动保存审批记录、变更记录以及旧版资料并实现自动关联,以保证资料的完整一致性,确保图纸资料的正确使用。各种类型的2D/3D 机械结构图纸、EDA 电路图纸/PCB 图纸、以及各种异构类型的文件都能在 ProWay C9 PLM 中统一组织、管理、使用和共享,被授权的用户可以方便地互相参考、借用甚至是同步开发,所有的数据都确保其唯一性,从而也保证了数据在多处使用时的一致性。产品开发效率和产品开发质量将得到提高。

(3)管理物料与相关图纸及数据的关联。ProWay C9 PLM 以物料为核心管理所有的相关数据(如图纸、工艺、规格承认书及其他相关文档、工装模具等),实现以物料为中心的数据关联集成,并理清物料、图纸、工艺之间的版本关系。在此基础上建立产品的物料组成关系(BOM)并构成产品全息图,用户能够快捷、方便、准确地查找到与产品相关的所有资料。

(4)管理物料标准化。物料标准化管理的核心难题是数据重用管理问题,需要解决一系列的复杂问题,包括物料(或图纸)的查询方法、图纸借用和物料借用的一致、借用关系的维护、数据变更的同步一致等。数据重用问题解决不好,企业将难以控制重复新增已有物料(导致一物多号)的问题,一方面仓库里还有物料领不出去,另一方面还在重复采购或加工造成浪费。ProWay C9 PLM 提供基于成组技术的标准件、通用件以及专用件分类管理平台,可以根据物料属性分类整理和管理物料,排除物料的重号。强大的物料(器件)查询搜索器,设计人员可以根据所需零件(器件)编码、名称、规格等属性的任意字段或组合来查找,甚至可以在不知道编码、名称的情况下,根据设计功能的要求,查到零部件库中相关的功能零件,引用时自动记录重用记录,变更时多处重用的地方将自动提示相关影响并同步修改。由于物料查询借用的简便和高效,盲目新增物料的冲动将大为减少,再加上严格的新增物料审批流程控制,物料容易重复编码的情况将不再发生。系统提供智能编码器,可预设企业编码规则,新增物料(器件)时能根据物料属性快速准确编制物料(器件)编码,确保物料编码唯一和正确。

(5)管理产品结构。ProWay C9 PLM 可以从机械 CAD 图纸和电子 EDA 图纸直接提取物料信息和 BOM 信息,快速生成产品结构;当手工编辑 BOM 时,系统配备强大的查询搜索器,甚至可以在 CAD 界面直接查找 PLM 库中的零件(器件),快速便捷查找到零件(器件)并引用,物料被借用的时候与其相关的全套资料将一起借用;BOM 的应用视图可以按照不同用户的需要自动产生,包括 BOM 层次明细表、汇总明细表、采购明细表、外协加工明细表、生产加工明细表等;BOM 表的编制和使用变得简单而不容易出错。

(6)管理工艺开发。工艺开发是企业产品生命周期中很重要的一环,是连接产品设计和产品制造的桥梁,对产品品质的影响很大。ProWay C9 PLM 按照工艺设计的特点,为工艺设计创造一个与产品设计数据既独立又关联的开发环境,工艺开发人员很方便地引用和参考产品开发部门设计的产品数据模型(设计 BOM、图纸等)进行加工工艺的设计,工艺数据自动与产品设计 BOM 关联。

工艺开发管理涵盖工艺路线上所有的工艺信息和工艺卡,生成真正符合制造作业需要的制造 BOM,从而保证制造作业体系的高效运作,准确及时地制造 BOM 也是保证企业 ERP 正常运行的重要前提。

(7)新产品估价。新开发的产品的成本估算,是企业新产品报价的一个重要环节。

ProWay C9 PLM 在工艺管理的基础上，可以根据各个加工工序的材料、辅料、机台工时、材料价格、工资等定额，自动计算零件、部件和产品的加工成本，第一时间为企业提供新产品报价的依据。

（8）管理数据变更及版本。图纸、BOM 等受控资料的更改，按照规范的工程设计变更流程进行控制，系统根据变更对象自动调审变更的影响对象，控制变更方案的审批、模具及其他相关资料的同步更改升版、旧物料的处理方式、新版资料的发放以及旧版资料的回收处理等，所有受影响的资料将被自动调出评估，需要同步更改的资料将同步升版，变更通知将及时发送到每个相关人员。以前更改流程控制不严、漏改、版本混乱，常常因用错版本资料而造成损失等状况将得到彻底改善。

（9）管理产品售后市场反馈信息。产品销售到最终用户以后，企业需要收集、统计和分析用户使用的反馈信息，以评估产品的价值和不足，为不断提升后续产品质量提供依据。ProWay C9 PLM 提供采集信息的电子表单，并对信息采集表单里的内容进行分析统计，可作为企业管理者评估产品价值的重要依据。

（10）管理数据安全。技术资料作为企业的知识资本，具有巨大的商业价值，其安全保密工作十分重要。ProWay C9 PLM 的安全机制可以确保数据库中的文档只有相应权限的人才能看到，有更高权限的人才能对其修改，并且任何对系统的操作都有记录，以备审计。

企业的产品数据全部集中管理，集中控制和集中备份，不会因为设备故障或人员离职造成资料损失。

（11）产品全生命周期的协同管理。跨地域、跨部门的项目协同，ProWay C9 PLM 对整个产品开发流程中的人力、物力和时间等资源进行协调管理，从项目立项及审批、初步开发、会审、详细开发、开模、试做样机、测试、小批试产、一直到大批量生产准备，开发过程中涉及销售部、开发部、工艺部、模具部、采购部、生产部等不同业务部门，时间跨度几个月甚至2～3年，各部门（甚至是跨地域的分公司）各个不同专业的人员在系统协调下组成跟项目生命周期相关的项目组织，高效实现矩阵式组织管理，在系统的任务提醒、流程通知、邮件、信息等联络工具的协调下有条不紊地按计划完成企业的产品开发任务。

（12）开发项目的执行管理。项目成员无论跨多少个开发项目，都能得到系统自动整理的个人任务清单，在系统引导下有条不紊地工作。所有的项目团队成员在系统的指引下协调工作，实现"适当的人在适当的时间做适当的事"，保证项目高效地按计划完成。

ProWay C9 PLM 以结果为导向进行项目管理，每项任务除了时间进度以外，更重要的是相关的工作成果。系统可以控制每项任务结束的前提是相关数据的完成并提交，管理者也可以很方便地随时检查各任务节点上工作交付物的完成情况，在保证效率的前提下把管理的触角延伸至底层的基本元素，在保证时间进度的同时确保工作内容保质保量地完成。系统还能自动实现数据的收集和分类整理。

6.8　数字化企业管理

企业管理是对企业生产经营活动进行计划、组织、指挥、协调和控制等一系列活动的总称，是社会化大生产的客观要求。企业管理是尽可能利用企业的人力、物力、财力、信息等资源，实现多、快、好、省的目标，取得最大的投入产出效率。

数字化管理是指利用计算机、通信、网络等技术,通过统计技术量化管理对象与管理行为,实现研发、计划、组织、生产、协调、销售、服务、创新等职能的管理活动和方法。

管理数字化是信息技术与现代企业管理技术的集成,其核心要素是数据平台的建设和数据的深度挖掘,通过信息管理系统把企业的设计、采购、生产、制造、财务、营销、经营、管理等各个环节集成起来,共享信息和资源,同时利用现代的技术手段来寻找自己的潜在客户,有效地支撑企业的决策系统,达到降低库存、提高生产效能和质量、快速应变的目的,增强企业的市场竞争力。

ERP、OA、CRM、BI、PLM、电子商务等都已经成为企业在管理信息化过程中不可或缺的应用系统。在这其中,ERP正在向高度整合的全程管理信息化迈进。

成功实施企业管理数字化项目,是企业博弈未来市场的关键。如何保证实施的成功率已经成为国内各大中小型企业的核心课题。

企业成长路径会随着组织规模不断扩大、业务模式不断转变、市场环境不断变化,导致对信息管理的要求从局部向整体、从总部向基层、从简单向复合进行演变,企业信息化从初始建设到不断优化、升级、扩展和升迁来完成整个信息化建设工作,体现了企业信息管理由窄到宽、由浅至深、由简变繁的特性需求变化。ERP软件系统对推动企业管理变革、提高绩效管理、增强企业核心竞争力等方面发挥着越来越重要的作用,面对互联网时代信息技术革新和中国企业成长路径的需要,通过B/S模式完成对C/S模式的应用扩展,实现了不同人员在不同地点,基于IE浏览器不同接入方式进行共同数据的访问与操作,极大地降低了异地用户系统维护与升级成本,达到了"及时便利+准确安全+低廉成本"的数字化企业管理效果。

6.8.1 制造执行系统(EMS)

制造执行系统(Manufacturing Execution System,MES)是美国AMR公司(Advanced Manufacturing Research,Inc.)在20世纪90年代初提出的,旨在加强MRP计划的执行功能,把MRP计划同车间作业现场控制,通过执行系统联系起来。这里的现场控制包括PLC程控器、数据采集器、条形码、各种计量及检测仪器、机械手等。MES系统设置了必要的接口,与提供生产现场控制设施的厂商建立合作关系。

制造执行系统MES能够帮助企业实现生产计划管理、生产过程控制、产品质量管理、车间库存管理、项目看板管理等,提高企业制造执行能力。

美国先进制造研究机构AMR(Advanced Manufacturing Research)将MES定义为"位于上层的计划管理系统与底层的工业控制之间的面向车间层的管理信息系统",它为操作人员/管理人员提供计划的执行、跟踪以及所有资源(人、设备、物料、客户需求等)的当前状态。

制造执行系统协会(Manufacturing Execution System Association,MESA)对MES所下的定义:"MES能通过信息传递对从订单下达到产品完成的整个生产过程进行优化管理。当工厂发生实时事件时,MES能对此及时做出反应、报告,并用当前的准确数据对它们进行指导和处理。这种对状态变化的迅速响应使MES能够减少企业内部没有附加值的活动,有效地指导工厂的生产运作过程,从而使其既能提高工厂及时交货能力,改善物料的流通性能,又能提高生产回报率。MES还通过双向的直接通信在企业内部和整个产品供应链中提供有关产品行为的关键任务信息。"

MESA 在 MES 定义中强调了以下 3 点：

(1) MES 是对整个车间制造过程的优化，而不是单一的解决某个生产瓶颈。

(2) MES 必须提供实时收集生产过程中数据的功能，并做出相应的分析和处理。

(3) MES 需要与计划层和控制层进行信息交互，通过企业的连续信息流来实现企业信息全集成。

1. 制造执行系统的发展历史

MES 作为生产形态变革的产物，其起源大多源自工厂的内部需求。为了更好地理解 MES 的产生背景，我们先回顾一下计算机辅助生产管理系统的演化历史，20 世纪 80 年代 MRPII 在美国生产与库存管理协会（APICS）大力宣传和组织推动下得到了迅速的普及和广泛应用，但也暴露出一些不足之处，如 MRPII 对预测需求和销售管理不够重视，对车间的大量实时事件与数据不能很好的利用等。许多企业认识到需要其他系统来解决 MRPII 在某些方面管理薄弱的问题。于是为了满足销售、预测的需求，产生了分销资源计划 DPR（Distribution Resource Planning）。同样，为了强化车间的执行功能，制造执行系统（MES）应运而生。

2. 传统的 MES（Traditional MES，T-MES）

传统的 MES 大致可分为两大类：

(1) 专用的 MES 系统（Point MES）。它主要是针对某个特定的领域问题而开发的系统，如车间维护、生产监控、有限能力调度或是 SCADA 等。

(2) 集成的 MES 系统（Integrated MES）。该类系统起初是针对一个特定的、规范化的环境而设计的，目前已拓展到许多领域，如航空、装配、半导体、食品和卫生等行业，在功能上它已实现了与上层事务处理和下层实时控制系统的集成。

虽然专用的 MES 能够为某一特定环境提供最好的性能，却常常难以与其他应用集成。集成的 MES 比专用的 MES 迈进了一大步，具有一些优点，如单一的逻辑数据库、系统内部具有良好的集成性、统一的数据模型等，但其整个系统重构性能弱，很难随业务过程的变化而进行功能配置和动态改变。

美国 AMR（Advanced Manufacturing Research）研究小组在分析信息技术的发展和 MES 应用前景的基础上提出了可集成 MES（Integratable MES，I-MES）。它将模块化和组件技术应用到 MES 的系统开发中，是两类 T-MES 系统的结合。从表现形式上看，具有专用的 MES 系统的特点，即 I-MES 中的部分功能作为可重用组件单独销售。同时，它又具有集成的 MES 的特点，即能实现上下两层之间的集成。此外，I-MES 还能实现客户化、可重构、可扩展和互操作等特性，能方便地实现不同厂商之间的集成和原有系统的保护，以及即插即用等功能。

3. 在企业信息化中的位置

美国先进制造研究机构（AMR）通过对大量企业的调查发现，现有的企业生产管理系统普遍由以 ERP/MRPII 为代表的企业管理软件，以 SCADA、HMI（Human Machine Interface）为代表的生产过程监控软件和以实现操作过程自动化，支持企业全面集成的 MES 软件群组成。

根据调查结果，AMR 于 1992 年提出了三层的企业集成模型。一个制造企业的制造车间是物流与信息流的交汇点，企业的经济效益最终将在这里被物化出来。随着市场经济的完善，车间在制造企业中逐步向分厂制过渡，导致其角色也由传统的企业成本中心向利润中心转化，更强化了车间的作用。

因此，位于车间起着执行功能的制造执行系统 MES 具有十分重要的作用，从这模型可以看出，制造执行系统 MES 在计划管理层与底层控制之间架起了一座桥梁，填补了两者之间的空隙。一方面，MES 可以对来自 MRPII/ERP 软件的生产管理信息细化、分解，将操作指令传递给底层控制。另一方面，MES 可以实时监控底层设备的运行状态，采集设备、仪表的状态数据，经过分析、计算与处理，触发新的事件，从而方便、可靠地将控制系统与信息系统联系在一起，并将生产状况及时反馈给计划层。

车间的实时信息的掌握与反馈是制造执行系统对上层计划系统正常运行的保证，车间的生产管理是制造执行系统的根本任务，而对底层控制的支持则是制造执行系统的特色。

4. 与管理信息系统之间的关系

MES 作为面向制造的系统必然要与企业其他生产管理系统有密切关系，MES 在其中起到了信息集线器(Information Hub)的作用，它相当于一个通信工具，为其他应用系统提供生产现场的实时数据。

一方面，ERP 系统需要 MES 提供的成本、制造周期和预计产出时间等实时的生产数据；供应链管理系统从 MES 中获取当前的订单状态、当前的生产能力以及企业中生产换班的相互约束关系；客户关系管理的成功报价与准时交货则取决于 MES 所提供的有关生产实时数据；产品数据管理中的产品设计信息是基于 MES 的产品产出和生产质量数据进行优化的；控制模块则需要时刻从 MES 中获取生产配方和操作技术资料来指导人员和设备进行正确地生产。

另一方面，MES 也要从其他系统中获取相关的数据以保证 MES 在工厂中的正常运行。例如，MES 中进行生产调度的数据来自 ERP 的计划数据；供应链的主计划和调度控制着 MES 中生产活动的时间安排；PDM 为 MES 提供实际生产的工艺文件和各种配方及操作参数；从控制模块反馈的实时生产状态数据被 MES 用于实际生产性能评估和操作条件的判断。

MES 与其他分系统之间有功能重叠的关系，如 MES、CRM、ERP 中都有人力资源管理，MES 和 PDM 两者都具有文档控制功能，MES 和 SCM 中也同样有调度管理等，但各自的侧重点是不同的。各系统重叠范围的大小与工厂的实际执行情况有关，而且每个系统的价值又是唯一的。

5. 国内研究与应用现状

虽然 MES 的发展历史比 MRPII、CAD/CAM 等要短，但它能有效地实现以时间为关键的制造思想，因而在发达国家推广的非常迅速，并给工厂带来了巨大的经济效益，对国外的管理界也产生了深远的影响。

近十多年来，中国通过 863/CIMS 应用的研究和推广，大大提高了企业的竞争力，使中国的制造业水平上了一个崭新的台阶，但与发达国家相比还有较大的差距。制造业水平的提高，不单是采用设备自动化，提高生产管理信息系统的效率显得更为重要。其中 MRPII、

MIS 已逐渐趋于成熟与普及,而面向制造执行层的 MES 软件的开发与应用还比较薄弱。我国的研究者对车间层、单元层的研究大都着重于控制模型的研究,很少站在 MES 这一角度从应用出发来研究和开发面向制造过程的集成化管理和控制软件。中国的许多高等院校、科研院所都在从事这方面的研究与应用开发工作,在理论研究方面,加入了并行、敏捷、网络化、可重构等一些先进思想,在系统设计方面采用面向对象、构件、代理等技术,取得了不少有益的成果,但在软件的商品化、成果的推广应用方面还存在很大的差距。

目前,国内还没有自主开发的很成熟的且得到广泛应用的 MES 软件。即使有所谓的车间层控制 SFC(Shop Floor Control),也多数是收集相关资料,再通过批处理方式录入,其功能十分有限。在工厂自动化 FA(Factory Automation)方面,过去多是强调物流自动化,如自动化生产设备、自动化检测仪器、自动化物流运输存储设备等。虽然它们能取代不少人工并解决了一些生产瓶颈,但由于缺少相应的信息集成系统,不能充分发挥其功效而形成所谓的"自动化孤岛"。随着企业信息化应用水平的不断提高,企业逐渐认识到实现企业计划层与车间执行层的双向信息流交互,通过连续信息流来实现企业信息全集成,是提高企业敏捷性的一个重要因素。

因此,通过 MES 来实现企业信息的全集成,形成实时化的 ERP/MES/SFC 是提高企业整体管理水平的关键,这对企业制造业整体水平的提升具有重要意义。同时制造单元中的信息集成也为敏捷制造企业的实施奠定了良好的基础。

6.8.2 企业资源计划(ERP)

ERP(Enterprise Resource Planning)是由美国计算机技术咨询和评估集团 Gartner Group Inc. 提出的一种供应链的管理思想。

企业资源计划是指建立在信息技术基础上,以系统化的管理思想,为企业决策层及员工提供决策运行手段的管理平台。ERP 系统支持离散型、流程型等混合制造环境,应用范围从制造业扩散到了零售业、服务业、银行业、电信业、政府机关和学校等事业部门,通过融合数据库技术、图形用户界面、第四代查询语言、客户服务器结构、计算机辅助开发工具、可移植的开放系统等对企业资源进行了有效的集成。

ERP 汇合了离散型生产和流程型生产的特点,面向全球市场,包罗了供应链上所有的主导和支持能力,协调企业各管理部门围绕市场导向,更加灵活或"柔性"地开展业务活动,实时地响应市场需求。为此,重新定义供应商、分销商和制造商相互之间的业务关系,重新构建企业的业务和信息流程及组织结构,使企业在市场竞争中有更大的能动性。ERP 的提出与计算机技术的高度发展是分不开的,用户对系统有更大的主动性,作为计算机辅助管理所涉及的功能已远远超过 MRPII 的范围。

ERP 系统是一种主要面向制造行业进行物质资源、资金资源和信息资源集成一体化管理的企业信息管理系统;是一个以管理会计为核心,可以提供跨地区,跨部门,甚至跨公司整合实时信息的企业管理软件;是针对物资资源管理(物流)、人力资源管理(人流)、财务资源管理(财流)、信息资源管理(信息流)集成一体化的企业管理软件,如图 6.36 所示。

ERP 的功能除了包括 MRPII(制造、供销、财务)外,还包括多工厂管理、质量管理、实验室管理、设备维修管理、仓库管理、运输管理、过程控制接口、数据采集接口、电子通信、电子邮件、法规与标准、项目管理、金融投资管理、市场信息管理等。它将重新定义各项业务及其

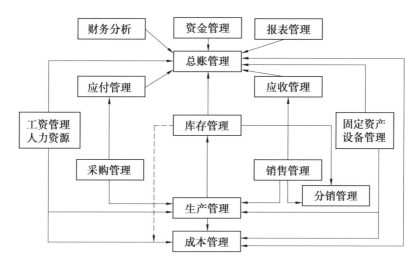

图 6.36　ERP 系统主要功能模块

相互关系,在管理和组织上采取更加灵活的方式,对供应链上供需关系的变动(包括法规、标准和技术发展造成的变动),同步、敏捷、实时地做出响应;在掌握准确、及时、完整信息的基础上,做出正确决策,能动地采取措施。与 MRPII 相比,ERP 除了扩大管理功能外,同时还采用了计算机技术的最新成就,如扩大用户自定义范围、面向对象技术、客户机/服务器体系结构、多种数据库平台、SQL 结构化查询语言、图形用户界面、4GL/CASE、窗口技术、人工智能、仿真技术等。

企业资源计划的发展初略可分做如下阶段:

1. MIS 系统阶段

MIS(Management Information System)即管理信息系统。企业的信息管理系统主要是记录大量原始数据、支持查询、汇总等方面的工作。

2. MRP 阶段

MRP(Material Require Planning)即物资需求计划。MRP 是由美国库存协会在 20 世纪 60 年代提出的,是指根据产品结构各层次物品的从属和数量关系,以每个物品为计划对象,以完工时间为时间基准倒排计划,按提前期长短区别各个物品下达计划的先后顺序,是一种工业制造企业内物资计划管理模式,是根据市场需求预测和顾客订单制定产品生产计划。

3. MRPII(Manufacture Resource Planning)阶段

在 MRP 管理系统的基础上,系统增加了对企业生产中心、加工工时、生产能力等方面的管理,以实现计算机进行生产控制的功能,同时也将财务的功能囊括进来,在企业资源计划中形成以计算机为核心的闭环管理系统,这种管理系统已能动态监测到产、供、销的全部生产过程。

4. ERP(Enterprise Resource Planning)阶段

进入 ERP 阶段后,以计算机为核心的企业级的管理系统更为成熟,系统增加了包括财务预测、生产能力、调整资源调度等方面的功能,配合企业实现 JIT 管理全面、质量管理和生产资源调度管理及辅助决策的功能,成为企业进行生产管理及决策的平台工具。

5. 电子商务时代的 ERP

Internet 技术的成熟为企业信息管理系统增加与客户或供应商实现信息共享和直接的数据交换的能力,从而强化了企业间的联系,形成共同发展的生存链,体现企业为达到生存竞争的供应链管思想。ERP 系统相应实现这方面的功能,使决策者及业务部门实现跨企业的联合作战。

ERP 的应用的确可以有效地促进现有企业管理的现代化、科学化,适应竞争日益激烈的市场要求,它的导入,已经成为大势所趋。

6.8.3 供应链管理(SCM)

供应链管理(Supply Chain Management,SCM)是一种集成的管理思想和方法;它执行供应链中从供应商到最终用户的物流的计划和控制等职能;是对供应、需求、原材料采购、市场、生产、库存、订单、分销发货等的管理,包括了从生产到发货、从供应商到顾客每一个环节;是指在满足一定的客户服务水平的条件下,为了使整个供应链系统成本达到最小而把供应商、制造商、仓库、配送中心和渠道商等有效地组织在一起来进行的产品制造、转运、分销及销售的管理方法。供应链管理包括计划、采购、制造、配送、退货五大基本内容。从单一的企业角度来看,它是指企业通过改善上、下游供应链关系,整合和优化供应链中的信息流、物流、资金流,以获得企业的竞争优势。

供应链管理应用是在企业资源规划的基础上发展起来的,它把公司的制造过程、库存系统和供应商产生的数据合并在一起,从一个统一的视角展示产品建造过程的各种影响因素。供应链是企业赖以生存的商业循环系统,是企业电子商务管理中最重要的课题。统计数据表明,企业供应链可以耗费企业高达 25% 的运营成本。

根据 ERP 原理定义如下:供应链管理是围绕核心企业,主要通过信息手段,对供应的各个环节中的各种物料、资金、信息等资源进行计划、调度、调配、控制与利用,形成用户、零售商、分销商、制造商、采购供应商的全部供应过程的功能整体。

SCM 通常具有一个转换接口,用于整合供应链上各公司的应用系统(尤其是 ERP 系统)及各种资料型态,此转换会通过标准中介工具或技术,如 DCOM、COBRA、ODBC 等,提供与主要决策系统互动的能力。

供应链管理是企业的有效性管理,表现了企业在战略和战术上对企业整个作业流程的优化。整合并优化了供应商、制造商、零售商的业务效率,使商品以正确的数量、正确的品质在正确的地点,以正确的时间,最佳的成本进行生产和销售。

1. 供应链管理软件

供应链管理软件根据功能和应用范围分为供应链计划软件(SCP)和供应链执行软件(SCE)两大类。

(1)供应链计划软件是对整个供应链进行计划,把供应链上每个企业当成一个结点,建立每一个结点的包括产能、生产成本、结点之间运输成本等的基础数据,根据计划目标,计算供应链关键的执行参数,再交由各个企业的 ERP 软件执行,从而使得供应链整体最优化运作。

它一般是由 5 个主要的模块组成:需求计划、分销计划、生产计划、排序/运输计划和企业/供应链分析。由于涉及整个供应链运作,计划变动的因素非常多,SCP 软件成功实施的难度非常大,但实施成功后带给企业的价值也非常显著。

(2)供应链执行软件处理供应链上与执行相关的事务,因此 SCE 软件往往和物流联系非常紧密。

2. 企业供应链管理对信息系统的需求

企业供应链管理对信息系统的需求可以分为 3 个层面。

第一个层面是实现对供应链基本的信息管理,能够通过基本业务运作看到分销渠道中的库存、经销商甚至是二级经销商的进销存信息。通过基本业务流程的支撑,实现快速的业务处理;通过对渠道信息的掌握,为企业制定正确的供应链决策提供依据。这是企业实施供应链管理系统最基本的需求,但也是最难实现的需求。实现这个层面需求的关键在于企业对渠道成员的控制影响能力及在系统实施过程中对于利益的重新分配方式。这对实施商要求较高,要求实施的团队成员不仅仅要懂技术,而且应有大量的系统推进技巧,确保系统可以快速推广。

第二个层面是在基本信息及业务流程基础上能够实现业务管理与控制,初步发挥信息系统的价值。例如,对于客户信用、产品流向、产品价格、渠道成员、促销品的管控等;通过信息系统实现联合预测及需求计划,提高预测准确度,促进供应链优化运作,在基础信息汇总分析基础上制定一系列优化的决策。这个层次的需求会对供应链管理系统提出一系列的个性化要求,因为不同的企业有不同的管控方式。

第三个层面是实现供应链的优化,这是真正实现供应链战略的关键。例如,提高反应速度、降低整体运作成本和业务伙伴优化运作,都需要一系列供应链优化策略。

3. 供应链优化

供应链管理中的供应链优化策略包括与下游的经销商实施供应商管理库存(Vendor Managed Inventory,VMI)的供货方式,快速获得需求信息,快速响应需求,提高对终端需求反应速度,降低渠道库存。还有实现物流业务优化,即经销商下订单的时候,能够对订货产品进行体积计算,使得车辆满载;对同一配送路线的经销商的订货时间进行安排,合并运输,采取集货配送(milkrun)的送货方式;对同一路线零担运输进行合并采取整车运输方式,支撑实现直送二批的方式,降低物流成本;对物流运输商的装载时间进行规划,减少等待,降低综合成本等。

支持与经销商联合制订销售计划与预测,提高整体计划准确性;对货品仓储位置进行规划,辅助优化库存分布策略,减少断货效率;支撑各种库存控制策略,控制成品库存等,都可以实现对供应链的优化。

6.8.4 客户关系管理(CRM)

CRM(Customer Relationship Management)即客户关系管理,是指企业用 CRM 技术来管理与客户之间的关系。在不同场合下,CRM 可能是一个管理学术语,可能是一个软件系统。通常所说的 CRM,是指用计算机自动化分析销售、市场营销、客户服务以及应用等流程的软件系统。它的目标是通过提高客户的价值、满意度、赢利性和忠实度来缩减销售周期和销售成本、增加收入、寻找扩展业务所需的新的市场和渠道。CRM 是选择和管理有价值客户及其关系的一种商业策略，CRM 要求以客户为中心的企业文化来支持有效的市场营销、销售与服务流程。

不同的研究机构有着不同的表述。最早提出该概念的 Gartner Group 认为：所谓的客户关系管理就是为企业提供全方位的管理视角；赋予企业更完善的客户交流能力，最大化客户的收益率。客户关系管理是企业活动面向长期的客户关系，以求提升企业成功的管理方式，其目的之一是要协助企业管理销售循环：新客户的招徕、保留旧客户、提供客户服务及进一步提升企业和客户的关系，并运用市场营销工具，提供创新式的个性化的客户商谈和服务。

Hurwitz Group 认为 CRM 的焦点是自动化并改善与销售、市场营销、客户服务和支持等领域的客户关系有关的商业流程。

CRM 既是一套原则制度，也是一套软件和技术。它的目标是缩短销售周期、缩减销售成本、增加收入、寻找扩展业务所需的新的市场和渠道，以及提高客户的价值、满意度、赢利性和忠实度。CRM 应用软件将最佳的实践具体化并使用了先进的技术来协助各企业实现这些目标。CRM 在整个客户生命期中都以客户为中心，这意味着 CRM 应用软件将客户当作企业运作的核心。CRM 应用软件简化协调了各类业务功能（如销售、市场营销、服务和支持）的过程并将其注意力集中于满足客户的需要上。CRM 应用还将多种与客户交流的渠道，如面对面、电话接洽以及 Web 访问协调为一体，这样，企业就可以按客户的喜好使用适当的渠道与之进行交流。

1. 实施 CRM 的作用

客户是企业的衣食父母，管理和维护好客户是企业生存和发展的动力源泉，客户管理就显得尤为重要。据此找到核心点，企业所面临的很多的问题即可迎刃而解。被西方引入客户关系管理概念传至中国跨越了半个世纪的时间，但是这种不谋而合的理念并没有因为是外来的东西遭到抵制，反而在中国的土壤中生出了自己特色的品牌。总体来说，CRM 在企业管理中有以下作用：

（1）防止客户流失。

根据对所在 CRM 行业客户跟踪调查数据来看，目前国内的中小企业面临诸多的管理问题，其中客户流失严重和客户转化率低已成为严重困扰发展的主要问题，并占到企业管理问题的 80%，这让企业管理者苦恼不已。究其原因不良的企业文化、异类的领导风格、苛刻的业绩要求、恶性的企业间竞争等因素导致了上述问题的发生。员工在这样的企业环境极度缺少安全感和归宿感，宁愿选择离职或消极怠工来发泄不满情绪，其结果带来的便是客户流失或客户转化率低下等严重问题。

客户关系管理系统当中的客户管理功能可以有效解决上述问题，通过客户视图创建或编辑客户基本信息，并可以在视图当中记录关于该客户的全部沟通记录、已经交易信息及客户服务过程。做到 360° 展现客户信息，实现该客户的售前售中售后全程管理。客户信息记录于系统的客户视图当中，让员工摆脱了纸质笔记本或是 Excel 记录管理客户信息的传统方式，实现了文字化现代办公要求，最主要的是有效解决了员工离职带走客户资源所造成的客户流失问题。

（2）客户跟进和转化率监控。

面对客户跟进不到位这一问题，很大原因可能是业务人员对客户跟进不力导致的客户转化率低下,除了我们传统的要求员工及时跟进客户外,我们也可以通过 CRM 系统跟进,更为直接和有效地跟进客户,提高潜在客户的转化率。

通过系统中提供的 CTI 记录客户的访问来源,对于客户咨询的问题我们可以在"沟通历史"记录功能当中进行记录,便于日后的查看。另外,对于客户跟进我们可以通过"待办任务"功能安排跟进时间和跟进时间,创建完会主动在系统"工作台"界面显示提醒,便于及时跟进客户,把握最佳的时机。

(3)实现销售业务数据挖掘。

企业管理者如果想要了解这个公司的销售人员队伍的销售业绩情况,便会要求销售部门经理对销售人员的销售业绩情况进行统计,这个过程可能需要一定的时间,但是统计上来的数据,是否真实,还要另说。如果管理者据此数据来进行调整业务要求或是营销思路的话具有很大的风险性。特别是到年终进行整个公司各个部门业务数据盘点的时候,会要求提前一个月时间进行,这样才能进行了解,耗时费力,极大地浪费了公司的人力物力资源,怕是管理者面对一张张的数据图表也会很头疼。

2. CRM 管理软件发展

IBM 认为:客户关系管理包括企业识别、挑选、获取、发展和保持客户的整个商业过程。IBM 把客户关系管理分为 3 类:关系管理、流程管理和接入管理。从管理科学的角度来考察,客户关系管理(CRM)源于市场营销理论;从解决方案的角度考察,客户关系管理(CRM)是将市场营销的科学管理理念通过信息技术的手段集成在软件上面,得以在全球大规模的普及和应用。作为解决方案(Solution)的客户关系管理(CRM),它集合了当今最新的信息技术,包括 Internet 和电子商务、多媒体技术、数据仓库和数据挖掘、专家系统和人工智能、呼叫中心等。作为一个应用软件的客户关系管理(CRM),凝聚了市场营销的管理理念。市场营销、销售管理、客户关怀、服务和支持构成了 CRM 软件的基石。

综上,客户关系管理(CRM)有 3 层含义:体现为新态企业管理的指导思想和理念;是创新的企业管理模式和运营机制;是企业管理中信息技术、软硬件系统集成的管理方法和应用解决方案的总和。其核心思想是:客户是企业的一项重要资产,客户关怀是 CRM 的中心,客户关怀的目的是与所选客户建立长期和有效的业务关系,在与客户的每一个"接触点"上都更加接近客户、了解客户,最大限度地增加利润和利润占有率。

CRM 的核心是客户价值管理,它将客户价值分为既成价值、潜在价值和模型价值,通过一对一营销原则,满足不同价值客户的个性化需求,提高客户忠诚度和保有率,实现客户价值持续贡献,从而全面提升企业盈利能力。尽管 CRM 最初的定义为企业商务战略,但随着 IT 技术的参与,CRM 已经成为管理软件、企业管理信息解决方案的一种类型。因此另一家著名咨询公司盖洛普(Gallup)将 CRM 定义为:策略+管理+IT。强调了 IT 技术在 CRM 管理战略中的地位,同时,也从另一个方面强调了 CRM 的应用不仅仅是 IT 系统的应用,与企业战略和管理实践密不可分。

CRM 的实施目标就是通过对企业业务流程的全面管理来降低企业成本,通过提供更快速和周到的优质服务来吸引和保持更多的客户。作为一种新型管理机制,CRM 极大地改善了企业与客户之间的关系,实施于企业的市场营销、销售、服务与技术支持等与客户相关的领域,同时也带动了软件市场的新一轮升温和厂商的兴起。

3. 系统功能

CRM 的功能可以归纳为 3 个方面：对销售、营销和客户服务三部分业务流程的信息化；与客户进行沟通所需要的手段（如电话、传真、网络、Email 等）的集成和自动化处理；对上面两部分功能所积累下的信息进行的加工处理，产生客户智能，数据挖掘，为企业的战略战术的决策做支持。

(1) 销售模块。

① 销售。销售模块的基础，用来帮助决策者管理销售业务，它包括的主要功能是额度管理、销售力量管理和地域管理。

② 现场销售管理。现场销售管理为现场销售人员设计，主要功能包括联系人和客户管理、机会管理、日程安排、佣金预测、报价、报告和分析。

③ 现场销售/掌上工具。这是销售模块的新成员。该组件包含许多与现场销售组件相同的特性，不同的是，该组件使用的是掌上型计算设备。

④ 电话销售。可以进行报价生成、订单创建、联系人和客户管理等工作。还有一些针对电话商务的功能，如电话路由、呼入电话屏幕提示、潜在客户管理以及回应管理。

⑤ 销售佣金。它允许销售经理创建和管理销售队伍的奖励和佣金计划，并帮助销售代表形象地了解各自的销售业绩。

(2) 营销模块。

营销模块对直接市场营销活动加以计划、执行、监视和分析。营销使得营销部门实时地跟踪活动的效果，执行和管理多样的、多渠道的营销活动。针对电信行业的营销部件，在上面的基本营销功能基础上，针对电信行业的 B2C 的具体实际增加了一些附加特色。另外还有一些其他功能，如可帮助营销部门管理其营销资料，列表生成与管理，授权和许可，预算，回应管理等。

(3) 客户服务模块

① 目标。目标是提高与客户支持、现场服务和仓库修理相关的业务流程的自动化并加以优化服务。可完成现场服务分配、现有客户管理、客户产品全生命周期管理、服务技术人员档案、地域管理等。通过与企业资源计划（ERP）的集成，可进行集中式的雇员定义、订单管理、后勤、部件管理、采购、质量管理、成本跟踪、发票、会计等。

② 合同。此部件主要用来创建和管理客户服务合同，从而保证客户获得的服务的水平和质量与其所花的钱相当。它可以使得企业跟踪保修单和合同的续订日期，利用事件功能表安排预防性的维护活动。

③ 客户关怀。这个模块是客户与供应商联系的通路。此模块允许客户记录并自己解决问题，如联系人管理、客户动态档案、任务管理、基于规则解决重要问题等。

④ 移动现场服务。这个无线部件使得服务工程师能实时地获得关于服务、产品和客户的信息。同时，工程师还可使用该组件与派遣总部进行联系。

(4) 呼叫中心模块。

① 目标。目标是利用电话来促进销售、营销和服务电话管理员。主要包括呼入呼出电话处理、互联网回呼、呼叫中心运营管理、图形用户界面软件电话、应用系统弹出屏幕、友好电话转移、路由选择等。

②开放连接服务。支持绝大多数的自动排队机,如 Lucent、Nortel、Aspect、Rockwell、Alcatel、Erisson 等。

③语音集成服务。支持大部分交互式语音应答系统。

④报表统计分析。提供了很多图形化分析报表,可进行呼叫时长分析、等候时长分析、呼入呼叫汇总分析、座席负载率分析、呼叫接失率分析、呼叫传送率分析、座席绩效对比分析等。

⑤管理分析工具。进行实时的性能指数和趋势分析,将呼叫中心和座席的实际表现与设定的目标相比较,确定需要改进的区域。

⑥代理执行服务。支持传真、打印机、电话和电子邮件等,自动将客户所需的信息和资料发给客户。可选用不同配置使发给客户的资料有针对性。

⑦自动拨号服务。管理所有的预拨电话,仅接通的电话才转到座席人员那里,节省了拨号时间。

⑧市场活动支持服务。管理电话营销、电话销售、电话服务等。

⑨呼入呼出调度管理。根据来电的数量和座席的服务水平为座席分配不同的呼入呼出电话,提高了客户服务水平和座席人员的生产率。

⑩多渠道接入服务。提供与 Internet 和其他渠道的连接服务,充分利用话务员的工作间隙,收看 Email、回信等。

(5)电子商务模块。

①电子商店。此部件使得企业能建立和维护基于互联网的店面,从而在网络上销售产品和服务。

②电子营销。电子营销与电子商店相联合,电子营销允许企业能够创建个性化的促销和产品建议,并通过 Web 向客户发出。

③电子支付。这是电子商务的业务处理模块,它使得企业能配置自己的支付处理方法。

④电子货币与支付。利用这个模块后,客户可在网上浏览和支付账单。

⑤电子支持。允许顾客提出和浏览服务请求、查询常见问题、检查订单状态。电子支持部件与呼叫中心联系在一起,并具有电话回拨功能。

4. CRM 建立的主要步骤

(1)确立业务计划。企业在考虑部署"客户关系管理(CRM)"方案之前,首先确定利用这一新系统实现的具体的生意目标,如提高客户满意度、缩短产品销售周期以及增加合同的成交率等,即企业应了解这一系统的价值。

(2)建立 CRM 员工队伍。为成功地实现 CRM 方案,管理者还须对企业业务进行统筹考虑,并建立一支有效的员工队伍。每一准备使用这一销售系统方案的部门均需选出一名代表加入该员工队伍。

(3)评估销售、服务过程。在评估一个 CRM 方案的可行性之前,使用者需多花费一些时间,详细规划和分析自身具体业务流程。为此,需广泛地征求员工意见,了解他们对销售、服务过程的理解和需求;确保企业高层管理人员的参与,以确立最佳方案。

(4)明确实际需求。充分了解企业的业务运作情况后,接下来需从销售和服务人员的角度出发,确定其所需功能,并令最终使用者寻找出对其有益的及其所希望使用的功能。就产品的销售而言,企业中存在着两大用户群:销售管理人员和销售人员。其中,销售管理人员对市场预测、销售渠道管理以及销售报告的提交感兴趣;而销售人员则希望迅速生成精确的销售额和销售建议、产品目录以及客户资料等。

(5)选择供应商。确保所选择的供应商对你的企业所要解决的问题有充分的理解。了解其方案可以提供的功能及应如何使用其 CRM 方案。确保该供应商所提交的每一个软、硬设施都具有详尽的文字说明。

(6)开发与部署。CRM 方案的设计,需要企业与供应商共同努力。为使这一方案得以迅速实现,企业应先部署当前最为需要的功能,然后再分阶段不断向其中添加新功能。其中,应优先考虑使用这一系统的员工的需求,并针对某一用户群对这一系统进行测试。另外,企业还应针对其 CRM 方案确立相应的培训计划。

6.8.5 MDC 系统简介

MDC(Manufacturing Data Collection & Status Management,简称 MDC)是一套用来实时采集,并报表化和图表化车间生产过程详细制造数据的软硬件解决方案。

20 世纪 90 年代初,盖勒普最早把 MDC 以精益制造管理理念及解决方案引入中国,基于全球 20 多年的技术沉淀和国内近 14 年的本地应用,真正助力我国离散制造企业的数字化制造集成生产管理落地。盖勒普 MDC 通过多种灵活的方法获取生产现场的实时数据,结合近 100 种专用计算、分析和统计方法,直观反映当前或过去某段时间的生产状况,帮助企业生产部门通过反馈信息做出科学和有效的决策。作为生产管理平台(SFC)的重要系统之一,与 ERP\MES 等系统可实现高效集成。

盖勒普 MDC 可以帮助企业解决如下问题:
(1)当前设备是正在加工中、故障还是空闲?
(2)设备停机的原因是什么?
(3)设备停机时间内耗费的成本是多少?
(4)产量是由于哪些原因下降?
(5)谁在进行零件的生产?哪一班组?生产绩效是多少?
(6)生产设备是怎样被利用的?
(7)哪些生产环节可以被改善?
(8)工厂设备现有的生产能力是多少?

以上所有问题的答案都可以在任何一台 MDC 系统终端上显示。此外,MDC 系统还能够直观反映当前或过去某段时间的设备状态,使企业对工厂的设备状况一目了然。

1. 强大的设备状态采集能力

盖勒普 MDC 系统提供了与各类设备 PLC 通信的数据采集接口,支持 Siemens、Fanuc、Heidenhain、Hurco、Mazak、Okuma、Mitsubishi 等基本上所有型号的控制系统。对于非数控设备也提供了多种采集方案,针对焊接机、热处理炉、注塑机、温控及测试测量设备等都可以实现组态联网。MDC 系统的这一全球领先和实用的集成化技术,将帮助企业在工厂的网络化和数字化管理方面达到一个新的高度。

2. 详尽的设备状态分析能力

MDC 系统内拥有业界独特和领先的 25 000 多种标准 ISO 报告和图表,每一种报告和图表都有筛选功能来获取所需要的详细设备信息。管理人员不用离开办公桌,就能查看到整个部门或指定设备的状态,便于对车间生产及时做出可靠、准确的决策。

3. 直观的实时电子看板

MDC 系统提供直观、阵列式、色块化的设备实时状态跟踪看板,将生产现场的设备状况第一时间传达给相应的使用者。企业通过对工厂设备实时状态的了解,可以实现即时、高效、准确的精细化和可视化管理。

4. 国际通用的 OEE 分析

盖勒普 MDC 系统提供国际通用的标准 OEE 数据分析功能,它以精益制造理念为指导,为企业提供全局设备效率分析,让企业轻松找到影响生产效率的瓶颈,并进行改善和跟踪,达到提高生产效率的目的,同时避免不必要的耗费。

MDC 系统能够跟踪记录每台设备、每个操作者的用时,如开机、加工、调试、停机或空闲时间等,这样可以帮助工厂管理人员真正弄清生产设备是怎样被利用的,更重要的是能从中看出哪个生产环节可以被改进,从而减少不必要的调试时间、停机时间和空闲时间,提高企业生产效率。

5. 独有的设备维护管理

对于设备维护人员,可以在 MDC 系统内记录设备维护的时间、维护内容、设备故障原因等,从而计算出最常见的设备维护工作并进行经验积累。设备维护人员还可以通过 MDC 系统内的报告和图表跟踪设备的停机时间、停机原因和停机成本,进而总结出造成设备停机的主要原因,做到提前预防和事前维护。

6. 开放的 API 和客户化集成接口

MDC 系统提供可选的数据库接入组件以及丰富的 API 应用程序集成接口,方便企业快速创建和部署客户化应用功能。拥有这个简单易用的集成应用工具,企业就可以在任何第三方可编程应用系统中添加 MDC 功能了。

设备状态采集及分析只是 MDC 系统帮助企业实现数字化管理的手段之一,系统拥有的其他功能,大家可以到盖勒普官方网站(www.gallopeng.com)进行了解。盖勒普 MDC 系统通过对设备状态的实时跟踪采集和分析,帮助企业快速建立实时高效的数字化工厂,使企业在提升生产效率的同时,制定出更加准确、有效的经营决策,从而轻松打破生产瓶颈,大幅提高生产效益。

习　　题

1. 什么是数字化管理及优势?
2. 什么是成组技术?
3. 柔性制造的基本概念及方法是什么?

4. CNC 系统的基本组成是什么？
5. DNC 系统与 CNC 系统有什么不同？
6. 数控程序的主要内容有哪些？
7. 几何造型的方法有哪些？
8. CAPP 的基础技术包括哪些？
9. 典型的 PLM 应用功能有哪些？
10. 企业供应链管理对信息系统的需求可以分为哪几个层面？
11. 什么是客户关系管理？

第7章 产品数字化开发与管理集成技术

现代集成制造技术就是制造技术、信息技术、管理科学与有关科学技术的集成。"集成"就是"交叉",就是"杂交",就是取人之长,补己之短。

"集成化"主要指:

(1)现代技术的集成。机电一体化是个典型,它是高技术装备的基础,如微电子制造装备、信息化、网络化产品及配套设备,仪器、仪表、医疗、生物、环保等高技术设备。

(2)加工技术的集成。特种加工技术及其装备是个典型,如增材制造(即快速原型)、激光加工、高能束加工、电加工等。

(3)企业集成,即管理的集成。其包括生产信息、部门功能、生产过程的集成,全寿命周期过程的集成;也包括企业内部的集成,企业外部的集成。

现代产品制造要求产品开发人员从一开始就考虑到产品全生命周期(从概念形成到产品报废)内各阶段的因素(如功能、制造、装配、作业调度、质量、成本、维护与用户需求等),并强调各部门的协同工作,通过建立各决策者之间的有效的信息交流与通信机制,综合考虑各相关因素的影响,使后续环节中可能出现的问题在设计的早期阶段就被发现,并得到解决,从而使产品在设计阶段便具有良好的可制造性、可装配性、可维护性及回收再生等方面的特性,最大限度地减少设计反复,缩短设计、生产准备和制造时间。

现代复杂产品是多学科协同开发过程的结果,为了实现全生命周期内产品开发与管理的数字化,必须确定面向全生命周期信息交换的数字化产品定义模型。以计算机和信息技术为基础,产生了很多产品数字化集成开发的思想,随之实现了很多集成技术,包括并行工程技术、柔性制造系统、计算机集成制造系统、智能制造系统、协同制造、网络化制造、绿色制造等,这些技术构成并推动了数字化设计与制造的技术。

7.1 并行工程

1988年美国国家防御分析研究所(Institute of Defense Analyze,IDA)完整地提出了并行工程(Concurrent Engineering,CE)的概念,即并行工程是集成、并行设计产品及其相关过程(包括制造过程和支持过程)的系统方法;是对产品及其相关过程(包括制造过程和支持过程)进行并行、集成化处理的系统方法和综合技术,一般包括:①并行工程管理与过程控制技术;②并行设计技术;③快速制造技术。

并行工程的目标是:提高质量、降低成本、缩短产品开发周期和产品上市时间。

并行工程的具体做法是:

(1)在产品开发初期,组织多种职能协同工作的项目组,使有关人员从一开始就获得对新产品需求的要求和信息,积极研究涉及本部门的工作业务,并将所需要求提供给设计人员,使许多问题在开发早期就得到解决,从而保证了设计的质量,避免了大量的返工浪费。

（2）在产品的设计开发期间,将概念设计、结构设计、工艺设计、最终需求等结合起来,保证以最快的速度按要求的质量完成。

（3）各项工作由与此相关的项目小组完成。进程中小组成员各自安排自身的工作,但可以定期或随时反馈信息并对出现的问题协调解决。

（4）依据适当的信息系统工具,反馈与协调整个项目的进行。利用现代 CIM 技术,在产品的研制与开发期间,辅助项目进程的并行化。

7.1.1 并行工程的产生及应用

1988 年,美国防御分析研究所以武器生产为背景,对传统的生产模式进行了分析,首次提出了并行工程的概念。1988 年 7 月美国国防部高级房屋研究项目局在西弗吉尼亚大学投资 4~5 亿美元组建 CERC,致力于设计、开发和推广 CE 技术,以提高产品的开发能力。

1995 年至今是新的发展阶段。从理论向实用化方向发展并取得了明显的成效。

并行工程自 20 世纪 80 年代提出以来,美国、欧共体和日本等发达国家均给予了高度重视,成立研究中心,并实施了一系列以并行工程为核心的政府支持计划。很多大公司,如麦道公司、波音公司、西门子、IBM 等也开始了并行工程实践的尝试,并取得了良好效果。

中国的发展与应用:

20 世纪 80 年代前,并行工程在我国计划经济时代就已经有了很多成功范例,如找石油、原子弹、航天工程等,并被称为社会主义优越性的表现之一,只不过当时没有起名叫并行工程罢了。

20 世纪 90 年代,并行工程引起我国学术界的高度重视,成为中国制造业和自动化领域的研究热点,一些研究院、所和高等院校均开始进行一些有针对性的研究工作。1995 年"并行工程"正式作为关键技术列入 863/CIMS 研究计划,有关工业部门设立小型项目资助并行工程技术的预研工作。国内部分企业也开始运用并行工程的思想和方法来缩短产品开发周期、增强竞争能力。但是,无论从技术研究还是企业实践上,我国都落后于国际先进水平十年左右,许多工作仍处在探索阶段。

我国制造业要想进入世界竞争,必须增强自身的产品开发能力,并行工程是一个非常重要的选择。CE 在我国的研究与应用分为以下几个阶段:

1. 第一个阶段

1992 年前是并行工程的预研阶段,863/CIMS 年度计划和国家自然科学基金资助了一些并行工程相关技术的研究课题,如面向产品设计的智能 DFM、并行设计方法研究、产品开发过程建模与仿真技术研究等。

1993 年,863/CIMS 主题,组织清华大学、北航、上海交大、华工和航天 204 所等单位,组成 CE 可行性论证小组,提出在 CIMS 实验工程的基础上开展 CE 的攻关研究。

1995 年 5 月,863/CIMS 主题,重大关键技术攻关项目"并行工程"正式立项,投入大量资金开展 CE 方法、关键技术和应用实施的研究。

1995 年 5 月—1997 年 12 月,进行了"并行工程"项目的攻关研究。

2. 第二阶段

1998 年至今,"并行工程"已有攻关成果并进一步深入研究,应用于航天等领域。

国内对 CE 的研究也已发展到了一定的高度,以下是几个成功应用并行工程的典型范例。

西安飞机工业(集团)有限公司在已有软件系统的基础上,开发支持飞机内装饰并行工程的系统工具,包括:适用于飞机内装饰的 CAID 系统、DEA 系统和模具的 CAD/CAE/CAM 系统。例如,Y7-200A 内装饰设计制造并行工程。通过了过程建模与 PDM 实施,工业设计,DFA,并行工程环境下的模具 CAD/CAM,飞机客舱内装饰数字化定义等技术手段。在 Y7-700A 飞机内装饰工程中,研制周期从 1.5 年缩短到 1 年,减少设计更改 60% 以上,降低产品研制成本 20% 以上。

以波音 737-700 垂直尾翼转包生产为例,研制周期缩短 3 个月;节约工装引进费用 370 万美元;减少样板 1 165 块,合计人民币 50 万元;减少标工、二类工装 23 项,合计人民币 125 万元;减少过渡模 136 项,合计人民币 68 万元;提高数控编程速度 4~6 倍,减少数控零件试切时间 40%;工艺设计效率提高 1.5 倍等。

并行工程与传统设计制造流程比较:

并行工程强调面向过程(Process-oriented)和面向对象(Object-oriented),一个新产品从概念构思到生产出来是一个完整的过程(process)。传统的串行工程方法是基于 200 多年前英国政治经济学家亚当·斯密的劳动分工理论。该理论认为分工越细,工作效率越高。因此串行方法是把整个产品开发全过程细分为很多步骤,每个部门和个人都只做其中的一部分工作,而且是相对独立进行的,工作做完以后把结果交给下一部门。西方把这种方式称为"抛过墙法"(throw over the wall),他们的工作是以职能和分工任务为中心的,不一定存在完整的、统一的产品概念。而并行工程则强调设计要面向整个过程或产品对象,因此它特别强调设计人员在设计时不仅要考虑设计,还要考虑这种设计的工艺性、可制造性、可生产性、可维修性等,工艺部门的人也要同样考虑其他过程,设计某个部件时要考虑与其他部件之间的配合。

整个开发工作都是要着眼于整个过程(process)和产品目标(product object)。从串行到并行,是观念上的很大转变,如图 7.1 所示,在生产过程中传统的流程与实施并行过程的生产流程不同。

在传统串行工程中,对各部门工作的评价往往是看交给它的那一份工作任务完成是否出色。就设计而言,主要是看设计工作是否新颖,是否有创造性,产品是否有优良的性能。对其他部门也是看他的那一份工作是否完成出色。而并行工程则强调系统集成与整体优化,它并不完全追求单个部门、局部过程和单个部件的最优,而是追求全局优化,追求产品整体的竞争能力。对产品而言,这种竞争能力就是产品的 TQCS 综合指标——交货期(time)、质量(quality)、价格(cost)和服务(service)。在不同情况下,侧重点不同。在现阶段,交货期可能是关键因素,有时是质量,有时是价格,有时是它们中的几个综合指标。

对每一个产品而言,企业都对它有一个竞争目标的合理定位,因此并行工程应围绕这个目标来进行整个产品开发活动。只要达到整体优化和全局目标,并不追求每个部门的工作最优。对整个工作的评价是根据整体优化结果来评价的。

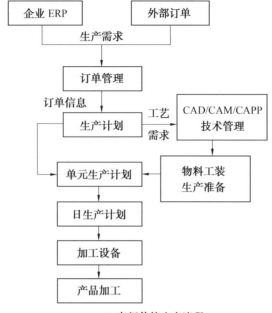

(a) 车间传统生产流程

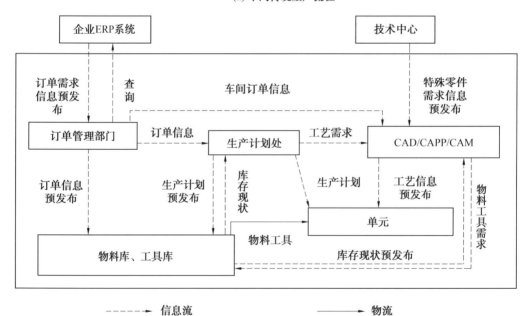

(b) 车间并行化工作流程

图 7.1　车间并行化流程与传统生产流程比较

7.1.2　并行工程的建立

1. 建立并行工程的开发环境

并行工程环境使参与产品开发的每个人都能瞬时地相互交换信息,以克服由于地域、组织不同,产品的复杂化,缺乏互换性的工具等因素造成的各种问题。在开发过程中应以具有柔性和弹性的方法,针对不同的产品开发对象,采用不同的并行工程手法,逐步调整开发环境。并行工程的开发环境主要包括以下几个方面。

(1)统一的产品模型,保证产品信息的唯一性,并必须有统一的企业知识库,使小组人员能以同一种"语言"进行协同工作。

(2)一套高性能的计算机网络,小组人员能在各自的工作站或微机上进行仿真,或利用各自的系统。

(3)一个交互式、良好用户界面的系统集成,有统一的数据库和知识库,使小组人员能同时以不同的角度参与或解决各自设计中的问题。

2. 成立并行工程的开发组织机构

开发组织有 3 个层次构成,最高层有各功能部门负责人和项目经理组成,管理开发经费、进程和计划;第二层是由主要功能部门经理、功能小组代表构成,定期举行例会;第三层是作业层,由各功能小组构成。

3. 选择开发工具及信息交流方法

选择一套合适的产品数据管理(PDM)系统,PDM 是集数据管理能力、网络的通信能力与过程控制能力于一体的过程数据管理技术的集成,能够跟踪保存和管理产品设计过程。PDM 系统是实现并行工程的基础平台。它将所有与产品有关的信息和过程集成在一体,将有效地从概念设计、计算分析、详细设计、工艺流程设计、制造、销售、维修直至产品报废的整个生命周期相关的数据,予以定义、组织和管理,使产品数据在整个产品生命周期内保持最新、一致、共享及安全。PDM 系统应该具有电子仓库、过程和过程控制、配置管理、查看和圈阅、扫描和成像、设计检索和零件库、项目管理、电子协作、工具和集成件等。产品数据管理系统对产品开发过程的全面管理,能够保证参与并行工程协同开发小组人员间的协调活动能正常进行。

4. 确立并行工程的开发实施方案

首先,把产品设计工作过程细分为不同的阶段;其次,当出现多个阶段的工作所需要的资源不可共享时,可以采用并行工程方法;最后,后续阶段的工作必须依赖于前阶段的工作结果作为输入条件时,可以先对前阶段工作做出假设,二者才可并行。其间必须插入中间协调,并用中间的结果做验证,其验证的结果与假定的背离是后续阶段工作调整的依据。

7.1.3 并行工程在数字化制造中的作用

并行工程具有以下 5 个方面的特点:
(1)基于集成制造的并行性。
(2)并行有序。
(3)群组协同。
(4)面向工程的设计。
(5)计算机仿真技术。

基于这 5 个方面的特点,并行工程强调产品设计与工艺过程设计、生产技术准备、采购、生产等种种活动并行交叉进行。

并行交叉有两种形式:一是按部件并行交叉,即将一个产品分成若干个部件,使各部件能并行交叉进行设计开发;二是对每个部件,可以使其设计、工艺过程设计、生产技术准备、采购、生产等各种活动尽最大可能并行交叉进行。

需要注意的是,并行工程强调各种活动并行交叉,并不是也不可能违反产品开发过程必要的逻辑顺序和规律,不能取消或越过任何一个必经的阶段,而是在充分细分各种活动的基础上,找出各自活动之间的逻辑关系,将可以并行交叉的尽量并行交叉进行。

正因为强调各活动之间的并行交叉,以及并行工程为了争取时间,所以它强调人们要学会在信息不完备情况下就开始工作。因为根据传统观点,人们认为只有等到所有产品设计图纸全部完成以后才能进行工艺设计工作,所有工艺设计图完成后才能进行生产技术准备和采购,生产技术准备和采购完成后才能进行生产。正因为并行工程强调将各有关活动细化后进行并行交叉,所以很多工作要在我们传统上认为信息不完备的情况下进行。

并行工程在先进制造技术中具有承上启下的作用。这主要体现在以下几个方面:

(1)并行工程是在CAD、CAM、CAPP等技术支持下,将原来分别进行的工作在时间和空间上交叉、重叠,充分利用了原有技术,并吸收了当前迅速发展的计算机技术、信息技术的优秀成果,使其成为先进制造技术中的基础。

(2)在并行工程中为了达到并行的目的,必须建立高度集成的主模型,通过它来实现不同部门人员的协同工作;为了达到产品的一次设计成功,减少反复,它在许多部分应用了仿真技术;主模型的建立、局部仿真的应用等都包含在虚拟制造技术中,可以说并行工程的发展为虚拟制造技术的诞生创造了条件,虚拟制造技术将是以并行工程为基础的,并行工程的进一步发展方向是虚拟制造。所谓虚拟制造又叫拟实制造,它利用信息技术、仿真技术、计算机技术对现实制造活动中的人、物、信息及制造过程进行全面的仿真,以发现制造中可能出现的问题,在产品实际生产前就采取预防措施,使产品一次性制造成功,来达到降低成本、缩短产品开发周期、增强产品竞争力的目的。

(3)并行工程必须应用于面向制造和装配的产品设计开发过程。面向制造和装配的产品设计(Design for Manufacturing and Assembly,DFMA)是指在产品设计阶段充分考虑产品的可制造性和可装配性,从而以更短的产品开发周期、更低的产品开发成本和更高的产品开发质量进行产品开发。

很显然,要顺利地实施和开展并行工程,离不开面向制造和装配的产品设计,只有从产品设计入手,才能够使并行工程达到提高质量、降低成本、缩短开发时间的目的。可以说,面向制造和装配的产品开发是并行工程的核心部分,是并行工程中最关键的技术。掌握了面向制造和装配的产品开发技术,并行工程就成功了一大半。

7.1.4 并行工程应用

汽车工业是一个技术与资金高度密集的成熟产业,是当今许多高新技术的载体,产品开发是汽车工业技术的核心,其本身也是一项重要的技术。

汽车开发是一项复杂的系统工程。它的开发流程包括创意、造型、设计、工程分析、样车实验、工装设计及加工、调试、生产、装配等工作。如果不能很好地协调各环节,汽车开发必然是费时费力的浩大工程。尤其是这几年国内汽车业迅猛发展,各汽车厂竞争空前激烈,汽车开发的周期、质量、成本显得尤为重要。由于对产品研究开发的投入力度不够,新产品开发全过程的实践不够,我国与国外高水平的汽车开发技术相比还有很大差距,特别是在产品开发的组织体系及人员、产品开发工作的组织、产品开发过程等环节上。

下面将探讨采用并行工程在汽车的开发过程中如何实现缩短产品开发周期、提高产品质量、降低产品开发成本。

一般来讲，汽车产品开发期共有 4 个阶段，即策划阶段、设计阶段、样品试制阶段、小批试制阶段。汽车企业实施产品开发并行工程，就应该在这 4 个阶段运用。

1. 并行工程在策划阶段的运用

在策划阶段汽车企业决策层首先应该考虑：开发的产品是否能为企业带来经济效益；开发的产品是否具有先进性、可行性、经济性、环保性等优点；开发的产品是否具有潜在市场；竞争对手是否也在开发同类型产品，他们的水平如何；开发产品是否符合国内外法律法规和专利要求等方面的可行性。

如果通过论证认为可行，则立即组建产品开发并行工程项目小组。企业应从与产品开发相关的部门，选定有一定技术专长和管理能力的产品设计、产品工艺、质量管理、现场施工、生产管理等人员（如有必要还可邀请产品的使用客户代表参加）组成并行工程项目小组，同时明确小组成员的工作职责。

2. 并行工程在设计阶段的运用

并行工程要求产品开发人员在制定产品设计的总体方案时就考虑产品生命周期中的所有因素，解决好产品的 TQCS 难题，即以最快的上市速度、最好的质量、最低的成本及最优的服务来满足顾客的不同需求和社会可持续发展的需求。总体方案的设计与论证作为以后详细设计的依据，必须从总体上保证最优，包括优化设计、降低成本、缩短研制周期。

在设计阶段产品开发并行工程项目小组应根据用户要求确定所开发产品的设计目标。要确保所开发产品能使用户满意，就必须以用户关注的项目开发周期、项目开发成本和预定的最优效果作为所开发产品的设计目标。

设计目标是并行工程项目小组的行动纲领，这些目标都是充分研究国内外经济形势、顾客合理要求、市场总体需求、国家法律法规要求和企业内部客观条件，并在全面收集竞争对手有关资料的基础上确定的。设计目标确定后，要采用既合理又简便的方法，根据用户要求，找出关键目标，并将设计目标分解为若干个分类目标。这样，并行工程项目小组就能自上而下地把设计目标层层展开，企业各部门并行地开展工作，并按关键目标要求，对产品开发过程进行评价得出最优设计结果。

3. 并行工程在样品试制阶段的运用

并行工程在样品试制阶段的工作重点是实现产品各方面的优化。并行工程项目小组应建立典型产品的设计模型。汽车企业进行典型产品设计、可靠性设计和可靠性试验，就是为了建立典型产品的设计数据库，并通过现代计算机的应用技术，将设计数据实现信息收集、编制、分配、评价和延伸管理，确立典型产品设计模型。并通过对确立的典型产品设计模型的研究，利用信息反馈系统进行产品寿命估算，找出其产品设计和产品改进的共性要求，实现产品的最优化设计。要使开发的汽车产品设计最优化，还必须了解同类产品的失效规律及失效类型，尤其是对安全性、可靠性、耐久性有重要影响的产品设计时，要认真分析数据库内同类产品的失效规律及失效类型作用，采取成熟产品的积累数据，通过增加安全系数、降低承受负荷、强化试验等方法，来进行产品最优化设计。

4. 并行工程在小批量试制阶段的运用

并行工程在小批量试制阶段的工作重点是实现生产能力的优化。应按产品质量要求对生产能力进行合理配置。生产过程的"人员、设备、物料、资金、信息等"诸要素的优化组合，是实现用最少投入得到最大产出的基础，尤其是在产品和技术的更新速度不断加快、社会化大生产程度日益提高的今天，要实现产品快速投放市场，更需要对工艺流程、工序成本、设备能力、工艺装备有效性、检测能力及试验能力的优化分析，实现生产能力的合理配置。同时对生产出来的产品，应站在用户的立场上，从加工完毕、检验合格的产品中抽取一定数量，评价其质量特性是否符合产品图纸、技术标准、法律法规等规定要求；并以质量缺陷多少为依据，评价产品的相应质量水平，并督促有关部门立即制定改进措施，对投入试用的产品还应把用户反馈回来的信息进行分析，对用户提出的合理和可行的建议，也应拿出改进措施，使客户满意。

7.2 柔性制造技术

柔性制造技术也称柔性集成制造技术，是现代先进制造技术的统称。柔性制造技术集自动化技术、信息技术和制作加工技术于一体，把以往工厂企业中相互孤立的工程设计、制造、经营管理等过程，在计算机及其软件和数据库的支持下，构成一个覆盖整个企业的有机系统。

传统的自动化生产技术可以显著提高生产效率，然而其局限性也显而易见，即无法很好地适应中小批量生产的要求。随着制造技术的发展，特别是自动控制技术、数控加工技术、工业机器人技术等的迅猛发展，柔性制造技术（FMT）应运而生。

所谓"柔性"，即灵活性，主要表现在：①生产设备的零件、部件可根据所加工产品的需要变换；②对加工产品的批量可根据需要迅速调整；③对加工产品的性能参数可迅速改变并及时投入生产；④可迅速而有效地综合应用新技术；⑤对用户、贸易伙伴和供应商的需求变化及特殊要求能迅速做出反应。采用柔性制造技术的企业，平时能满足品种多变而批量很小的生产需求，战时能迅速扩大生产能力，而且产品质优价廉。柔性制造设备可在无须大量追加投资的条件下提供连续采用新技术、新工艺的能力，也不需要专门的设施，就可生产出特殊的产品。

柔性制造技术是对各种不同形状加工对象实现程序化柔性制造加工的各种技术的总和。

1. 柔性制造技术的特点

（1）柔性制造技术是从成组技术发展起来的，因此，柔性制造技术仍带有成组技术的烙印，遵循零件相似原则：形状相似、尺寸相似和工艺相似。这3个相似原则是柔性制造技术的前提条件。凡符合三相似原则的多品种加工的柔性生产线，可以做到投资最省（使用设备最少，厂房面积最小）、生产效率最高（可以混流生产，无停机损失）、经济效益最好（成本最低）。

（2）品种中大批量生产时，虽然每个品种的批量相对来说是小的，多个小批量的总和也可构成大批量，因此柔性生产线几乎无停工损失，设计利用率高。

(3)柔性制造技术组合了当今机床技术、监控技术、检测技术、刀具技术、传输技术、电子技术和计算机技术的精华,具有高质量、高可靠性、高自动化和高效率的特点。

(4)可缩短新产品的上市时间,转产快,适应瞬息万变的市场需求。

(5)可减少工厂内零件的库存,改善产品质量和降低产品成本。

(6)减少工人数量,减轻工人劳动强度。

(7)一次性投资大。

2. 柔性制造技术未来的发展趋势

(1)FMC将成为发展和应用的热门技术,这是因为FMC的投资比FMS少得多而经济效益相接近,更适用于财力有限的中小型企业。目前国外众多厂家将FMC列为发展之重。

(2)发展效率更高的FML,多品种大批量的生产企业如汽车及拖拉机等工厂对FML的需求引起了FMS制造厂的极大关注。采用价格低廉的专用数控机床替代通用的加工中心将是FML的发展趋势。

(3)朝多功能方向发展由单纯加工型FMS,进一步开发以焊接、装配、检验及钣材加工乃至铸、锻等制造工序兼具的多种功能FMS。

7.2.1　柔性制造技术群

柔性制造技术是技术密集型的技术群,我们认为凡是侧重于柔性,适应于多品种、中小批量(包括单件产品)的加工技术都属于柔性制造技术。目前按规模大小划分为以下几个方面:

1. 柔性制造系统(FMS)

关于柔性制造系统(Flexible manufacturing System,FMS)的定义很多,权威性的定义有:

美国国家标准局把FMS定义为:"由一个传输系统联系起来的一些设备,传输装置把工件放在其他联结装置上送到各加工设备,使工件加工准确、迅速和自动化。中央计算机控制机床和传输系统,柔性制造系统有时可同时加工几种不同的零件。

国际生产工程研究协会指出:"柔性制造系统是一个自动化的生产制造系统,在最少人的干预下,能够生产任何范围的产品族,系统的柔性通常受到系统设计时所考虑的产品族的限制。"

中国国家军用标准则定义为:"柔性制造系统是由数控加工设备、物料运储装置和计算机控制系统组成的自动化制造系统,它包括多个柔性制造单元,能根据制造任务或生产环境的变化迅速进行调整,适用于多品种、中小批量生产。"

简单地说,FMS是由若干自动化加工的数控设备、物料运储装置和计算机控制系统组成的,并能根据制造任务和生产品种变化而迅速进行调整的自动化制造系统,如图7.2所示。

目前常见的组成通常包括4台或更多台全自动数控机床(加工中心与车削中心等),由集中的控制系统及物料搬运系统连接起来,可在不停机的情况下实现多品种、中小批量的加工及管理。每个部分功能如下:

(1)自动化加工子系统。

自动化加工子系统是FMS的基本制造单元,由CNC机床、FMC及工具等组成,一般

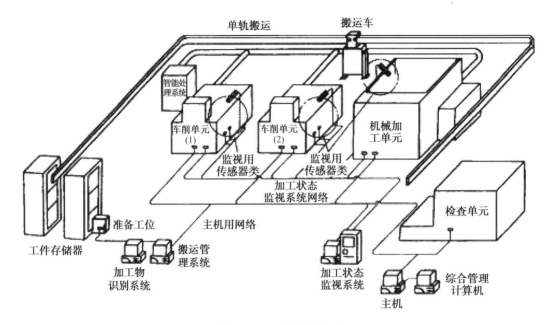

图 7.2 FMS 的系统组成

CNC 机床均需安装自动托盘交换器(APC)。

(2)自动化物料处理子系统。

自动化物料处理子系统包括自动化仓库、中央刀具库、无人运输小车、输送带及搬运机器人等。自动化仓库包括平面仓库和立体仓库。物料自动搬运可以选用无人运输小车、搬运机器人或传送带等。无人运输小车可以有轨,也可以无轨。

(3)计算机控制与管理子系统。

计算机控制与管理子系统接收来自工厂或车间主计算机的指令并对整个 FMS 实行监控,实现单元层对上级(车间或其他)及下层(工作站层)的内部通信传递,对每一个标准的数控机床或制造单元的加工实行控制,对夹具及刀具等实行集中管理和控制,协调各控制装置之间的动作。另外,该子系统还要实现单元层信息流故障诊断与处理,实时动态监控系统状态变化。

柔性制造系统的发展趋势大致有两个方面。

一方面是与计算机辅助设计和辅助制造系统相结合,利用原有产品系列的典型工艺资料,组合设计不同模块,构成各种不同形式的具有物料流和信息流的模块化柔性系统。另一方面是实现从产品决策、产品设计、生产到销售的整个生产过程自动化,特别是管理层次自动化的计算机集成制造系统。这个大系统涵盖以下几个方面,柔性制造系统只是它的一个组成部分。

(1)模块化的柔性制造系统。

为了保证系统工作的可靠性和经济性,可将其主要组成部分标准化和模块化。加工件的输送模块,有感应线导轨小车输送和有轨小车输送;刀具的输送和调换模块,有刀具交换机器人和与工件共用输送小车的刀盒输送方式等。利用不同的模块组合,构成不同形式的具有物料流和信息流的柔性制造系统,自动地完成不同要求的全部加工过程。

(2)计算机集成制造系统。

在1870—1970年的100年中,加工过程的效率提高了2 000%,而生产管理的效率只提高了80%,产品设计的效率仅提高了20%左右。显然,后两种的效率已成为进一步发展生产的制约因素。因此,制造技术的发展就不能局限在车间制造过程的自动化,而要全面实现从生产决策、产品设计到销售的整个生产过程的自动化,特别是管理层次工作的自动化。这样集成的一个完整的生产系统就是计算机集成制造系统(CIMS)。

CIMS的主要特征是集成化与智能化。集成化即自动化的广度,它把系统的空间扩展到市场、产品设计、加工制造、检验、销售和为用户服务等全部过程;智能化的自动化朝深度,不仅包含物料流的自动化,而且还包括信息流的自动化。

(3)决策层的信息反馈系统。

决策层是企业的领导机构,通过管理信息系统掌握连接各部门的信息。生产活动的信息源来自生产对象——产品的订货。根据用户对产品功能的要求,CAD(计算机辅助设计)系统提供有关产品的全部信息和数据。产品原始数据是企业生产活动初始的信息源,所以,智能化的CAD系统是CIMS的基础。CAPP(计算机辅助工艺过程设计)系统不仅要编制工艺规程,设计工夹量具,确定工时和工序费用,还要与CAM(计算机辅助制造)系统连接,为数控机床提供工艺数据,为生产计划、作业调度、质量管理和成本核算提供数据,并将诸如制造可能性和成本等信息反馈至CAD系统,生产计划与控制系统是全厂的生产指挥枢纽。为使生产有条不紊地进行,必须相应建立生产数据数字化管理系统,以此构成一个能反映生产过程真实情况的信息反馈系统。

2. 柔性制造单元(FMC)

FMC的问世以及在生产中使用约比FMS晚6~8年。FMC可视为一个规模最小的FMS,是FMS向廉价化及小型化方向发展的一种产物。它是由1~2台加工中心、工业机器人、数控机床及物料运送存储设备构成,其特点是实现单机柔性化及自动化,具有适应加工多品种产品的灵活性。迄今它已进入普及应用阶段。

3. 柔性制造线(FML)

FML是处于单一或少品种大批量非柔性自动线与中小批量多品种FMS之间的生产线。其加工设备可以是通用的加工中心或CNC机床,亦可采用专用机床或NC专用机床,对物料搬运系统柔性的要求低于FMS,但生产率更高。它是以离散型生产中的柔性制造系统和连续生产过程中的分散型控制系统(DCS)为代表,其特点是实现生产线柔性化及自动化,其技术已日臻成熟,迄今已进入实用化阶段。

4. 柔性制造工厂(FMF)

FMF是将多条FMS连接起来,配以自动化立体仓库,用计算机系统进行联系,采用从订货、设计、加工、装配、检验、运送至发货的完整FMF。它包括了CAD/CADM,并使计算机集成制造系统(CIMS)投入实际,实现生产系统柔性化及自动化,进而实现全厂范围的生产管理、产品加工及物料贮运进程的全盘化。FMF是自动化生产的最高水平,反映出世界上最先进的自动化应用技术。它是将制造、产品开发及经营管理的自动化连成一个整体,以信息流控制物质流的智能制造系统(IMS)为代表,其特点是实现工厂柔性化及自动化。

7.2.2 柔性制造关键技术

1. 计算机辅助设计

未来 CAD 技术发展将会引入专家系统,使之智能化,可处理各种复杂的问题。当前设计技术最新的一个突破是光敏立体成形技术,该项新技术是直接利用 CAD 数据,通过计算机控制的激光扫描系统,将三维数字模型分成若干层二维片状图形,并按二维片状图形对池内的光敏树脂液面进行光学扫描,被扫描到的液面则变成固化塑料,如此循环操作,逐层扫描成形,并自动地将分层成形的各片状固化塑料黏合在一起,仅需确定数据,数小时内便可制出精确的原型。它有助于加快开发新产品和研制新结构的速度。

2. 模糊控制技术

模糊数学的实际应用是模糊控制器。最近开发出的高性能模糊控制器具有自学习功能,可在控制过程中不断获取新的信息并自动地对控制量做调整,使系统性能大为改善,其中尤其以基于人工神经网络的自学方法引起了人们极大的关注。

3. 人工智能、专家系统及智能传感器技术

迄今,柔性制造技术中所采用的人工智能大多指基于规则的专家系统。专家系统利用专家知识和推理规则进行推理,求解各类问题(如解释、预测、诊断、查找故障、设计、计划、监视、修复、命令及控制等)。由于专家系统能简便地将各种事实及经验证过的理论与通过经验获得的知识相结合,因而专家系统为柔性制造的诸方面工作增强了柔性。展望未来,以知识密集为特征,以知识处理为手段的人工智能(包括专家系统)技术必将在柔性制造业(尤其智能型)中起着日趋重要的关键性的作用。目前用于柔性制造中的各种技术,预计最有发展前途的仍是人工智能。预计到 21 世纪初,人工智能在柔性制造技术中的应用规模将比目前大 4 倍。智能制造技术(IMT)旨在将人工智能融入制造过程的各个环节,借助模拟专家的智能活动,取代或延伸制造环境中人的部分脑力劳动。在制造过程中,系统能自动监测其运行状态,在受到外界或内部激励时能自动调节其参数,以达到最佳工作状态,具备自组织能力。故 IMT 被称为未来 21 世纪的制造技术。对未来智能化柔性制造技术具有重要意义的一个正在急速发展的领域是智能传感器技术。该项技术是伴随计算机应用技术和人工智能而产生的,它使传感器具有内在的"决策"功能。

4. 人工神经网络技术

人工神经网络(ANN)是模拟智能生物的神经网络对信息进行并处理的一种方法。故人工神经网络也就是一种人工智能工具。在自动控制领域,神经网络不久将并列于专家系统和模糊控制系统,成为现代自动化系统中的一个组成部分。

7.2.3 柔性制造方法

1. 细胞生产方式

与传统的大批量生产方式比较,细胞生产方式有两个特点:一个是规模小(生产线短,操作人员少),另一个是标准化之后的小生产细胞可以简单复制。由于这两个特点,细胞生产方式能够实现:①简单应对产量的变化,通过复制一个或一个以上的细胞就能够满足细胞生产能力整数倍的生产需求。②减少场地占用,细胞是可以简单复制的(细胞生产线可以在一天内搭建完成),因此不需要的时候可以简单拆除,节省场地。③每一个细胞的作业人数少,降低了平衡工位间作业时间的难度,工位间作业时间差异小,生产效率高。④通过合理组合员工,即由能力相当的员工组合成细胞,可以发挥员工最高的作业能力水平。如果能够根据每一个细胞的产能给予相应的奖励,还有利于促成细胞间的良性竞争。细胞生产线的形式是多样的,有 O 形,也有 U 形,有餐台形,也有推车形等。

2. 一人生产方式

我们看到过这样的情形,某产品的装配时间总共不足 10 min,但是它还是被安排在一条数十米长的流水线上,而装配工作则由线上的数十人来完成,每个人的作业时间不过 10 s、20 s。针对这样一些作业时间相对较短、产量不大的产品,如果能够打破常规(流水线生产),改由每一个员工单独完成整个产品装配任务的话,我们将获得意想不到的效果。同时,由于工作绩效(品质、效率、成本)与员工个人直接相关,一人生产方式除了具有细胞生产的优点之外,还能够大大地提高员工的品质意识、成本意识和竞争意识,促进员工成长。

3. 一个流生产方式

一个流生产方式是这样实现的,即取消机器间的台车,并通过合理的工序安排和机器间滑板的设置让产品在机器间单个流动起来。它的好处是:①极大地减少了中间产品库存,减少资金和场地的占用;②消除机器间的无谓搬运,减少对搬运工具的依赖;③当产品发生品质问题时,可以及时将信息反馈到前部,避免造成大量中间产品的报废。一个流生产方式不仅适用于机械加工,也适用于产品装配的过程。

4. 柔性设备的利用

一种叫作柔性管的产品(有塑胶的也有金属的)逐渐受到青睐。以前许多企业都会外购标准流水线用作生产,现在逐步采用自己拼装的简易柔性生产线。比较而言,柔性生产线首先可降低设备投资 70% ~ 90% 以上;其次,设备安装不需要专业人员,一般员工即可快速地在一个周末完成安装;第三,不需要时可以随时拆除,提高场地利用效率。

5. 台车生产方式

我们经常看到一个产品在制造过程中,从一条线上转移到另一条线上,转移工具就是台车。着眼于搬动及转移过程中的损耗,有人提出了台车生产线,即在台车上完成所有的装配任务。

6. 固定线和变动线方式

根据某产品产量的变动情况,设置两类生产线,一类是满足某一相对固定的固定生产线,另一类是用来满足变动部分的变动生产线。通常,传统的生产设备被用作固定线,而柔性设备或细胞生产方式等被用作变动生产线。为了彻底降低成本,在日本变动线往往招用劳务公司派遣的临时工(Part-Time)来应对,不需要时可以随时退回。

7.3 计算机集成制造技术

计算机集成制造(CIM),是一种运用数字化设备把企业生产制造与生产管理进行优化的思想。将企业决策、经营管理、生产制造、销售及售后服务有机地结合在一起。

计算机集成制造系统(Computer Integrated Manufacturing System,CIMS)是随着计算机辅助设计与制造的发展而产生的。它是在信息技术自动化技术与制造的基础上,通过计算机技术把分散在产品设计制造过程中各种孤立的自动化子系统有机地集成起来,形成适用于多品种、小批量生产,实现整体效益的集成化和智能化制造系统。

我国的CIMS已经改变为"现代集成制造(Contemporary Integrated Manufacturing)与现代集成制造系统(Contemporary Integrated Manufacturing System)"。它已在广度与深度上拓展了原CIM/CIMS的内涵。其中,"现代"的含义是计算机化、信息化、智能化。"集成"有更广泛的内容,它包括信息集成、过程集成及企业间集成等三个阶段的集成优化;企业活动中三要素及三流的集成优化;CIMS有关技术的集成优化及各类人员的集成优化等。

CIMS是通过计算机硬软件,并综合运用现代管理技术、制造技术、信息技术、自动化技术、系统工程技术,将企业生产全部过程中有关的人、技术、经营管理三要素及其信息与物流有机集成并优化运行的复杂的大系统。

CIMS不仅仅把技术系统和经营生产系统集成在一起,而且把人(人的思想、理念及智能)也集成在一起,使整个企业的工作流程、物流和信息流都保持通畅和相互有机联系。因此,CIMS是人、经营和技术三者集成的产物。

7.3.1 计算机集成制造系统的分类

CIMS是自动化程度不同的多个子系统的集成,如管理信息系统(MIS)、制造资源计划系统(MRPII)、计算机辅助设计系统(CAD)、计算机辅助工艺设计系统(CAPP)、计算机辅助制造系统(CAM)、柔性制造系统(FMS)以及数控机床(NC、CNC)、机器人等。CIMS正是在这些自动化系统的基础之上发展起来的,它根据企业的需求和经济实力,把各种自动化系统通过计算机实现信息集成和功能集成。

这些子系统也使用了不同类型的计算机,有的子系统本身也是集成的,如MIS实现了多种管理功能的集成,FMS实现了加工设备和物料输送设备的集成等。但这些集成是在较小的局部,而CIMS是针对整个工厂企业的集成。CIMS是面向整个企业,覆盖企业的多种经营活动,包括生产经营管理、工程设计和生产制造各个环节,即从产品报价、接受订单开始,经计划安排、设计、制造直到产品出厂及售后服务等的全过程。

CIMS大致可以分为6层:生产/制造系统、硬事务处理系统、技术设计系统、软事务处理系统、信息服务系统和决策管理系统。

在6个层次基础上分为7个分系统,代表了CIMS的结构。

(1)企业管理软件系统。(2)产品数字化设计系统。(3)制造过程自动化系统。(4)质量保证系统。(5)物流系统。(6)数据库系统。(7)网络系统。

从生产工艺方面分,CIMS可大致分为离散型制造业、连续型制造业和混合型制造业3种;从体系结构CIMS也可以分成集中型、分散型和混合型3种。

(1)离散型企业的CIMS。

离散型生产企业主要是指一大类机械加工企业。它们的基本生产特征是机器(机床)对工件外形的加工,再将不同的工件组装成具有某种功能的产品。由于机器和工件都是分立的,故称之为离散型生产方式。该类企业使用的CIMS即为传统意义上的CAD/CAM型

CIMS。

(2)流程型企业的 CIMS。

流程型企业也叫连续型的生产企业,是指被加工对象不间断地通过生产设备,如化工厂、炼油厂、水泥厂、发电厂等,这里基本的生产特征是通过一系列的加工装置使原材料进行规定的化学反应或物理变化,最终得到满意的产品。

(3)混合型企业的 CIMS。

混合型企业是指其生产活动中既有流程型特征,又有离散型特征,这类企业的 CIMS,不仅解决了每道工序的自动化问题,而且解决了各工序间的所有平衡问题。

从功能上看,CIMS 包括了一个制造企业的设计、制造、经营管理 3 种主要功能,要使这三者集成起来,还需要一个支撑环境,即分布式数据库和计算机网络以及指导集成 CIMS 构成框图运行的系统技术。

4 个功能分系统:

(1)管理信息分系统。

(2)产品设计与制造工程设计自动化分系统。

(3)制造自动化或柔性制造分系统。

(4)质量保证分系统。

2 个支撑分系统:

(1)计算机网络分系统。

(2)数据库分系统。

7.3.2 CIMS 应用及发展趋势

1. 实施 CIMS 的生命周期

实施 CIMS 的生命周期可分为 5 个阶段。

(1)项目准备。

(2)需求分析。

(3)总体解决方案设计。

(4)系统开发与实施。

(5)运行及维护。

将 CIMS 的实施过程分为应用工程、产品开发、产品预研与关键技术攻关、应用基础研究课题 4 个层次。

实施过程中强调实用,强调效益驱动。围绕企业的经营发展战略,找出"瓶颈",明确技术路线,自上而下规划,由底向上实施,以减少实施 CIMS 的盲目性,降低企业风险和提高企业的经济承受能力。强调开放的体系结构及计算机环境、标准化,为后续的维护、扩展和进一步开发打下良好基础。强调通过信息集成取得效益,车间层适度自动化。实施过程中强调集成,如技术集成,人的集成,经营、技术与人、组织的集成,资金的集成等。依靠政府部门的支持,强调企业、大学和研究所的结合,建立起高效运转的官、产、学、研联合体制,充分发挥各自的优势。

2. CIMS 发展趋势

(1) 集成化。从当前的企业内部的信息集成发展到过程集成(以并行工程为代表),并正在步入实现企业间集成的阶段(以敏捷制造为代表)。

(2) 数字化/虚拟化。从产品的数字化设计开始,发展到产品全生命周期中各类活动、设备及实体的数字化。

(3) 网络化。从基于局域网发展到基于 Internet/Intranet/Extranet 的分布网络制造,以支持全球制造策略的实现。

(4) 柔性化。正积极研究发展企业间的动态联盟技术、敏捷设计生产技术、柔性可重组机器技术等,以实现敏捷制造。

(5) 智能化。智能化是制造系统在柔性化和集成化的基础上进一步发展与延伸,引入各类人工智能技术和智能控制技术,实现具有自律、分布、智能、仿生、敏捷、分形等特点的新一代制造系统。

(6) 绿色化。绿色化包括绿色制造、环境意识的设计与制造、生态工厂、清洁化生产等。它是全球可持续发展战略在制造业中的体现,是摆在现代制造业面前的一个崭新的课题。

7.4 协同制造技术

通信技术、计算机技术以及网络技术的融合,产生的新的研究领域——计算机支持的网络工作(Computer Supported Cooperative Work,CSCW),简称计算机协同工作。1984 年由美国 MIT 的 Irene Greif 和 DEC 的 Paul Cashman 提出的。

在计算机支持的环境中,一个群体协同工作完成一项共同的任务。它的基本内涵是计算机支持通信、合作和协调。

协同制造(Collaborative Production Commerce),是 21 世纪的现代制造模式。它也是敏捷制造、协同商务、智能制造、云制造的核心内容。协同制造充分利用 Internet 技术为特征的网络技术、信息技术,协同制造将串行工作变为并行工程,实现供应链内及跨供应链间的企业产品设计、制造、管理和商务等的合作的生产模式,最终通过改变业务经营模式与方式达到资源最充分利用的目的。

1. 协同制造系统

协同制造是基于敏捷制造、虚拟制造、网络制造、全球制造的生产模式,它打破时间、空间的约束,通过互联网络,使整个供应链上的企业和合作伙伴共享客户、设计、生产经营信息。从传统的串行工作方式,转变成并行工作方式,从而最大限度地缩短新品上市的时间,缩短生产周期,快速响应客户需求,提高设计、生产的柔性,如图 7.3 所示。通过面向工艺的设计、面向生产的设计、面向成本的设计、供应商参与设计,大大提高产品设计水平和可制造性以及成本的可控性,有利于降低生产经营成本,提高质量,提高客户满意度。

协同制造模式,将简化企业内的信息传输模式,将企业内各个部门与工厂之间的信息流有机地结合起来,将从手工的信息传递和统计转换到基于事件驱动的协同制造管理信息流程中,按照协同平台统一工作,企业生产管理将不再是一个独立的控制环,而是企业内完整的控制环。

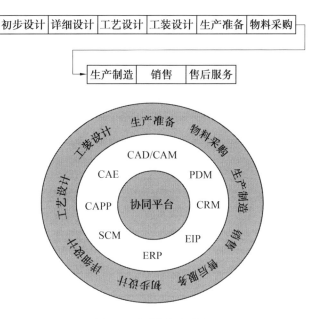

图 7.3 协同制造系统

2. 协同制造的优势

(1) 降低企业的原料或物料的库存成本,基于销售订单拉动从最终产品到各个部件的生产成为可能。

(2) 可以有效地在企业内各个工厂、仓库之间调配物料、人员及生产等,提高订单交付周期,更灵活地实现整个企业的制造敏捷性。

(3) 实现对于整个企业的各个工厂的物流可见性、生产可见性、计划可见性等,更好地监视和控制企业的制造过程。

(4) 实现企业的流程管理,从设计、配置、测试、使用、改善等整个制造流程的不断改善的集中管理,大大节约实施成本、流程维护和改善的成本。

(5) 实现企业系统维护资源的降低。

3. 协同制造的三个层次

(1) 制造业内部各个部门或系统的协同。
(2) 企业内各个工厂之间的协同制造。
(3) 基于供应链的协同制造。

7.5 网络化制造技术

网络化制造是按照敏捷制造的思想,采用 Internet 技术,建立灵活有效、互惠互利的动态企业联盟,有效地实现研究、设计、生产和销售各种资源的重组,从而提高企业的市场快速反应和竞争能力的新模式。实现企业间的协同和各种社会资源的共享与集成,高速度、高质量、低成本地为市场提供所需的产品和服务。

网络化制造是指通过采用先进的网络技术、制造技术及其他相关技术,构建面向企业特定需求的基于网络的制造系统,并在系统的支持下,突破空间对企业生产经营范围和方式的约束,开展覆盖产品整个生命周期全部或部分环节的企业业务活动(如产品设计、制造、销售、采购、管理等),实现企业间的协同和各种社会资源的共享与集成,高速度、高质量、低成本地为市场提供所需的产品和服务。

科技部关于"网络化制造"的定义为:按照敏捷制造的思想,采用 Internet 技术,建立灵活有效、互惠互利的动态企业联盟,有效地实现研究、设计、生产和销售各种资源的重组,从而提高企业的市场快速反应和竞争能力的新模式。

网络化制造系统的体系结构是描述网络化制造系统的一组模型的集合,这些模型描述了网络化制造系统的功能结构、特性和运行方式。

网络化制造系统结构的优化有利于更加深入的分析和描述网络化制造系统的本质特征,并基于所建立的系统模型进行网络化制造系统的设计实施、系统改进和优化运行。

通过对当前制造业发展现状的分析,可知现代制造企业的组织状态包括独立企业、企业集团、制造行业、制造区域和动态联盟等。针对不同组织状态常见的网络化制造系统模式为面向独立企业、面向企业集团、面向制造行业、面向制造区域和面向动态联盟的网络化制造系统 5 种模式。

1. 网络化制造技术群

(1)基于网络的制造系统管理和营销技术群。

(2)基于网络的产品设计与开发技术群。

(3)基于网络的制造过程技术群。

通常由下列几个功能模块组成:

(1)基于网络的分布式 CAD 系统。

(2)基于网络的工艺设计系统。

(3)开放结构控制的加工中心。

2. 网络化制造的关键技术

网络化制造的关键技术主要有:网络化制造通信技术(JAVA、COM、COM+、DCOM、CORBA、EJB 和 Web Service、XML、IEGS、STEP)、优化管理技术、安全技术、有效集成与协同等。

网络化制造的关键技术可以分为总体技术、基础技术、集成技术与应用实施技术。

(1)总体技术。总体技术主要是指从系统的角度,研究网络化制造系统的结构、组织与运行等方面的技术,包括网络化制造的模式、网络化制造系统的体系结构、网络化制造系统的构建与组织实施方法、网络化制造系统的运行管理、产品全生命周期管理和协同产品商务技术等。

(2)基础技术。基础技术是指网络化制造中应用的共性与基础性技术,这些技术不完全是网络化制造所特有的技术,包括网络化制造的基础理论与方法、网络化制造系统的协议与规范技术、网络化制造系统的标准化技术、产品建模和企业建模技术、工作流技术、多代理系统技术、虚拟企业与动态联盟技术和知识管理与知识集成技术等。

(3)集成技术。集成技术主要是指网络化制造系统设计、开发与实施中需要的系统集成与使能技术,包括设计制造资源库与知识库开发技术,企业应用集成技术,ASP 服务平台技术、集成平台与集成框架技术、电子商务与 EDI 技术、WebService 技术，以及 COM+、CORBA、J2EE 技术、XML、PDML 技术、信息智能搜索技术等。

（4）应用实施技术。应用实施技术是支持网络化制造系统应用的技术，包括网络化制造实施途径、资源共享与优化配置技术、区域动态联盟与企业协同技术、资源（设备）封装与接口技术、数据中心与数据管理（安全）技术和网络安全技术。

7.6 绿色制造

绿色制造也称环境意识制造（Environmentally Conscious Manufacturing）、面向环境的制造（Manufacturing For Environment）等，是一个综合考虑环境影响和资源效益的现代化制造模式；指在保证产品的功能、质量、成本的前提下，综合考虑环境影响和资源效率的现代制造模式。它使产品从设计、制造、使用到报废整个产品生命周期中不产生环境污染或使环境污染最小化，符合环境保护要求，对生态环境无害或危害极少，节约资源和能源，使资源利用率最高，能源消耗最低。

绿色制造这种现代化制造模式，是人类可持续发展战略在现代制造业中的体现。

绿色制造模式是一个闭环系统，也是一种生产制造模式，即原料—工业生产—产品使用—报废—二次原料资源。

从设计、制造、使用一直到产品报废回收整个寿命周期对环境影响最小，资源效率最高，也就是说要在产品整个生命周期内，以系统集成的观点考虑产品环境属性，改变了原来末端处理的环境保护办法，对环境保护从源头抓起，并考虑产品的基本属性，使产品在满足环境目标要求的同时，保证产品应有的基本性能、使用寿命、质量等。

1. 技术发展趋势

当前，世界上掀起一股"绿色浪潮"，环境问题已经成为世界各国关注的热点，并列入世界议事日程，制造业将改变传统制造模式，推行绿色制造技术，发展相关的绿色材料、绿色能源和绿色设计数据库、知识库等基础技术，生产出保护环境、提高资源效率的绿色产品，如绿色汽车、绿色冰箱等，并用法律、法规规范企业行为，随着人们环保意识的增强，那些不推行绿色制造技术和不生产绿色产品的企业，将会在市场竞争中被淘汰，使发展绿色制造技术势在必行。

（1）全球化。绿色制造的研究和应用将越来越体现全球化的特征和趋势。

绿色制造的全球化特征体现在许多方面，如：

①制造业对环境的影响往往是超越空间的，人类需要团结起来，保护我们共同拥有的唯一的地球。

②ISO 14000 系列标准的陆续出台为绿色制造的全球化研究和应用奠定了很好的基础，但一些标准尚需进一步完善，许多标准还有待于研究和制定。

③随着近年来全球化市场的形成，绿色产品的市场竞争将是全球化的。

④近年来，许多国家要求进口产品要进行绿色性认定，要有"绿色标志"。特别是有些国家以保护本国环境为由，制定了极为苛刻的产品环境指标来限制国际产品进入本国市场，即设置"绿色贸易壁垒"。绿色制造将为我国企业提高产品绿色性提供技术手段，从而为我国企业消除"国际贸易壁垒"进入国际市场提供有力的支撑。这也从另外一个角度说明了

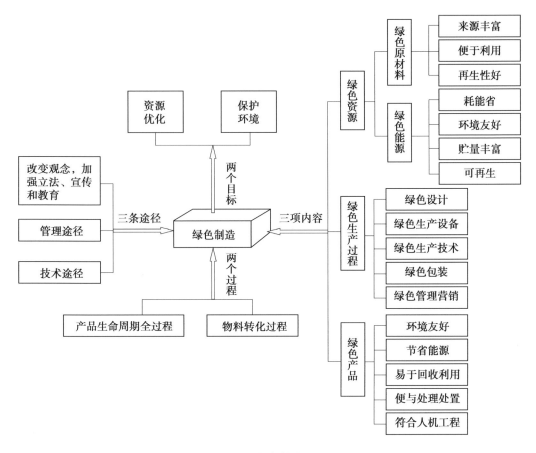

图 7.4 绿色制造过程

全球化的特点。

(2) 社会化,绿色制造的社会支撑系统需要形成。

绿色制造的研究和实施需要全社会的共同努力和参与,以建立绿色制造所必需的社会支撑系统。

首先,绿色制造涉及的社会支撑系统是立法和行政规定问题。当前,这方面的法律和行政规定对绿色制造行为还不能形成有利的支持,对相反行为的惩罚力度不够。立法问题现在已越来越受到各个国家的重视。

其次,政府可制定经济政策,用市场经济的机制对绿色制造实施导向。例如:制定有效的资源价格政策,利用经济手段对不可再生资源和虽然是可再生资源但开采后会对环境产生影响的资源(如树木)严加控制,使得企业和人们不得不尽可能减少直接使用这类资源,转而寻求开发替代资源。又如:城市的汽车废气污染是一个十分严重的问题,政府可以对每辆汽车年检时,测定废气排放水平,收取高额的污染废气排放费。这样,废气排放量大的汽车自然没有销路,市场机制将迫使汽车制造厂生产绿色汽车。企业要真正有效地实施绿色制造,必须考虑产品寿命终结后的处理,这就可能导致企业、产品、用户三者之间的新型集成关系的形成。有些人建议,需要回收处理的主要产品,如汽车、冰箱、空调、电视机等,用户只是买了其使用权,而企业拥有其所有权,有责任进行产品报废后的回收处理。

无论是绿色制造涉及的立法和行政规定以及需要制定的经济政策,还是绿色制造所需要建立的企业、产品、用户三者之间新型的集成关系,均是十分复杂的问题,其中又包含大量的相关技术问题,均有待于深入研究,以形成绿色制造所需要的社会支撑系统。这些也是绿色制造今后研究内容的重要组成部分。

(3)集成化,将更加注重系统技术和集成技术的研究。

绿色制造涉及产品生命周期全过程,涉及企业生产经营活动的各个方面,因而是一个复杂的系统工程问题。因此要真正有效地实施绿色制造,必须从系统的角度和集成的角度来考虑和研究绿色制造中的有关问题。

当前,绿色制造的集成功能目标体系、产品和工艺设计与材料选择系统的集成、用户需求与产品使用的集成、绿色制造的问题领域集成、绿色制造系统中的信息集成、绿色制造的过程集成等集成技术的研究将成为绿色制造的重要研究内容。

绿色制造集成化的另一个方面是绿色制造的实施需要一个集成化的制造系统来进行。为此,相关研究者提出了绿色集成制造系统的概念,并建立了一种绿色集成制造系统的体系框架:该系统包括管理信息系统、绿色设计系统、制造过程系统、质量保证系统、物能资源系统、环境影响评估系统 6 个功能分系统,计算机通信网络系统和数据库/知识库系统 2 个支持分系统以及与外部的联系。

绿色集成制造技术和绿色集成制造系统将可能成为今后绿色制造研究的热点。

(4)并行化,绿色并行工程将可能成为绿色产品开发的有效模式。

绿色设计今后仍将是绿色制造中的关键技术。绿色设计今后的一个重要趋势就是与并行工程的结合,从而形成一种新的产品设计和开发模式的绿色并行工程。

绿色并行工程又称为绿色并行设计,是现代绿色产品设计和开发的新模式。它是一个系统方法,以集成的、并行的方式设计产品及其生命周期全过程,力求使产品开发人员在设计一开始就考虑到产品整个生命周期中从概念形成到产品报废处理的所有因素,包括质量、成本、进度计划、用户要求、环境影响、资源消耗状况等。

(5)智能化,人工智能和智能制造技术将在绿色制造研究中发挥重要作用。

绿色并行工程涉及一系列关键技术,包括绿色并行工程的协同组织模式、协同支撑平台、绿色设计的数据库和知识库、设计过程的评价技术和方法、绿色并行设计的决策支持系统等。许多技术有待于今后的深入研究。

绿色制造的决策目标体系,现有制造系统 TQCS(即产品上市时间 T、产品质量 Q、产品成本 C 和为用户提供的服务 S)目标体系与环境影响 E 和资源消耗 R 的集成,即形成了 TQCSRE 的决策目标体系。要优化这些目标,是一个难以用一般数学方法处理的十分复杂的多目标优化问题,需要用人工智能方法来支撑处理。另外,在绿色产品评估指标体系及评估专家系统,均需要人工智能和智能制造技术。

基于知识系统、模糊系统和神经网络等的人工智能技术将在绿色制造研究开发中起到重要作用。例如:在制造过程中应用专家系统识别和量化产品设计、材料消耗和废弃物产生之间的关系;应用这些关系来比较产品的设计和制造对环境的影响;使用基于知识的原则来选择实用的材料等。

(6)产业化,绿色制造的实施将导致一批新兴产业的形成。

绿色制造将导致一批新兴产业的形成。除了目前大家已注意到的废弃物回收处理装备制造业和废弃物回收处理的服务产业外,另有两大类产业值得特别注意:

①绿色产品制造业。

制造业不断研究、设计和开发各种绿色产品以取代传统的资源消耗和环境影响较大的产品,将使这方面的产业持续兴旺发展。

②实施绿色制造的软件产业。

企业实施绿色制造,需要大量实施工具和软件产品,如绿色设计的支撑软件(计算机辅助绿色产品设计系统、绿色工艺规划系统、绿色制造的决策系统、产品生命周期评估系统、ISO 14000 国际认证的支撑系统等),将会推动一类新兴软件产业的形成。

2. 技术组成

(1)绿色设计。

绿色设计指在产品及其生命周期全过程的设计中,充分考虑对资源和环境的影响,在充分考虑产品的功能、质量、开发周期和成本的同时,优化有关设计因素,使得产品及其制造过程对环境的总体影响和资源消耗减到最小。这要求设计人员必须具有良好的环境意识,既综合考虑了产品的 TQCS 属性,还要注重产品的 E(Environment)属性,即产品使用的绿色度。

①提出绿色设计理论和方法,建立绿色产品设计指标评价体系,提出绿色设计工具,并与其他设计工具(如 CAD、CAE、CAPP 等)集成,形成集成环境。

②与企业结合选择若干典型产品,建立产品绿色制造示范点。

③以汽车为对象,提供可回收、可拆卸成套技术,并与企业结合,建立示范点。

(2)工艺规划。

产品制造过程的工艺方案不一样,物料和能源的消耗将不一样,对环境的影响也不一样。绿色工艺规划就是要根据制造系统的实际,尽量研究和采用物料和能源消耗少、废弃物少、噪声低、对环境污染小的工艺方案和工艺路线。

(3)材料选择。

绿色材料选择技术是一个很复杂的问题。绿色材料尚无明确界限,实际中选用很难处理。在选用材料的时候,不能要考虑其绿色性,还必须考虑产品的功能、质量、成本、噪声等多方面的要求。减少不可再生资源和短缺资源的使用量,尽量采用各种替代物质和技术。

(4)产品包装。

绿色包装技术就是从环境保护的角度,优化产品包装方案,使得资源消耗和废弃物产生最少。目前这方面的研究很广泛,但大致可以分为包装材料、包装结构和包装废弃物回收处理 3 个方面。

(5)回收处理。

产品生命周期终结后,若不回收处理,将造成资源浪费并导致环境污染。目前的研究认为面向环境的产品回收处理是个系统工程,从产品设计开始就要充分考虑这个问题,并做系统分类处理。产品寿命终结后,可以有多种不同的处理方案,如再使用、再利用、废弃等,各种方案的处理成本和回收价值都不一样,需要对各种方案进行分析与评估,确定出最佳的回收处理方案,从而以最少的成本代价,获得最高的回收价值。

(6)绿色管理。

尽量采用模块化、标准化的零部件,加强对噪声的动态测试、分析和控制,在国际环保标准 ISO 14000 正式颁布和实施以后,它会成为衡量产品性能的一个重要因素,企业内部建立一套科学、合理的绿色管理体系势在必行。

3. 相关技术

(1) 纳米技术。

纳米技术是一种微加工技术的极限,也就是通过纳米精度的"加工"来人工形成纳米大小的结构的技术。当物质被"粉碎"到纳米级细小并制成的"纳米材料",不仅光、电、热、磁性发生变化,而且具有辐射、吸收、吸附等许多新特性,可彻底改变目前的产业结构。由于纳米技术导致产品微型化,使所需资源减少,不仅可达到"低消耗、高效益"的可持续发展目的,而且其成本极为低廉,其互相撞击、摩擦产生的交变机械作用力将为大减小,噪声污染会得到有效控制。运用纳米技术开发的润滑剂,既能在物体表面形成半永久性的固态膜,产生极好的润滑作用,得以大大降低机器设备运转时噪声,又能延长它的使用寿命。纳米材料涂层能大大提高遮挡电磁波和紫外线的性能。

(2) 干式加工。

目前干式加工的主要应用领域是机械加工行业,如切削、磨削等。干式加工顾名思义就是加工过程中不采用任何冷却液的加工方式。干式加工简化了工艺、减少了成本并消除了冷却液带来的一系列问题,如废液排放和回收等。目前,国外已有严格的法规限制某些切削液的使用,在美国、德国等工业发达国家均大力倡导采用干式切削工艺。目前采用干式切削加工铸铁材料已无问题,采用陶瓷和CBN刀具,在高速和大进给量加工时,使热量很快聚集到刀具前端,使其呈红热状态,当工件被加热到一定温度时,其屈服强度减小,可获得较高的金属切除率。寻求最合适的干式切削刀具、工件和机床及其参数的最佳配合方式是目前的重点方向。

(3) 热加工工艺模拟技术。

热加工工艺模拟及优化设计技术是应用模拟仿真、试验测试等手段,在拟实的环境下模拟材料加工工艺过程,显示材料在加工过程中形状、尺寸、内部组织及缺陷的演变情况,预测其组织性能质量,达到优化工艺设计目的的一门崭新技术。采用工艺模拟技术将数值模拟、物理模拟和专家系统相结合,可以确定最佳工艺参数、优化工艺方案,预测加工过程中可能产生的缺陷和防止措施,从而能有效控制和保证加工工件的质量。

(4) 基于网络的敏捷制造。

敏捷制造(AM),就是灵活、快捷的生产制造。它是将柔性生产技术、高技能劳动力与灵活的管理集成一体,对迅速变化的(和不可预测的)市场需求和时机能够做出快速响应的生产管理体系。它的特点是:把企业与客户、供应商有机地联系成一个整体、提高产品研发速度,降低开发成本,延长产品寿命周期、打破成本与批量的直接关系形式,最大限度地调动和发挥人的积极性和创造性,虚拟制造技术和网络技术相结合,做到分散网络化制造。

(5) 近净成形技术和近无缺陷成形技术。

近净成形技术是指零件成形后,仅需少量加工或不再加工,就可用作机械构件的成形技术。近净成形制造技术包括铸造、焊接、塑性加工等,目前它正从接近零件形状向直接制成工件,即精密成形或净成形方向发展。这些工件有些可以直接或者稍加处理即可用于组成产品,这样可以大大减少原材料和能源的消耗。近净成形通常与近无缺陷成形技术组合用于大批量生产。

4. 存在问题

(1) 旧机床的更新与改造。

旧机床处理方面尤为突出问题是废旧或闲置设备回收和再利用率较差,许多工厂厂房内常有满身锈迹废弃的旧设备,数控机床、加工中心、FMS、CIMS 甚至网络加工等先进制造系统和大批的二十世纪五六十年代的旧机床并存,改造和利用好这些旧设备是我们面临的课题。

(2) 材料与能源的浪费。

机械制造业中能源和原材料的浪费现象较为明显,满地的切屑、小零件与油污,我国在由原料到产品所消耗的能源和原材料比美国和日本等先进国家高出数十倍之多。

(3) 环境保护意识淡薄。

一些中小企业对环境的污染还比较严重。

(4) 产品的回收利用率低。

长期以来我们沿袭的生产模式是生产—流通—消费,是废弃的开式循环;而绿色制造提倡闭式循环的生产模式,即在原来的生产模式中增加一个"回收"环节,厂家在产品的设计和制造过程中要充分考虑回收问题。

5. 在制造工艺方面的改进技术

(1) 少无切削工艺。

利用精密铸造、冷挤压、直接沉积等成型技术,从接近零件形状向精密成形、仿形发展,用自由成形制造代替切削加工,这样节约了传统毛坯制造时的能耗、物耗,也节约了大量的原材料,同时也缩短了生产周期。

(2) 干式切削工艺。

干式切削就是在加工过程中不使用冷却润滑油的加工方法。这样可以消除加工时切削液带来的大量的污染问题,获得洁净无污染的切屑,节省了大量的切削液,同时也省去了处理切削液造成污染的大量费用。

(3) 先进的制造技术。

采用先进的现代制造技术,是实现绿色制造的有效途径。例如,精益生产(LP)、敏捷制造(AM)、虚拟制造(VM)和数字制造(DM)等。

(4) 噪声的消减和控制。

机械制造车间特别是锻压车间,生产过程中产生强烈的噪声是环境污染的一个大问题,因此必须对噪声加以控制和消减。技术措施有:做好飞轮等刚转体的动平衡;在轴承和轴承座之间加弹性衬套,采用热模锻压力机,淘汰蒸汽锤锻压力机;在压力机产生噪声的主要部位加盖隔声罩,采用具有油减震器的无冲击模架等。

(5) 绿色包装的研究。

绿色包装是指采用对环境和人体无污染,可回收重用或可再生的包装材料及其制品的包装。首先必须尽可能简化产品包装,避免过度包装。使包装可以多次重复使用或便于回收,且不会产生二次污染。在重视环境保护的世界氛围里,绿色包装在销售中的作用也越来越重要。

绿色包装技术就是从环境保护的角度优化产品包装方案,使得资源消耗和废弃物产生最少。绿色包装技术主要研究包装材料选择、改进包装结构和包装废弃物回收处理3个方面。

(6)产品使用及其用后处置的研究。

产品使用及其用后处置主要集中在延长产品的使用周期和减少使用中的能源浪费及环境污染。面向节省能源的设计有利于减少产品使用中的能源浪费及环境污染。德国联邦环境署研究表明德国家庭和办公室消耗的电力,至少有11%是被处于待机方式的设备消耗掉。美国能源部估计,美国每年要为待机的电视机和录像机支付约10亿美元的电费。待机功耗已经引起社会的广泛重视。因此在产品的设计阶段,对其使用造成的能源消耗问题应给予足够的重视。目前对家电类产品的待机功耗问题,人们已研究了新型开关电源和"绿色芯片",它们以绿色设计为目标,可以使许多电源在转入闲置待机方式时功耗大大减少。

习　　题

1. 并行工程的具体做法是什么?
2. 并行工程在数字化制造中的作用是什么?
3. 计算机集成制造系统的分类有哪些?
4. 协同制造的优势是什么?
5. 网络化制造的关键技术是什么?
6. 绿色制造的过程和作用是什么?

第 8 章 逆向工程与快速原型制造技术

逆向工程(Reverse Engineering,RE)又名反向工程,是对产品设计过程的一种描述;是一种与正向数字化设计与制造过程相反的产品设计与实现的技术过程。逆向工程可能会被误认为是对知识产权的严重侵害,但是在实际应用中,反而可能会保护知识产权所有者。例如,在集成电路领域,如果怀疑某公司侵犯知识产权,可以用逆向工程技术来寻找证据。在2007年初,我国相关的法律为逆向工程正名,承认了逆向技术用于学习研究的合法性。

在工程技术人员的一般概念中,产品设计过程是一个从设计到产品的过程,即设计人员首先在大脑中构思产品的外形、性能和大致的技术参数等,然后在详细设计阶段完成各类数据模型,最终将这个模型转入研发流程中,完成产品的整个设计研发周期。这样的产品设计过程我们称为"正向设计"过程。

逆向工程产品设计可以认为是一个从产品到设计的过程。简单地说,逆向工程产品设计就是根据已经存在的产品,反向推出产品设计数据(包括各类设计图或数据模型)的过程。从这个意义上说,逆向工程在工业设计中的应用已经很久了,如早期的船舶工业中常用的船体放样设计就是逆向工程的很好实例。

逆向工程的实施过程是多领域、多学科的协同过程。

8.1 逆向工程概述

逆向工程是一种产品设计技术再现的过程,即对一项目标产品进行逆向分析及研究,从而演绎并得出该产品的处理流程、组织结构、功能特性及技术规格等设计要素,以制作出功能相近,但又不完全一样的产品。

逆向工程源于商业及军事领域中的硬件分析。其主要目的是在不能轻易获得必要的生产信息的情况下,直接从成品分析,推导出产品的设计原理。

逆向工程也可以软件、影像为研究对象,基于计算机辅助技术、应用系统工程学等理论和方法,探索产品生命周期、制造、管理等相关技术,继而开发出新的产品。广义的逆向工程内容宽泛,包括产品的设计意图与原理的反求、材料反求、管理反求等。

1. 逆向工程软硬件

(1)测量机:获得产品三维数字化数据(点云/特征)。
(2)曲面/实体反求软件:对测量数据进行处理,实现曲面重构,甚至实体重构。
(3)CAD/CAE/CAM 软件。
(4)数控机床。

2. 逆向工程的技术难点

(1)获得产品的数字化点云(测量扫描系统)。

(2)将点云数据构建成曲面及边界,甚至是实体(逆向工程软件)。
(3)与CAD/CAE/CAM系统的集成(通用CAD/CAM/CAE软件)。
(4)为快速准确地完成以上工作,需要经验丰富的专业工程师(人员)。

3. 逆向技术的发展历程

逆向工程这一术语起源于20世纪60年代,但对它从工程的广泛性去研究、从反求的科学性进行深化是从20世纪90年代初开始的。20世纪90年代初,各国工业界和学术界开始对逆向工程技术高度重视,尤其是工业发达国家更是投入巨资给企业和科研机构等,以加速在逆向工程领域的技术研发和产品推广。

在逆向数据获得的测量领域,一直保持向智能化、高速化、集成化、精度化、系统化方向发展。在国外,比较典型的事例,Zeiss公司(德国)、Sheffield公司(美国)、DEA公司(意大利)等研发的三坐标测量机在数控仿形测量的基础上开发的数字化软件,技术和功能都相当成熟。

随着对逆向工程相关理论研究的深入,在逆向工程软件开发方面,也相应地产生了许多专用软件,主要有EDS公司的Imageware(美国)、DELCAM公司的CopyCAD(英国)、Raindrop公司的GeomagicStudio(美国)、INUS公司的Rapidform(韩国)等,这些软件的界面都比较友好、简洁,以交互操作模式为主,这样用户就可以直观地对获取的数据进行相应处理。

相比国外而言,国内的相关领域的研究起步较晚,发展也相对比较落后。但近些年来,随着工业实力的增强,我国也明显地加快了对逆向工程领域的研究。不少国内的高校和科研单位也做出了不少工作。例如:西安交通大学自主研发的基于线结构光视觉传感器的光学三维坐标扫描仪。在商业应用软件方面,浙江大学生产工程研究所自主开发的商用反求软件RE-Soft、以北京航空航天大学703课题组为依托开发的龙腾系统、西安交通大学于1999年开发的JdRe系统以及西北工业大学的实物测量造型系统NPU-SRMS等都已经具有一定的应用水平,但与国外商用逆向工程软件相比,还有相当大的差距,有待进一步的充实和完善。

4. 逆向工程应用领域

随着计算机、CAD/CAM、测量技术、计算工程技术的快速发展,逆向技术已经成为新产品开发设计过程中各种先进技术不可缺的一部分,在新产品开发设计中居于核心的地位。广泛地用于玩具、汽车、通信电器、模具等产品的开发设计与创新设计中,成为消化、吸收先进设计技术,实现新产品开发生产不可缺少的手段。现在依托高精度三维数字扫描系统的逆向工程,结合CAD/CAM/CAPP/RP(快速成型)是当前产品设计研发的全新技术之一。

由于逆向工程具有新的设计理念和设计方法,因此可以广泛地应用到新产品的开发和创新中,具体表现如下:

(1)新产品研发。

在现代产业飞速发展和市场竞争愈发激烈的背景下,产品的创新设计就愈发重要,要求也越来越高。例如:消费者越来越重视对家电、汽车、飞机等行业产品的外观和视觉冲击,因此,突显出美学设计和空气动力学性能对产品设计的重要性。为了研发新产品,可将逆向工程技术引进到工业设计的过程中,典型的应用是在汽车外形的覆盖面设计中,最初设计师利用油泥或者木模完成需要设计的模型,再使用数据采集设备获取模型的几何信息,然后借助逆向工程技术,把获取的信息转化为 CAD 数据,从而使产品的三维数据信息更精确、更完整。因此,逆向工程技术可以推动新产品研发,并可以高效地缩短研发的进程。

(2)有复杂曲面的零件设计。

在工业领域中,有些零件的曲面比较复杂、特征较多,这些曲面的设计不仅外观很美,而且具有一定的功能作用,如轮船的涡轮叶片、汽车的进排气管道,因此,需要对这些曲面进行反复的测试和分析。在分析和测试的过程中,可以参照实物模型,一边测试一边进行修改优化,直到符合要求后,再利用逆向工程技术手段重新构建出零件的 CAD 模型,这样可以大大缩短产品的研发周期,可以更快地投入市场。在一些儿童玩具和精美饰品中,它们的表面特征凸凹变化较大,造型比较复杂,传统的测绘技术和 CAD 建模技术就无法完成零件的造型,只有借助一些比较先进的扫描设备及专用的逆向软件才可以完成零件的设计与加工。

(3)对已有产品的再设计。

为了对产品设计的保密或是出于产品商业价值的考虑,产品的原设计者一般都不会把产品的原始 CAD 模型提供给同行业的竞争对手。当面对一些产品没有图纸且具有复杂的自由曲面时,要借助精密的三维测量仪器扫描产品曲面模型,并运用逆向工程方法对产品进行曲面重构,从而得到它的仿制品。

(4)模具制造。

模具行业在工业中起到了举足轻重的作用,它的发展非常迅猛,推动了我国的工业化进程。市场竞争日益激烈,模具行业为了适应发展的需要,把工业比较发达的国家的很多先进制造技术引进到模具行业中,使得模具制造更加快速,在这方面,逆向工程技术主要被应用在:一是对原始模具进行相关数据测量,并对其重构数据模型,最后完成模型的制造生产。运用这种方法可以缩短模具的研发时间,大大提高了模具的生产效率,降低了制造成本。二是以单个实物为重构对象。扫描此单个实物,获得模型数据,重构出 CAD 数据,并不断地对模型进行修改和优化,直到符合要求,最后进行加工生产。

(5)产品的数字化检测。

设计者可以使用三维扫描仪扫描产品的模型,从而获得扫描的 CAD 模型,用它和设计的 CAD 模型做比较,这样就可以快速地得到产品在各个方向的制造精度,这种检测方法快速简便、直观且精度高。

(6)破损零件的修复与再造。

零件在使用过程中,往往都存在变形和磨损的情况,与原先的零件表面肯定存在一定的误差,这就需要推测出零件的特征(对称、平行或垂直),借助逆向工程系统,重构出零件的 CAD 模型,并与原始扫描模型做比较,再从实际情况出发,把变形量和磨损量补进在 CAD 模型中,这样就可以获得比较理想的零件模型。这一点在工艺品和文物修复领域中应用越来越广泛。

逆向工程技术在以上 6 个方面正扮演着越来越重要的角色,其中以新产品研发即外观覆盖件产品研发设计最为重要。同时计算机技术的迅猛发展也使得逆向工程技术的应用领域越来越广泛。

8.2 逆向工程基本步骤及研究内容

逆向工程主要由相对传统的正向设计工艺过程提出的,正向的设计过程主要是先由设计思路产生草图,然后到具体细节设计并构造三维模型,最后根据加工工序进行生产制造。而逆向工程则是由已有的实物样件通过一定的技术手段,将其变换为 CAD 模型,对模型进行分析、改进,实现再设计,最后可以利用计算机辅助制造(CAM)或者快速成型技术(RP)来实现产品的制造。正向工程和逆向工程流程如图 8.1 所示。

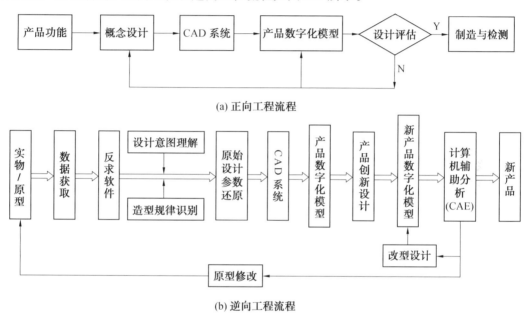

图 8.1 产品制造中的正向工程与逆向工程

8.2.1 逆向工程基本步骤

逆向工程的实现是利用一定的测量手段对已知实体进行数字化处理,根据数字化信息重建出实体的 CAD 模型的过程,并在此基础上进行新实体的设计开发以及加工生产的全过程。这个过程是一个"认识原型—重建原型—超越原型"的过程,首先由数据采集设备获取样件表面(有时需要内腔)的数据,其次输入专门的数据处理软件或带有数据处理能力的三维 CAD 软件进行前处理,然后进行曲面和三维实体重构,在计算机上复现实物样件的几何形状,并在此基础上进行修改或创新设计,最后对再设计的对象进行实物制造。其中从数据采集到 CAD 模型的建立是逆向工程中的关键技术。图 8.2 是逆向工程应用领域最为广泛的工作流程图。

数字化设计与制造的过程中采用逆向技术的步骤是:

第一步,零件原形的数字化。

通常采用三坐标测量机(CMM)或激光扫描仪等测量装置来获取零件原形表面点的三维坐标值。

第二步,从测量数据中提取零件原形的几何特征。

按测量数据的几何属性对其进行分割,采用几何特征匹配与识别的方法来获取零件原形所具有的设计与加工特征。

第三步,零件原形 CAD 模型的重建。

将分割后的三维数据在 CAD 系统中分别做表面模型的拟合,并通过各表面片的求交与拼接获取零件原形表面的 CAD 模型。

第四步,重建 CAD 模型的检验与修正。

根据获得的 CAD 模型重新测量和加工出样品的方法,来检验重建的 CAD 模型是否满足精度或其他试验性能指标的要求,对不满足要求者重复以上过程,直至达到零件的逆向工程设计要求。

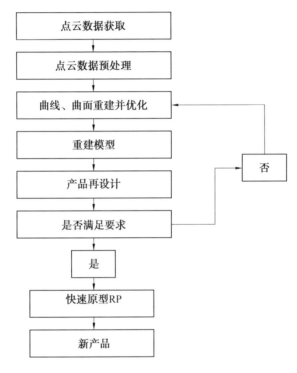

图 8.2　逆向工程基本过程

从逆向工程流程可以看出,逆向工程系统主要由 3 部分组成:产品实物几何外形的数字化、数据处理与 CAD 模型重建、产品模型与模具的成型制造。组成系统的软、硬件主要有以下几种。

1. 数据采集系统

数据获取是逆向工程系统的首要环节,根据测量方式的不同,数据采集系统可以分为接触式测量系统与非接触式测量系统两大类。接触式测量系统的典型代表是三坐标测量机,非接触式测量系统主要包括各种基于光学的测量系统等。

2. 数据处理与模型重建系统

数据处理与模型重建软件主要包括两类:一是集成了专用逆向模块的正向 CAD/CAM

软件,如包含 Pro/Scan-tools 模块的 ProIE、集成快速曲面建模等模块的 CATIA 及包含 Point cloud 功能的 UG 等;二是专用的逆向工程软件,典型的有 Imageware、Geomagic Studio、Polyworks、CopyCAD、ICEMSurf 和 RE-Soft 等。

3. 成型制造系统

成型制造系统主要包括用于制造原型和模具的 CNC 加工设备,以及生成模型样件的各种快速成型设备。根据不同的快速成型原理,有光固化成型、选择性激光烧结、熔融沉积制造、分层实体制造、三维打印等系统,以及基于数控雕刻技术的减式快速成型系统。

8.2.2 逆向工程研究内容

逆向工程技术的研究对象多种多样,所包含的内容也比较多,按照涉及对象不同主要可以分为以下 3 类:

① 实物类。主要是指先进产品设备的实物本身。

② 软件类。包括产品的设计与制造的应用软件、产品及设备的图样及数据库技术、技术文件等。

③ 影像类。包括先进产品设备的图片、照片或以影像形式出现的资料。

按照产品制造涉及的逆向技术,逆向工程包含对产品的研究与发展、生产制造过程、管理和市场组成的完整系统的分析和研究。主要包括以下几个方面:

1. 探索原产品设计的指导思想

探索原产品原理方案的设计,各种产品都是按一定的使用要求设计的,而满足同样要求的产品,可能有多种不同的形式,所以产品的功能目标是产品设计的核心问题。产品的功能概括而言是能量、物料信号的转换。例如,一般动力机构的功能通常是能量转换,工作机械设备通常是物料转换,仪器仪表通常是信号转换。不同的功能目标,可引出不同的原理方案。设计一个夹紧装置时,把功能目标定在机械手段上,则可能设计出斜楔夹紧、螺旋夹紧、偏心夹紧、定心夹紧、联动夹紧等原理方案;如把功能目标确定扩大,则可设计出液动、气动、电磁夹紧等原理方案。探索原产品原理方案的设计,可以了解功能目标的确定原则,这对产品的改进设计有极大帮助。

2. 研究产品的结构设计

产品中零部件的具体结构是实现产品功能目标的保障,与产品的性能、工作能力、经济性、寿命和可靠性有着密切关系。

确定产品的零部件形体尺寸。分解产品实物,由外至内,由部件至零件,通过测绘与计算确定零部件形体尺寸,并用图样及技术文件的方式表达出来,它是反求设计中工作量很大的一部分工作。为更好地进行形体尺寸的分析与测绘,应总结箱体类、轴类、盘套类、齿轮、弹簧、曲线曲面及其他特殊形体的测量方法,并合理标注尺寸。

精度是衡量反求对象性能的重要指标,是评价反求设计产品质量的主要技术参数之一。科学合理地进行精度分配,对提高产品的装配精度和力学性能至关重要。

确定产品中零件的精度(即公差设计),是反求设计中的难点之一。通过测量,只能得到零件的加工尺寸,而不能获得几何精度的分配。

确定产品中零件的材料,通过零件的外观比较、重量测量、力学性能测定、化学分析、光谱分析、金相分析等试验方法,对材料的物理性能、化学成分、热处理等情况进行全面鉴定,在此基础上,考虑资源及成本,选择合适的材料,或参照同类产品的材料牌号,选择满足力学性能及化学性能的材料代用。

确定产品的工作性能,针对产品的工作特点及机器主要性能指标进行试验测定,反计算和深入地分析,了解产品的设计准则和设计规范,并提出改进措施。

3. 确定新产品的造型

对产品的外形构型,色彩设计等进行重新分析,从美学原则,顾客需求心理,商品价值等角度进行构型设计和色彩设计。

实现逆向产品的再设计包括对模型的测量规划、模型重构、改进设计、仿制等过程,任务如下:

(1) 根据分析结果和实物模型的几何拓扑关系,制定零件的测量规划,确定实物模型测量的工具设备、测量顺序和测量精度等。

(2) 对测量数据进行修正,在测量过程中不可避免含有测量误差,修正内容包括剔除测量数据中的坏点、修正测量值中明显不合理的测量结果、按照拓扑关系的定义修正几何元素的空间位置与关系等。

(3) 按照修正后的测量数据以及逆向对象几何元素的拓扑关系,利用数字化设计软件,重构逆向对象的几何模型。

(4) 在分析逆向对象功能的基础上,对产品模型进行再设计,根据实际需要在结构和功能等方面进行必要的创新和改进。

4. 逆向产品的制造

随着计算机技术在制造领域的广泛应用,特别是数字化技术的迅猛发展,基于数字化产品数据的重建的产品造型技术成为逆向工程技术关注的主要对象。通过数字化设备(如坐标测量机、激光测量设备等)获取的物体表面的空间数据,需要利用逆向工程 CAD 技术获得产品的 CAD 数学模型,进而利用 CAM 系统完成产品的制造。

5. 确定产品的维护与管理

分析产品的维护和管理方式,了解重要零部件及易损零部件,有助于维修及设计的改进和创新。

8.3 逆向工程关键技术与方法

随着现代数字化设计与制造技术的发展,逆向工程的关键技术也不断完善更新,目前流行的关键技术分类主要有五大关键技术,即数据采集(实物原型的数字化)、数据预处理、数据分块与曲面重构、CAD 模型构造、误差分析与曲面品质修正技术。

8.3.1 逆向关键技术

实物样件的数字化是通过特定的测量设备和测量方法,获取零件表面离散点的几何坐标数据的过程。随着传感技术、控制技术、制造技术等相关技术的发展,出现了各种各样的数据采集的实物原型数字化技术及设备,如图 8.3 所示。

1. 数据采集,是整个逆向工程技术的首要环节

根据数据获取方式的不同,可以把数据采集分为接触式和非接触式两大类。

(1)接触式设备是利用探头与标定好的坐标位置的模型表面相接触来获得数据。

①坐标测量机。

坐标测量机是一种大型精密的三坐标标测量仪器,可以对具有复杂形状的工件的空间尺寸进行逆向工程测量。坐标测量机一般采用触发式接触测量头,一次采样只能获取一个点的三维坐标值。20 世纪 90 年代初,英国 Renishaw 公司研制出一种三维力—位移传感的扫描测量头,该测头可以在工件上滑动测量,连续获取表面的坐标信息,扫描速度可达 8 m/s,数字化速度最高可达 500 点/s,精度约为 0.03 mm。这种测头价格昂贵,目前尚未在坐标测量机上广泛采用。坐标测量机主要优点是测量精度高,适应性强,但一般接触式测头测量效率低,而且对一些软质表面无法进行逆向工程测量。

②层析法

层析法是近年来发展的一种反求工程逆向工程技术,将研究的零件原形填充后,采用逐层铣削和逐层光扫描相结合的方法获取零件原形不同位置截面的内外轮廓数据,并将其组合起来获得零件的三维数据。层析法的优点在于可对任意形状、任意结构零件的内外轮廓进行测量,但测量方式是破坏性的。

(2)非接触式测量根据测量原理的不同,大致有光学测量、超声波测量、电磁测量等方式。以下仅将在反求工程中最为常用与较为成熟的光学测量方法(含数字图像处理方法)做一简要说明。

非接触设备是运用声学、磁学或光学等原理,再借助一定的算法手段测量,从而获得模型的数据点坐标。

①基于光学三角型原理的逆向工程扫描法。

这种测量方法根据光学三角型测量原理,以光作为光源,其结构模式可以分为光点、单线条、多光条等,将其投射到被测物体表面,并采用光电敏感元件在另一位置接收激光的反射能量,根据光点或光条在物体上成像的偏移,通过被测物体基平面、象点、象距等之间的关系计算物体的深度信息。

②基于相位偏移测量原理的莫尔条纹法。

这种测量方法将光栅条纹投射到被测物体表面,光栅条纹受物体表面形状的调制,其条纹间的相位关系会发生变化,数字图像处理的方法解析出光栅条纹图像的相位变化量来获取被测物体表面的三维信息。

③基于工业 CT 断层扫描图像逆向工程法。

这种测量方法对被测物体进行断层截面扫描,以 X 射线的衰减系数为依据,经处理重建断层截面图像,根据不同位置的断层图像可建立物体的三维信息。该方法可以对被测物体内部的结构和形状进行无损测量。该方法造价高,测量系统的空间分辨率低,获取数据时间长,设备体积大。美国 LLNL 实验室研制的高分辨率 ICT 系统测量精度为 0.01 mm。

④立体视觉测量方法。

立体视觉测量是根据同一个三维空间点在不同空间位置的两个(多个)摄像机拍摄的图像中的视差,以及摄像机之间位置的空间几何关系来获取该点的三维坐标值。立体视觉测量方法可以对处于两个(多个)摄像机共同视野内的目标特征点进行测量,而无须伺服机构等扫描装置。立体视觉测量面临的最大困难是空间特征点在多幅数字图像中提取与匹配的精度与准确性等问题。近来出现了将具有空间编码的特征的结构光投射到被测物体表面制造测量特征的方法有效解决了测量特征提取和匹配的问题,但在测量精度与测量点的数量上仍需改进。

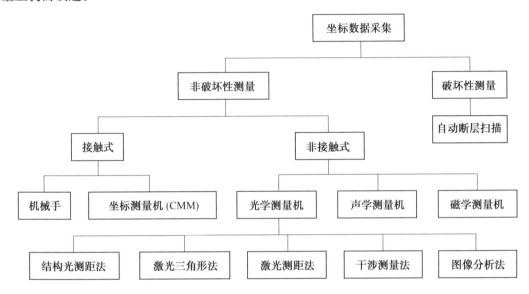

图 8.3　数据采集设备的分类

2. 数据预处理,是逆向工程建模技术的重要环节

数据预处理和数据精简结果的好坏将直接影响后期重建曲面的质量。

以上获得的数据一般不能直接用于曲面重构,因为:①对于接触式测量,由于测头半径的影响,必须对数据点云进行半径补偿;②在测量过程中,不可避免会带进噪声、误差等,必须去除这些点;③对于海量点云数据,对其进行精简也是必要的。

数据预处理和数据精简包括:半径补偿、数据插补、数据平滑、点云数据精简、不同坐标点云的归一化。

点云数据(point cloud):是指透过 3D 扫描仪所取得的资料形式。扫描资料以点的形式记录,每一个点包含有三维坐标,有些可能含有色彩资讯(R,G,B)或物体反射面强度。除了具有几何位置以外,还有强度(Intensity)信息,强度信息的获取是激光扫描仪接受装置采集到的回波强度,此强度信息与目标的表面材质、粗糙度、入射角方向,以及仪器的发射能量、激光波长有关。

在逆向工程中通过测量仪器得到的产品外观表面的点数据集合也称之为点云,通常使用三维坐标测量机所得到的点数量比较少,点与点的间距也比较大,叫稀疏点云;而使用三维激光扫描仪或照相式扫描仪得到的点云点数量比较多并且比较密集,叫密集点云。

噪点:CCD 和 CMOS 感光元件都存在有热稳定性的问题,就是与成像的质量和温度有关,如果相机的温度升高,噪音信号过强,会在画面上不应该有的地方形成杂色的斑点,这些点就是我们所讲的噪点。在遥感数字图像处理中,噪点又称为噪声。噪声主要是由于传感器在成像的过程中,受到同质异谱、同谱异质等因素的影响而产生的,常见的噪声点有椒盐噪声、条带噪声等。噪声也指图像中不该出现的外来像素,通常由电子干扰产生。

数据采集通常是分片采集的,这就需要我们将这些采集到的数据以同一个坐标为基础拼接成完整的。在采集数据的过程中,不可避免地会受到环境和人为因素的干扰,获得的点云数据就会存在误差点,这就需要人工去判断并去除这些误差点。由于获得的点云数据非常庞大,然而只需要适当的点云数量即可表示出零件的特征,这就造成数据的相对冗余,这就需要适当的算法对点云数据进行精简。

因此,数据预处理往往包涵以下几个方面的工作:点云数据拼接、无关噪声点处理、高密度点云数据精简等。

3. 数据分块与曲面重构

在逆向工程中,大部分产品的表面都是由多个曲面片组成,复杂曲面的 CAD 重构是逆向工程研究的重点。对于复杂曲面产品来说,其实体模型可由曲面模型经过一定的计算演变而来,因此曲面重构是复杂产品逆向工程的关键。为了获得高质量的曲面重建效果,就需要将不同的曲面片数据分割出来,然后再单独地对每一片数据进行曲面重建。

数据分块通常是基于边、基于面、或基于二者混合。曲面重构是逆向工程技术的最关键环节,其目的就是构建既高精度又光顺的曲面。

曲面重构的方法有两类:基于四边域曲面的方法和基于三边域曲面的方法。包括:多项式插值法、双三次 Bspline 法、Coons 法、三边 Bezier 曲面法、BP 神经网络法。

完成单一曲面重构后,就需要对这些曲面进行拼接操作。拼接质量最直接的影响因数就是曲面的光顺度,而光顺度的高低则由被拼接曲面的边界之间的连续性所决定。连续性可分为参数连续和几何连续,分别用 C 阶数和 G 阶数表示,具体描述见表 8.1。

表 8.1 连续性描述

	0 阶	1 阶	2 阶
参数连续性 (C 阶连续)	C0 连续,前段曲线的末点和后端的起点相同	C1 连续,连续点处一阶导数相同	C2 连续,连续点处一阶和二阶导数均相等
几何连续性 (G 阶连续)	G0 连续,前段曲线的末点和后端的起点相同	G1 连续,连续点处一阶导数成正比例	G2 连续,连续点处二阶导数成正比例

4. CAD 模型构造

该模型的形状和位置是用完整的点、线、面数据来表示的。在重建模型的过程中,完整的曲面是通过许多单一曲面连接而成的。通常面与面之间可能存在裂纹或缺少边界信息等情况,这就需要用一些技术手段,如延伸、放样、求交、裁剪、过渡、缝合等来建立完整的点、边、面信息。

5. 逆向工程的误差分析与品质修正

精度误差可以反映出重建模型和实际产品的差距多少。误差可以转化为点云数据和重建曲面的空间距离,用距离大小来表示精度误差。

评价曲面的品质有很多种方法,如曲率梳、反射线、高光线、等照度线、控制顶点、斑马线等。

完成 CAD 模型重建后,就需要对模型曲面的精度和光顺性进行检测和修正。在基于实物数字化的逆向工程中,由于缺乏必要的特征信息,以及存在数字化误差,光顺操作在产品外形设计中尤为重要。根据每次调整的型值点的数值不同,曲线/曲面的光顺方法和手段主要分为整体修改和局部修改。光顺效果取决于所使用方法的原理准则。方法有:最小二乘法、能量法、回弹法、基于小波的光顺技术。针对不同要求的曲面光顺,可以选择不同的光顺尺度。

8.3.2 逆向对象的坐标数据采集方法

逆向对象的坐标数据测量是实物逆向工程的前提,测量的过程主要包括测量的规划,是实物模型数据化的过程,即扫描设备或者测量机的操作使用过程。

1. 测量规划

在进行测量之前,要认真分析实物模型的结构特点,做出可行的测量规划,主要内容有:

(1)基准面的选择及定位。选择定位基准时,要考虑测量的方便性和获取数据的完整性。所选定的定位面不仅要便于测量,还要保证在不变换基准的前提下,能获取所有数据,尽量避免测量死区。在实施逆向工程时,要尽可能地通过一次定位完成所有数据的测量,避免在不同基准下测量同一零件不同部位的数据,以减少因变换基准而导致的数据不一致,减少误差的产生。

为防止与测量设备的接触等原因而改变样件位置、保证测量数据的准确性,要保证样件定位可靠。在装夹时要注意使测量部位处于自然状态,避免因受力使测量部位产生过大变形。一般可选取逆向对象的底面、端面或对称面作为测量基准。

(2)测量路径的确定。测量路径的确定具有重要意义,它决定了采集数据的分布规律及走向。在逆向工程中,通常需要根据测量的坐标数据,由数据点拟合得到样条曲线,再由样条曲线构造曲面,以重建样件模型。在用三坐标测量机测量时,一般采用平行截面的数据提取路径,路径控制有手动、自动以及可编程控制3种方式。

(3)测量参数的选择。测量参数主要有测量精度、测量速度、测量密度等。其中,测量精度由产品的性能及使用要求来确定;测量密度(测量步长)的选定要根据逆向对象的形状和复杂程度,其原则是要使测量数据充分反映被测量件的形状,做到疏密适当。

(4)特殊及关键数据的测量。对于精度要求较高的零件或形状比较特殊的部位,应该增加测量数据的密度、提高测量精度,并将这些数据点作为三维模型重构的精度控制点。对于变形或破损部位,应在破损部位的周边增加测量数据,以便在后续造型中较好地复原该部位。

2. 实物模型数据化的方法

利用三坐标测量机(CMM)进行数据采集。自20世纪60年代中期第一台三坐标测量仪问世以来,随着计算机技术的进步以及电子控制系统、检测技术的发展,为测量机向高精度、高速度方向发展提供了强有力的技术支持。

CMM按测量方式可分为接触测量,以及接触和非接触并用式测量。三坐标测量机工作原理如图8.4所示。

数据点结果可用于加工数据分析,也可为逆向工程技术提供原始信息。扫描指借助测量机应用软件在被测物体表面特定区域内进行数据点采集。此区域可以是一条线、一个面片、零件的一个截面、零件的曲线或距边缘一定距离的周线。扫描类型与测量模式、测头类型及是否有 CAD 文件等有关,状态按钮(手动/DCC)决定了屏幕上可选用的"扫描"(SCAN)选项。若用 DCC 方式测量,又具有 CAD 文件,那么扫描方式有"开线"(OPEN LINEAR)、"闭线"(CLOSED LINEAR)、"面片"(PATCH)、"截面"(SECTION)及"周线"(PERIMETER)扫描。若用 DCC 方式测量,而只有线框型 CAD 文件,那么可选用"开线"(OPEN LINEAR)、"闭线"(CLOSED LINEAR)和"面片"(PATCH)扫描方式。若用手动测量模式,那么只能用基本的"手动触发扫描"(MANUL TTP SCAN)方式。若用手动测量方式,测头为刚性测头,那么可用选项为"固定间隔"(FIXED DELTA)、"变化间隔"(VARIABLE DELTA)、"时间间隔"(TIME DELTA)和"主体轴向扫描"(BODY AXIS SCAN)方式。

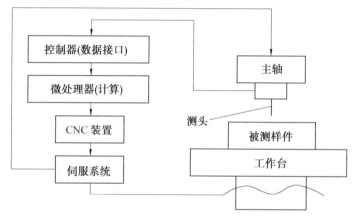

图 8.4　三坐标测量机的工作原理

非接触式的激光等距测量,基本工作原理为采用半导体激光器作为光源,以线阵 CCD 作为光电接收器件,通过高精密光栅及导轨装置,控制非接触光电测头,与被测曲面保持恒定的距离,对曲面进行扫描,测头的扫描轨迹即是被测曲面的形状,激光等距测量的基本原理如图 8.5 所示,当两束激光在被测上的光点相重合并通过 CCD 传感器轴线时,CCD 中心成像元件将监测到成像信号并输出到控制器微机。光电测头安装在一个由计算机控制的能在 Z 向随动的伺服机构上,伺服控制系统将根据 CCD 传感器的信号输出控制伺服机构,带

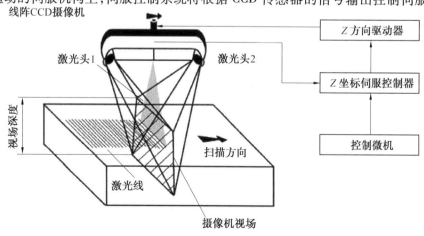

图 8.5　激光等距测量原理图

动测头做 Z 向随动,以确保测头与被测曲面在 Z 方向始终保持一个恒定的高度。光电测头是获取被测表面形状的传感部件,是整个测量装置的核心部分。它主要由线阵 CCD 摄像机(包括光学镜头)、两个等波长激光器、CCD 摄像头的机械调整机构等部分组成。

光学系统及光电接收器件线阵 CCD 传感器具有自扫描、高灵敏度、低噪声、低功耗等优点,它的像元尺寸小、精度高,配以适当的光学系统,可以获得很高的分辨率,适用于高精密非接触测量。

根据三坐标测量机的工作原理及使用方法,按照数据采集的流程,完成数据采集,如图 8.6 所示。

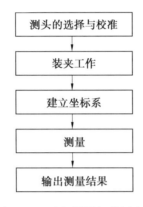

图 8.6 三坐标测量机使用流程

1. 测头的选择与校准

根据测量对象的形状特点选择合适的测头。在对测头的使用上,应注意以下几点:

(1)测头长度尽可能短。测头弯曲或偏斜越大,精度越低,因此,在测量时,尽可能采用短测头。

(2)连接点最少。每次将测头与加长杆连接在一起时,就额外引入了新的潜在弯曲和变形点,因此在应用过程中,尽可能减少连接的数目。

(3)使测球尽可能大。主要原因有两个:使得球/杆的空隙最大,这样减少了由于"晃动"而误触发的可能,测球直径较大可削弱被测表面未抛光对精度造成的影响。

系统开机、程序加载后,需在程序中建立或选用一个测头文件,在测头被实际应用前,进行校验或校准。

测头校准是 CMM 进行工件测量前必不可少的一个重要步骤,因为一台测量机配备有多种不同形状及尺寸的测头和配件,为了准确获得所使用测头的参数信息(包括直径、角度等),以便进行精确的测量补偿,达到测量所要求的精度,必须要进行测头校准。一般步骤如下:

(1)将探头正确地安装在 CMM 的主轴上。

(2)将探针在工件表面移动,看待测几何元素是否均能测到,检查探针是否清洁,一旦探针的位置发生改变,就必须重新校准。

(3)将校准球装在工作台上,要确保不移动校准球,并在球上打点,测点最少为 5 个;测完给定点数后,就可以得到测量所得的校准球位置、直径、形状偏差,由此可以得到探针的半径值。

测量过程所有要用到的探针都要进行校准,而且一旦探针改变位置,或取下后再次使用时,要重新进行校准。

2. 装夹工件

CMM 对被测产品在测量空间的安装基准无特别要求,但要方便工件坐标系的建立。由于 CMM 的实际测量过程是在获取测量点的数据后,以数学计算的方法还原出被测几何元素及它们之间的位置关系,因此,测量时应尽量采用一次装夹来完成所需数据的采集,以确保工件的测量精度,减少因多次装夹而造成的测量换算误差。一般选择工件的端面或覆盖面大的表面作为测量基准,若已知被测件的加工基准面,则应以其作为测量基准。

3. 建立坐标系

在测量零件之前,必须建立精确的测量坐标系,便于零件测量及后续的数据处理。测量差为简单的几何尺寸(包括相对位置),使用机器坐标系就可以了,而测量一些较为复杂的工件,需要在某个基准面上投影或要多次进行基准变换,测量坐标系(或称为工件坐标系)的建立在测量过程中就显得尤为重要了。

使用的坐标对齐方式取决于零件类型及零件所拥有的基本几何元素情况,其中用最基本的面、线、点特征来建立测量坐标系有 3 个步骤,并且有其严格的顺序。

(1) 确定空间平面,即选择基准面;通过测量零件上的一个平面来找准被测零件,保证 Z 轴垂直于该基准面。

(2) 确定平面轴线,即选择 X 轴或 Y 轴。

(3) 设置坐标原点。

实际操作中先测量一个面将其定义为基准面,也就是建立了 Z 轴的正方向;再测一条线将其定义为 X 轴或 Y 轴;最后选择或测一个点将其设置为坐标原点,这样一个测量坐标系就建立完成了。以上是测量中最常用的测量坐标系的建立方法,通常称为 3-2-1 法。

若同时需要几个测量坐标系,可以将其命名并存储,再以同样的方法建立第二个、第三个测量坐标系,测量时灵活调用即可。

4. 测量

CMM 所具有的测量方式主要有手动测量和自动测量。手动测量是利用手控盒手动控制测头进行测量,常用来测量一些基本元素。所谓基本元素是直接通过对其表面特征点的测量就可以得到结果的测量项目,如点、线、面、圆、圆柱、圆锥、球、环带等。如果手动测量圆,只需测量一个圆上的三个点,软件会自动计算这个圆的圆心位置及直径,这就是所谓的"三点确定一个圆",为提高测量准确度也可以适当增加点数。

某些几何量是无法直接测量得到的,必须通过对已测得的基本元素进行构造得出(如角度、交点、距离、位置度等)。同一面上两条线可以构造一个角度(一个交点),空间两个面可以构造一条线。这些在测量软件中都有相应的菜单,按要求进行构造即可。自动测量是在 CNC 测量模式下,执行测量程序控制测量机自动检测。

5. 输出测量结果

CMM 做检测用需要出具检测报告时,在测量软件初始化时必须设置相应选项,否则无法生成报告。每一个测量结果都可以选择是否出现在报告中,这要根据测量要求的具体情况设定,报告形成后就可以选择"打印"来输出。

逆向工程中用 CMM 完成零件表面数字化后,为了转入主流 CAD 软件中继续完成数字几何建模,需要把测量结果以合适的数据格式输出,不同的测量软件有不同的数据输出格式。

数据转换的任务和要求:

(1)将测量数据格式转化为 CAD 软件可识别的 IGES 格式,合并后以产品名称或用户指定的名称分类保存。

(2)不同产品、不同属性、不同定位、易于混淆的数据应存放在不同的文件中,并在 IGES 文件中分层分色。

8.3.3 实物逆向数据处理及模型重构

在实物逆向的过程中数据的处理和模型重构即是逆向工程关键技术的应用问题,在使用过程中注意以下几个方面。

1. 数据预处理

(1)测量数据的初步处理。由于系统误差和随机误差的存在,测量数据中难免存在误差较大的数据点,也会出现测量遗漏和数据重复等现象。通过造型软件提供的各种视图和编辑工具,从多个角度观察原始型面数据,找出数据中存在的缺陷。对于误差明显偏大的数据点,需要将其剔除,以免影响模型的精度。通过对测量精度的初步评估以及逆向工程的精度要求,决定是否需要补测某些关键点或重新测量实物数据。

(2)测量数据的分块。在实物逆向中,由于样件结构或测量设备的限制,在数据测量之前就要预先对零件进行分块,这样测量得到的数据就是分块数据。另外,出于数据处理的需要,也可以在数据测量完成之后,通过产品的功能、结构分析以及数据的曲率分布,定义曲面边界,提取边界线对测量数据进行分块。

(3)分块数据的规则化。自边界线测量得到的分块数据的边缘是参差不齐的。若以这些数据点的拟合曲线作为构建曲面边界,形成的曲面质量较差。因此,通常需要对边界进行规则化处理。首先将分块数据进行拓延使之与边界线在某个方向形成直纹面求交,以交线作为分块数据的边缘数据。需要指出的是,在进行规则化处理时,相邻数据块用来与数据拓延相交的由边界线构造的直纹面必须是同一个,以减少曲面拼接时的人为错位。

(4)数据的均匀化。测量的数据通常是疏密不均匀的,利用这些数据点可以得到较精确的拟合曲线,但由于插值的分布和数目不同,若直接采用由这些数据点拟合的曲线,将会使构造出来的曲面质量很差,甚至构造曲面失败,因此需要进行均匀化处理。

2. 影响模型重建数据完整性的因素及其处理方法

(1)影像模型重建数据完整性的因素分析,包括:

①测量死区。由于产品结构形状的因素或测量设备的原因,在数据测量时经常会出现一些难以获取坐标数据的特殊区域,称为测量死区。对于三坐标测量机而言,通常有两种情况,一是测量触头无法到达的地方;二是尽管测头能够到达,但只有在变换测量基准面的前提下才能对被测面进行测量,而基准面的变换往往会导致测量误差增大或数据错位。即使是激光扫描仪也可能存在测量死区。

②数据重叠或数据间隙。在一些大型零部件或复杂形状零件的逆向工程中,受测量设备、计算机软硬件的限制或产品几何形状和后续工艺的要求,需要将产品样件进行分块测量。由于各种原因,所测得的数据往往在分界线上数据点不重合,出现数据重叠、数据间隙,甚至数据空洞,如图 8.7 所示。

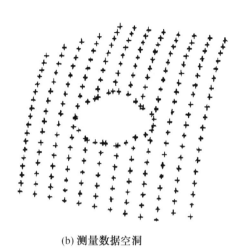

(a) 测量数据重叠　　　　　　　　(b) 测量数据空洞

图 8.7　分块测得数据不完整样图

③产品样件的局部变形或破损。产品样件发生局部变形的区域不能反映产品最初的形态。因此，变形区域的数据不能作为逆向模型重建的依据。此外，当样件产品破损时，会造成数据不全，给模型重建带来困难。

④数据传输造成的数据失真或数据丢失。在协同设计和网络化制造环境下，经常需要通过各种数据转换接口(如 DXF、IGES、STEP 等)在异构平台之间交换产品的模型信息。

虽然各种数据交换标准功能不断完善，但是转换过程中还是存在不少问题。例如：由于不同软件系统的底层数据结构不一致，导致模型数据不能精确、完整地转换；由于设计思路不同或曲线、曲面的阶数不当，造成模型表面数据的失真或丢失等。

⑤创造型残缺。在曲面造型中，由于造型算法的限制，在曲面间进行光滑连接时会造成小范围的曲面残缺。为保证曲面的完整性，必须进行相应的处理。

(2) 上述问题的处理方法。

①几何功能分析。根据实物样件，找出数据缺损部分与现存部分的关系，主要方法有：

a. 从几何角度分析，研究缺损或变形部分和周边以及整个实物之间的几何关系，如光滑过渡、圆弧连接、垂直、平行、倒圆等。如果存在能与之相装配的零部件，则可以通过相应的零部件间接获取数据。

b. 从功能的角度分析，产品设计需满足一定的功能要求，产品功能决定了产品的主要结构。因此，可以由产品功能获取一定的几何信息。

c. 从工艺角度入手，产品的某些结构设计是为了满足工艺要求，运用工艺知识也可以反推出产品的某些几何形状。

②信息补充。缺损、变形部分以及存在数据间隙的区域附近是样件模型重建的关键部位。为保证几何造型的完整性和精度要求，数据测量时要在相应区域适当增加数据采集点。针对因在不同软件系统之间的模型转换和传输而造成的数据丢失与失真的情况，可以利用点、线在转换或传输过程中比面、体稳定的特点，在转换和传输之前，提取特征点和线框与模型一起转换和传输，以便在其他软件系统中用于恢复模型数据。

3. 产品造型及模型重构

模型重构就是根据所采集的样本几何数据在计算机内重构样本模型的过程。坐标测量技术的发展使得对样本的细微测量成为可能。在逆向工程中,样本的测量数据十分庞大。尤其是采用非接触方法时,测量的数据点常常达到几十万甚至上百万个。因此,形象地称之为"点云"。海量数据给数据处理以及模型重构带来了一定困难。

逆向工程中的模型重构还具有以下特点:

①曲面型面数据散乱,曲面对象的边界和形状有时极其复杂,一般不能直接运用常规的曲面构造方法。

②曲面对象往往不是一张简单的曲面,而是由多张曲面经过延伸、过渡、裁剪等混合而成,需要分块构造。

③在逆向工程中,还存在"多视图数据"问题。为了保证数字化模型的完整性,各视图数据之间存在一定的重叠,由此出现"多视图拼合(multiple view combination)"问题。

按照所处理数据对象的不同,模型重构可分为有序数据的模型重构和散乱数据的模型重构。有序数据是指所测量的数据点集不但包含了测量点的坐标位置,而且包含了测量点的数据组织形式,如按拓扑点阵排列的数据点、按分层组织的轮廓数据、按特征线或特征面测量的数据点等。散乱数据则是指除坐标位置以外,测量点集中不隐含任何的数据组织形式,测量点之间没有任何相互关系,而要凭借模型重构算法来自动识别和建立。

在逆向工程软件中,曲面的构建有两种基本方式:一是直接利用点数据构建曲面;二是由数据点构造特征曲线,再由特征曲线构建曲面。与一般数字化设计软件相似,通过曲线构建曲面的方式有放样、旋转、拉伸、扫描等。此外,还可以利用点数据与边界曲线构建曲面。

按照数据重构后表示形式的不同,曲面模型可分为两种类型:一是以 B-Spline 或 NURBS 曲面为基础的曲面构造方案;二是由众多小三角 Bezier 曲面为基础构成的网格曲面模型。其中,由三角片构成的网格曲面模型因构造灵活、边界适应性好,受到人们重视。它的基本构建过程是:采用适当的算法将集中的三个测量点连成小三角片,各个三角片之间不能有交叉、重叠、穿越或存在缝隙,使众多的小三角片连接成分片的曲面,最佳地拟合样本表面。

曲线曲面的光顺处理是模型重构的重要问题,由测量得到的数据是离散的,缺乏必要的特征信息,存在误差。以上述数据点直接构造的曲线和曲面难以满足产品的设计需求,需要对其进行一定的光顺处理。

光顺包括光滑和顺眼两方面的含义。光滑是指空间曲线和曲面的连续阶,数学导数里面的一阶导数连续的曲线即为光滑的曲线;而顺眼则是人的主观感觉评价。对于平面曲线,光顺需要满足:曲线 C2 连续、没有多余拐点、曲率变化均匀。

曲面光顺往往归结为网格光顺。网格光顺是指网格的每一条曲线都是光顺的。光顺的曲面应该没有凸区和凹区。从数学角度看,判断曲面是否满足上述条件的依据是高斯曲率。在造型软件中,可以使用高斯曲率法对曲面进行分析。若曲面质量很差、曲率变化很大,则需要重新调整构造曲线,直到曲面质量满足要求为止。

图 8.8 到图 8.12 为某产品实物逆向工程的模型重建过程。其中,图 8.8 为实物扫描后获取的点云数据;图 8.9 为提取的特征点信息;图 8.10 为由特征点构建的特征线和分块的边界线;图 8.11 为各块拼接后对应的三角形网格;图 8.12 为重建后曲面模型的光照渲染效果。

综上所述,逆向工程中坐标数据处理和模型重构可以分为点数据处理、曲线数据处理和曲面数据处理 3 个阶段。

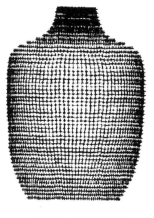
图 8.8　点云数据

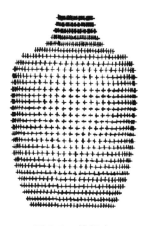
图 8.9　特征点

图 8.10　特点线

图 8.11　三角形网格曲面

图 8.12　曲面模型的渲染效果

8.4　实物逆向的数据采集应用实例

实物逆向工程的需求主要有两方面：一方面，作为研究对象，产品实物是面向消费市场最广、最多的一类设计成果，也是最容易获得的研究对象；另一方面，在产品开发和制造过程中，虽已广泛使用了计算机几何造型技术，但是仍有许多产品，由于种种原因，最初并不是由计算机辅助设计模型描述的，设计和制造者面对的是实物样件。

为了适应先进制造技术的发展，需要通过一定途径将实物样件转化为 CAD 模型，再通过利用 CAM、RPMlRT、PDM、CIMS 等先进技术对其进行处理或管理。同时，随着现代测试技术的发展，快速、精确地获取实物的几何信息已变为现实。由此可以将逆向工程定义：逆向工程是将实物转变为 CAD 模型相关的数字化技术、几何模型重建技术和产品制造技术的总称。

基于三坐标测量机的曲面数字化。零件表面数字化是逆向工程中的关键技术，需要利用专用设备从实体中采集数据，用 CMM 进行实物表面的数字化进行点云数据采集的流程如图 8.13 所示，其中每一步骤都会影响测量的效率及测量结果的精度。

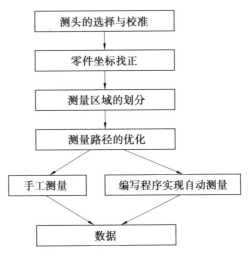

图 8.13 点云数据采集流程

以鼠标模型为例进行逆向工程数字化,实物模型如图 8.14 所示。根据测头选择原则选择测头并进行校准,采用 3-2-1 的方法建立零件坐标系,然后进行数据采集规划。数据采集规划是指确定数据采集的方法及采集哪些数据点,其目的一是在一定采样点数目下尽可能真实地反映曲面原始形状,二是在给定一定采样点精度下选取最少的采样点。测量路径规划的任务包括测头和测头方向的选择、测量点数的确定及其分布等,一般原则是:

(1) 顺着特征方向走,沿着法线方向采。
(2) 重要部位精确多采,次要部位适当取点。
(3) 复杂部位密集取点,简单部位稀疏取点。
(4) 先采外廓数据,后采内部数据。

反求对象的几何形状受诸多因素的影响,在采集数据时,不仅应考虑形状特征,还应考虑产品形状的变化趋势。对于直线,最少采集点数为 2,要注意方向性;对于圆柱、圆锥和球,最少采集点数为 4,要注意点的分布;对于平面部分,可以只测量几条扫描线即可;对于孔、槽等部分,要单独测量;对非规则形状特别是复杂自由形状,数据采集用扫描式测头、非接触式测头或组合式测头,要特别注意工件的整体特征和趋势,顺着特征走,沿法向特征扫。

离散点数据应和自由曲面的特征分布相一致,即在曲率变化大的区域测量点的分布较密,在曲面曲率变化小的地方测量点的分布应较为稀疏。若产品由多张曲面混合而成,则必须在充分分析曲面构成的基础上,分离出多个曲面的控制点和角点,在容易出现曲面畸变的角点位置密集取样,在平滑曲面处稀疏取样。实际测量中,每个样件依据其表面曲率变化的不同,其测量区域的划分是不同的。

图 8.14 所示的鼠标模型表面的大部分曲率变化不大,但在上部有两个明显的特征凹陷处曲率变化较大。为了提高反求的精度,用手动方式测量出凹陷部分的边界,把测量区域划分成 6 个部分,如图 8.15 所示。在每一测量区域内测量点数应随曲面的曲率而定,曲率变化较大的测量区域,测量点数取密一些,如区域 3、5;曲率变化较小的测量区域,测量点数取疏一些,如区域 1、2、4、6。

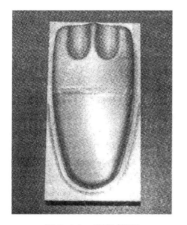
图 8.14 实物模型

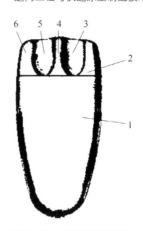
图 8.15 测量区域规划

除此之外还包括检测路径的规划,在测量路径规划中,如何减少测头运转的空行程和测头的旋转,提高三坐标测量机的测量效率,是主要考虑的问题。在具体的工艺规划中,测量路径优化可分为两种情形:一种是测量面的测量顺序优化,以减少测头在测量面间移动的路径长度;另一种是同一测量面上测点的路径优化,以减少测头在测点间移动的路径长度。在具体的工件测量规划中,为了防止在测量过程中发生碰撞,有时需要旋转一定的角度进行测量,测头要完成从一个方向到另一个方向的旋转。在完成旋转一系列动作中,解锁和锁定占有相当一部分时间,且这段时间在整个检测时间中所占比重也相当可观,所以在生成测头路径时要尽可能减少测头旋转的次数。这样一来,仅仅生成最短的检测路径并不能达到测量时间最少的要求,因此要综合考虑这些因素。

图 8.15 所示的测量区域的测量顺序为 1→2→3→4→5→6。在每一测量区域内采取沿生长线往复扫描路径,如图 8.16 所示。进行测量规划后,用 CMM 的 DIMS 语言编制程序,完成 CMM 的自动测量,在测量过程中采用微平面法进行测头半径补偿,使测头顺着法线方向测量,以提高点云数据的精度。

由 CMM 得到实物表面数字化的点云数据后进行曲面重构,用 Geomagic Studio 软件对点云数据进行处理,得到实物表面的曲面模型如图 8.17 所示。

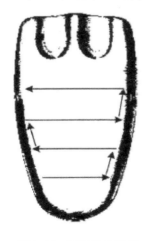
图 8.16 测量路径规划

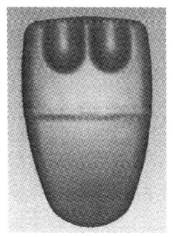
图 8.17 实物表面的曲面模型

8.5 实物逆向的模型重构应用实例

8.5.1 典型逆向工程软件

1. Simens PLM Software 公司的 Imageware/Surfacer 软件

Imageware 由美国 EDS 公司出品,后被德国 Siemens PLM Software 所收购,现在并入旗下的 NX 产品线,是最著名的逆向工程软件,Imageware 因其强大的点云处理能力、曲面编辑能力和 A 级曲面的构建能力被广泛应用于汽车、航空、航天、消费家电、模具、计算机零部件等设计与制造领域。

2. PTC 公司的 Pro/Engineer 软件

Pro/ENGINEER 2001 基于 PTCGraniteOne,GraniteOne 包括一系列新技术,这些技术用来建立和表示基于特征的模型,在不同 CAD 工具之间相关联地转换原始文件、提供方便的存取数据方式。GraniteOne 取代了第一代简单的几何核心组件,为互操作能力定义了一个新内核。

3. Delcam 公司的 CopyCAD 软件

CopyCAD 是由英国 DELCAM 公司出品的功能强大的逆向工程系统软件,它能从已存在的零件或实体模型中产生三维 CAD 模型。该软件为来自数字化数据的 CAD 曲面的产生提供了复杂的工具,CopyCAD 能够接受来自坐标测量机床的数据,同时跟踪机床和激光扫描器。

4. Raindrop 公司的 Geomagic Studio 软件

由美国 Raindrop(雨滴)公司出品的逆向工程和三维检测软件 Geomagic Studio 可轻易地从扫描所得的点云数据创建出完美的多边形模型和网格,并可自动转换为 NURBS 曲面。Geomagic Studio 可根据任何实物零部件自动生成准确的数字模型。

5. INUS 公司的 RapidForm 软件

RapidForm 是韩国 INUS 公司出品的逆向工程软件,RapidForm 提供了新一代运算模式,可实时将点云数据运算出无接缝的多边形曲面,使它成为 3D Scan 后处理的最佳化接口。

8.5.2 Imageware 逆向建模

Surfacer 是 Imageware 的主要产品,主要用来做逆向工程,它处理数据的流程遵循:点—曲线—曲面原则,流程简单清晰,软件易于使用。下面是 Imageware/Surfacer 逆向建模过程:

1. 点过程

(1)读入点阵数据。

Surfacer 可以接收几乎所有的三坐标测量数据,此外还可以接收其他格式,如 STL、VDA 等。

Imageware 中的点云将分离的点阵对齐在一起(如果需要)。有时候由于零件形状复杂,一次扫描无法获得全部的数据,或是零件较大无法一次扫描完成,这就需要移动或旋转零件,这样会得到很多单独的点阵。Surfacer 可以利用诸如圆柱面、球面、平面等特殊的点信息将点阵准确对齐。

(2)对点阵进行判断,去除噪音点(即测量误差点)。

由于受到测量工具及测量方式的限制,有时会出现一些噪音点,Surfacer 有很多工具来对点阵进行判断并去掉噪音点,以保证结果的准确性。

通过可视化点阵观察和判断,规划如何创建曲面。

一个零件,是由很多单独的曲面构成,对于每一个曲面,可根据特性判断用什么方式来构成。例如,如果曲面可以直接由点的网格生成,就可以考虑直接采用这一片点阵;如果曲面需要采用多段曲线蒙皮,就可以考虑截取点的分段。提前做出规划可以避免以后走弯路。

根据需要创建点的网格或点的分段。

Surfacer 能提供很多种生成点的网格和点的分段工具,这些工具使用起来灵活方便,还可以一次生成多个点的分段。

采用 3-2-1 法将点云数据对齐,获得完整的 Imageware 坐标下的点云数据。

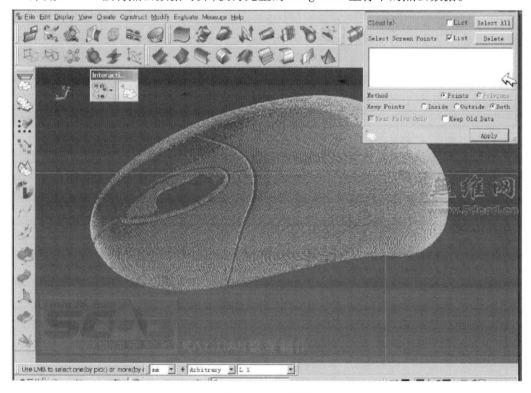

图 8.18　点云数据

采样,对目标点云进行采样可以适当降低其数据点的数量,提高计算机计算速度。采样方法有平均采样、弦高采样和距离采样等。

特征提取,特征提取方法包括弦偏差法、弦偏差采样和基于弦偏差的特征抽取。弦偏差用于识别具有高曲率的特征数据点,弦偏差采样通过减少数据点来修改激活的点云,基于弦偏差的特征抽取与弦偏差采样相同,但是产生一个新的点云。

2. 判断和决定生成哪种类型的曲线

曲线可以是精确通过点阵的,也可以是很光顺的(捕捉点阵代表的曲线主要形状),或介于两者之间。

(1)创建或构造曲线。

根据需要创建曲线,可以改变控制点的数目来调整曲线。控制点增多则形状吻合度好,控制点减少则曲线较为光顺。

创建曲线不需要其他元素作为基础,可通过 Imageware 本身具有的功能直接新建曲线,如折线、B 样条曲线和 NURBS 曲线等三维样条线,以及直线、圆、圆弧、长方体、椭圆等基本二维曲线。

构造曲线则是基于一定的实体类型来生成曲线,如由点云拟合曲线、由曲面析出曲线等。

构造方法有拟合自由形状曲线、指定公差的拟合曲线、基本拟合曲线、基本构造曲线、基本曲面构造曲线等。由点云拟合曲线通常采用 3 种方式,它们分别是均匀曲线、基于公差的曲线拟合和插值曲线。这 3 种曲线生成方式的比较见表 8.2。

表 8.2 曲线生成方式的比较

曲线类型	精确度	光顺	参数分布
均匀曲线	有一定的精度,曲线通过点云数据的平均位置	可以调节使曲线达到最佳光顺的控制点	控制点在空间上平均分布
基于公差拟合曲线	可以控制曲线的误差,曲线与点云的偏差不会超过用户指定的公差范围	允许在偏差范围内控制曲线光顺	具有节点和控制点,所以其精确度和光顺度是最佳的
插值曲线	百分百精确,曲线通过每一个点	只能和数据一样光顺	点云上的每个点在曲线上都有一个对应的控制点

(2)诊断和修改曲线。

可以通过曲线的曲率来判断曲线的光顺性,可以检查曲线与点阵的吻合性,还可以改变曲线与其他曲线的连续性(连接、相切、曲率连续)。Surfacer 提供很多工具来调整和修改曲线。

曲线分析主要包括控制点分析、曲率分析和连续性分析。曲线诊断包括曲线-点之间和曲线-曲线之间的诊断,可以检测曲线和点或曲线和曲线之间的差异,参数设置包括公差、最大距离和最大角。

曲线编辑操作有合并曲线、曲线修整、曲线重新参数化、曲线修改、曲线查询和曲线延伸等。

3. 决定生成哪种曲面

同曲线一样,可以考虑生成更准确的曲面、更光顺的曲面,或两者兼顾,可根据产品设计需要来决定。

(1) 创建曲面。

Imageware 软件中的曲面主要以 NURBS 表示,定义曲面的参数包括方向、节点、跨距、控制点、阶次及剪裁恢复性质等。

①曲面的显示。

曲面的显示方式有曲线网格、光滑、阴影、高中低分辨率。

②曲面构建。

曲面构建方式主要有 4 种:直接构建基本曲面、基于曲线的曲面构建、基于测量点直接拟合的曲面构建和基于测量点和曲线的曲面构建。

a. 直接构建基本曲面通过此命令,可以直接在 Imageware 中创建平面、圆柱面、圆锥面和球面等一般解析曲面。

b. 基于曲线的曲面构建有 2 种方式:一种是通过指定构成曲面的四条边界线来构建曲面;另一种是由曲线通过特定的路径生成曲面,常见的有扫掠、旋转、拉伸等。

c. 基于测量点直接拟合的曲面构建 Imageware 提供由点云直接拟合曲面的一系列功能,包括均匀曲面、由点云构建圆柱面、插值曲面、平面及其他基本曲面。

d. 基于测量点和曲线的曲面构建可以根据点云和指定的四条边界线来创建一个 B 样条曲面。

几种常用曲面构建方式及其适用情况见表 8.3。

表 8.3 曲面构建常用方式

曲面构建方式	理想模型特征	构建需求
边界曲面	形成 U、V 边界的交互曲线	四条形成封闭区域的曲线
U、V 方向曲线网格混合曲面	形成两条或两条以上的 U、V 边界的交互曲线	曲线 U、V 方向上的两条或两条以上的平行曲线
用曲线和点云拟合曲面	边界曲面和内部点云	四条形成四边封闭区域的曲线和区域内的单值点云
放样曲面	相同方向并接近平行的一组曲线	两条或两条以上的曲线沿曲面的 U、V 方向
扫掠曲面	生成曲线沿着路径曲线形成的曲面	两条定义曲面 U、V 方向的曲线
拉伸曲面	一条外形曲线沿拉伸方向形成曲面	一条曲线和拉伸方向
旋转曲面	外形曲线绕旋转轴旋转生成曲面	一条外形曲线和一根旋转轴
均匀曲面	平滑渐变的一片点云	单值点云

(2) 诊断和修改曲面。

比较曲面与点阵的吻合程度,检查曲面的光顺性及与其他曲面的连续性,同时可以进行修改。例如,可以让曲面与点阵对齐,可以调整曲面的控制点让曲面更光顺,或对曲面进行重构等处理。

曲面编辑包括曲面偏移、剪断、分割、修整、修改、合并、剪切,曲率半径计算,显示控制点网格,识别轮廓形状、缺陷的横切面图等。

曲面分析是一个很关键的技术,包括曲面控制点、曲面连续性等。曲面检测包括曲面和点云,曲面和曲面间的差异检测。

4. Imageware 逆向建模实训范例

下面通过对鼠标外形进行反求重构的例子,简要说明 Imageware 中如何从点到线到面重构模型曲面。通过对鼠标点云形状的观察,确定对其进行建模的总体思路可以分为侧面、底面及顶面三部分。首先分别提取这三部分点云,根据其特点,分别采用合适的曲面建模方法对其进行拟合,然后对曲面进行延伸、修剪与创建倒角等操作,形成完整的曲面模型。

第一步:重构鼠标侧面。思路为首先创建侧面的截面点云,然后拟合出截面线,通过扫掠形成曲面。具体方法如下:

(1)打开鼠标点云,通过"File Management"→"Object Information",获取点云的相关信息,包括点云数量和坐标信息等。

(2)调整点云视图,通过"Construct"→"Cross Section"→"Cloud Interactive",创建侧面的截面点云:这里点云与 Imageware 中坐标系已经对齐,通过快捷键 F1~F8,可以快速调整点云视图,使其底面点云与坐标平面平齐。截面线时按住 Control 键,可以作一条水平或竖直的截线来选取截面点云,如图 8.19 所示。

图 8.19 创建截面线

(3)通过"Modify"→"Extract"→"Circle Select Points",选择并删除一些不需要的杂点;杂点的存在会给拟合曲线带来很大干扰,可以通过肉眼观察并手动删除。选择时注意点选需要保留的点,如图 8.20 所示。

图 8.20 删除杂点

(4)选择"Construct"→"Curve From Cloud"→"Uniform Curve",创建截面线,如图 8.21(a)所示。为了获得最佳光顺度的曲线,选择均匀曲线的拟合方式。闭合曲线拟合时需要勾选"Closed Curve",手动调整 Span(s)的数量以获得最佳曲线,如图 8.21(b)所示。

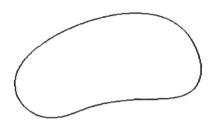

(a) 曲线拟合结果

(b) 参数设置

图 8.21　拟合均匀曲线

(5) 选择"Construct"→"Swept Surface"→"Extrude in Direction",拉伸得到鼠标侧面,如图 8.22 所示。对齐后的点云,只需选择与拉伸方向一致的坐标轴,通过 Model 预览,并设置 Distance 来调整拉伸长度即可。

图 8.22　拉伸曲面

第二步:重构鼠标底面。思路为提取底面点云,拟合成平面,并延伸使其与侧面相交。

(1) 通过"Modify"→"Extract"→"Circle Select Points",选择点云底面,并删除一些不必要的杂点。对于拟合平面,只需选择底面上部分点就行,如图 8.23 所示。

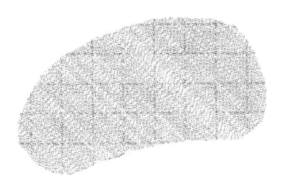

图 8.23　选取底面点云

（2）选择"Construct"→"Surface From Cloud"→"Fit Plane"，创建一个平面。对于已知为平面的点云，拟合时必须将其拟合为平面，不能通过均匀曲面等其他方式来拟合，如图 8.24 所示。

图 8.24　拟合底面

（3）选择"Modify"→"Extend"，选取刚创建好的平面进行延伸，使其与上一步创建好的侧面相交，如图 8.25 所示。

图 8.25　延伸曲面

第三步：创建鼠标顶部自由曲面。思路为提取顶面点云，拟合成自由曲面，通过检测精度调整控制点，得到满意的曲面，再延伸使其与侧面相交。

（1）通过"Modify"→"Extract"→"Circle Select Points"，选择点云顶面，并删除一些不必要的杂点，如图 8.26 所示。

（2）选择"Construct"→"Surface From Cloud"→"Uinform Surface"，创建均匀的自由曲

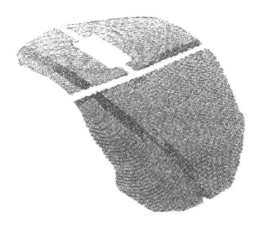

图 8.26　选取顶部点云

面,如图8.27所示。

(3)选择"Evaluate"→"Control Plot",得到曲面的控制点,如图 8.28 所示。

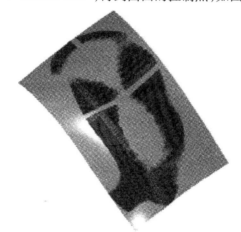

图 8.27　拟合自由曲面

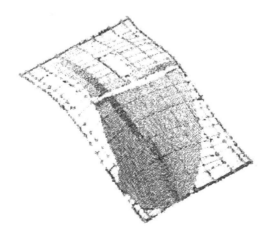

图 8.28　创建曲面控制点

(4)选择"Measure"→"Surface to"→"Cloud Difference",查看曲面与点云之间的误差,如图8.29(a)所示。误差图显示方式有3种,根据需要可具体选择,如图8.29(b)所示。

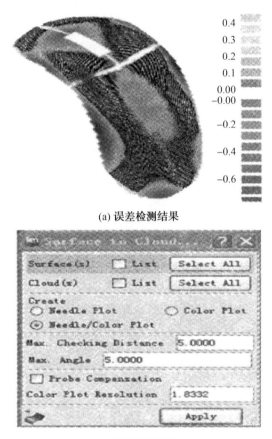

(a) 误差检测结果

(b) 误差显示设置

图 8.29 误差检测

(5)通过"Modify"→"Control Points",调整控制点,以获得相对整齐精确的网格面。调整曲面时,可以勾选动态显示误差变化"Dynamic Update",即每调整一次控制点,误差也随之变化,但计算机也计算一次,影响调整效率,建议最好不要勾选,等全部调整完后再进行误差检测。

(6)重复步骤(4)和(5),得到最终满意的曲面。

(7)选择"Modify"→"Extend",延伸曲面,使其与第一步创建的鼠标侧面相交,如图8.30所示。

图 8.30　延伸曲面

第四步：添加倒角，修剪鼠标顶面和侧面。思路为创建顶部自由曲面和侧面之间的倒角，并由倒角与顶面的交线，修剪顶面。同理再修剪侧面。

(1)通过"Construct"→"Fillet"→"Surface"，分别选择顶面与侧面，创建倒角，如图 8.31 所示。倒角直径可在 Base Radius 中直接输入。两个相交曲面间的倒角根据位置不同，有四种倒角方式，可以通过勾选曲面后面的"Reverse"选项来进行调整。

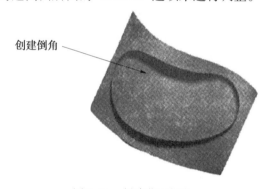

图 8.31　创建曲面倒角

(2)通过"Modify"→"Trim"→"Trim w/Curves"，选择倒角与顶面交线来修剪曲面，如图 8.36(a)所示，修剪后的结果如图 8.32(b)所示。

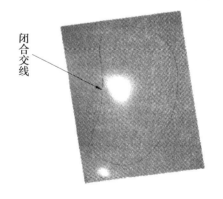

(a) 选择闭合交线　　　　　　　　　　(b) 修剪后曲面

图 8.32　修剪曲面

(3)通过"Modify"→"Snip"→"Snip Surface",首先选择顶面与侧面之间的闭合交线,如图8.33(a)所示,通过交线分割并除去不要的曲面部分,如图8.33(b)所示。

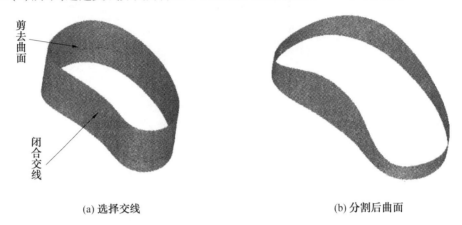

(a) 选择交线　　　　　　　　　　(b) 分割后曲面

图8.33　分割曲面

第五步:修剪鼠标侧面和底面。思路是由侧面和底面作相交线,由交线分别对侧面和底面进行修剪,得到最终结果,最后进行误差检测。

(1)通过"Construct"→"Intersection"→"With Surfaces",创建侧面与底面的交线,如图8.34(a)所示。作交线时需要点选曲面/曲面的相交方式,误差可在"Curve Fitting Tolerance"中输入,如图8.34(b)所示。

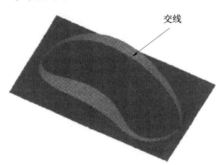

(a) 创建交线

(b) 参数设置

图8.34　创建相交曲线

(2)通过"Modify"→"Trim"→"Trim w/Curves",首先选择底面与顶面的闭合交线,如图 8.35(a)所示,通过交线来修剪底面,结果如图 8.35(b)所示。

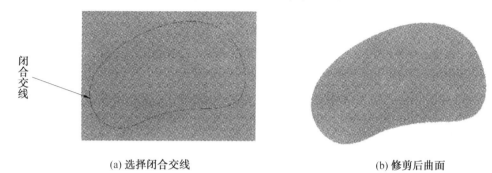

(a)选择闭合交线　　　　　　　　(b)修剪后曲面

图 8.35　修剪曲面

(3)通过"Modify"→"Snip"→"Snip Surface",首先选择侧面与底面之间的闭合交线进行分割,如图 8.36(a)所示,并通过分割线除去不要的曲面部分,如图 8.36(b)所示。

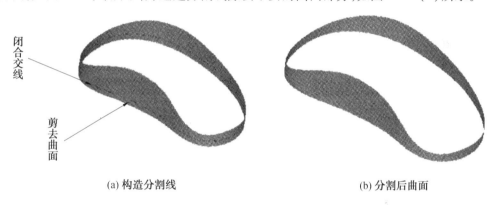

(a)构造分割线　　　　　　　　(b)分割后曲面

图 8.36　分割曲面

(4)通过"Measure"→"Surface to"→"Cloud difference",查看曲面与点云之间的误差。整体误差检测时注意把所有已经创建的曲面(图 8.37(a))和原始点云都显示出来,结果如图 8.37(b)所示。

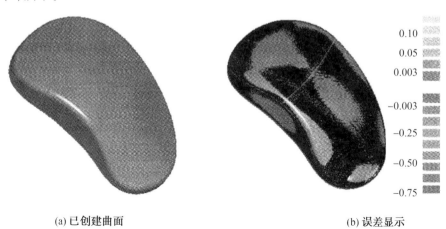

(a)已创建曲面　　　　　　　　(b)误差显示

图 8.37　误差检测

(5)如果需要误差报告,可以在误差显示对话框中选择"Report",在弹出的对话框"Report File Setting"中进行相关的设置,最后导出 PDF 格式的误差检测报告文件,如图 8.38 所示。

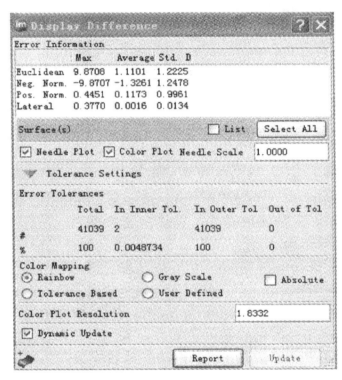

图 8.38 误差检测报告

8.6 快速原型制造技术

快速原型制造技术是随着 CAD/CAM 技术、计算机数控技术、激光技术、材料科学与技术的发展而出现并发展的,RPM 技术获得零件的途径不同于传统的材料去除或材料变形方法,而是在计算机控制下,基于离散/堆积原理采用不同方法堆积材料最终完成零件的成形与制造的技术。如今它已同信息技术、虚拟技术一起成为实施产品设计技术和工艺过程技术集成创新的"前所未有的理想工具"。已在家电、汽车、玩具、轻工、通信设备、航空、军事、建筑、医疗、考古、电影制作、工业造型等行业得到应用。

相对于传统的、对原材料去除-切削、组装的加工模式不同,是一种"自下而上"通过材料累加的制造方法,从无到有。这使得过去受到传统制造方式的约束,而无法实现的复杂结构件制造变为可能。

近 20 年来,AM 技术取得了快速的发展,"快速原型制造(Rapid Prototyping)""三维打印(3D Printing)""实体自由制造(Solid Free-form Fabrication)"之类各异的叫法分别从不同侧面表达了这一技术的特点。

增材制造技术是指基于离散-堆积原理,由零件三维数据驱动直接制造零件的科学技术体系。基于不同的分类原则和理解方式,增材制造技术还有快速原型、快速成形、快速制造、3D 打印等多种称谓,其内涵仍在不断深化,外延也不断扩展,这里所说的"增材制造"与"快速成型""快速制造"意义相同。

8.6.1 快速原型制造技术概述

1. 原型制造及快速原型制造技术

快速原型制造技术(Rapid Prototyping Manufacturing, RPM)在 20 世纪 80 年代后期源于美国,是最近 20 年来世界制造技术领域的一次重大突破。

分层制造技术(Layered Manufacturing Technique, LMT)、实体自由形状制造(Solid Freeform Fabrication, SEF)、直接 CAD 制造(Direect CAD Manufacturing, DCM)、桌面制造(Desktop Manufacturing, DTM)、即时制造(Instant Manufacturing, IM)与 RPM 具有相似的内涵。

快速原型制造是机械工程、计算机技术、数控技术以及材料科学等技术的集成,能将已具数学几何模型的设计迅速、自动地物化为具有一定结构和功能的原型或零件。

从成形角度看,零件可视为由点、线或面的叠加而成,即从 CAD 模型中离散得到点、面的几何信息,再与成形工艺参数信息结合,控制材料有规律、精确地由点到面,由面到体地堆积零件。

从制造角度看,是"先离散后堆积成型",它根据 CAD 造型生成零件三维几何信息,然后离散为二维平面信息转化为相应的指令传输给数控系统,通过激光束或其他方法使材料逐层堆积而形成原型或零件,无须经过模具设计制作环节,极大地提高了生产效率,大大降低生产成本,特别是极大地缩短生产周期,被誉为制造业中的一次革命,如图 8.39 所示。

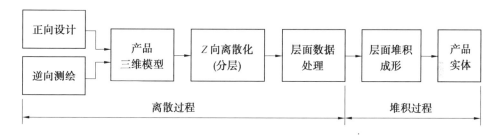

图 8.39 快速原型制造的基本步骤

2. 快速原型制造技术的特点

与传统的切削加工方法相比,快速原型加工具有以下优点:

①以数字化设计及制造技术为基础,可迅速制造出自由曲面和更为复杂形态的零件,如零件中的凹槽、凸肩和空心部分等,大大降低了新产品的开发成本和开发周期。

②属非接触加工,不需要机床切削加工所必需的刀具和夹具,无刀具磨损和切削力影响。

③高新技术集成的产物,可以实现自由成形,材料来源丰富,无振动、无噪声和少切削废料。

④可以实现产品的快速制造,可实现夜间完全自动化生产。

⑤应用领域广阔,加工效率高,能快速制作出产品实体模型及模具,具有潜在的经济

效益。

3. 技术的特征

（1）高度柔性。快速原型技术的最突出特点就是柔性好，它取消可专用工具，在计算机管理和控制下可以制造出任意复杂形状的零件，它可重编程、重组、连续改变的生产装备用信息方式集成到一个制造系统中。

（2）技术的高度集成。快速原型技术是计算机技术、数控技术、激光技术与材料技术的综合集成。它以离散/堆积为指导，在控制上以计算机和数控为基础，以最大的荣幸为目标。因此只有在计算机技术、数控技术高度发展的今天，快速原型技术才有可能进入实用阶段。

（3）设计制作一体化。快速原型技术的另一个显著特点就是 CAD/CAM 一体化。在传统的 CAD/CAM 技术中，由于成形思想的局限性，致使设计制造一体化很难实现。而对于快速原型技术来说，由于采用离散/堆积分层制作工艺，能够很好地将 CAD/CAM 结合起来。

（4）快速性。快速原型技术的一个重要特点就是其快速性。这一特点适合于新产品的开发与管理。

（5）自由形状制造。快速原型技术的这一特点是基于自由形状制造的思想。

（6）材料的广泛性。在快速原型领域中，由于各种快速原型工艺的成形方式不同，因而材料的使用也各不相同。

8.6.2 典型快速原型制造工艺及设备

快速制造，是融合了计算机辅助设计、材料加工与成形技术、以数字模型文件为基础，通过软件与数控系统将专用的金属材料、非金属材料以及医用生物材料，按照挤压、烧结、熔融、光固化、喷射等方式逐层堆积，制造出实体物品的制造技术。

三维印刷（3DP）技术是在下述4种技术支持基础上发展起来的应用领域实用技术。近年来3DP技术发展迅速，出品的制造设备多种多样。

1. 立体光固化（SLA）

立体光固化成型法（Stereo Lithography Apparatus，SLA），是3D打印技术成型工艺中非常重要的一种工艺技术，该技术主要是利用特定强度的激光聚焦照射在光固化材料的表面（材料主要为光敏树脂），使之点到线、线到面的完成一个层上的打印工作，一层完成之后进行下一层，依此方式循环往复，直至最终成品的完成。

光固化快速成型制造技术不同于传统的材料去除制造方法，它的成型原理是：首先通过CAD设计出三维实体模型，利用离散程序将模型进行切片处理，设计扫描路径，产生的数据将精确控制激光扫描器和升降台的运动；激光光束通过数控装置控制的扫描器，按设计的扫描路径照射到液态光敏树脂表面，使表面特定区域内的一层树脂固化后，当一层加工完毕后，就生成零件的一个截面；然后升降台下降一定距离，固化层上覆盖另一层液态树脂，再进行第二层扫描，第二固化层牢固地黏结在前一固化层上，这样一层层叠加而成三维工件原型，如图 8.40 所示。

将原型从树脂中取出后，进行最终固化，再经打光、电镀、喷漆或着色处理即得到要求的产品。

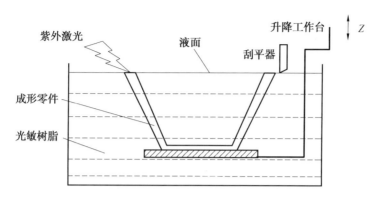

图 8.40 光固化工作原理

(1) 技术的应用。

SLA 技术主要用于制造多种模具、模型等；还可以在原料中通过加入其他成分，用 SLA 原型模代替熔模精密铸造中的蜡模。SLA 技术成型速度较快，精度较高，但由于树脂固化过程中产生收缩，不可避免地会产生应力或引起形变。因此开发收缩小、固化快、强度高的光敏材料是其发展趋势。

(2) 技术优势。

① 技术成熟。光固化成型法是最早出现的快速原型制造工艺，成熟度高，经过时间的检验。

② 速度快。由 CAD 数字模型直接制成原型，加工速度快，产品生产周期短，无须切削工具与模具。

③ 制造复杂结构。可以加工结构外形复杂或使用传统手段难以成型的原型和模具。

④ 设计更改容易。使 CAD 数字模型直观化，降低错误修复的成本。

⑤ 设计更改周期短。发现设计问题后，可以很快速地实现设计更改，为实验提供试样，可以对计算机仿真计算的结果进行验证与校核。

(3) 技术缺陷。

① 价格高。SLA 系统造价高昂，使用和维护成本过高。

② 对加工环境要求高。SLA 系统需要对液体进行操作的精密设备，对工作环境要求苛刻。

③ 产品容易老化。成型件多为树脂类，强度、刚度、耐热性有限，不利于长时间保存。

④ 操作麻烦。预处理软件与驱动软件运算量大，与加工效果关联性太高。软件系统操作复杂，入门困难，使用的文件格式不为广大设计人员熟悉。

2. 熔融沉积成型

熔融沉积成型法（Fused Deposition Modeling，FDM），这种工艺是通过将丝状材料如热塑性塑料、蜡或金属的熔丝从加热的喷嘴挤出，FDM 采用热熔喷头，使半流动状态的材料按 CAD 分层数据控制的路径挤压并沉积在指定的位置凝固成形，按照零件每一层的预定轨迹，以固定的速率进行熔体沉积，如图 8.41 所示。每完成一层，工作台下降一个层厚进行迭加沉积新的一层，如此反复最终实现零件的沉积成型。

FDM 工艺的关键是保持半流动成型材料的温度刚好在熔点之上（比熔点高 1 ℃左右）。

其每一层片的厚度由挤出丝的直径决定,通常是 0.25~0.50 mm。

FDM 的优点是材料利用率高,材料成本低,可选材料种类多,工艺简洁。

缺点是精度低;复杂构件不易制造,悬臂件需加支撑;表面质量差。该工艺适合于产品的概念建模及形状和功能测试,中等复杂程度的中小原型,不适合制造大型零件。

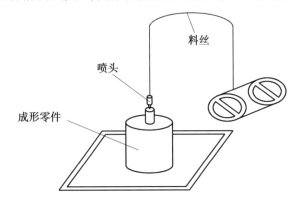

图 8.41　熔融沉积成形的工作原理

3. 选择性激光烧结(SLS)

SLS 工艺又称为激光选区烧结,它的原理是预先在工作台上铺一层粉末材料(金属粉末或非金属粉末),激光在计算机控制下,按照界面轮廓信息,对实心部分粉末进行烧结,然后不断循环,层层堆积成型。

由美国德克萨斯大学奥斯汀分校的 C. R. Dechard 于 1989 年研制成功。

SLS 工艺是利用粉末状材料成型的。也可将材料粉末铺洒在已成形零件的上表面,并刮平;用高强度的 CO_2 激光器在刚铺的新层上扫描出零件截面;材料粉末在高强度的激光照射下被烧结在一起,得到零件的截面,并与下面已成形的部分黏结;当一层截面烧结完后,铺上新的一层材料粉末,选择地烧结下层截面。SLS 工艺最大的优点在于选材较为广泛,如尼龙、蜡、ABS、树脂裹覆砂(覆膜砂)、聚碳酸脂(poly carbonates)、金属和陶瓷粉末等都可以作为烧结对象。

粉床上未被烧结部分成为烧结部分的支撑结构,因而无须考虑支撑系统(硬件和软件)。SLS 工艺与铸造工艺的关系极为密切,如烧结的陶瓷型可作为铸造之型壳、型芯,蜡型可做蜡模,热塑性材料烧结的模型可做消失模。

由于该类成型方法有着制造工艺简单、柔性度高、材料选择范围广、材料价格便宜、成本低、材料利用率高、成型速度快等特点,针对以上特点 SLS 法主要应用于铸造业,并且可以用来直接制作快速模具。

4. 分层实体制造

分层实体制造法(Laminated Object Manufacturing,LOM),又称层叠法成形。它以片材(如纸片、塑料薄膜或复合材料)为原材料,其成形原理如图 8.43 所示,激光切割系统按照计算机提取的横截面轮廓线数据,将背面涂有热熔胶的纸用激光切割出工件的内外轮廓。切割完一层后,送料机构将新的一层纸叠加上去,利用热黏压装置将已切割层黏合在一起,然后再进行切割,这样一层层地切割、黏合,最终成为三维工件。LOM 常用材料是纸、金属箔、塑料膜、陶瓷膜等,此方法除了可以制造模具、模型外,还可以直接制造结构件和功能件。

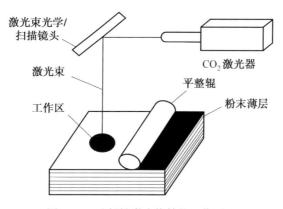

图 8.42　选择性激光烧结的工作原理

(1) LOM 技术的特点。

LOM 技术的特点是工作可靠,模型支撑性好,成本低,效率高。缺点是前、后处理费时费力,且不能制造中空结构件。

(2) 成型材料。

成型材料是涂敷有热敏胶的纤维纸。

(3) 制件性能。

相当于高级木材。

(4) 主要用途。

快速制造新产品样件、模型或铸造用木模。

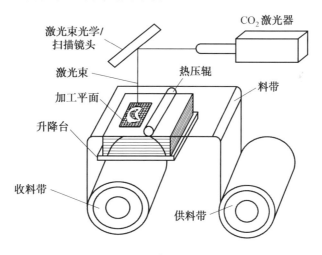

图 8.43　分层实体制造的工作原理

5. 三维印刷(3DP)

(1) 三维设计。

三维打印的设计过程是:先通过计算机辅助设计(CAD)或计算机动画建模软件建模,再将建成的三维模型"分区"成逐层的截面,从而指导打印机逐层打印。

设计软件和打印机之间协作的标准文件格式是 STL 文件格式。RP 技术首先要对 STL 立体模型数据进行分层切片处理,获取二维层片数据信息,然后结合用户加工工艺参数,经过进一步分析处理、修复整合,得到加工控制信息代码,最后将这些有效的加工代码输出,控制加工成型。

一个 STL 文件使用三角面来近似模拟物体的表面。三角面越小其生成的表面分辨率越高。PLY 是一种通过扫描产生的三维文件的扫描器,其生成的 VRML 或者 WRL 文件经常被用作全彩打印的输入文件。

(2)打印过程。

打印机通过读取文件中的横截面信息,用液体状、粉状或片状的材料将这些截面逐层地打印出来,再将各层截面以各种方式黏合起来从而制造出一个实体。这种技术的特点在于其几乎可以造出任何形状的物品。

打印机打出的截面的厚度(即 Z 方向)以及平面方向即 $X-Y$ 方向的分辨率是以 dpi(像素每英寸)或者微米来计算的。一般的厚度为 100 μm,即 0.1 mm,也有部分打印机如 Objet Connex 系列还有三维 Systems ProJet 系列可以打印出 16 μm 薄的一层。而平面方向则可以打印出跟激光打印机相近的分辨率。打印出来的"墨水滴"的直径通常为 50~100 μm。

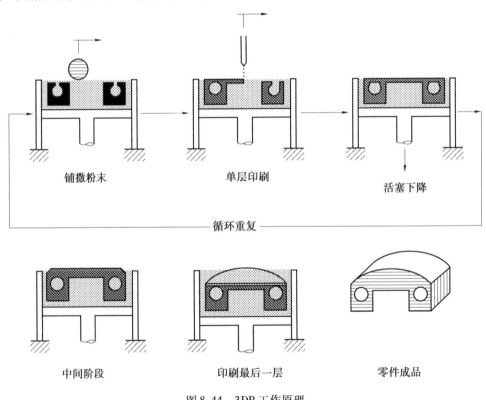

图 8.44　3DP 工作原理

用传统方法制造出一个模型通常需要数小时到数天,根据模型的尺寸以及复杂程度而定。而用三维打印的技术则可以将时间缩短为数个小时,是根据打印机的性能以及模型的尺寸和复杂程度而定的。

传统的制造技术如注塑法可以较低的成本大量制造聚合物产品,而三维打印技术则可以更快、更有弹性以及更低成本的办法生产数量相对较少的产品。一个桌面尺寸的三维打印机就可以满足设计者或概念开发小组制造模型的需要。

每种技术都有各自的优缺点,一些公司会提供多种打印机以供选择。一般来说,主要的考虑因素是打印的速度和成本,三维打印机的价格,物体原型的成本,还有材料以及色彩的选择和成本。

可以直接打印金属的打印机价格昂贵。有时候人们会先使用普通的三维打印机来制作模具,然后用这些模具制作金属部件。

8.6.3 快速原型制造技术的发展趋势

上述 4 种 RPM 方法,都有一个共同的几何物理基础——分层制造原理。从几何上讲,将任意复杂的三维实体沿某一确定方向用平行的截面去依次截取厚度为 δ 的制造单元,可获得若干个层面,将这些厚度为 δ 的单元叠加起来又可形成原来的三维实体,这样可将三维问题转化为二维问题,既降低了处理的难度,又不受零件复杂程度的限制。

RPM 的总体目标是在 CAD 技术的支持下,快速完成复杂形状零件的制造,其主要技术特征是:直接用 CAD 软件驱动,无须针对不同零件准备工装夹具;零件制造全过程快速完成;不受复杂三维形状所限制的工艺方法的影响。

进一步完善与快速原型技术配套的制造工艺和技术,与其他先进设计制造技术的结合将越来越紧密。加快智能化、集成化、网络化快速制造的研究,研制经济可靠、精密高效的快速原型技术设备,开发满足快速增长的实际要求的原型材料,拓展快速原型技术的应用领域等都是未来快速原型制造技术的研究方向。

未来的技术发展方向主要有以下几个方面。

(1)概念创新和工艺改进。

快速原型技术的发展离不开其他先进设计、制造技术的支持,而且结合紧密。目前,虽然快速原型技术的成型精度已达 0.01 mm 数量级,可是其产品的表面质量、成型零件的强度和韧性仍不能满足实际工程需要,因此,尚需完善现有的快速原型工艺与设备。现在的快速原型技术主要用于制作非金属样件,探索直接制造满足工程使用的金属零件的快速成型技术,将有助于快速原型技术向快速制造技术的转变,能极大地拓展其应用领域。研究后处理技术,提高产品的表面质量和耐久性。

(2)寻求适合快速原型制造的材料。

合适的材料是快速原型制造的关键。研制可替代进口的光固化树脂,是快速原型技术推广的当务之急,开发全新的原型材料,如复合材料、纳米材料、非均质材料、活性生物材料,已成为当前国内外原型材料的研究热点。

特殊功能材料成型在生产生活中发挥着越来越重要的作用,利用逐层制造的优点,探索具有功能全面、综合性能优良、特殊复杂结构的零件也是一个新的发展方向。

近年来,出现了像 SLS 类型的金属件或陶瓷件直接快速成型机,其他快速成型机也在寻求高性能材料的直接成型方法,使成型件与真实产品完全相符。

(3)数据采集、处理和监控软件的开发。

软件系统不仅是实现离散、堆积成型的关键技术,而且还对成型速度、成型精度、零件表面质量等方面有很大影响。例如,克服 STL 格式文件的不足,建立统一的数据格式。软件中的切片方式目前都是平面的。今后可能发展为曲面切片、不等厚度分层等方法,从曲面模型直接截面、分层,用更精确、更简洁的数学描述提高造型精度。

(4)逆向工程技术成为研究热点。

逆向工程技术包括形状逆向、材料逆向、工艺逆向等,其本质是对设计意图和结构方式的理解,是利用各种测量方法将三维的物理实体几何信息数字化的一系列技术手段的总称。反求工程与快速原型制造技术的融合。当实物、照片或 CT 数据等组成的反求几何模型,用于仿制、维修和新产品开发,缩短产品开发周期,降低成本。反求技术也是人体器官成型的核心与基础。

采用快速原型技术与逆向工程结合的方式,突破了传统产品开发的模式,目前该技术应用中需要进一步研究和开发的重点是实现 RE、CAD、CAE、CAPP、CAM 和 RPT 与 RE 技术的无缝连接,为网络化制造技术的快速实施奠定基础。

快速成型技术具有很高的柔性,适合于加工复杂形状的零件,应用快速原型制造,可以迅速将 CAD 模型转变为三维实体,逆向工程正好是提供产品 CAD 模型的一种快捷的手段。

快速原型技术和逆向工程相结合,成了一个比较完整的产品开发技术体系,可以成为新产品开发的有利工具,还可以对现有先进产品进行复制、分析、修改等,可有效地提高新产品开发的质量和效率。

(5)向大型制造和微型制造发展。

行业需求、应用需求对快速成型设备有较大的个性要求,由于大型模具的高难度、大型化和高成本,以汽车行业的大型覆盖件尺寸为例,多为 1 m 左右,甚至 1 m 以上,以及快速制造技术在模具制造方面的优势,使得快速原型制造将向大型原型制造方向发展,这方面美国和日本做了很多的研究。国内的清华大学也自主研发了大型快速原型设备,使成型尺寸提高到 1 600 mm×800 mm×750 mm。

快速原型制造的另一个发展方向是微型化,适应环境和桌面化的微型"三维打印机"正日益受到快速原型设备开发商和用户的关注,这种产品价格便宜、外观小巧、成型空间小并有一定的造型精度。

(6)快速原型制造技术的行业标准化。

目前,快速原型制造工艺、设备较多,大部分材料和产品都是由各设备制造商单独提供标准,通用性不好,而且产品性能也大不一样,阻碍了快速原型技术标准化进程。

快速原型制造行业标准化将有利于开发商开发新的产品,使其系列化、标准化,同时又方便了用户。

(7)研制经济、精密、可靠、高效的制造设备。

大力改进快速原型制造系统,研制工作精度高、可靠性好、效率高而且廉价的制造设备,将解决制造系统昂贵、精度偏低、制品物理较差、使用材料有限等问题。

由于现在的快速成型精度远不能满足大量的实际工程需要,主要的原因是 CAD 模型转换 STL 格式,再转换切片处理产生的误差,以及在材料成型过程中的翘曲变形、温度和应力变形产生的误差等。缩小和研究解决上述误差问题成为解决高精度、高速度、高可靠性快速成型技术研究的关键。

(8)生长成型技术研究。

伴随着生物工程、活性材料、基因工程、信息科学的发展,信息制造过程与物理制造过程相结合的生长型方式将会产生。制造与生长将是同一概念,它基于快速成型和仿生成型原理的思想,研究仿生成型的材料设计、全息生长构建,到自发形成具有特定功能的三维实体构件。以全息生长元为基础的智能材料自主生长方式将是快速原型制造技术新的里程碑。

(9) 网络加工。

信息科学、纳米材料科学、制造科学、管理科学和生命科学是 21 世纪的主流科学,制造科学同其他学科的交叉融合,与信息技术的交叉融合,将产生远程制造;并行工程、虚拟技术、快速模具和快速制造、反求工程与网络相结合,而形成了快速集成制造大系统。通过信息高速公路形成快速原型制造信息网络,使用户直接从网络得到产品的模型,利用自己的快速原型制造设备制造出原型,另外没有原型设备的公司也可以利用网络通过远程制造来实现原型制造。

通过学习和掌握现有的快速原型技术,使我们已经认识到了快速原型技术强大的魅力所在,快速原型软件、硬件(工艺和设备)、成型材料、应用领域等都将不断地发展与完善,随着快速原型技术的进步,快速成型的产品技术指标也将大大地提高,如强度指标、精度指标、表面指标,同时制造的成本也会降下来。相信未来的快速原型制造技术会具有广阔的应用前景,也会给社会带来非常可观的经济效益。

应用领域的扩展主要有以下几个方向:

(1) 医疗行业。一位 83 岁的老人患有慢性的骨头感染,换上了由快速原型制造的 3D 打印机"打印"出来的下颚骨,这是世界上首位使用 3D 打印产品做人体骨骼的案例。

(2) 科学研究。美国德雷塞尔大学的研究人员通过对化石进行 3D 扫描,利用 3D 打印技术做出了适合研究的 3D 模型,不但保留了原化石所有的外在特征,同时还做了比例缩减,更适合研究。

(3) 产品原型。例如,微软的 3D 模型打印车间,在产品设计出来之后,通过 3D 打印机打印出来模型,能够让设计制造部门更好地改良产品,打造出更出色的产品。

(4) 文物保护。博物馆里常常会用很多复杂的替代品来保护原始作品不受环境或意外事件的伤害,同时复制品也能将艺术或文物的影响更多更远的人。史密森尼博物馆就因为原始的托马斯·杰弗逊要放在弗吉尼亚州展览,所以博物馆用了一个巨大的 3D 打印替代品放在了原来雕塑的位置。

(5) 建筑设计。在建筑业里,工程师和设计师们已经接受了用快速原型制造的 3D 打印机打印的建筑模型,这种方法快速、成本低、环保、制作精美,完全合乎设计者的要求,同时又能节省大量材料。

(6) 制造业。制造业需要快速原型制造技术的发展,制造本身设备也有很多 3D 打印产品,因为 3D 打印无论是在成本、速度和精确度上都要比传统制造好很多。而 3D 打印技术本身非常适合大规模生产,所以制造业利用快速原型制造的 3D 技术能带来很多好处,甚至连质量控制都不再是个问题。

(7) 食品产业。没错,就是"打印"食品。研究人员已经开始尝试打印巧克力了。或许在不久的将来,很多看起来一模一样的食品就是用食品 3D 打印机"打印"出来的。当然,到那时可能人工制作的食品会贵很多倍。

(8) 汽车制造业。不是说你的车是快速原型制造的 3D 打印机打印出来的(当然或许有一天这也有可能),而是说汽车行业在进行安全性测试等工作时,会将一些非关键部件用 3D 打印的产品替代,在追求效率的同时降低成本。

(9) 配件、饰品。这是最广阔的一个市场。在未来不管是个性笔筒,还是有浮雕的手机外壳,抑或是戒指,都有可能通过3D打印机打印出来。甚至不用等到未来,就可以实现。

8.7 基于逆向工程的快速原型制造

利用逆向工程获得产品图纸或模型,RPM系统可在几小时或几天内将图纸或CAD模型转变成看得见、摸得着的实体模型。

根据设计原型进行设计评估和功能验证,迅速地取得用户对设计的反馈信息。同时也有利于产品制造者加深对产品的理解,合理地确定生产方式、工艺流程和费用。与传统模型制造相比,逆向工程与快速成型方法的结合使用,不仅速度快、精度高,而且能够随时通过CAD进行修改与再验证,使设计更完善。

(1)将RE和RPM结合,可以将三维物体的数据读入,通过网络在异地重建、成形,实现异地制造。

(2)对于一些外形、结构复杂物体的仿制,如玩具、艺术造型等,可以用RE将实物模型转化为数字化模型,并通过RPM技术进行直观检验。

(3)利用RE与RPM,可以实现快速模具制造。

(4)逆向工程与快速原型制造相结合,可以构成产品测量、建模、修改、制造、再测量的闭环系统,实现开发过程的快速迭代,有利于提高产品质量。

(5)在医学领域,利用计算机辅助断层扫描(CT)和核磁共振成像(MRI)等设备采集人体器官的外形数据,重建三维数字化模型,再利用RPM技术可以制造出器官模型,供教学和临床参考。

如图8.45所示,基于逆向工程的快速原型基本环节如下。

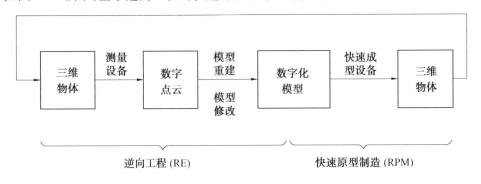

图8.45 逆向工程与快速原型制造的集成

1. 逆向工程数据获得

物理形态的零件是快速成型技术体系中零件几何信息的另一个重要来源。几何实体同样包含了零件的几何信息,但这些信息必须通过反求工程进行数字化,方可进行下一步的处理。逆向工程要对零件表面进行数字化处理,提取零件的表面三维数据。主要的技术手段有三坐标测量仪、三维激光数字化仪、工业CT和自动断层扫描仪等。通过三维数字化设备得到的数据往往是一些散乱的无序点或线的集合,还必须对其三维重构得到三维CAD模型或层片模型等。

2. 三维 CAD 造型

利用各种三维 CAD 软件进行几何造型,得到零件的三维 CAD 数学模型,是快速成型技术的重要组成部分,也是制造过程的第一步。三维造型方式主要有实体造型和表面造型,目前许多 CAD 软件在系统中加入一些专用模块,将三维造型结果进行离散化,生成面片模型文件或层片模型文件。

3. 数据转换

三维 CAD 造型或反求工程得到的数据必须进行大量处理,才能用于控制 RPM 成型设备制造零件。数据处理的主要过程包括表面离散化,生成 STL 文件或 CFL 文件,分层处理生成 SLC、CLI、HPGL 等层片文件,根据工艺要求进行填充处理,对数据进行检验和修正并转换为数控代码。

4. 原型制造

原型制造即利用快速成型设备将原材料堆积成为三维物理实体。材料、设备、工艺是快速原型制造中密切相关的 3 个基本方面。成型材料是快速成型技术发展的关键。它影响零件的成型速度、精度和性能,直接影响到零件的应用范围和成型工艺设备的选择。

5. 物性转换

通过快速成型系统制造的零件,其力学、物理性能往往不能直接满足要求,仍然需要进一步的处理,即对其物理性质进行转换。该环节是 RPM 实际应用的一个重要环节,包括精密铸造、金属喷涂制模、硅胶模铸造、快速 EDM 电极、陶瓷型精密铸造等多项配套制造技术,这些技术与 RPM 技术相结合,形成快速铸造、快速模具制造等新技术。

习 题

1. 逆向工程软硬件包括哪些内容?
2. 逆向工程基本步骤有哪些?
3. 三坐标测量机的工作原理是什么?
4. 快速原型制造技术的特点是什么?
5. 快速原型制造技术的发展趋势是什么?

参考文献

[1] 汪惠芬.数字化设计与制造技术[M].哈尔滨:哈尔滨工程大学出版社,2015.
[2] 苏春.数字化设计与制造[M].北京:机械工业出版社,2009.
[3] 张木青,宋小春.制造技术基础实践[M].北京:机械工业出版社,2005.
[4] 马建民.机电工程训练基础[M].北京:清华大学出版社,2010.
[5] 郑勐,雷小强.机电工程训练基础教程[M].北京:清华大学出版社,2007.
[6] 葛江华,隋秀凛,刘胜辉.产品生命周期管理(PDM)技术及其应用[M].哈尔滨:哈尔滨工业大学出版社,2002.
[7] 杨文玉,尹周平,孙容磊,等.数字制造基础[M].北京:北京理工大学出版社,2005
[8] 韩建海.数控技术及装备[M].3版.武汉:华中科技大学出版社,2016.
[9] 谢驰,李三雁.数字化设计与制造技术[M].北京:中国石化出版社,2016
[10] 莱瑟.智能制造[M].霍春辉,袁少锋,译.北京:人民邮电出版社,2015.
[11] 韩霞,杨恩源.快速成型技术与应用[M].北京:机械工业出版社,2012.
[12] 朱晓春.数控技术[M].北京:机械工业出版社,2003.
[13] 桂旺生.数控铣工技能实训教程[M].北京:国防工业出版社,2006.
[14] 高琪.金工实习教程[M].北京:机械工业出版社,2012.
[15] 杜晓林,左时伦.工程技能训练教程[M].北京:清华大学出版社,2009.
[16] 陈宏钧.典型零件机械加工生产实例[M].北京:机械工业出版社,2005.
[17] 郑晓,陈仪先.金属工艺学实习教材[M].北京:北京航空航天大学出版社,2005.
[18] 黄纯颖.机械创新设计[M].北京:高等教育出版社,2000.
[19] 赵玲.金属工艺学实习教材[M].北京:国防工业出版社,2002.
[20] 吴红梅.数控车工技能实训教程[M].北京:国防工业出版社,2006.
[21] 杨慧智,吴海宏.工程材料及成形工艺基础[M].北京:机械工业出版社,2015.
[22] 汤酞则.材料成形技术基础[M].北京:清华大学出版社,2008.
[23] 刘镇昌.制造工艺实训教程[M].北京:机械工业出版社,2006.
[24] 苏本杰.数控加工中心技能实训教程[M].北京:国防工业出版社,2006.
[25] 杨伟群.数控工艺员培训教程[M].北京:清华大学出版社,2002.
[26] 徐衡.FANUC数控铣床和加工中心培训教程[M].北京:化学工业出版社,2008.
[27] 王世刚.数字控制及其质量保证技术[M].哈尔滨:地图出版社,2004.
[28] 林建榕,王玉,蔡安江.工程训练(机械)[M].北京:航空工业出版社,2005.
[29] 李伟.先进制造技术[M].北京:机械工业出版社,2005.
[30] 吴鹏,迟剑锋.工程训练[M].北京:机械工业出版社,2005
[31] 周世权,杨雄.基于项目的工程实践[M].武汉:华中科技大学出版社,2011.
[32] 崔剑,陈月艳.PLM集成产品模型及其应用——基于信息化背景[M].北京:机械工业出版社,2014.
[33] 左敦稳.现代加工技术[M].北京:北京航空航天大学出版社,2005.

[34] 花国然,刘志东.特种加工技术[M].北京:电子工业出版社,2012.
[35] 叶建斌,戴春祥.激光切割技术[M].上海:上海科学技术出版社,2012.
[36] REHG J A,KRAEBBER H W.计算机集成制造[M].夏链,韩江,译.北京:机械工业出版社,2007.
[37] 庄亚明,王金庆.数字化企业及其竞争力新论[M].北京:科学出版社,2007.
[38] 吴峰.企业数字化学习研究[M].北京:科学出版社,2016.
[39] 刘德平,刘武发.计算机辅助设计与制造[M].北京:化学工业出版社,2007.
[40] 程凯,李任江,李静.计算机辅助设计技术基础[M].北京:化学工业出版社,2005.
[41] 赵汝嘉,孙波.计算机辅助工艺设计(CAPP)[M].北京:机械工业出版社,2003.
[42] 陈立平,张云清,任卫群,等.机械系统动力学分析及ADAMS应用教程[M].北京:清华大学出版社,2005.
[43] 刘伟军,孙玉文.逆向工程原理·方法与应用[M].北京:机械工业出版社,2009.
[44] 顾寄南,高传玉,戈晓岚.网络化制造技术[M].北京:化学工业出版社,2004.
[45] 秦现生.并行工程的理论与方法[M].西安:西北工业大学出版社,2008.
[46] 来可伟,殷国富.并行设计[M].北京:机械工业出版社,2003.
[48] 邓超.产品数据管理(PDM)规范指南[M].北京:中国经济出版社,2007.
[49] GRIEVES M.产品生命周期管理[M].褥学宁,译.北京:中国财政经济出版社,2007.
[50] 朱战备,韩孝君,刘军.产品生命周期管理——PLM的理论与实务[M].北京:电子工业出版社,2004.
[51] 成思源.逆向工程技术[M].北京:机械工业出版社出版,2017.